室 内 设 计

＋

构 思 与 项 目

高等院校
室内设计专业规划教材

Curriculum Design for Bachelor's and
Master's in Interior Design

郑曙旸 著
Zheng Shu Yang

中国建筑工业出版社

图书在版编目（CIP）数据

室内设计+构思与项目/郑曙旸著. —北京：中国建筑工业出版社，2016.12（2023.6 重印）

高等院校室内设计专业规划教材

ISBN 978-7-112-18012-7

Ⅰ.①室… Ⅱ.①郑… Ⅲ.①室内装饰设计－高等学校－教材 Ⅳ.①TU238

中国版本图书馆CIP数据核字（2015）第070056号

本书是清华大学美术学院环境艺术设计系的国家级精品课《室内设计》拓展的专业教材，其教学目的在于掌握室内设计从概念构思到项目完成全过程的知识、技能与观念。依据高等学校教学、科研、社会服务是一个有机整体的观念进行编撰，以正文、授课讲义、参考论文、学生作业互为支撑的结构编写。按照室内设计课程教学的实际进程，通过室内设计专业课程的居室设计课题，反映设计定位、设计概念、设计方案、设计实施工作程序中的方法，树立专业设计课程——历史与文化、思维与表达、工程与技术、经济与管理的教育教学观念。

责任编辑：张　晶
书籍设计：付金红
责任校对：李欣慰　党　蕾

高等院校室内设计专业规划教材

室内设计+构思与项目

郑曙旸　著

*

中国建筑工业出版社出版、发行（北京海淀三里河路9号）

各地新华书店、建筑书店经销

北京嘉泰利德公司制版

北京中科印刷有限公司印刷

*

开本：787×1092毫米　1/16　印张：$30\frac{3}{4}$　字数：580千字

2016年12月第一版　2023年6月第二次印刷

定价：88.00元

ISBN 978-7-112-18012-7

（27253）

——对我系"理论"、"设计"与"思维导引"等教学问题的简答 ❶

1."哲学",探索的是真实的存在。追求的是人类真·善·美的真实的存在。
"科学",证实的是人世间的真实被分解后的、被分析的、另类的真实的存在。

2."设计"的历程是先"破坏"、后"建设"。但务求"破坏"＜"建设"。
因之，应力求：低碳、环保、绿色、可循环持续。

3."环境艺术设计"创造的环境美，是音乐之美。
某一时·空环境的设计创造，应令该人为环境成为一"凝固的音乐"。
它展示的序列、节奏、韵律等，时刻在感染你，教你永沉醉于余音绕梁的、
高文化品位的境界。它升华你的禀性，令你追梦。进而从你创化"自我"
中，定向你此生高品位的人生境界。总之，其真·善·美环境情境的内涵，
表达的是大千世界"大我"的和谐与完满。

潘昌侯 2013 年 10 月 16 日于清华大学美术学院 A301 报告厅

❶ 2013 年 10 月 16 日潘昌侯教授依据清华大学美术学院"春华秋实"老教授系列讲座提问所作。

清华大学美术学院环境艺术设计系，是全国最早开设室内设计课程的设计学科院系。经过几代学人的努力，建成了国内第一个完整的室内设计教学体系。在室内设计课程建设的基础上，开创了全国环境艺术设计专业教学模式，同时对全国环境艺术设计学科的发展起着积极的引导作用。经过 50 年的应用与不断发展和进步，日臻完善，可以说是奠定了中国环境艺术设计教学课程的基础。几十年来课程教学研究成果已经辐射到全国，对全国的专业教学计划框架的制定及专业教学理论的建立起了重要影响，成为专业教学的标杆。2008 年专业核心系列课程《室内设计》被评定为国家级精品课。

国家级精品课《室内设计》的课程体系与教学特色表现在以下三个方面。

一、先进的理论体系

继承传统的中国特色的实用美术教学体系，具有很强的装饰艺术内涵，同时吸收了欧美、日本等国家具有现代设计理论的专业本科课程的优点，是艺术与科学、传统与现代的结合。课程教学体系既有深厚的中国传统文化底蕴，同时又融汇了西方现代的科学理论，历经几十年的教学实践，也历经了中外设计理论思潮的洗礼，被证明是独特而科学的体系。

二、独创的教学理念

创新意识的培养无疑成为设计教育最为关键的中心环节，同样也是环境艺术设计课整体建设的核心观念。课程教学在重视基本技法内容的同时，更加强调设计的创意性，设计专业教学模式从以空间效果表现为主向设计概念创意为主转换。

独创的艺术设计方法教学程序：以形象思维作为主导模式的设计方法，以综合多元的思维渠道进入概念设计的过程，以图形分析的思维贯穿于设计每个阶段的方式，以对比优选的思维过程确立最终设计结果的项目决策。

三、完整的教学体系

1. 通过专业基础课的实验教学，掌握必须具备的专业知识与实际操作技能；

2. 通过专业设计课的实际操作，感受于传统与现代的艺术思想和创作精神；

3. 通过专业实践课的训练过程，培养感性与理性相结合的开放式创新能力。

国家级精品课《室内设计》在结构上是循序渐进的 4 组 9 门系列课程：

第一组：以设计概论、设计程序课程，完成设计指导方法哲学理论基础和科学室内设计程序的教学。

第二组：以设计概念表达、空间概念设计课程，完成具有室内设计特征的思维方法与概念设计的教学。

第三组：以居住空间设计、工作空间设计、公共空间设计课程，完成针对不同项目内容与工作阶段的设计思维方法与表现模式的教学。

第四组：以设计项目表达和工程项目实践课程作为系列课程教学效果的最终检验实施环节。

本套教材即是以国家级精品课《室内设计》的授课体系、理念与方法为指导进行编撰。为了适应不同定位教育教学的需要，以室内设计教学——思维与程序、概念与表达、构思与项目、尺度与功能、空间与审美、项目与实践的六个维度展开。并以课堂教学的运行程序为主线进行编写，包括如下六项教学环节的全部内容。

（1）讲授：师生双方互动的教学方法，包括案例分析、资料观摩、实地考察、语言表达训练等环节；

（2）讨论：多样化的课堂教学组织，课堂讲授、课堂讨论、辅导讲评、课题答辩等方式；

（3）作业：设计概念表达文本作业、平面功能分析图形作业、空间形象表达作业、项目课题的草图量化作业、项目实施的工程图作业；

（4）实践：实践环节力争课题选型的实体化与社会项目的实题化；

（5）考核：课内作业训练考核与学期快题考核相结合；

（6）教学参考资料：书本教材与案例教材相结合，课堂讲授教材与市场实物教材相结合。

清华大学美术学院环境艺术设计系 2016 年 5 月

本书是以国家级精品课《室内设计》拓展的专业教材，是全套六本教材中的第三本，其教学目标是使学生掌握室内设计项目，从构思到完成全过程的知识、技能与观念。

室内设计作为建筑设计的组成部分，以创造实用、舒适、美观、愉悦的室内物理与视觉环境为主旨。室内设计的总体运行就是依据空间规划、构造装修、陈设装饰的设计内容，通过建筑平面设计与空间组织，建筑构造与人工环境系统专业协调，构件造型与界面（地面、墙面、顶棚、柱与梁、门与窗）处理，光照色彩配置与材料选择，器物选型布置与装饰设置，按照设计定位、设计概念、设计方案、设计实施的工作程序来实现其目标。

一、室内设计定位

设计定位的基础在于建筑营造的条件，包括地理、区位、结构、风格等内容，涉及政治经济、专业发展、决策背景等社会文化因素，最终由使用功能、审美取向、技术条件的综合权衡来设定目标。

在设计定位阶段，需要对项目设定目标的全部要素进行多角度的分析，通过定位策划的多方案对比优选来确定指导思想。可以借助于图形语言工具，将各种要求逐一对应地表达出来。由多种需求的综合优选，产生出明确的概念，落实为简单的图形。对平面、组群关系、功能分析的可能性进行多元探讨，是一个由抽象到具象的演绎过程。设计目标的确立，需要综合考虑场所效益、育人效益、社会效益三方面的影响。

二、室内设计概念

在设计概念阶段，需要综合设计定位已经确立的各种目标要求，通过发散性的形象思维程序，构思出明确的设计概念，在文化层面形成设计的主题精神。

这是一个形象思维的图解思考过程。构思需要通过图形来优化与延展，以此激发创作潜力。在图形的表达中，不断发现与创新。由图形催生的新想法，还要经过理性的逻辑思维，深入推敲和对比，在理解原有概念的基础上，再产生新的形式与观念，碰撞出崭新的灵感火花。

室内设计的概念发展阶段，需要具体落实到空间的平面与立面形式推敲之中。针对已产生的概念构思，绘制大量不同发展方向的设计草图，再利用形象思维派生出尽可能多的分支，只有通过不断拓宽思路的多图形对比与修正，最终优选出的设计概念才能相对完善。

三、室内设计方案

设计方案是设计概念从虚到实的技术落实过程。也就是使用专业的图形语汇将概念落实于纸面，产生专业化、技术化、形象化的方案。传统的设计方案绘制过程，完全是人的主观思维与客观手绘程序。今天，这个程序已经基本被电子计算机等新型媒介所替代。因此，更加凸显了概念设计阶段的重要性。

经过图解思考优化的方案设计，最终还有一个转化过程，这就是进行方案的施工图设计。概念与方案必须落实到施工图纸的层面上，才具有可操作性。实施过程中还可以对方案进行细化与修正。

利用图形思维的方法，对方案的施工可能性进行终极探讨，从功能、审美、技术等方面对各种施工的可能性进行衡量，是方案设计阶段工作的主要内容。

四、室内设计实施

设计的实施阶段是检验设计者是否具备完整人格和专业素养的关键点。良好的沟通能力与决策能力是设计顺利实施的基本保证。

空间场所的总体掌控，装修材料、家具灯具、陈设织物的选择，细部节点与设施设备选型的推敲，都要通过详尽的施工图纸深化来贯彻。优化的施工图是保证设计作品完成的重要因素。经过实施的设计方案，能够经受住时间的考验，才能称其为作品。只有接受公众的评判，才能使设计者对初始定位、概念构思、方案设计进行反思，以期增加经验，不断取得进步。

开篇讲义
从室内装饰到环境艺术设计——
转型期室内设计专业教学体系与方法改革的思考

CONTENTS 目录

本书编撰

以清华大学美术学院环境艺术设计系
室内设计课程教学的实际进程为背景

从室内装饰到环境艺术设计
——转型期室内设计专业教学体系与方法改革的思考

我们主要可以用三种途径来获取知识：观察自然、思考和实验论证。观察能积累素材；思考能整理素材；实验则是证明整理的结果。要勤于观察，深于思考，精于实证。很少有人能兼顾三者，因此，创造性的聪明才智是罕见的。

——丹尼斯·狄德罗《阐释自然》（On the Interpretation of Nature）

室内设计教育在我国的历史相对较短。由于自身的特殊性，其教学模式和教学方法与其他的高等教育相比有着很大的差异。尤其是艺术设计教育完全是工业化之后的产物，是介于艺术与科学之间边缘性极强的专业教育。面对形势的发展需要我们作出如何进行室内设计教育的回答。

历史的回顾

与建筑学专业分家的历史必然

室内设计作为一门独立的专业，在世界范围内的真正确立是在 20 世纪 60、70 年代之后，现代主义建筑运动是室内设计专业诞生的直接动因。在这之前的室内设计概念，始终是以依附于建筑内界面的装饰来实现其自身的美学价值。自从人类开始营造建筑，室内装饰就伴随着建筑的发展而演化出众多风格各异的样式，因此在建筑内部进行装饰的概念是根深蒂固而易于理解的。现代主义建筑运动使室内从单纯的界面装饰走向空间的设计。从而不但产生了一个全新的室内设计专业，而且在设计的理念上也发生了很大的变化，并直接影响到室内设计课程的设置与教学。

鉴于室内设计是这样一门随着时代的发展从建筑学派生出的专业，其基本理论和创作教学实践必然与建筑学有着千丝万缕的联系。但是由于专业自身的空间概念和尺度概念限定相对微观，完全套用建筑学的理论还是有着极大的局限性，室内设计专业的课程之所以能够独立的根本原因也在于此。因此，自这个专业独立以来发达国家的从业者都对其创作思维和教学方法进行过多方面的探索，在这方面美国的教学体系代表了西方文化的典型，日本的教学体系代表了东方文化的典型。由于专业相对较短的历史，和艺术美学价值评估的多元取向以及基础教育的不同模式，各国不可能完全套用别国的方法。

与国家经济建设和体制改革的发展同步

中国室内设计教育已经走过了四十多年的历程。1956 年中央工艺美术学院（现清华大学美术学院）第一次设立室内设计专业。当时的专业名称为"室内装饰"；1958 年北京兴建十大建筑，受此影响装饰的概念向建筑拓展，至 1961 年专业名称改为"建筑装饰"；改革开放后的 1984 年，顺应世界专业发展的潮流更名为"室内设计"；之后在 1988 年室内设计又拓展为"环境艺术设计"专业。十年后的 1998 年国家调整专业设置，环境艺术设计专业成为艺术设计学科之下的专业方向。到 2002 年全国有 200 多所高等院校设立与室内设计相关的各类专业。一方面以装饰为主要概念的室内装修行业在我们国家波澜壮阔般地向前推进，成为国民经济的支柱性产业，而另一方面在我们高等教育的专业目录中却始终没有出现"室内设计"的称谓。

从某种意义上来讲，也许是 20 世纪 80 年代末环境艺术设计概念的提出相对于我们的国情过于超前，虽然十年间发展迅猛、在全国数百所各类学校中设立，但相应的理论研究滞后，专业师资与教材奇缺，社会舆论宣传力度不够，导致决策层对环境艺术设计专业缺乏了解，造成了目前这样一种局面。可以说我们的室内设计教育事业始终与国家的经济建设和社会的体制改革发展同步。

综合文理两科特点，以艺术教育为主线的设计教学体系

文科教育是以文学的概念作为存在的基础。文学显然属于社会的意识形态，使用语言塑造形象来反映社会生活，表达作者思想感情的艺术，这是一种语言的艺术。"文学通过作家的想象活动把经过选择的生活经验体现在一定的语言结构之中，以表达人对自己生存方式的某种发现和体验，因此它是一种艺术创作而非机械地复制现实。"显然，文科类教育需要培养学生主要以形象思维的方式进行创造。

理科教育是以科学理论的概念作为存在的基础。科学理论是系统化的科学知识"关于客观事物的本质及其规律性的相对正确认识。是经过逻辑论证和实践检验并由一系列概念、判断和推理表达出来的知识体系。即有系统性、逻辑性、真理性、全面性等基本特征。"显然，理科类教

育需要培养学生主要以逻辑思维的方式进行创造。

设计教育诞生于现代设计行业在发达国家风行之后。本身具有艺术与科学的双重属性，兼具文科和理科教育的特点，属于典型的边缘学科。由于我们的国情特点，设计教育基本上是脱胎于美术教育。虽然中央工艺美术学院创建于 1956 年，自建校之初就力戒美术教育的单一模式，但时至今日仍然难以摆脱这种模式的束缚。而具有鲜明理工特征的我国建筑类院校，在创办艺术设计类专业时又显然缺乏艺术的支撑。可以说两者都处于过渡期的阵痛中。

培养目标与专业定位

计划体制还是市场体制

过渡期转型的对策：由国家指令单向出路的人才输出模式到社会需求多项选择的人才输出模式。

由于有高度发达的市场经济体制和以人的综合素质培养为目标的艺术设计教育系统为基础保证，几乎所有发达国家的艺术设计教育体制都没有统一的模式，只要市场有需求就会派生出各种各样的学校。即使是同一个专业在不同的学校也有不同的课程体系，这一点和我国相比恐怕是差别最大的。长期以来我们在计划经济的指挥棒下习惯于大一统，至今我们的艺术设计专业目录仍然是由国家统一制定，学校只能在大原则不变的情况下作微调。

素质教育还是职业教育

21 世纪一流人才的需求：高素质·多样化·高层次·创造性
综合素质：事业心·自我激励·创造性·人际关系
基本要求：人格·知识·能力

素质教育和职业教育是两个完全不同的概念，虽然我国目前大力提倡素质教育，但由于政治、经济和社会条件的限制，要真正实行素质教育还有相当长的一段路要走。对比中外艺术设计教育的差异，从基本的办学概念来讲，发达国家的艺术设计教育是在高度市场经济条件下的人文素质培养，相当一部分学生就学并不是以就业作为目的，这一点在纯艺术类学校就更为明显。

同时在发达国家的中小学教育阶段艺术与设计的基础教育是十分普及的，它同样是素质培养的关键环节，很多学生在没有进入高等艺术设计院校之前，审美的水平已经达到一个较高的层次。虽然艺术设计的表达能力没有以职业教育为主的学校培养出的学生高，但艺术构思的创新能力显然不同一般。

　　至于学生所学专业和今后的就业对口率，则完全不是学校教育成败的衡量标准。无论学生将来在哪一个领域做出成绩，都有他在艺术设计教育中所受创新思维素质培养的功劳。这就是素质与职业在艺术设计教育概念上的根本区别。

突出个性还是融入主流

　　当今的世界是一个以多样化为主流的世界。在全球经济一体化的大背景下，艺术设计领域反而需要更多地强调个性，统一的艺术设计教育模式无论如何也不是我们的需要。

　　合并的潮流对于艺术设计教育的影响是巨大的。从理论上讲受教育者需要来自多方面综合信息的滋养，高等教育尤其需要各类知识的融会熏陶。受教育者恰恰需要不同专业最典型与最具特色的营养，而不是抹去了个性特点的大拼盘。因此，个性化较强的专业并不一定要合并成一个所谓大的专业。室内设计在艺术设计的专业类型中具有特殊的定位。其教学在艺术设计中最具边缘性，在艺术概念的指导下，更偏重于理科类型的思维方式。在当前的形势下需要经过我们的努力强化室内设计乃至环境艺术设计的专业概念，使之最终确立相应的学科地位，这样才符合于艺术设计专业总体的发展需求。我们必须在突出个性的前提下融入主流。

　　显然，统一的专业教学模式不符合艺术设计教育的规律，只有在多元的撞击下才能产生新的火花。作为不同地区和不同类型的学校，没有必要按照统一的模式来制定自己的教学体系。室内设计教育自身的规律，不同层次专业人才培养的水平以及不同的市场定位需求，应该成为我们制定各自教学大纲的基础。

从表现型思维到设计型思维

　　以效果表现为主导思维的专业教学模式，还是以设计概念为主导思维的专业教学模式。

　　就艺术设计专业知识构成的性质而言，在教育的内容上可能更多地注重于技能的训练。如果仅从这一点出发，我们的艺术设计教育甚至可以说世界一流。这一点与其他学科的情况相类似，也就是说我们的学生专业基本功一般都比较扎实，这与中国人民吃苦耐劳的民族精神一脉相承。但技能仅仅是艺术设计专业的手段而非目的。如果我们只是满足于熟练技巧的掌握，那么在激烈的设计市场的竞争中就只能处于为他人打工的可悲境地。技能教育还是创新教育，这是一个艺术设计教育的观念性问题。

　　从教育的本质来讲无非是最大限度地启发人的创造力。而创新思维能力的培养又是艺术设计教育最大的长项。因此，世界发达国家的各类艺术设计院校无一不把创新作为贯穿所有教学环节的观念性内容。相对之下启发设计创造性思维的课题，在整个教学体系中占据了相当的比重，设计方法性教学、设计概念性教学在不少国家的教学体系中占据着十分重要的地位。由于概念性思维的专业领域跳跃性很大，以至于当一些发达国家的教师来华任教时，在一些概念性很强的课题辅导中，中国学生往往跟不上教师授课思维的节奏。

当信息时代不再是神话，当计算机成为设计表达的主要工具，设计技能逐渐成为不需花费长达数十年功夫，人人在较短时间皆能掌握的技巧。那么创新意识的培养无疑成为新世纪艺术设计教育最为关键的中心环节。

培养完整思维方法的教学体系

教育目标的实现依赖于科学的教学方法和先进的教学内容。艺术设计教育由于自身的特殊性，在方法与内容上肯定与其他学科有着很大的不同。从表面上看，我们的授课时数远高于国外同类专业；我们教师的纯讲课时数远高于国外；我们习惯于典型的教师台上讲课学生台下听课的严肃教学模式；我们习惯于灌输的填鸭式教学方法；学生也习惯于教师辅导课题时的定方向与定方案。这样的方法在以技能培养为主的教学体系中无疑具有它的优势，但在以创新素质培养为主的教学体系中显然存在明显的弊病。

在以往的教学中，教师多半依据自身的经验，用感性的方法指导教学，完全采用科学的理性与艺术的感性进行教学的很少。目前，国内设计市场的培育也还处于初级阶段，以工程代设计的情况依然是主流，知识产权得不到重视的现象比比皆是。要扭转这种局面需要各个方面的努力，就室内设计专业的基础理论建设和课程教学而言，进行创作思维与教学方法的研究就显得格外重要。

转型期的专业教学实践

专业定位的理论基础

作为艺术设计专业目录下的环境艺术设计方向是建立在现代环境科学研究基础之上的，这是一个边缘性、综合性极强的专业。从广义上讲：环境艺术设计如同一把大伞，涵盖了当代几乎所有的艺术与设计，是一个艺术设计创作的综合方法系统。从狭义上讲：环境艺术设计的专业内容是以人工环境的主体——建筑的内外空间设计而展开，并以室内设计和景观设计来实现其全部的设计理念。作为环境艺术设计专业的教育，其培养方案也是建立在室内设计与景观设计两个具体的专业内容之上。

课程体系

室内设计专业的课程设置按基础课、专业理论课、专业基础课、专业设计课、专业实践与毕业设计 5 个环节展开。学制为 4 年。基础课以美术训练为主，开设素描、色彩、图案、空间构成等课程；专业理论课以建筑理论为主，开设建筑历史、环境设计概论、环境行为心理等课程；专业基础课以设计基础训练为主，开设工程制图、设计表现、计算机辅助设计、人机工程学、建筑设计基础等课程；专业设计课以室内设计专业训练为主，开设室内设计、家具设计、环境照明设计、环境色彩设计、环境绿化设计、陈设艺术设计等课程；专业实践与毕业设计结合社会专业考察调研和社会工程项目进行。

教学机制

室内设计专业的授课采用集中单元制与周课时制两种方式进行。集中单元制授课方式时间相对集中，一般以四周为一单元，这种方式适合动手操作性强，需要连贯思维训练的课程；周课时制与一般院校的授课方式相同，这种方式适合信息积累与综合融汇思维训练课程。所以，基础课通常采用前一种方式；设计课通常采用后一种方式。

室内设计专业的教学重视学生动手能力的培养，强调图形思维表达方式的训练。因此，强调学生深入建筑空间进行徒手速写，感受空间形态、空间尺度的基础训练，专业设计表达通过平面图形与模型两种方式进行。在设计表达中强调举一反三的构思图形训练。

20 世纪 90 年代中期之前，室内设计教学以手绘设计表现图的训练促进设计思维概念的建立，之后则转换为以多渠道的思维表达方式建立设计概念的训练方法。计算机的大量使用是这种转换的直接动因。目前，在课程设置上概念性设计课程所占的比例远高于以往。

由于中国经济近年来的高速发展，室内设计专业的学生在校学习期间，能够接触到大量的社会实践，由于承接国内外许多重大项目的环境艺术室内设计任务，使学生在走出校门之前就能够真刀真枪地实干，从而大大缩短了成才的时间。

教学方法

室内设计专业的教学通常采用讲授、调研、辅导、交流、作业等手段。

《室内设计·构思与项目》的编写
以清华大学美术学院环境艺术设计系"室内设计－1"课程为蓝本

控制论系统教学法

时间与计划的程序控制、思维与表达的运行控制、内容与深度的阶段控制。

专业设计课程教学按照：设计定位、设计概念、设计方案、设计实施四个阶段进行控制。

教学目标

（1）使学生了解相关专题的设计内容，从而建立人与人、人与物、人与环境互动的设计标准及方法；

（2）培养学生艺术与科学统合的设计观念，将人文关怀与技术手段融会于设计的全过程；

（3）掌握环境设计空间控制系统功能、设施、建造、场所要素相关机理的基本知识和理论；

（4）掌握环境设计完整的专业设计程序与方法。

总课时：按照56课时（每课时45分钟为1节），7周（每周一、五上午各4节）安排14次课程。

设计定位教学进程：第1～3次课程；

设计概念教学进程：第4～7次课程；

设计方案教学进程：第8～11次课程；

设计实施教学进程：第12～14次课程。

第 1 章　室内设计定位

这是1980年部特批我系试办硕研班时，系教研组为"艺术与设计"教学所收集汇编的参考资料。

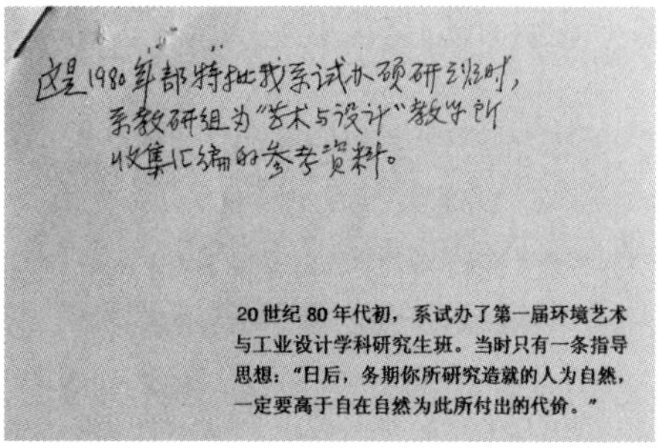

20世纪80年代初，系试办了第一届环境艺术与工业设计学科研究生班。当时只有一条指导思想："日后，务期你所研究造就的人为自然，一定要高于自在自然为此所付出的代价。"

图 1-1　1980 年中央工艺美术学院工业美术系研究生班"艺术与设计"教学参考资料首页潘昌侯教授批注[1]

1.1　设计定位的目标

设计是人类改变外部世界、优化生存环境的创造方式，也是最古老而又最具现代活力的人类文明。人类通过丰富而多样的生产与生活方式设计创造来调整人与自然、人与社会和人与人之间的关系，同时推动现代社会的文明体验、相互沟通与和谐进步。

设计学是关于设计行为的科学，设计学研究设计创造的方法、设计发生及发展的规律、应用与传播的方向，是一个强调理论属性与实践的结合、融合多种学术智慧，集创新、研究与教育为一体的新兴学科。

作为国家全面协调可持续的科学发展观，设计学对应于经济建设、政治建设、文化建设、社会建设、生态文明建设五位一体的总体布局，设计学科发展有着相应的属性定位。经济属性是产业角度的设计学本质；政治属性是国家角度的设计学本质；文化属性是专业角度的设计学本质；社会属性是大众角度的设计学本质。以上四项的设计学本质，归结于人类面向生态文明建设的可持续发展属性，是时代赋予设计学本质的内核。在战略发展的意义上，成为设计定位的终极目标。室内设计作为直接影响人居生活方式，主导价值观走向的专业门类，自然应当将可持续设计的观念作为定位目标的准则。

[1] 2013 年 10 月 16 日潘昌侯教授为清华大学美术学院"春华秋实"老教授系列讲座（讲座海报为潘昌侯冠以"中国工业设计与环境设计创始人之师"的称谓）演讲时，交给主办方参考资料首页的批注："这是 1980 年部（轻工业部）特批我系（中央工艺美术学院工业美术系）试办硕研班时，系教研组（实为潘昌侯本人）为'艺术与设计'教学所收集汇编的参考资料。"资料前言："20 世纪 80 年代初，系试办了第一届环境艺术与工业设计学科研究生班。当时只有一条指导思想：'日后，务期你所研究造就的人为自然，一定要高于自在自然为此所付出的代价。'"实际已为专业教学指明可持续设计教育的发展方向。

1.1.1 设计历史与文化的知识

掌握人类居住环境演化的历史与文化知识，成为确立室内设计定位目标的基础。中外艺术史、中外科学技术史、中外工艺美术史、中外设计史是其直接的知识领域；美学、社会学、人类学、生态学、经济学、管理学是其相关的知识领域。

室内设计作为一门应用型专业，是以设计学环境设计专业方向的知识体系作为其理论基础的。立足于环境设计的研究对象，这就是自然、人工、社会三类环境的关系。研究人的生存与安居成为设计问题的核心。通过对组成环境设计系统相关专业内容，城市、建筑、室内、园林设计历史与理论的学习，研究环境艺术与环境科学关系的问题，了解并掌握环境设计问题既古老又有新挑战性的学科规律。学习并具备理论研究与实践结合的能力，掌握环境体验与审美创造相结合进行优质环境设计的知识。

环境设计的学科交叉性与专业综合性，体现其历史与理论的基础源于城市、建筑、园林、室内等专业领域。需要从设计哲学和现代设计理论的角度，学习研究与之相关的环境设计发展简史（包括形成"环境艺术"风格样式与流派的近现代外国美术史内容）。按照历史沿革的文化形态，了解历代设计风格和艺术表现的总体特征，建造结构和施工技术的发展，以及与建筑环境相关的雕塑、绘画、工艺装饰等方面的艺术成就。认识人工环境与自然环境、社会生活的关系，以形成正确的设计审美观。提高艺术与设计文化修养，构建设计的环境整体意识，树立面向生态文明的可持续发展设计观。

1.1.2 审美思辨与认知实验的技能

技能训练立足于构成环境设计专业内涵相关学科历史与理论的教学，以案例教学为主导。通过讲授辅导、查阅文献、图像观摩、环境体验等方式，使学生对环境设计概念，历史发展概况及风格样式、流派有基本的了解。重点加深对室内环境设计程序：空间设计、装修设计、陈设艺术设计的认识和理解。

介绍设计学环境设计专业历史与理论学习与研究的基本方法。培养从事环境设计专业理论研究工作所涉及的技巧。例如：针对特定环境进行第一手分析、评估与记录的方法和工具使用等，从而培养学生的能力。通过学生个人的文献阅读、环境体验、社会调研，经由场景速写与摄影、场所测绘与文本记录、访谈与研讨等方式学习，学生们将提升以下能力：

（1）审美能力，对环境设计艺术表象的审美能力；

（2）思辨能力，对文献阅读的归纳与综合能力；

（3）认知能力，对时空场域的主观体验感知力；

（4）实验能力，对环境变迁予以演绎、归纳、提问和验证的能力。

1.1.3 基于文化定位的设计价值观念

教育

室内设计的文化定位必须建立在可持续发展观念的全球化层面。"文化是民族的血脉，是

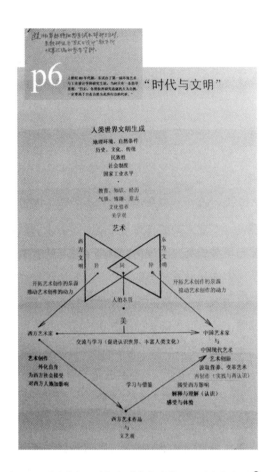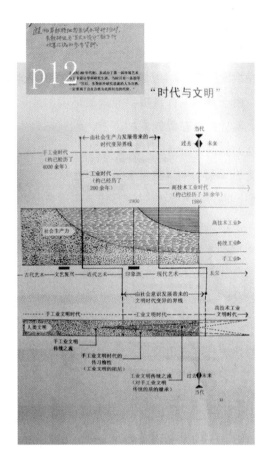

图1-2 "艺术与设计"教学参考资料——时代与文明 ❶

---

❶ 潘昌侯汇编：1980年中央工艺美术学院工业美术系研究生班"艺术与设计"教学参考资料节选。

人民的精神家园。"❶ 面向生态文明建设的可持续发展属性，是时代赋予设计学的本质内核。可持续发展的设计学属性具有战略层面的意义。

由于室内设计直接参与人居环境的建设系统，其业态处在建筑业的下游，设计成果作为生活方式的终极呈现，具有极强的社会影响力。室内设计面向大众的社会属性，是提升其生活品质。通过符合国情生活方式与实现方式的研究，为设计活动提供知识资源。通过室内设计知识的科学普及，深化大众对于设计的理解，从而提升全社会对设计价值的认知。

设计文化战略的指向体现在三个层面：① "人与物" 的设计指向——将设计思路的主导引向以造型为目标的物象视觉体现；② "人与人" 的设计指向——将设计思路的主导引向以适用为目标的物象身心体现；③ "人与环境" 的设计指向——综合以上两种设计思路的优势，通过设计改变人的行为方式与价值观念，使人的基本生活方式符合生态文明的建设规范。室内设计的专业综合特征，决定其必须走第三种指向的文化战略路线。

文化属性是专业角度的设计学本质。室内设计是最能体现跨越人类文明形态古老而新兴学科特点的设计学专业。设计是人类基于生存的本能，以进化所达成的智慧，通过思维与表达，以预先规划的进程，按照生活的目标和相应的价值观，以生存环境背景的制约和生产力发展水平所形成的条件，通过人工器物的发明过程，创造与之相适应的生活方式。不同生活方式历经岁月的磨砺，作为历史和传统沉淀为文化。从这层意义出发，设计就是文化建设。而室内设计恰是文化建设的主要力量。

教学

介绍设计学环境设计专业历史与理论学习与研究的基本方法。

室内设计在高等学校的教学，立足于设计学环境设计专业方向的理论与实践。学习人居环境形成与发展的历史与理论，掌握设计与研究的基本工作方法是教学内容的核心。了解历代设计风格和艺术表现的总体特征，建造结构和施工技术的发展，是形成正确设计审美观的教学路径。

课堂教学、实验教学和实践教学，是组成室内设计教学体系相互不可替代的三个方面。课堂教学是以传授知识为主要目标的教学方式，主要是在传统的教室中完成；实验教学是以知识传授与技能训练相结合的教学方式；实践教学包括两个方面的内容：其一，模拟相应的工程项目进行的设计训练；其二，在社会相关机构进行的专业实习。

1.2 设计定位的内容

设计定位的内容，是以设计目标的受众定位所决定的。受众定位是以其经济与政治地位的背景，受文化定位、需求定位、技术定位三个方面的总和所制约。设计受众的文化定位指向:受所处人文生活环境中自身文化、社会文化、

❶ 胡锦涛在中国共产党第十八次全国代表大会上的报告《坚定不移沿着中国特色社会主义道路前进　为全面建成小康社会而奋斗》。

专业文化、管理文化，四个层面思想观念的影响；设计受众的需求定位指向：受索取产品或居所的个人需求、社会需求、场所需求，三个层面环境状态的影响；设计受众的技术定位指向：在获得事物与环境价值的体验中，受功能定位、审美取向、技术手段下达成的设计目标所控制。

1.2.1 理论体系与知识领域

设计学理论体系由设计审美理论、设计认知理论、设计技术理论、设计教育理论等四部分构成，由"设计历史与文化"、"设计思维与方法"、"设计工程与技术"、"设计经济与管理"四个子知识领域构成基本的知识结构，该结构涵盖设计调查、设计创意、设计表达、设计工程、设计管理及设计教育等多个专业环节。并以学科本体、专业研究、相关学科的多元结构形成设计学的学科范围。室内设计的产品统合特征，使其能够充分体现设计学的全部知识、技能与观念。

设计是面向服务对象的创造过程，在这个过程中思维与表达的互动，始终贯穿在使用者与设计者甲乙双方交流的三种状态中。在明确设计目标、建立设计概念、绘制设计方案和完成设计实施的四个阶段。甲方（使用者）内部的需求定位交流——第一种状态；乙方（设计者）自身的分析判断交流——第二种状态；甲乙双方取得共识的思想交流——第三种状态。表面上看四个阶段的三种状态交流，主要是技术因素在起主

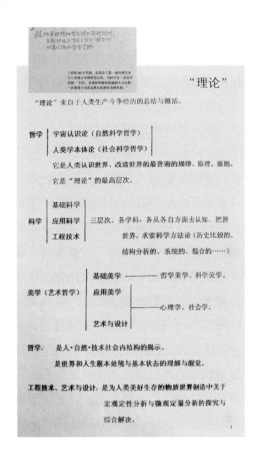

图1-3 "艺术与设计"教学参考资料——理论 ❶

---

❶ 潘昌侯汇编：1980年中央工艺美术学院工业美术系研究生班"艺术与设计"教学参考资料节选。

导作用。究其实质所反映的仍然是双方基于经济、政治、社会、文化背景面向生活方式的价值观导向，以及这种导向汇流于某种观念后的定位。

1.2.2 设计定位的拓展与规划

设计定位的拓展与规划，体现于发展战略与实施战术的层面。室内设计战略的时代定位：装饰的设计理念代表着传统，属于农耕文明的第一阶段；空间的设计理念代表着当代，属于工业文明的第二阶段；环境的设计理念代表着未来，属于生态文明的第三阶段。室内设计战术的阶段定位：体现设计本质的可持续设计——统合空间规划、构造装修、陈设装饰的整体设计；体现低碳概念的可持续设计——研究人的环境行为特征以价值体验为导向的设计；体现生态概念的可持续设计——实施创新驱动战略突破专业技术壁垒的环境设计。

室内设计能够充分体现环境的设计理念，而环境设计又是一门观念宏观而技术微观的学科。室内设计教学的设计定位，要服从环境设计教育教学的总方针。这就是：大处着眼，小处着手，在细微处见功夫。

1.2.3 基于环境定位的设计专业观念

教育

"环境设计是研究自然、人工、社会三类环境关系的应用方向，以优化人类生活和居住环境为主要宗旨。环境设计尊重自然环境、人文历史景观的完整性，既重视历史文化关系，又兼顾社会发展需求，具有理论研究与实践创造、环境体验与审美引导相结合的特征。" [1]

明确设计学面向生态文明建设的可持续发展属性，可持续发展的属性体现于设计学的可持续设计观，环境设计学科的室内设计专业方向，是实现可持续设计的有效专业路径。

教学

"环境设计以环境中的建筑为主体，在其内外空间综合运用艺术方法与工程技术，实施城乡景观、风景园林、建筑室内等微观环境的设计。环境设计要求依据对象环境调查与评估，综合考虑生态与环境、功能与成本、形式与语言、象征与符号、材料与构造、设施与结构、地质与水体、绿化与植被、施工与管理等因素，强调系统与融通的设计概念，控制与协调的工作方法，合理制定设计目标并实现价值构想。" [2]

放眼于所处环境的经济、政治、社会、文化背景，找准发展定位，确立合适概念；着手于所处项目的材料、构造、尺度、肌理要素，优选最佳方案，确定可控程序；宏观与微观都要以环境体验的设计观念为准绳，按照人的行为情境进行环境设计的技术控制。

❶ 国务院学位委员会第六届学科评议组编. 学位授予和人才培养一级学科简介 [M]. 北京：高等教育出版社，2013.
❷ 国务院学位委员会第六届学科评议组编. 学位授予和人才培养一级学科简介 [M]. 北京：高等教育出版社，2013.

1.3 设计定位的方法

设计定位的方法在理论层面，来自设计学的学科属性。设计是一种具有物质文明及精神文明双重内涵的创造方式。在物质层面，它通过改变外部世界从微观形式到宏观形式的物质形式，来达到改变人类自身处境、优化生存环境的目标；在精神层面，它通过创造新的功能形式以及新的视觉经验，在提升人的感官舒适、行为效率的同时提升社会的文明品质、实现人的尊严，因此它具有历史的传承性、文化的创新性和文明的进步性特征。

设计定位的方法在操作层面，来自设计学的学科内涵。设计学以人的设计行为为对象，是关于设计行为的发生、发展、属性、内涵、目标、价值、程序、方法及其解释与评价体系的科学。因此，设计定位的考察、调研、分析、归纳强调"问题意识"导向，以发现问题、分析问题、解决问题为内涵的基本方法广泛指导着各领域的设计思维，对人的行为规律及生理特征、事理特征、情理特征的关注与把握构成设计定位研究的逻辑基础；以学理分析为主并积极辅以社会调研、心理实验、个案研究等质性研究方法构成设计定位研究的工具体系。❶

1.3.1 公共资源与设计管理的知识

确立明晰的设计定位，涉及公共资源与设计管理的知识。现阶段市场在资源配置中的决定性，已得到国家决策层的认可。相关的知识领域扩展到：室内设计市场的劳动资源配置、知识资源配置、技术资源配置、管理资源配置、资本资源配置。设计市场的良性发展在于优化以上公共资源的配置。这部分知识的获得，需要通过选修经济管理与公共管理的相关课程。

设计管理在现阶段所依据的知识体系，主要在于信息论系统与控制论系统。前者是当代科学方法论的基础，是将信息的获取、编码——译码、调制、信息变换、传递、加工、处理等的系统目的性运作，抽象为一个信息的传递与交换的过程。后者是信息时代探索处在多输出、多输入、高精度、参数时变中的复杂闭环系统的方法论。

与设计定位相关的设计管理方法，主要在于设计的人力、项目、程序、营销四个方面。设计人力管理体现于使用与培养并举的战略和目标与过程并重的策略；设计项目管理体现于时间与人力资源配置的双向权衡；设计程序管理遵循发现问题、识别问题、分析问题、明晰方向的问题导向思维程序，按照由大到小、由高到低、由统到分的程序进行控制。设计营销管理按照设计理念与设计品牌的市场推广意识，根据消费需求与满足的定位确定目标市场战略，培育从产品到商品的开发与市场营销观念。

1.3.2 设计定位的方法与技能

设计定位的方法与技能，必须依靠设计者

---

❶ 中国高等学校设计学学科教程研究组著. 中国高等学校设计学学科教程 [M]. 北京：清华大学出版社，2013.

思维的基本技能。通过文案与手绘的图形推导，分析设计对象所处环境的各种制约因素，从而寻求设计定位的切入点。设计定位文案的撰写过程，就是文献、资料、情报汇集的过程，只有完成足量的实地与实情的调查与研究，才能真正实现精准的设计定位。文案的合理逻辑，依据手绘图形的推导过程，因为只有通过图形的分析，才能准确显现设计项目各类要素所处环境的时间与空间运行状态。

设计定位是项目面向业主、决策、社会、专业四个文化层，体现场所精神与使用价值的目标。其设计思维的方法与技能，在于文案的图形推导，理想的方法是工作坊（Workshop）的讨论式教学。运用直觉判断——触发信息的直接领悟；类比推理——触发信息的直接转移；逻辑整理——实践检验与信息反馈，这样三类推理模式，其与科学认识的程序——从累积到整理；科学研究的对象——从事物到系统；科学发展的阶段——从常规到革命，共同建构起指向设计定位的工作方法。

1.3.3 基于系统控制的统筹观念

教育

设计定位的观念出发点，在于认识人工环境与自然环境、社会生活的关系，提高艺术与设计文化修养，构建设计的环境整体意识，树立面向生态文明的可持续发展设计观。

在人类迈向生态文明未来的当代，面临的是信息文明的挑战。"信息"，不是具体的事与物，而是传递事物内容与知识的消息，信息的载体随着人类历史的进程发生着深刻的变化。语言是直接传递、交换消息的第一载体，文字是间接传递、交换消息的第二载体，电磁波是瞬时、视听同步传递、交换消息的第三载体。

在信息时代计算机智能与人类机器系统的紧密结合，教会人们应在更高层次上战略地去关注未来。去把人类的全部精神财富：知识、智慧、智能经网络转化成为和谐世界服务的高科技生产力。

教学

确立设计定位的教学，依据系统分析（含模拟与设计）的方法，以系统工程的程序进行。按照目标的选择与确定、收集资料与参数分析、建立数字与逻辑模型、确定最优方案直至决策与设计的程序进行。作为这个系统的管理，关键在于两个方面的控制，即：系统执行与运转、效果评审。

在教学中要明确控制论的对象，是含有反馈回路的闭环控制系统。它以通过负反馈（检出并纠正偏差以达目标）来控制系统的内部结构与外部行为；并主动干预其因与果，作用其因而实践其果（目标），以求得全局无序（混乱）中的局部有序，全局衰退中的局部进化。

1.4 "设计定位"课内教学安排

设计定位

根据项目营造的条件，包括地理、区位、结构、风格等内容，涉及经济政治、专业发展、决策背景等社会文化因素，最终由使用功能、审美取向、技术条件的综合权衡来设定目标。

根据教育和教学的背景，讲解课程内容与

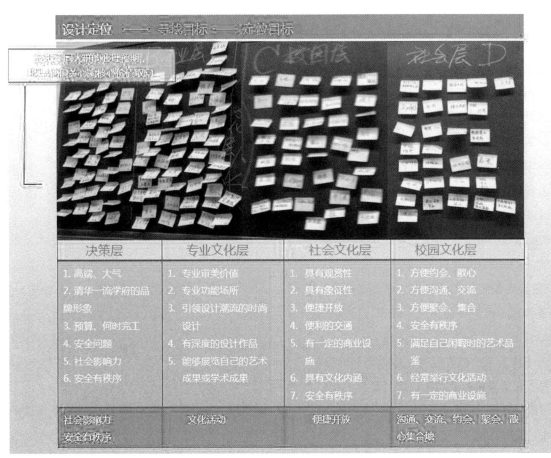

图 1-4 ❶

决策层	专业文化层	社会文化层	校园文化层
1. 高端、大气	1. 专业审美价值	1. 具有观赏性	1. 方便约会、散心
2. 清华一流学府的品牌形象	2. 专业功能场所	2. 具有象征性	2. 方便沟通、交流
3. 预算、何时完工	3. 引领设计潮流的时尚设计	3. 便捷开放	3. 方便聚会、集合
4. 安全问题	4. 有深度的设计作品	4. 便利的交通	4. 安全有秩序
5. 社会影响力	5. 能够展览自己的艺术成果或学术成果	5. 有一定的商业设施	5. 满足自己闲暇时的艺术品鉴
6. 安全有秩序		6. 具有文化内涵	6. 经常举行文化活动
		7. 安全有秩序	7. 有一定的商业设施
社会影响力 安全有秩序	文化活动	便捷开放	沟通、交流、约会、聚会、散心集合地

---

❶ 武宇翔：清华大学美术学院研究生 "设计艺术的图形思维" 课程学习研究报告。

授课程序：

第 1 次授课（4 课时）

讲解教学目的、课程内容、教学方法。

课外作业：制订课题日程控制计划（第 2 次授课时上交）。

第 2 次授课（4 课时）

与学生逐个讨论课题日程控制计划，详解课题内容与任务。

课外作业：制订课题设计任务书（第 3 次授课时上交）。

第 3 次授课（4 课时）

"设计定位"的圆桌会议。通过"打牌"❶ 的游戏方式，推导课题文化、需求、技术的定位指向。

课外作业：文献查阅与社会调研结合完善课题设计任务书（第 4 次授课时上交）。

1.4.1　课程讲授

根据学生所了解的知识和掌握的技能，与时俱进地选择与"设计定位"关联的适宜主题进行讲授。在信息时代的高等学校，即使是专业性很强的课程，仍然提倡以理论思维为主的观念性授课。知识的获取和技能的训练，建议安排在课外进行。本书所选"讲义"为笔者 2000 年以来，授课所讲的选篇，仅供参考。

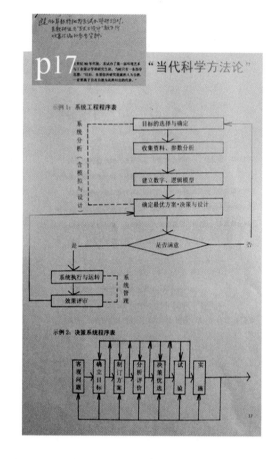

图 1-5　"艺术与设计"教学参考资料——当代科学方法论·系统论❷

---

❶　"打牌"式设计思维推导：根据设计定位的目标设定不同主题，由学生在小纸牌上写出自己认可——符合主题概念的关键词（每牌一词）。在限定时间内，从打出纸牌中所写的词语中，由参加"打牌"的全体学生投票，选出符合主题概念的关键词。

❷　潘昌侯汇编：1980 年中央工艺美术学院工业美术系研究生班"艺术与设计"教学参考资料节选。

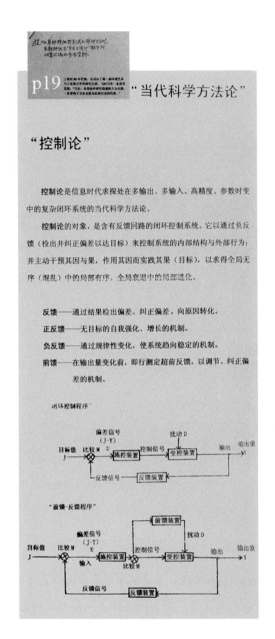

图1-6 "艺术与设计"教学参考资料——当代科学方法
论·控制论❶

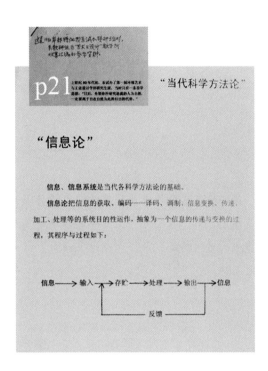

图1-7 "艺术与设计"教学参考资料——当代科学方法
论·信息论❷

---

❶ 潘昌侯汇编：1980年中央工艺美术学院工业美术系研究生班"艺术与设计"教学参考资料节选。
❷ 潘昌侯汇编：1980年中央工艺美术学院工业美术系研究生班"艺术与设计"教学参考资料节选。

授课讲义（成稿 2001 年 10 月）编号：J001

绿色设计的思辨

在环境艺术设计专业的范畴绿色设计是世纪之交出现频率最高也最为时髦的一个词组。然而什么是绿色设计？在公众乃至业界的理解却不尽相同。从专业设计者到行政领导可能在正规的文稿或报告中大谈可持续发展、大谈绿色设计，然而在实施的各类与环境有关的工程项目中却完全与绿色背道而驰。

绿色设计的理念

绿色概念的由来——象征着生命的绿色

绿色——自然属性的物质表象来源于植物。"一个有用的衡量经济规模对地球生命承载能力的极限，是全球光合作用产物供给人类活动的比率"。

生存之源——植物的光合作用

净初始生产力（Net Primary Productivity，NPP）

绿色植物通过光合作用所固定的太阳能，减去绿色植物本身所消耗掉的能量（如呼吸作用），其差值即被称为 NPP，这个数量实质上是全世界的食物来源的大本营，是支持地球上一切形式的动物体（包括人类）生存的生物化学能量。

绿色——由此成为生态环境良性循环的代名词。

生存还是毁灭——严峻的现实

人类历史到 1900 年为止全球经济总规模折算为 6000 亿美元。

100 年后全世界每年仅新增产值就达到当时世界总财富的 50%；中国 1997 全年的 GDP 即相当或略高于当时全球经济的总规模。

财富大量积聚的代价是资源和能源的无节制消耗和向地球的无情掠夺。

人类现在 1 年所消耗的矿物燃料,相当于在自然历史中要花费 100 万年所积累的数量。

在此种经济模式、经济规模和巨量消耗物质形式资源与能量形式资源的现实中,如不能够有效地遏止这种汹涌增长的势头,人类无疑于是在为自己挖掘坟墓。

环境与发展的矛盾

中国经济持续高速增长的势头、人口基数庞大并在不断膨胀的现实、自然资源的大量消耗、区域发展不平衡等,均对 21 世纪中国的环境与发展造成巨大的压力。我们处在一个既不能走世界发达国家"先污染、后治理"的老路,又不能不把"发展"置于优先位置的"两难"境地之中。

如何解决环境与发展之间的矛盾,如何在二者之间寻求合理的均衡点,是摆在中国未来的严峻任务。

绿色设计——因此成为唯一的出路

宏观的战略概念

绿色——可持续发展战略的核心

"环境与发展"的均衡,是国家可持续发展战略的核心,也是"人与自然"之间取得平衡的基本标识。绿色成为基本标识的代称。

体现人类理想生存环境的最佳状态:生态系统的良性循环;社会制度的文明进步;自然资源的合理配置;生存空间的科学建设。

绿色设计——可持续发展总体战略下的实施系统

宏观的绿色设计

中国可持续发展战略的实施方案:

2030 年实现人口数量和规模的"零增长",跨上中国可持续发展战略目标的第一台阶;

2040 年实现能源和资源消耗速率的"零增长",跨上中国可持续发展战略目标的第二台阶;

2050 年实现生态环境退化速率的"零增长",跨上中国可持续发展战略目标的第三台阶。

目标实现——将整体进入可持续发展的良性循环

微观的绿色设计

基于可持续发展战略目标下的环境设计系统：

城市设计、建筑设计、园林设计、景观设计、室内设计。

恢复人类原本拥有的绿色

绿色——原本拥有的财富

人与自然关系的历程

距今10000年以前：渔、猎、采食天然动植物，人类处于自然生态系统食物链的天然环节——人与自然和谐；

距今250～10000年：获得基本生存条件和食物供给的农耕经济，人类初步地稳定繁衍并进入简单再生产的初级循环——人与自然互动；

距今0～250年：工业革命使人类攫取自然资源的能力空前提高，消费欲望高度膨胀，极大地刺激着生产力的发展。伴随而来的是人口剧增、资源短缺和环境恶化——人与自然对立。

人定胜天观的破灭

当人类出现于地球之后，这个特殊的种群一直想把自己作为自然界的主宰，尤其是当其具有强大的动力和机器之后，这种心态日益膨胀，虽然不少先知和智者曾经不断地予以警告，但当事者往往会幼稚地把自己置于至高无上的境地，把本属于诗人的浪漫或艺术的夸张，纳入到自己的日常行为之中，于是非理智地向自然宣战，贪婪地掠夺自然的财富，满足人类自身不断膨胀的欲望。以至于就要将人类拖入万劫不复的深渊。

我们不要过分陶醉于我们人类对自然界的胜利。对于每一次这样的胜利，自然界都对我们进行报复……——恩格斯

走回头路的幻想——人的生物属性与社会存在造成无路可退的现实

"人是上升到最高峰的而不是原来就处于最高峰的，这个事实给人提出了希望，即在遥远的未来

人可能达到更高等级的命运。"（达尔文：《人类的由来》）

"人处于最原始状态时就已经是地球上最具有统治能力的动物。人比任何有高度严密组织的动物都要蔓延得更为广泛：别的一切动物都在人的面前屈服了。人的这种巨大优越性，显然归之于人的智能、启发人协助、保卫自己的伙伴的社会生活习惯、人的体形，人所具有的这些特点的极端重要性，已经由生存竞争的最后裁决所证明。"（达尔文：《人类的由来》）发音清晰的语言成为人类奇迹般进步的动因；工具的运用使得人类的劳动更具有创造性；火的发现与生火技术的掌握使人类第一次摆脱了自然界的束缚。史前时代的人类已经显示出今后改造自然的非凡观察力、记忆力、求知欲、想象力和推断力。

面对现实的可持续发展基本理念

只有当人类向自然的索取，能够同人类向自然的回馈相平衡时；
只有当人类为当代的努力，能够同人类为后代的努力相平衡时；
只有当人类为本地区发展的努力，能够同为其他地区共建共享的努力相平衡时，
全球的可持续发展才能真正实现。

环境意识的觉醒

从生存危机的观念出发提高全民的环境意识。
高生活水平下的绿色之路任重道远。

科技进步与绿色设计

科学技术作为第一生产力成为可持续发展的引擎

只有科技的进步才能促使绿色设计的实现

自然环境：城市摆脱污染的困扰；废弃固体、气体、水体的排放控制；绿化与水资源的合理配置。
人工环境：建筑从封闭再次走向开放。
解决制约的瓶颈：通风与温控、采光与照明、水的循环使用。

材料与能源

可再生资源、非传统矿产资源、第四代能量资源、太空资源。

从行动纲领到可实施方案

确定绿色设计行动纲领是时代赋予设计工作者的社会责任

《2000 中国可持续发展战略报告》实施目标应作为我们行动的纲领

"控制人口、节约资源、保护环境、维持稳定、科学决策"是中国可持续发展战略的五项基本行动纲领。

我们的一切设计活动都应符合宏观绿色设计的战略目标

在世纪之交，我们处于一个关键的时刻：挽救地球保护自然，已经成为每一个人的庄严责任。

中国作为一个占世界人口 20% 以上的大国，又是一个快速发展中的大国，可持续发展战略的实施与胜利实现，不仅是我们自身发展的唯一正确模式，而且将是对整个人类的巨大贡献。

是无计可施还是有所作为

设计观念的彻底转变。

融于环境之中还是凌驾于环境之上。

个人价值还是社会价值。

景观设计

自然形态还是人工形态；

慎对自然景区的开发改造；

植物品种的审慎选择；

水资源的合理运用。

室内设计

空间概念的转换：从二维模式到四维模式。

滥用材料过度装修还是合理用料适度装修。

终结奢靡之风

盖居室之制，贵精不贵丽，贵新奇大雅，不贵纤巧烂漫。凡人止好富丽者，非好富丽，因其不能创异标新，舍富丽无所见长，只得以此塞责。 [清]李渔《闲情偶寄·居室部》

德国首都柏林的城市建设发展规划符合绿色设计的理念

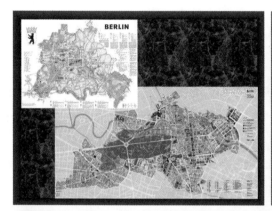

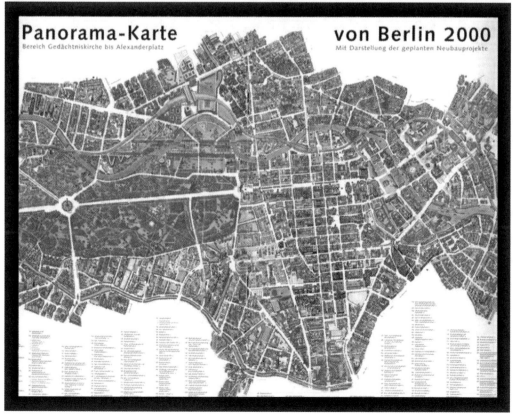

授课讲义（成稿 2005 年 1 月）编号：J002

中国室内设计的理论与实践

引言

中国建筑装饰行业与室内设计

室内设计作为一门独立的专业，在世界范围内的真正确立是在 20 世纪 60～70 年代之后，现代主义建筑运动是室内设计专业诞生的直接动因。在这之前的室内设计概念，始终是以依附于建筑内界面的装饰来实现其自身的美学价值。自从人类开始营造建筑，室内装饰就伴随着建筑的发展而演化出众多风格各异的样式，因此在建筑内部进行装饰的概念是根深蒂固而易于理解的。现代主义建筑运动使室内从单纯的界面装饰走向空间的设计，从而产生了一个全新概念的室内设计专业。

"从地理位置考虑，室内设计可分为三个区域，欧洲、北美和亚洲。在欧洲，室内设计仍然是建筑或艺术装饰的一部分。换句话说，室内设计还没成为一个有力和统一的行业。在北美，室内设计有着大约一百年的历史，有着能影响立法的全国性的联盟以及非常大的经济增长。在亚洲，室内设计在中日韩经济发展的促进下发展很快。虽然有着不同的文化和背景，它们面临着相同的挑战。" [1]

建筑装饰与室内设计都属于空间设计的概念，建筑装饰的发展有着悠久的历史，而室内设计则是 20 世纪 60、70 年代之后的新兴专业。在世界范围内室内的专业发展基本上是按照两条线进行的：一条线是以建筑设计的概念；另一条线则是以建筑装饰的概念。前者以"室内设计"称谓名副其实，后者则只能以"室内装饰"命名。

无论是"室内设计"还是"室内装饰"都存在具体的设计问题。室内设计是包括空间环境、室内装修、陈设装饰在内的建筑内部空间的综合设计系统，涵盖了功能与审美的全部内容。而室内装饰则是以空间的视觉审美作为其设计的主旨。室内设计的概念代表了现代世界的主流，而室内装饰的概念则具有强烈的传统意识。

---

[1] 董伟．中美室内设计教育发展比较 [M]// 任文东主编．交流·沟通·融合——国际室内设计教育论文集．哈尔滨：黑龙江美术出版社，2004：37．

国外发展的现状是以发达的工业化国家作为主要背景

从室内设计的概念出发体现出以下特征：

探索未来生态建筑条件下的室内绿色设计方式，建立与生态建筑相符的室内环境系统，最终实现室内的绿色设计，实现人类诗意地栖居于大地的理想。

完善材料与构造体系，以人居环境的基本需求为标准，从家具与设备的空间体系入手，创造适合各种特殊功能需求的室内。

完善的知识产权保护机制与科学运行的设计市场。

设计风格的多样性与对应于特定功能空间设计语言统一性的共存，表现出成熟的设计理念与设计市场。

国内发展的现状脱离不了现代化进程中过渡时期的制约

从室内装饰的概念出发体现出以下特征：

设计的价值概念尚未在社会完全确立，知识产权得不到应有的保护，设计市场尚未完全建立。表现于设计中普遍的简单抄袭现象，和以施工代设计的所谓"免费设计"运行模式。

尚未在设计理念上彻底完成从"装饰"到"设计"的过渡。表现在追求空间界面表象的浮华效果，而忽视实用功能的深入推敲。

缺乏应有的材料与构造意识，表现在滥用材料和不恰当地运用材料，不能从空间构造的高度去考虑设计问题。

尽管室内设计所服务的行业在中国有着"建筑装饰"和"室内装饰"两种称谓，但这并不妨碍它的发展，"中国室内设计发展的步伐在全世界是最快的"。

这是由于特殊国情所造就的。

一、专业历史发展的三个阶段

我们按照人工环境与自然环境融会的程度来区分建筑的内部空间——室内的发展阶段。以界面装饰为空间形象特征的第一阶段，开放的室内形态与自然保持最大限度的交融，贯穿于过去的渔猎采集和农耕时期；以空间设计作为整体形象表现的第二阶段，自我运行的人工环境系统造就了封闭的室内形态，体现于目前的工业化时期；以科技为先导真正实现室内绿色设计的第三阶段，在满足人类物质与精神需求高度统一的空间形态下，实现诗意栖居的再度开放，成为未来的发展方向。

1. 以界面装饰为主线的第一阶段

从整个人类的营建历史来看，室内装饰的历史甚至早于建筑。岩壁上的绘画是人类栖身于洞穴时的室内装饰；坐立于地面的彩绘陶罐成为最初建筑样式（人字形棚架）穴居的装饰器物。石构造建筑以墙体作为装饰的载体，从而发展出西方建筑以柱式与拱券为基础要素的装饰体系；木构造建筑以框架作为装饰的载体，从而发展出东方建筑以梁架变化为内容的装饰体系，形成天花藻井、槅扇、罩、架、格等特殊的装饰构件。

2. 空间功能作为主流的第二阶段

发端于19世纪后期的现代主义建筑思潮，是建立在理性的功能主义之上的。钢筋混凝土框架结构和玻璃的大量使用，为室内空间争得了发展的更大自由，空间的流动在技术上变成了可能。这是人类建筑史上的一次革命，它促进了现代室内设计的诞生。而恰恰在这时，依附于建筑内外墙面的装饰被减到了最少，而代之以从室内环境整体出发的装饰概念。

3. 绿色设计成为主导的第三阶段

毫无疑问，迄今为止人工环境的发展（自然包括室内环境）是以对自然环境的损耗作为代价的。于是从科技进步的基本理念出发，可持续发展思想成为制定各行业发展的理论基础。因为室内设计行业在可持续发展战略总体布局中，处于如何协调人工环境与自然环境关系的重要位置，因此绿色设计成为行业依靠科技进步实施可持续发展战略的核心环节。

二、20年间跳跃发展的启示

1949年中华人民共和国成立后因为众所周知的原因，我们沿袭了前苏联的建筑设计体系，这种体系造就了20世纪50年代俄罗斯新古典主义与中国传统装饰符号相混合的建筑样式，成为一个时代的建筑象征。可以说在20世纪70年代之前，以现代主义建筑为特征的室内设计，并没有在中国发展起来。始于1978年的改革开放，对于中国设计界的意义非同小可。犹如打开了一道封闭已久的水闸，一切都被汹涌而入的洪水冲得面目全非。于是在20年间演出了一场跳跃发展的活剧。

1. 跳跃演进的历史必然

三种因素促成的合力

改革开放后商品经济的发展，为当代中国室内设计的起飞奠定了基础；单个空间的个性化要求，为设计者提供了相对于工业产品设计更为自由的设计天地；高额的商业投资利润，成为设计施工行业发展的催化剂。三种因素的合力，使中华大地上升腾起一股前所未有的室内装修热潮。这股热潮造就了一大批室内装修公司，带动了相关行业的发达兴旺。在这里我们暂且不论其风格的差异和水平的高低，就其过程而言，在不到20年的时间内，中国室内设计以跳跃发展的态势迅速走过了西方国家近百年所经历的路程。

逆向发展的奇特现象

在世界室内空间的全部设计总量中，居住空间占据了最大的份额，其次是工作空间，最后才是公共空间。这样的排序符合人类生活行为需求的本能。大多数发达国家的室内设计也是这样发展起来的。室内最终脱离建筑成为一个独立专业，这样的一个发展顺序是符合逻辑的。

然而，中国的室内设计却走过了一条逆向发展的道路：从公共空间开始到工作空间，然后再到居住空间。而且集中表现在最具功能特点的三类建筑，即：酒店—写字楼—住宅。

打开国门的最初年代，需要吸引大量的境外投资者进入中国，住的问题首当其冲。开拓具有丰富资源的旅游市场，首要解决的问题也是住。受这种双重刺激，依靠灵活的投资政策，从20世纪80年代初到90年代的十年间，在中国的大地上从无到有地冒出了数以万计大大小小符合国际标准的酒店。现代意义的中国室内设计由此迈出了第一步。从空间形象的审美概念出发，追求表面效果的设计成为主流。

20世纪80~90年代酒店室内设计

标准化的工作空间代表了现代office概念的各类工作场所。诸如：办公室、办事处、事务所、营业所之类。符合现代office概念的室内空间在中国出现是在20世纪90年代的中期，至今还有相当一批工作空间未能够达到这样的标准。现代标准化工作空间的设计，强化了大陆设计师的室内功能概念，促进了室内设计功能化特征的体现。

真正具有现代室内设计意义的住宅，在中国的出现是在20世纪90年代的后期。因为只有当人们的钱包日益鼓胀，人均占有的建筑面积日益增大时，设计的委托才能变为现实。国内居住空间的室内设计在短短的五六年间实现了从公共空间（酒店）到工作空间（写字楼）的设计概念转换，这是一个十分有趣的现象。从最初追求酒店豪华的空间氛围回归到注重实用功能、方便生活的本原。

20世纪90年代末期住宅室内设计

市场需求的拉动作用

中国大陆的各类行业自20世纪90年代中期才开始真正按照市场经济的规律运行，至今还不到10年光景。因此发展很不平衡，仍然处于转型的阵痛之中。

室内设计行业的发展必须靠市场作为动力才能运行。市场是否规范又直接影响行业的发展。由于室内设计本身是一种综合性很强的行业，与这个行业相关的市场涉及材料、工程施工、设计三个大的方面。20年来这三个方面的市场发展是极不平衡的。其中，发展最快、种类最全的数材料市场；相对成熟、定位趋稳的是工程施工市场；只有设计市场还在步履艰难的初期阶段。

2. 迅速转换的设计概念

从界面装饰到空间设计

空间是一个非常广义的概念。大到物质世界形成的本原，关于时空的理念；小到一个具体的界定，一座房间的内部虚空。在艺术设计的概念中，只有对空间加以目的性的限定，才具有实际的意义。这种目的性的限定就是研究各类空间环境中静态实体、动态虚形以及它们之间关系的功能与审美问题。

装饰则是一个限定性、针对性很强的概念。总是可以对应于各类物化的实体。在艺术设计的概念中，装饰是具有美学价值的物化存在样式，它以不同的艺术风格、造型图案、色彩质地，传递出不同的审美意向。

空间与装饰的理念在室内设计专业成为一个左右其发展方向的词汇界定。基于空间理念的设计表现为一个四维时空的连续整体，它是一个环境设计的概念，通俗地说这种艺术表现形式就是房间内部总体的艺术氛围。如同一滴墨水在一杯清水中四散直至最后将整杯水染成蓝色，如同一瓶打开盖子的香水，其浓郁气息在密闭的房间中四溢。以空间理念完成的设计受体给予人的总体感受是理性的、概念的、综合的。而基于装饰理念的设计表现则在很大程度上维系于二维或三维空间的界面，它所传递的是一种附着于空间实体之上的艺术审美理念。在时间上多表现为线性单向。以装饰理念完成的设计受体给予人的总体感受是感性的、具体的、细腻的。

作为中国室内设计者的总体设计概念，也就在20年间完成了从界面装饰到空间设计的转换。

从盲目追风到概念定位

流行是一种审美的社会文化现象，任何一种艺术风格或样式都有着自己发生发展以至衰落的过程，艺术样式的流行似乎有着自己特殊的演变模式。这是一种沿着纵轴螺旋上升的空间曲线模型。当原点沿着上升的曲线行进到与出发时的空间坐标点相反方向时，所表现出的形态正好与之相反。而当原点盘旋一圈，上升到与出发点相对的同一坐标点时，则表现出与之相同的形态。

由于中国处于长期封闭后又豁然开放的特殊国情，特别是社会公众的审美水平与消费心理远没有达到符合时代要求的成熟程度，因此在室内设计装饰风格流行的问题上就表现得异乎寻常。

由于设计品位的高低，决定于设计者本身的水准，也决定于其设计能否被当时的社会大众所接受。因此，在当代中国，设计样式的决定权在很大程度上属于使用者。所以，社会的艺术设计流行趋势就几乎被使用者左右。

但是这种状况在进入 21 世纪后有了明显的变化。受城市发展和住宅商品化的影响，大陆房地产市场全面启动。为了商业竞争的需要各开发商大打概念牌，从而使设计个性化的理念得以张扬，并影响到整个室内设计行业，从中国室内设计界近两年所举办的各类设计评奖来看，有明确设计概念定位的作品越来越多，开始呈现百花齐放的景象。

三、未来空间功能演变的展望

1. 中国现象引发的启示

中国室内设计 20 年间跳跃发展的历程成为世界近百年设计史的缩影，使我们得以在一代人的时间内，审视室内从传统装饰走向现代设计的全貌，从而引发对空间功能未来演变的展望。

从浮华的外表到内在的生活

从 20 世纪 70 年代物质匮乏中走过来的中国人，在 20 年间迅速演进了从炫耀浮华的外表风格追求到注重实际内在生活质量的全过程。

炫耀浮华的空间外表装饰只能迎合处于商品经济初期人们那种满足于虚荣心追求的心理。属于低文化层次的空间功能追求。

社会、经济、技术的改变最终不会影响人对生活空间功能质量本质的追求。

空间功能回归于人性的本质

人类作为大自然生物链的一环，虽然处于顶尖位置，反而使其对自然生态环境产生无穷的依赖。本身建造的生存空间也将最终融会于自然。

平房—楼房—平房、郊区—闹市—远郊，居住方式与地点选择的改变，反映出回归自然的人类天性。

追求开放通透的空间，摆脱封闭狭小的空间束缚，反映出人们对阳光、空气的渴望。与自然环境最大限度地交流成为空间功能首要的选择。

2. 数字化生存方式的影响

以计算机网络技术引发的信息革命正在改变着我们的生活，对于室内设计者来讲这是一个全新的课题，它所带来的影响将直接改变生活空间的功能。

改变现实生活方式的可能性

居住、工作、社会活动构成了人类生活行为的全部。由此衍生出三大类功能性质完全不同的室内空间：居住空间、工作空间、公共空间。数字化生存方式对这种传统的生活模式将造成何种影响，成为室内空间设计者考虑的首要问题。是数字化生存方式取代传统的生活方式，还是两种方式兼而有之共荣共生。

人的生活行为模式会因为数字化生存方式受到何种强度的改变，并最终对室内空间的设计产生何种影响。

两类空间融会的思考

居住与工作在人的全部生活中占据了绝大多数的时空。而数字化生存方式最有可能对这两类空间的设计造成影响。两类空间是否最终合而为一，这是一个值得探讨的问题。

工作是否成为人类生活的必需？这个命题是数字化生存方式中家庭办公能否成立的前提。

如果两类空间融会，从室内设计的角度出发，空间的功能设置将会产生何种变化。

复杂功能的桎梏与简单操作的企求

人类创造了各种工具协助自己生活得更为便利，但工具复杂功能的桎梏却限制了人身的自由，沦为工具的奴隶还是自如操作的主宰，同样影响未来室内空间功能的设置。

简化操作与自主控制成为数字化生存方式需要攻克的主要难关。

智能化空间，包括机器人介入人类生活将会使室内空间产生何种影响。

3. 人性化绿色空间的追求

建立与生态建筑相符的室内环境系统，最终实现室内的绿色设计，成为我们对未来的展望——实现人类诗意地栖居于大地的理想。

从封闭再次走向开放

在人类漫长的发展历程中，只是在工业化之后我们的室内环境才趋向于封闭。正是因为封闭才产生了诸多的环境问题。如何打破封闭使室内再次走向开放，成为衡量室内环境是否绿色的天平。

摆脱人工气候的控制，在高技术的层面回归于自然。

环境因素成为人类生存利益的主体，创造融会于自然环境的建筑内部空间。

恢复已退化的自然环境区域，将自然生态循环的过程整合于建筑之中。

良性循环的生态系统

自然环境本身就是一个生态循环的系统，作为生态建筑的室内环境首先在于其系统循环的良性化。这是室内环境绿色设计的基本点。

建立与地球生态系统相适应，能够良性循环的建筑生态系统。

在三个方面实现室内环境系统的技术改造：空间的形式、朝向、采光、通风等方面的优化；太阳能开发与智能系统利用；自然循环的可再生天然材料。

德国的生态建筑——德国国会大厦太阳能穹顶与自然通风系统。

可供回收的产品体系

从一种单纯的意识形态发展成为一种真正的经济要素：建立可供回收的产品体系是室内走向绿色设计的必由之路。

耗费最少资源或实现资源自给的100%的生态建筑。

建立与生态建筑相适应的室内可供回收产品体系。

与之相配的空间形态

仅仅做到技术层面的室内环境生态化，还不是完整的室内绿色设计。我们还需要满足人类精神追求的高文化品位的环境氛围。

建筑物的生态学——着眼于综合环境与气候因素，将其转化为高品质、高舒适度、完美形式的空间。

局限于对节能和生态设备的表现还是结合为建筑自身的构成元素。

德国柏林议会大厦改建工程室内设计的采光与通风符合绿色设计理念

授课讲义（成稿 2012 年 10 月）编号：J003

设计的思维与方法

一、设计的本质

设计的本质在于创造，创造的能力来源于人的思维。对客观世界的感受和来自主观世界的知觉，成为设计思维的原动力。

1. 艺术与科学

艺术与科学，作为人类认识世界和改造世界的两个最强有力的手段，同样体现于设计，可以说设计的整个过程就是把各种细微的外界事物和感受，组织成明确的概念和艺术形式，从而构筑起满足于人类情感和行为需求的物化世界。设计的全部实践活动的特点就是使知识和感情条理化，这种实践活动最终归结于艺术的形式美学系统与科学的理论系统。

艺术

艺术，按照我们今天的解释："人类以情感和想象为特征的把握世界的一种特殊方式，即通过审美创造活动再现现实和表现情感理想，在想象中实现审美主体和审美客体的互相对象化。具体说，它是人们现实生活和精神世界的形象反映，也是艺术家知觉、情感、理想、意念综合心理活动的有机产物。"❶ 尽管有史以来存在着不同的艺术理论。作为满足人们多方面审美需求的社会意识形态，"艺术"仍然是一个为公众所普遍理解的概念。

综观东西方的艺术理论，我们不难看出其共同点，这一共同点主要体现在艺术审美的统一性上。作为艺术家总是要创造美的精神产品。这种创造要么源于生活，再现他们的所见；要么表现他们主观的心灵写照；要么混淆现实生活与他们的想象。由于人们往往习惯于某种艺术风格，一旦某个艺术家创造出新的表现形式，就会引起人们的震惊和振奋，因此创新成为艺术家永恒的追求。

在艺术创作这种人工的极致中，除了音乐以其抽象的表达"不受任何约束便能创作出表现自我意

---

❶ 辞海，1999.

识，用来实现愉悦目的的艺术品"❶，而在其他的艺术表现形式中，"造型"与"视觉"则是最普遍和容易被理解的关联要素。不论抽象或是具象，人们总是通过不同的传达媒介来体味艺术。而通过不同类型形象表达的感知，来愉悦他人的欲望，则是艺术创作本质的诉求。"故此，艺术往往被界定为一种意在创造出具有愉悦性形式的东西。这种形式可以满足我们的美感。而美感是否能够得到满足，则要求我们具备相应的鉴赏力，即一种对存在于诸形式关系中的整一性或和谐的感知能力。"❷可见，人的感知能力成为艺术体验最基本的条件。

艺术创作的表现形式是为了满足人的感知体验而被创造出来的。满足人的愉悦情绪的快感，总是能够产生美感。而美感的获得应该是艺术创作所要达到的基本目标。尽管美感是产生美的重要组成内容，而"美"的定义在很多种解释中又总是与美感发生联系。似乎能够产生美感的艺术作品本身就是美的化身，然而，艺术并不一定等于美，尤其是当我们将艺术置于时间的天平衡量时："我们都将会发现艺术无论在过去还是现在，常常是一件不美的东西。"❸究其实质我们还是同意英国学者赫伯特·里德（Herbert Read，1893～1968年）对美所下的物理定义：美是存在于我们感性知觉里诸形式关系的整一性。

科学

科学，是在人们社会实践的基础上产生和发展的。按照我们今天的解释："是运用范畴、定理、定律等思维形式反映现实世界各种现象的本质和规律的知识体系。社会意识形态之一。按研究对象的不同，可分为自然科学、社会科学和思维科学，以及总结和贯穿于三个领域的哲学与数学。"❹

然而提到科学，在社会公众的概念中总是以自然科学取而代之，即使是学术界在涉及艺术与科学的关系时，也总是以自然科学作为讨论的对象。同样，这里的立论也是按照自然科学的理念，这是因为自然科学的研究方法所代表的人类思维方式，最集中地反映了科学工作方法的实质。对于设计来讲具有十分重要的现实指导意义。

自然科学是研究自然界的物质形态、结构、性质和运动规律的科学。一般把现代自然科学分为基础理论科学、技术科学和应用科学三大类。

近代，科学技术在西方取得了长足的发展，这时的科学已经从哲学和神学的领域脱颖而出，观察、实验、分析、归类成为科学的工作方法，形成了分支细密而庞大的学科体系。随之而来的工业文明改变了世界的经济结构与产业结构，引起了生产关系的变革，传统的农耕时代随之瓦解。科学的进步促进了人类社会的进步，世界进入了一个全新的时代。

---

❶ （英）赫伯特·里德著. 艺术的真谛 [M]. 王柯平译. 北京：中国人民大学出版社，2004：1.
❷ （英）赫伯特·里德著. 艺术的真谛 [M]. 王柯平译. 北京：中国人民大学出版社，2004：1.
❸ （英）赫伯特·里德著. 艺术的真谛 [M]. 王柯平译. 北京：中国人民大学出版社，2004：3.
❹ 辞海，1999：2107.

现代设计显然是在这样的时代背景下发展起来的。设计的程序和它的工作方法无疑带有科学工作方法的印记。这与农耕时代传统的工艺技巧显然有着明显的区别。

科学技术的研究方法是经缜密的计划和观察而获得并支配经验的有步骤的努力，具有严密的逻辑和明确的目标。这种研究具有实践与理论的双重属性，科学探索的结果一类产生于偶发的实验过程，而后得出结论；一类先有理论和假说，然后在实验中得到验证。也就是说科学知识的发展不仅仅靠更精确、更广泛的观察在实践中得到，而且是靠理论的进一步的完善得到的。

艺术＋科学＝设计（DESIGN）

当我们简要地回顾了艺术与科学发展的历史，分析了艺术与科学工作的特征，就不难发现"设计"其实就是处于艺术与科学之间的交叉综合学科。艺术是设计思维的源泉，它体现于人的精神世界，主观的情感审美意识成为设计创造的原动力；科学是设计过程的规范，它体现于人的物质世界，客观的技术机能运用成为设计成功的保证。

2. 内容与方法

了解设计的内容，明确设计的方法，是作为艺术设计理论基础最重要的方面。

内容

在国内相关学术界的一般概念中"设计"和"艺术设计"所表达的词义，都是与英语的"DESIGN"划等号的。问题在于"设计"或"艺术设计"词义表达本身的缺憾，很难让公众作为一个独立的专业学科定义来理解。在《辞海》1999 年版之前的所有版本中，均没有单独的"设计"词条。在 1979 年版中只有"设计水位"、"设计阶段"、"设计教学法"的词条，在这里设计是作为动词按定语来使用的。即使是 1999 年版的"设计"词条："根据一定的目的要求，预先制订方案、图样等，如：服装设计；厂房设计"的解释，也不是我们在这里所要表述的"设计"概念。

亚洲国家，如日本与韩国对英语"DESIGN"都采取了外来语直接音译的表述方式，反而比较利于理解，同时便于与国际的接轨。国内在 20 世纪 80 年代也有学者倡议采用音译的方式，但终因学科在社会的影响力微弱和认识的不统一而不了了之。今天，在专业的学术圈子里，除了"工艺美术"和"艺术设计"之间的争议外，新一代的学者普遍接受"设计"和"艺术设计"所表述的本质理念。至于文字上的笔墨官司，也逐渐失去了辩解的市场，没有多少人去计较，尽管在理解上还存在着差异。现在的高中教科书实验课本《设计》和《艺术设计》并存，这就是中国特殊的国情。然而，名不正则言不顺，设计的发展因此受到严重的影响。

迄今为止，国内学者的设计理论研究，尚未达到社会经济与政治所需的程度。但是毕竟进行过不少研究，同时也发表了相应的言论。仅《艺术设计概论》就有不同作者的各种版本。

李砚祖教授编著的《艺术设计概论》对"设计·DESIGN"词义的解释全面而详尽。他认为："DESIGN"与汉语原有词汇"设计"在本质上是一致的，与汉语中的策画、策划、意匠、图案等词意相近。中国汉语"设计"一词的多义使用与"DESIGN"在英语世界中的多义使用的事实几乎遥相呼应，两者都随着时代和环境的变化而增添新的含义。设计的意义在于："设计是人类改变原有事物，使其变化、增益、更新、发展的创造性活动。设计是构想和解决问题的过程，它涉及人类一切有目的的价值创造活动。"❶

尹定邦教授在其所著的《设计学概论》中写道："设计作为人类生物性与社会性的生存方式，其渊源是伴随'制造工具的人'的产生而产生的"，他认为："设计就是设想、运筹、计划与预算。它是人类为实现某种特定目的而进行的创造性活动。"❷

也许，英国学者保罗·克拉克（Paul Clark）在他与朱利安·弗里曼合著的《设计~速成读本》概述中所阐述的观点，特别符合国内的社会现实以及目前对于设计的理解。因此，全文摘录如下：

这本书基本上是关于用品及其历史的。我们人类在制造用品方面已经变得非常在行了——只要环顾四周吧——每一件用品在制造的过程中都包含着设计的因素。

我们用不着为"设计"这个词的确切含义太伤脑筋。它也许包含着发明，或者工艺。它也许还包含着一种最初的想法。设计往往在不同的时期和所有这些因素互搭，我们所划的任何界限都会有一点不自然。德国人格斯纳（Konrad Gesner）在1565年是设计还是发明了铅笔？19岁的法国数学天才帕斯卡（Blaise Pascal）在1642年是发明还是设计了第一台高效的计算器？劳特累克（Toulouse Lautrec）是一名艺术家还是（有时是）海报设计师？

"设计"可以意指或者暗示许多不同的东西。它当然与产品的外观有关，但是也关心它怎么操作。如果强调的是前者，我们可以把它理解成"装饰设计"，后者我们就叫它"实用设计"。从古希腊花瓶到可作为身份象征的最新款小汽车，几乎每一种设计都包含着外观和功能之间的某种平衡。就材料和规模而言，对设计的需要涵盖着人类活动的所有范围：包括从集成电路到大型工程和建筑布局的所有事项。所以这是个广大的领域，一个"设计师"可能只在做许多不同工作中的一种。

设计史上一道重要的分水线出现在18世纪晚期的工业革命时期。在它之前，当用品是手工制作的时候，它们不断地在变化：有时候这些变化是有意而为的，但多数时候则是意外造成的。一旦到用品被机器制造的时候，对它们的设计就需要更为精心地计划和安排。工艺图在18世纪90年代首次被使用并不是偶然的事。

最近几十年"设计"这个词在被各种各样的人采用：美发师变成了"发型设计师"；室内装饰工变成了"室内设计师"；当然园丁也就变成了"园林设计师"。设计已经无法摆脱地和街上的时尚、人

❶ 李砚祖.艺术设计概论[M].武汉：湖北美术出版社，2002：4.
❷ 尹定邦.设计学概论[M].长沙：湖南科学技术出版社，2004：1.

的上向流动倾向及奢侈的消费混合在一起。有时候"被设计了"或"设计师"似乎被想当然地意味着"被很好地设计了"或是"好的设计师"。正如有人所说的，它未必如此。

不过，设计影响着我们生活的每一个方面。不论我们是在休闲、旅行还是工作，我们都被设计的东西包围着。人类的世界是一个设计出来的世界。所有这些用品是怎样产生的？是在什么时候，又是为什么而产生的？它们是用什么制作的，而且运转得怎么样？哪些人是有功之人？这就是设计的故事，是制造用品的故事。❶

设计学科中的每个专业在国民经济中都对应着一个庞大的产业，如建筑室内装饰行业、服装行业、广告与包装行业等。每个专业方向在自己的发展过程中无不形成极强的个性，并通过这种个性的创造以产品的形式实现其自身的社会价值。它体现于物质和精神的双重层面。

2011年，在国务院学位委员会印发的《学位授予和人才培养学科目录（2011年）》中，艺术学从原属于文学门类下的一级学科，一跃成为学科门类。在原有：哲学、经济学、法学、教育学、文学、历史学、理学、工学、农学、医学、军事学、管理学之后，增加了第13个门类。"设计艺术学"❷ 由此上升为一级学科，设计学的概念因此确立。可以说艺术学升为学科门类对设计学在国家层面的建设与发展意义重大。自此艺术设计专业改变为设计学学科。

在这次变革中，如果没有设计艺术和工业设计联姻，就不会有一级学科设计学的脱颖而出。而《学位授予和人才培养学科目录（2011年）》中"设计学（可授艺术学、工学学位）"的表述，则为艺术与科学的统合，还原其设计学的本质属性铺平了道路。

尽管在设计学的建立过程中，工科的推动作用明显，国家的发展目标也很明确，然而以中国目前的社会背景与发展态势而言，设计学必须设立在艺术学门类之下。其原因在于国家整体人群自上而下文化素质中的艺术涵养普遍不足。在这里所讲的艺术是人格塑造的概念，属于美育的范畴。即：艺术教育不在于掌握几项技能，关键是能够欣赏艺术，学会艺术思维的方法。

设计学的科学发展取决于从事艺术与科学专业的两类人群，处于一个平台进行学术研究的水平。"设计是人类改变外部世界、优化生存环境的创造方式，也是最古老而又最具现代活力的人类文明。设计为人类创造丰富而多样的生产与生活方式，同时推动着现代社会的文明体验、相互沟通与和谐进步。设计学是研究设计发生及发展的规律，应用与传播的价值，强调理论与实践的结合，集中多种学问智慧，集创新、研究与教育为一体并正在蓬勃崛起的新兴学科。"建立中国特色的设计学，因此成为时代赋予设计教育者的义务与责任。

---

❶ （英）保罗·克拉克，朱利安·弗里曼著. 设计～速成读本 [M]. 周绚隆译. 北京：生活·读书·新知三联书店，2002.
❷ "设计艺术学"是高等院校研究生学习阶段学科的专业称谓，而"艺术设计学"是高等院校本科学习阶段学科的专业称谓，内容与本质相同，称谓各异。

方法

随着20世纪后期由工业文明向生态文明转化的可持续发展思想在世界范围内得到共识，可持续发展思想逐渐成为各国发展决策的理论基础。以环境为主导的艺术设计概念正是在这样的历史背景下产生的，其基本理念在于设计从单纯的商业产品意识向环境生态意识的转换。在可持续发展战略总体布局中，处于协调人工环境与自然环境关系的重要位置。界定于环境的艺术设计最终要实现的目标是人类生存状态的绿色设计，其核心概念就是创造符合生态环境良性循环规律的设计系统。

进入21世纪人类发展的主导意识是什么？毫无疑问应该是环境意识。作为人工环境的设计者又要具备何种主导概念？显而易见这就是环境整体意识的概念。环境意识和环境整体意识虽然只有两个字的差别，但却代表了两种不同的观念。环境意识是人类发展的宏观意识，需要在全人类中确立；环境整体意识则是当代人工环境的各类设计者所必备的设计概念。

环境意识和环境整体意识

环境意识和环境整体意识的真正确立，并不是一件十分容易的事情。长期以来由于社会分工过细，人们已经习惯于一种纵向的单线思维方式，而缺乏横向的综合思维能力。同时，大多数人乃至决策者仍沉湎于眼前利益和现世可见的政绩，缺乏一种对后世高度负责的精神。因而，又从社会的层面阻碍了环境整体意识在设计者头脑中的确立。

整体意识原本就是艺术创作最基本的法则。泰戈尔曾说过："艺术的真正原则是统一的原则"，统一的含义本来就是将部分联成整体，将分歧归于一致。"在一张漂亮的面容上或在一幅画、一首诗、一支歌、一种品质或互相联系的思想或事实的和谐中，人格内涵的统一原则或多或少地得到满足，为此，这些事物变成了确切的真实，进而从中得到欢乐。实在的完美显现是在和谐的完美之中，一旦出现杂乱无章的意识，实在的标准就会受到损害，因为杂乱无章是有违于实在的基本统一的。"可见美的和谐完整的形式体现，主要依赖于艺术创造者的整体意识。

整体意识同样也是艺术设计创作最基本的法则。因为设计本身就是艺术与科学的统一体，审美因素和技术因素综合体现在同一件作品上，使美观实用成为衡量艺术设计成败的标准。艺术审美的创作主要依据感性的形象思维；科学技术的设计主要依据理性的逻辑思维。而艺术设计恰恰需要融汇两种思维形式于一体。如果没有整体意识是很难进入艺术设计创作思维的。

造型能力与表达能力

面对运动着的物质世界，设计者的设计创造从本质来讲，无非是人为运动的时空造型。这种创造需要设计者具备两种能力：意象的造型能力与实在的表达能力。设计者自身是否具备这两种能力，对掌握设计的方法具有至关重要的意义。

既然艺术设计的工作主要体现于人为运动的时空造型，那么只有对空间加以时间的目的性限定，才具有实际的设计意义。

空间三维坐标系的三个轴X、Y、Z，在设计中具有实在的价值。X、Y、Z相交的原点，向

X 轴的方向运动，点的运动轨迹形成线，线段沿 Z 轴方向垂直运动，产生了面。在面的概念上进行的空间构图设计就是二维时空的造型设计。整面沿 Y 轴向纵深运动，又产生了体。在体的概念上进行的空间构图设计就是三维时空的造型设计。体由于点、线、面的运动方向和距离的不同，呈现出不同的形态。诸如方形、圆形、自然形等。不同形态的单体与单体并置，形成集合的群体，群体之间的虚空，又形成若干个虚拟的空间形态。在实体与虚空的概念上进行的空间构图设计就是四维时空的造型设计。

3. 形式与功能

形式

"形式即事物的结构、组织、外部状态等。""在哲学上形式与内容相对，组成辩证法的一对范畴。"❶
我们在这里所说的形式具有美学的含义，即符合特定审美意识的空间构成形式。这种空间构成的形式，是人对空间形态外观的感觉，主观的空间形态感觉反映于大脑产生形象，形象所表达的形、色、质，以及形、色、质本身状态的变化，组成空间形式美的内容。

功能

功能一般指功效、作用。针对机件与器官而言，如：椅子的功能；肝功能等。我们在这里所说的功能除了以上的含义外，还包括了与"结构"相对的功能概念：即有特定结构的事物或系统在内部与外部的联系和关系中表现出来的特性和能力。"任何具体事物的系统结构都是空间结构和时间结构的统一。结构既是物质系统存在的方式，又是物质系统的基本属性。是系统具有整体性、层次性和功能性的基础与前提。研究物质系统的结构和功能，既可根据已知对象的内部结构，来推测对象的功能；也可根据已知对象的功能，来推测对象的结构。从而实现对物质世界的充分利用和改造。"❷

美感及美感的传达

就设计对象的内容而言，形式与功能是不可或缺的两个方面。形式作为设计对象外在的空间形态必须具备相应的美学价值；功能作为设计对象内在的物质系统必须具备相应的实用价值。

外在的空间形态所具备的美学价值体现于人的美感。美感即人对于美的主观感受、体验与精神愉悦。美感的获得来自于人的心理因素即：感觉、知觉、表象、联想、想象、情感、思维、意志等。由于人处于不同的时代、阶级、民族与地域，因此形成了人与人之间在观念、习惯、素养、个性、爱好方面的差异，对同一事物形成的美感自然也就不同。然而，人又具有共同的物质依据与生理、心理机能，以及在审美关系中的相同因素，又使美感形成共同性。因此，美感的基本特点就表现为四个统一："客观制约性与主观能动性的统一，形象的直觉性与理智性的统一，个人主观的非功利性、愉悦性与

❶ 辞海，1999：980.
❷ 辞海，1999：1412.

社会的客观的功利性的统一，差异性和共同性的统一。" **❶**

由于设计对象表现为多种空间形态，不同的空间形态所体现的审美取向具有相对的差异，传达给人的美感自然各不相同。以平面设计为代表的二维时空造型设计，以视觉传达为其表象的特征，主要以平面图形与文字的形象、构图和色彩进行创作，因此平面设计成为单一感官接受美感的设计项目。以产品设计为代表的三维时空造型设计，以视觉和触觉传达为其主要知觉的特征，主要以形体与线型的样式、质地和色彩进行创作，因此产品设计成为多元感官接受美感的设计项目。以室内设计为代表的四维时空造型设计，以视觉、触觉、听觉、嗅觉、温度感觉传达为其综合感觉的特征，主要以空间整体形象的氛围体现进行创作，因此室内设计成为人体感官全方位综合接受美感的设计项目。

尺度——空间形式美体现的基本要素

内在的物质系统所具备的实用价值取决于人的生理需求，人的自身尺度与对环境尺度的感受对实用功能具有决定意义。不同尺度的形态空间会形成不同的功能尺度意识，这种意识体现在设计上就形成了以不同尺度单位为基础的尺度概念：以"公里"为尺度概念进行的城市设计；以"米"为尺度概念进行的建筑设计；以"厘米"为尺度概念进行的室内设计，以"毫米"为尺度概念进行的服装设计。

二、艺术的感觉

艺术的感觉在于认知的想象，想象的灵感来源于外界的刺激。不同强弱的刺激信息源与人的感知形成共鸣就产生了艺术的感觉。

1. 存在与意识

就艺术感觉的产生而言，不同的艺术观有着不同的见解。艺术观所反映的本质属于哲学的范畴。我们在这里阐述的艺术感觉命题是基于唯物主义的哲学概念，也就是说艺术主观感觉的意识是基于客观物质世界的存在。探讨存在与意识的关系，就是探讨艺术感觉产生的本源问题。

存在

存在就是物质的同义词，相对于思维而言。思维和存在的关系问题是哲学的基本问题。

意识

意识是"与'物质'相对应的哲学范畴。指高度发展的特殊物质——人脑的机能与属性。是客观世界在人脑中的主观映现"。

---

❶ 辞海，1999.

意识对物质的关系

意识对物质的关系问题同样是哲学的基本问题。唯心主义哲学家将意识理解为物质世界的本源；唯物主义哲学家强调物质对意识的本源性。马克思主义哲学不仅肯定意识是人脑的机能，是客观存在的反映，而且强调人的意识一开始就是社会性的；意识不仅反映客观世界，并且创造客观世界，具有能动性。在哲学上，意识和思维有时是同义的概念，但意识一词的范围较广。❶我们从存在与意识的理念出发来论证艺术感觉的产生问题，正是基于这样的认识。

直觉

一般认为艺术的感觉是人的直觉，不少人把直觉归结于艺术思维的主要特征。所谓直觉"一般指不经过逻辑推理就直接认识真理的能力。在17～18世纪的西欧唯理论者把直觉看做理智的一种活动，或认为通过它即能发现作为推理起点的、无可怀疑而清晰明白的概念（笛卡尔）；或认为它是高于推理并完成推理知识的理智能力，通过它才能使人认识到无限的实体或自然界的本质（斯宾诺莎）；或主张它是认识自明的理性真理（如'A是A'）的能力（莱布尼茨）。现代西方的一些哲学家（如柏格森等），则从非理性主义的观点出发，认为直觉是一种先天的，只可意会而不可言传的"体验"能力。他们把直觉和理智对立起来，强调人的直觉和动物的本能类似，运用直觉即可直接掌握宇宙的精神实质。现代思维科学的研究认为，艺术与科学的认识与直觉有关。它是长期思考以后的突然澄清，或创造性思维的集中表现，也是一种重要的思维方式。"❷尽管对于直觉的理论探讨有着不同的见解，不少问题的答案或许还要等到对人脑感知外部世界机理研究的突破。但是存在决定意识的理念，还是应该作为我们研究这个问题的基础。

2. 表象与想象

既然存在决定意识的哲学理念是认识艺术感觉产生的基础，那么研究物质的客观世界与意识的主观世界之间物象信息交流的生成与转换就显得格外重要。在这里表象与想象在认知的过程中所起的作用是至关重要的。

表象

表象是"在感觉与知觉的基础上所形成的具有一定概括性的感性形象。"对于艺术家或设计师的艺术感觉而言表象具有决定意义。这种感性形象是外部世界作用于创造者头脑最初的刺激信息源。表象"通过对记忆中保存的感觉和知觉的回忆或改造而成。感性认识的高级形式是对客观世界的直接

---

❶ 辞海，1999：2453.
❷ 辞海，1999：155.

感知过渡到抽象思维的一个中间环节。"❶ 对于艺术家来讲表象所传达的信息仅具有审美的意义，对于设计师而言不但涉及空间形态的审美，同时与时空的功能形态相关联。

每一个人都会有表象的感知，但并不意味每一个人都能够进行艺术创作。因为，如果只有表象的感知而不张开想象的翅膀，认知的表象就不可能转换为新的形象。在这里想象具有决定的意义。敏锐的表象感知能力是新形象产生的基础，而丰富开阔的想象则是新形象产生的本质。

想象

想象是"利用原有的表象形成新形象的心理过程，人脑在外界刺激物的影响下，对过去存储的若干表象进行加工改造而成。人不仅能回忆起过去感知过的事物的形象（即表象），而且还能想象出当前和过去从未感知过的事物的形象。但想象的内容总是来源于客观现实。一般可分为创造想象与再造想象两种，它们对人进行创造性活动和掌握新的知识经验起重要作用。"❷ 要体现为空间形态、色彩、质地、气味、光影等要素。

想象是由对过去认知的回忆、当前的第一感觉、瞬时感悟未知形态的物象三部分知觉形态组成。

第一感觉

当前的第一感觉，是指人接触新事物或新形象后最初的刺激强度。一般来讲第一印象总是最深的，随着接触同一事物或形象的次数增多，刺激的强度会逐渐减弱。因此，第一感觉的想象如果不能够迅即展开，往往会失去最佳的创作想象时机。我们知道感觉是"客观事物作用于感觉器官而引起的对该事物的个别属性的直接反映。如视觉由光线引起，听觉由声波引起，是感官、脑的相应部位和介于其间的神经三个部分所联成的分析器统一活动的结果。"❸ 感觉是在生物的反映形式——即刺激反应性的基础上发展起来的。感觉属于认识的感性阶段，是一切知识的源泉。虽然，人类感觉在复杂的生活条件下和变革现实的活动中得到了高度发展，它的产生同时包含社会发展的因素，与自然动物简单的刺激反应有本质的区别，但是生命体本源的刺激反应性所起的作用却是第一性的。因此，保持对事物的第一感觉，在想象的概念中是极其重要的环节。

联想

瞬时感悟未知形态的物象，实际上是认知回忆与强烈的第一感觉碰撞的产物。在这里联想起着关键的作用。联想属于一种对物象跳跃式思维的连锁反应。是由一事物想起另一事物的心理过程，是现实事物之间的某种联系在人脑中的反映，往往在回忆中出现。联想有多种形式，一般分为接近联想、类似联想、对比联想、因果联想等。在艺术创作中联想具有强烈的主观意识，在充分调动自身思想贮藏的同时，往往能够在瞬间从一种形象转换到毫不相关的另一种形象，从而产生创作的冲动，将一个从未有过的形象表现出来。

---

❶ 辞海，1999：1476.
❷ 辞海，1999：1935.
❸ 辞海，1999：1935.

3. 思维与创造

表象与想象作为认知物质世界最基本的思维客体与主体，显然在新的物象创造中具有决定意义。然而，在艺术设计的领域仅具备这样的认知能力是远远不够的。我们在评价一个人是否具备艺术设计的创造能力时经常要提到"悟性"的问题，所谓悟性实际上就是观察客观世界的思维方式，也就是能否成功地从表象到想象的认知转换到新形象的创造。这种创作思维的形象转换方法是一个艺术设计创造者必须具备的专业素质。

思维

思维："指理性认识或指理性认识的过程，是人脑对客观事物能动的、间接的和概括的反应，包括逻辑思维与形象思维，通常指逻辑思维。它是在社会实践的基础上进行的。认识的真正任务在于经过感觉而到达于思维。"❶ 由于我们的教育体系，无论学校、家庭还是社会，在培育人的思维认识进程中都偏重于逻辑思维而忽视形象思维。然而，在设计中创造者的形象思维能力又显得格外重要。因此，我们在思维与创造的问题上将着重于形象思维模式的探讨。

设计从物象的概念来讲，基本上属于不同类型空间的形态表述。从设计的角度出发必须选取适合于自身的语言表达方式。由于绘画语言的条件与之最为相近，所以在技术上采用得最为广泛。可以说设计主要采用视觉的图形语言工具进行思维。

思维的形式是概念、判断、推理等，思维的方法是抽象、归纳、演绎、分析与综合等。

概念

概念："反映对象特有属性的思维形式。人们通过实践，从对象的许多属性中，抽出其特有属性概括而成。概念的形成，标志人的认识已从感性认识上升到理性认识。科学认识的成果，都是通过形成各种概念来总结和概括的。"❷ 在设计中最初的概念应该具有极其强烈的个性，往往成为控制整个设计发展方向的总纲。设计概念的生成反映了设计者本身的设计素质以及社会实践经验的积累。"社会实践的继续，使人们在实践中引起感觉和影响的东西反复了多次，于是在人们的脑子里生起了一个认识过程中的突变（即飞跃），产生了概念。"❸ 从理论上讲表达概念的语言形式是词或词组。在设计中这种形式表现于空间形象的基本要素、或是一种风格的类型。

概念都有内涵和外延。在设计中概念的内涵表现为主观的功能与审美意识，外延表现为这种意

❶ 辞海，1999：2027.
❷ 辞海，1999：1595.
❸ 毛泽东选集（第一卷）[M]. 北京：人民出版社，1991：285.

识决定的客观物象。内涵和外延是互相联系和互相制约的。概念不是永恒不变的，而是随着社会历史和人类认识的发展而变化的。在设计中概念自然也不会一成不变，同一个设计项目会同时有不同的设计概念，哪一种最好也是要根据当时当地人的特定需求综合判定的。

三、科学的逻辑

科学的逻辑在于思维的规律，规律的产生来源于事物本质的属性。这种属性产生于运动时空内在的机制。科学逻辑的推理主要运用抽象思维的方式。抽象思维是人类特有的一种高级认识活动和能力。与感性直观不同，它以抽象性、间接性为特点，揭示事物的本质和内部联系；并从思维的抽象发展到思维的具体，在思维中再现事物的整体性和具体性。

1. 分类与程序

事物发展过程中的本质联系和必然趋势，形成了自身所具有的规律。这些规律具有普遍性与重复性。它是客观的，是事物本身所固有的，人们不能创造、改变和消灭规律，但能够通过科学的研究认识规律，利用规律来改造自然界，改造人类社会。科学的任务就是要从感性认识上升到理性认识，揭示客观规律，指导人们的实践活动。由于我们面对的客观世界从宏观到微观异常复杂，我们所要揭示的规律纷繁多样。仅从大的分类来讲，规律就可分为自然规律、社会规律和思维规律。我们不可能漫无目的地面对研究的对象，必须对事物本身进行科学的分类，通过合乎思维逻辑的严密工作程序，最终达到我们的目的。

分类

分类是进行科学研究最初的工作基础。这是由分类的概念特征所决定的。分类是"划分的特殊形式。以对象的本质属性或显著特征为根据所作的划分。以划分为基础，但和一般划分有所不同。划分一般比较简单，可以简单到采取二分法；而分类一般比较复杂，是多层次的，即由最高的类依次分为较低的类，更低的类。"❶尤其是室内设计这样的综合性、边缘性环境艺术设计学科，其划分绝不可能是简单的二分法。因为划分大都具有临时性，而分类则具有相对的稳定性，往往在长时期中使用。只有运用分类的方法才能应对综合学科的研究。

---

❶ 辞海，1999：333.

程序

程序是按时间先后或依次安排的工作步骤。科学分类的工作方法要依靠严密的程序来保证。我们面对的信息时代正是数字化程序的结果。

作为设计系统，具有科学、艺术、功能、审美等多元化要素。在理论体系与设计实践中涉及相当多的技术与艺术门类，因此在具体的设计运作过程中必须遵循严格的科学程序。这种设计上的科学程序，在广义上是指从设计概念构思到工程实施完成全过程中接触到的所有内容安排；在狭义上仅限于设计师将头脑中的想法落实为工程图纸过程的内容安排。

2. 系统与控制

系统是自成体系的组织；相同或相类的事物按一定的秩序和内部联系组合而成的整体。在自然辩证法中，同"要素"相对。由若干相互联系和相互作用的要素组成的具有一定结构和功能的有机整体。系统具有整体性、层次性、稳定性、适应性和历时性等特性。

整体性

整体性是系统最基本的特征。在一个系统中，系统整体的特性和功能在原则上不能归结为组成它的要素的特征和功能的总和；处于系统整体中的组成要素的特征和功能，也异于它们在孤立状态时的特征和功能。

层次性

层次性指系统中的每一部分同样可以作为一个系统来研究，而整个系统又是更大系统的一个组成部分。

稳定性

稳定性指系统的结构和功能在涨落作用下的恒定性。

适应性

适应性指系统随环境的变化而改变其结构和功能的能力。

历时性

历时性指系统的要素及它们之间的相互作用关系随时间的推移而变化，当这种变化达到一定程度时就发生旧系统的瓦解和新系统的建立。

控制论系统

就设计的实用概念而言需要的是控制论系统。"控制论系统当然是一般系统，但一般系统却不一定都是控制论系统。一个控制论系统须具备五个基本属性：

可组织性：系统的空间结构不但有规律可循，而且可以按一定秩序组织起来。

因果性：系统的功能在时间上有先后之分，即时间上有序，不能本末倒置。

动态性：系统的任何特征总在变化之中。

目的性：系统的行为受目的支配。要控制系统朝某一方向或某一指标发展，目的或目标必须十分明确。

环境适应性：了解系统本身，尚不能说可成为控制论系统。必须同时了解系统的环境和了解系统对环境的适应能力。"❶

由此我们可以看出一个能进行有效控制的控制论系统，必须具备"可控制性"和"可观察性"。这就是说控制论必须是受控的，系统受控的前提是由足够的信息反馈来保证的。

---

❶ 张启人. 通俗控制论 [M]. 北京：中国建筑工业出版社，1992：17.

1.4.2 课堂讨论

设计定位与项目的背景关系密切。无论室内设计的居住环境、工作环境、公共环境项目，其设计目标的实现，都是建立在设计项目甲乙双方设计定位共识的基础之上。在学习阶段，重点在于调查研究与人际沟通能力的培养。而这种能力获得的知识传授，依靠教学互动的课堂讨论环节。

讨论的基础在于两点。其一：调查数据与研究样本；其二：项目相关方的背景资料。

课堂讨论的内容导向，是模拟项目前期设计定位阶段与甲方沟通可能出现的问题。

课堂讨论的目的，在于学生能够顺利找到项目的设计定位要点，从而制定项目的设计任务书。

具体的课堂讨论主题设定，依据课题模拟的实际项目。教师应作为讨论会的主持，将教学计划与方案涉及的课程内容有机地融会在讨论中。

1.4.3 随机考核

在课堂教学中适时安排一定时间，结合教师所教授的讲义内容要点，采用提问、笔答、绘图等多种方式进行所学知识的随机考核。

1.5 "设计定位"课外教学安排

1.5.1 作业

课外作业包括三个方面的内容：

第 1 次授课后安排制订课题日程控制计划，要求在第 2 次授课的教师讲授之前上交。这个课题日程的控制计划，应以能够投入的课外有效时间计算，使用小时（60min）作为计量单位。以明确的四个阶段（设计定位、设计概念、设计方案、设计实施）分时安排。以此养成学生良好的时间控制工作方法。

第 2 次授课后的作业，为制订课题设计任务书，要求在第 3 次授课的教师讲授之前上交。在课堂讲授与课堂讨论后，针对出现的问题提出完善设计任务书的文献查阅与社会调研的内容和方法。

第 3 次授课后的作业，是"设计定位"圆桌会议后，形成的共性（全体选课学生的共识）与个性（单个学生自己的观点）相结合的设计定位目标。即：设计项目课题在文化、需求、技术方面的定位指向下，通过文献查阅与社会调研，最终形成的课题设计任务书。要求在第二阶段"设计概念"的第 4 次授课时上交。

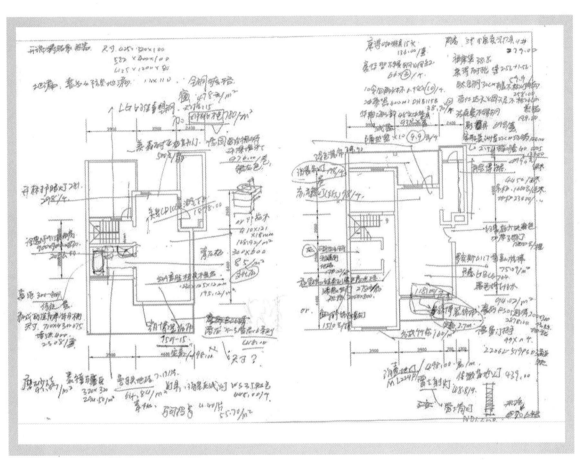

图1-8　在项目平面图上进行的设计定位技术分析——清华大学美术学院环境艺术设计系2001级关键

学生作业选例：

案例选自清华大学美术学院环境艺术设计系本科——室内设计（1）课题讲评的PPT 报告文本。
作者：2007 级何海谊、2007 级方丰阳。前者是设计定位阶段课题设计任务书制订的表达；后者是项目设计定位指向光影概念解决方案的整体表达。

室内设计1
——设计任务书

何海谊

地理位置
· 北京市东北部顺义区
· 机场北线南边的一个小区

地理位置　周边环境　建筑外观　平面分析　设计要求

地理位置

· 居住位置：小区建筑有 5 层，目标住宅在 3 层
· 属小区最西北角（左上方）最西角（左边）的单元

- 项目周边配套齐全，有多家社区幼儿园（托儿所）
- 医疗环境：有三所医院，也有多家社区诊所
- 购物场所：华润超市等
- 快餐：有赛百味、STARBUCKS 等西式快餐厅
- 特色餐饮：有马六甲海峡等餐厅

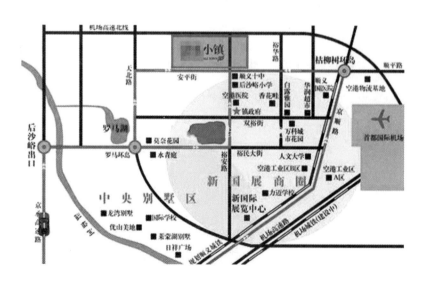

地理位置　周边环境　建筑外观　平面分析　设计要求

· 139.81m^2（三卧室两卫两厅）
· 南北通透
· 不可拆除的墙体

地理位置　周边环境　建筑外观　平面分析　设计要求

 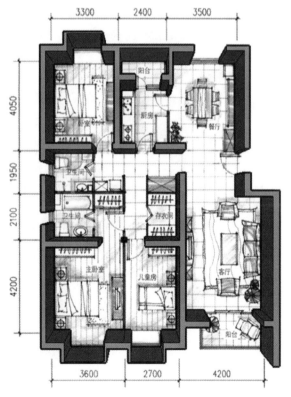

设计要求

· 居住人员：男女主人，及一个即将出生的小宝宝
· 男主人从事教育投资，女主人是一个媒体记者
· 属于文化创意产业，都在城里工作
· 男主人的父母住在小区的另一个住宅里，会经常过来
· 设计要求：格局可以改动
· 存储空间是第一位的，其中书籍、电子产品以及衣服等杂物偏多
· 比较喜欢喝功夫茶，喜好日本文化
· 有一辆 trek 自行车，以及一些公路自行车的装备
· 希望可以挂在墙上（这个要求，可以忽略）

地理位置　周边环境　建筑外观　平面分析　设计要求

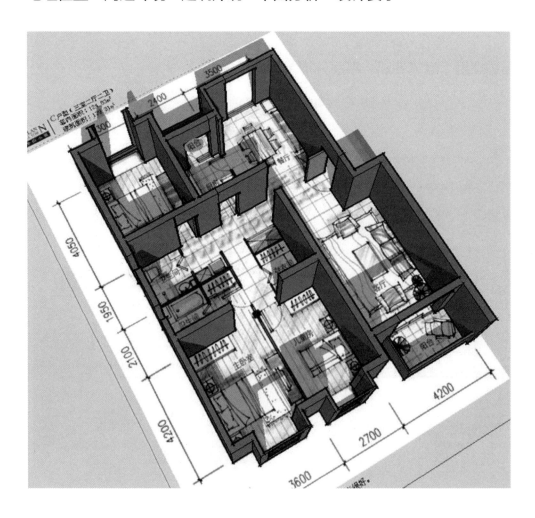

黑白光影最终方案

方丰阳 2007012998

设计空间的位置——首开常青藤

地址:东坝东五环七棵树出口向东200 m

在小区中的位置

在楼房中的位置(在6层楼房中的5楼,主卧室外赠送8 m² 左右的露台)

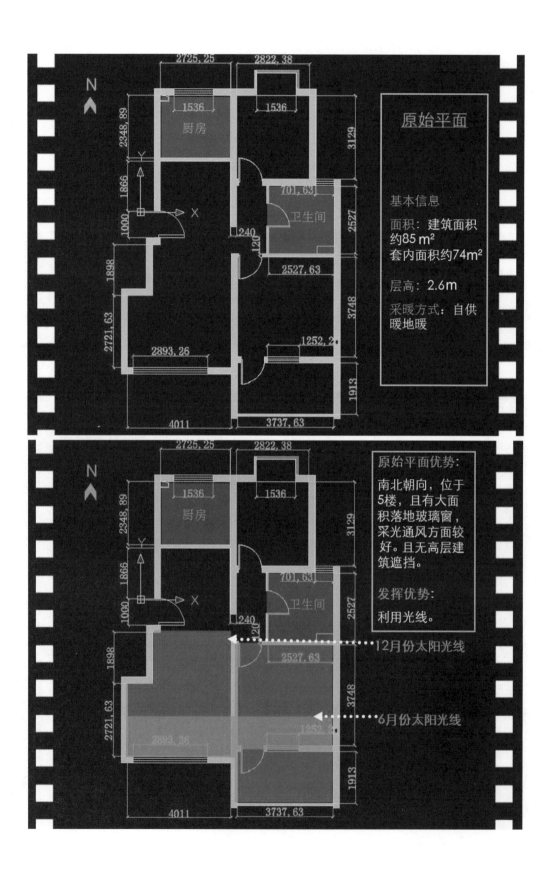

原始平面

基本信息

面积：建筑面积
约85 m²
套内面积约74m²

层高：2.6m

采暖方式：自供
暖地暖

原始平面优势：
南北朝向，位于
5楼，且有大面
积落地玻璃窗，
采光通风方面较
好。且无高层建
筑遮挡。

发挥优势：
利用光线。

12月份太阳光线

6月份太阳光线

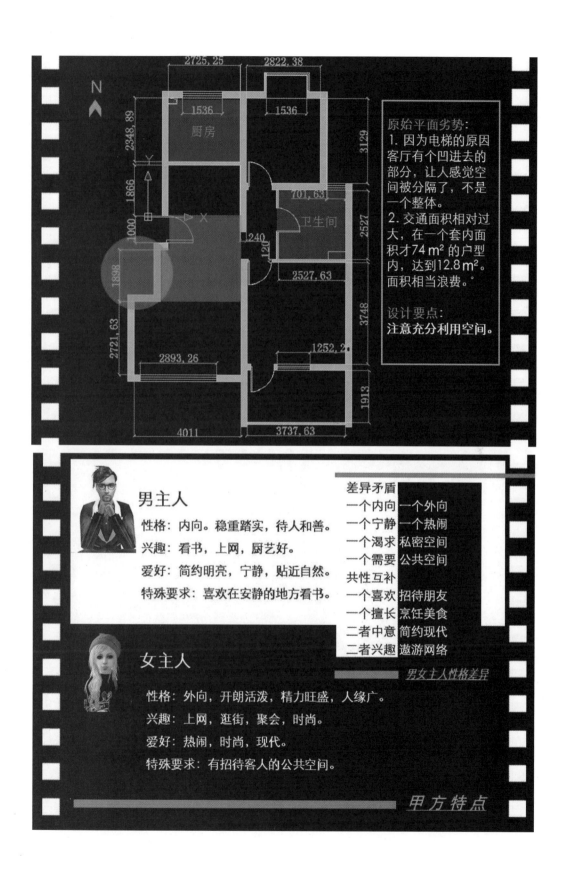

原始平面劣势：
1. 因为电梯的原因客厅有个凹进去的部分，让人感觉空间被分隔了，不是一个整体。
2. 交通面积相对过大，在一个套内面积才74㎡的户型内，达到12.8㎡。面积相当浪费。

设计要点：
注意充分利用空间。

厨房

卫生间

N

男主人

性格：内向。稳重踏实，待人和善。

兴趣：看书，上网，厨艺好。

爱好：简约明亮，宁静，贴近自然。

特殊要求：喜欢在安静的地方看书。

女主人

性格：外向，开朗活泼，精力旺盛，人缘广。

兴趣：上网，逛街，聚会，时尚。

爱好：热闹，时尚，现代。

特殊要求：有招待客人的公共空间。

差异矛盾
一个内向 一个外向
一个宁静 一个热闹
一个渴求 私密空间
一个需要 公共空间
共性互补
一个喜欢 招待朋友
一个擅长 烹饪美食
二者中意 简约现代
二者兴趣 遨游网络

男女主人性格差异

甲方特点

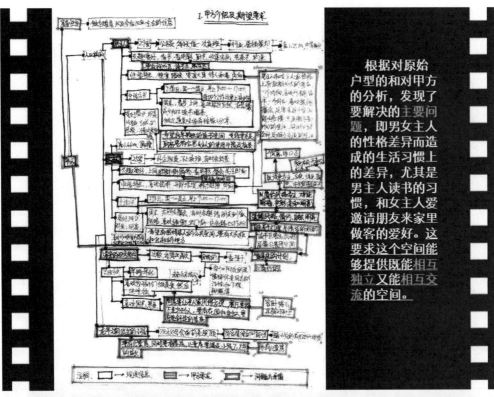

根据对原始户型的和对甲方的分析，发现了要解决的**主要问题**，即男女主人的性格差异而造成的生活习惯上的差异，尤其是男主人读书的习惯，和女主人爱邀请朋友来家里做客的爱好。这要求这个空间能够提供既能**相互独立**又能**相互交流**的空间。

解决方案与概念

设想的解决方案：在合理规划公共空间与私密空间的基础上，利用优势化解矛盾，**利用良好的光影和肌理来区分动静空间，扩大空间。**

由此产生这一概念：
黑白光影。

•**概念说明**：性格就像黑与白反差强烈的男女主人，一起营造了这个黑白空间。利用光与影为空间带来时间，用时间为空间划分动静，通过动与静为空间注入色彩。

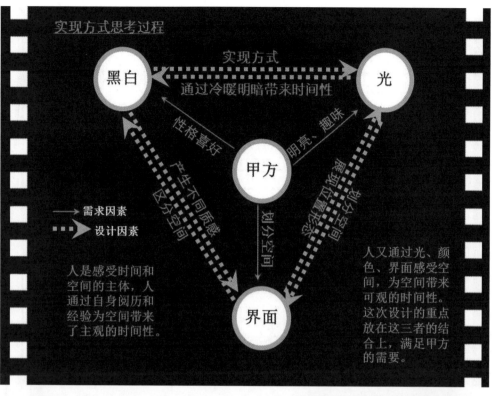

实现方式思考过程

人是感受时间和空间的主体，人通过自身阅历和经验为空间带来了主观的时间性。

人又通过光、颜色、界面感受空间，为空间带来可观的时间性。这次设计的重点放在这三者的结合上，满足甲方的需要。

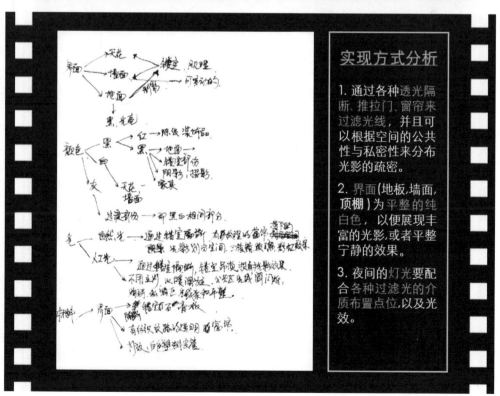

实现方式分析

1. 通过各种透光隔断、推拉门、窗帘来过滤光线，并且可以根据空间的公共性与私密性来分布光影的疏密。

2. 界面(地板,墙面,顶棚)为平整的纯白色，以便展现丰富的光影，或者平整宁静的效果。

3. 夜间的灯光要配合各种过滤光的介质布置点位，以及光效。

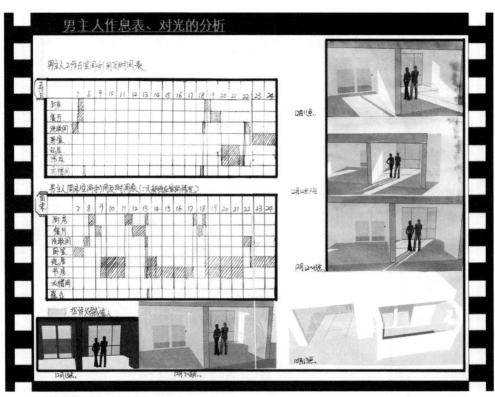

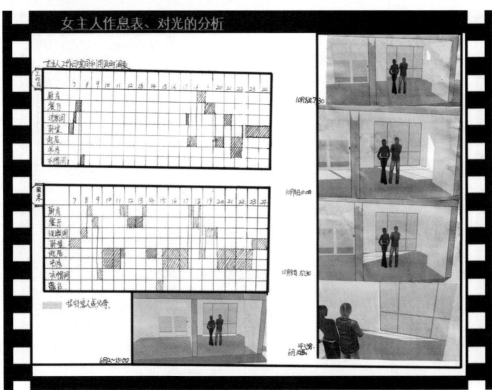

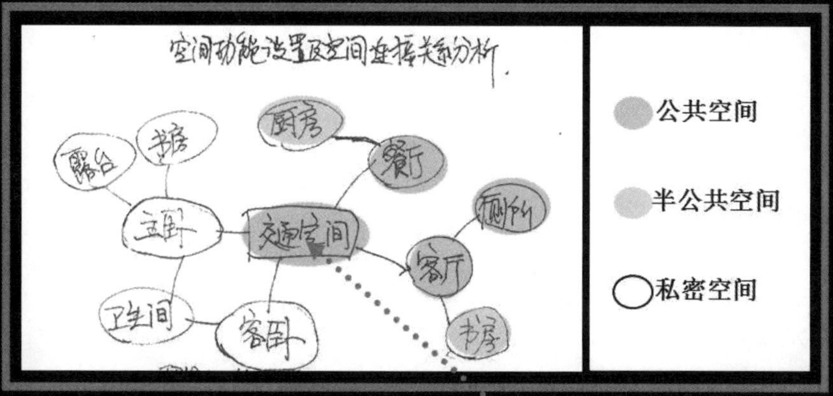

空间功能设置及空间连接关系分析

公共空间
半公共空间
私密空间

选定泡泡图方案（利用交通空间分割动静）

根据男女主人的作息时间表以及前期调研的信息，得出了最佳空间关系分布泡泡图。

空间划分平面草案——第一轮平面方案

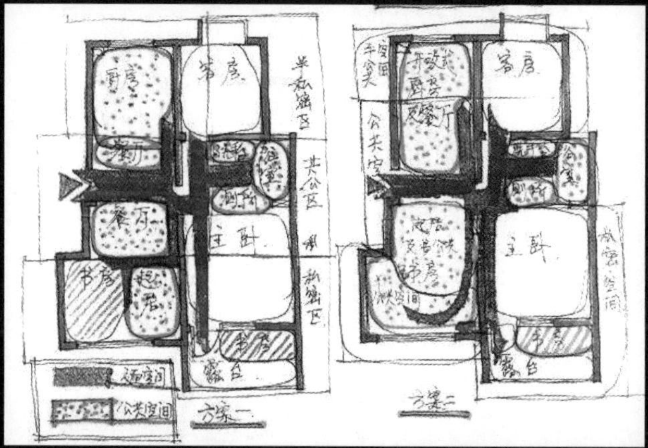

根据最佳空间关系分布泡泡图以及对光的分析，开始在平面中进行划分。

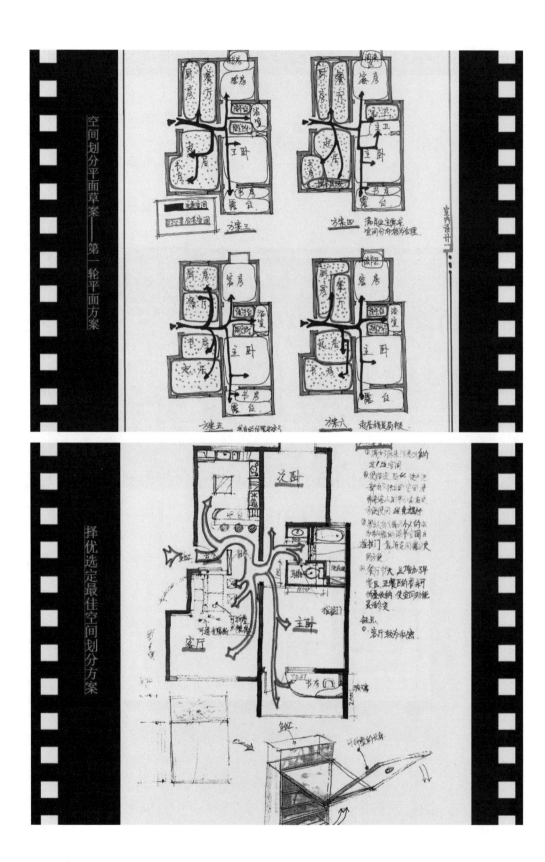

择优选定最佳空间划分方案

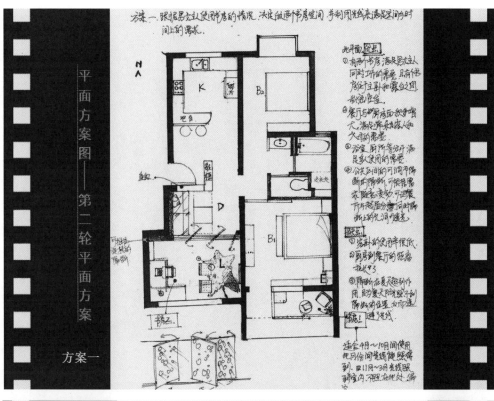

平面方案图——第二轮平面方案

方案一

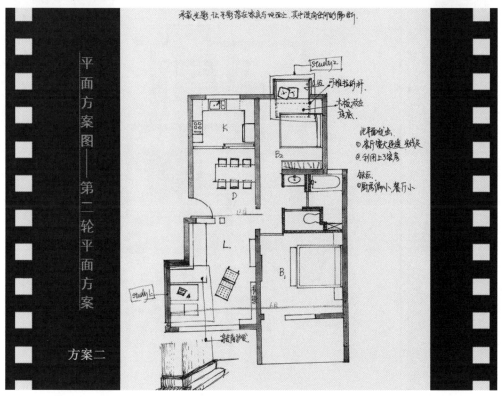

平面方案图——第二轮平面方案

方案二

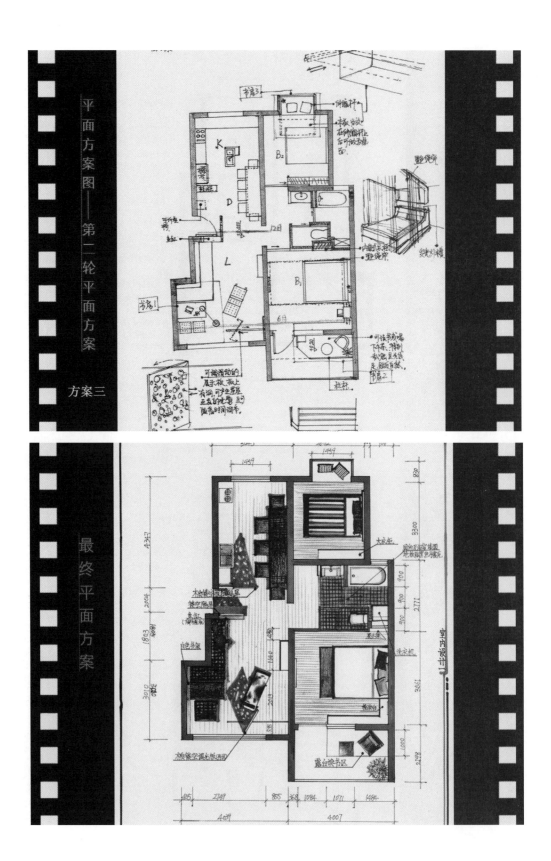

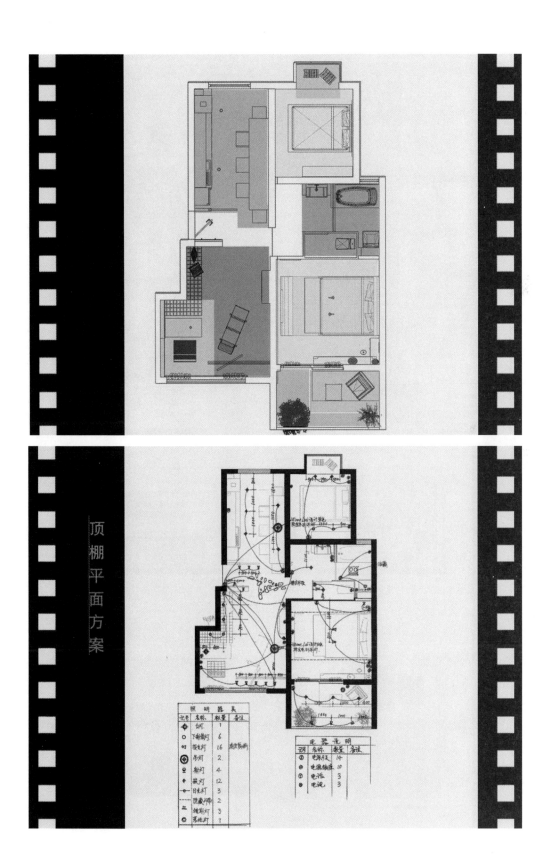

顶棚平面方案

Winnie Lui设计的吊灯

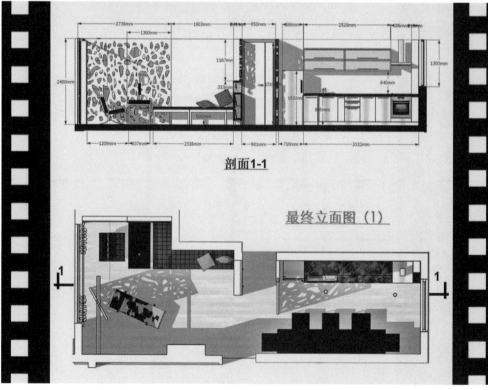

剖面1-1

最终立面图 (1)

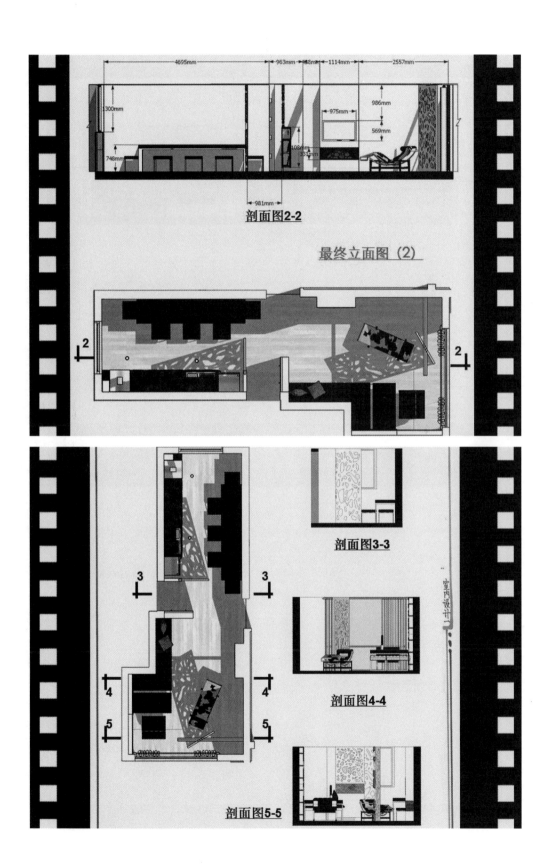

剖面图2-2

最终立面图（2）

剖面图3-3

剖面图4-4

剖面图5-5

节点图一

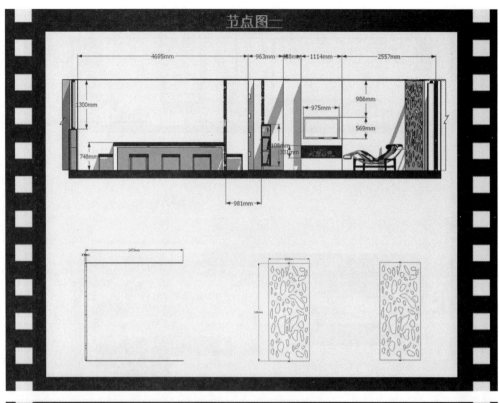

节点图二

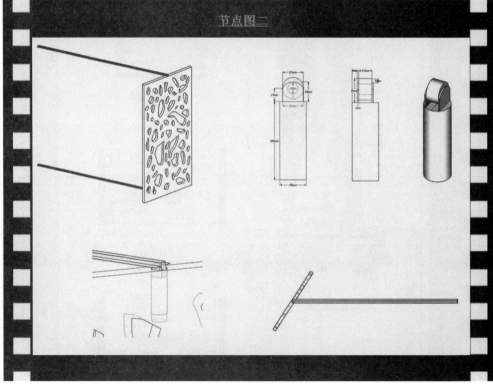

光影平面图

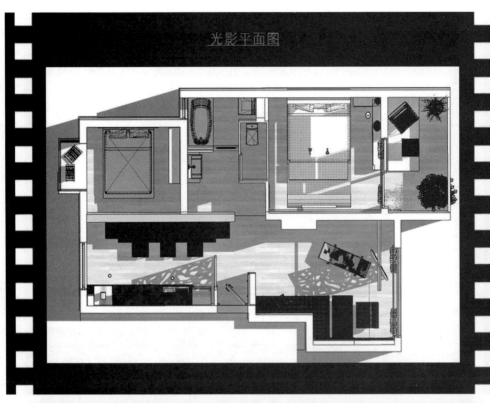

轴测图2

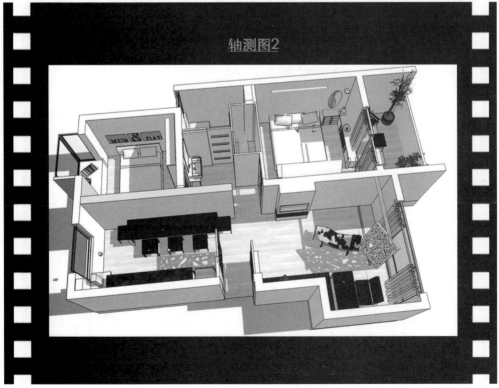

轴测图1

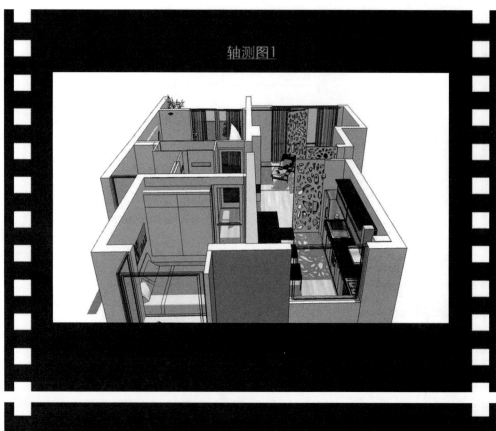

透视图1

透视图2

透视图3

1.5.2　实践

　　第一阶段的课程实践，主要是锻炼学生制定社会调研提纲与设计问卷的方法，并亲身走向社会与人交往，取得信任，得到有效信息的过程。同时，复习巩固设计基础课程"测绘与制图"的实际运用。

1.5.3　阅读与考察

教学参考资料：

书目

（美）斯塔夫里阿诺斯 . 全球通史——从史前史到 21 世纪 [M]. 北京：北京大学出版社，2005.

（英）贡布里希 . 艺术的故事 [M]. 范景中译 . 杨程凯校 . 南宁：广西美术出版社，2008.

冯友兰 . 中国哲学简史 [M]. 北京：新世界出版社，2004.

田自秉 . 工艺美术概论 [M]. 上海：知识出版社，1991.

张启人 . 通俗控制论 [M]. 北京：中国建筑工业出版社，2000.

郑曙旸 . 室内设计·思维与方法 [M]. 北京：中国建筑工业出版社，2003.

张绮曼，郑曙旸 . 室内设计资料集 [M]. 北京：中国建筑工业出版社，1991.

张绮曼，郑曙旸 . 室内设计经典集 [M]. 北京：中国建筑工业出版社，1994.

郑曙旸 . 环境艺术设计 [M]. 北京：中国建筑工业出版社，2003.

论文
参考论文（2000年5月在第1届亚洲室内设计国际论坛【首尔】发表）编号：L000

中国文化与21世纪的室内设计
——当代中国的室内设计

· 郑曙旸

在20世纪的最后20年中，我们居住的这个星球所发生的变化，恐怕是所有人都始料不及的。对中国人来讲今天的现实几乎是20世纪70年代的梦境。中国是一个谜。不仅在外国人眼中神秘莫测，就是中国人自己也未必能解释清楚身边所发生的一切。呈现在我们面前令人眼花缭乱的室内装饰空间，是以超乎寻常的速度在20年内发展起来的，在20世纪70年代后期整个中国还找不到一家符合国际标准的星级饭店。然而，今天即使在边远的小城，也能够找到舒适的下榻之所。当我们置身于北京、上海、广州的酒店或购物中心，仿佛就到了纽约、巴黎或者伦敦。这一切都是如何发生、如何发展的？需要我们从事室内设计的工作者认真地作出回答。

当代的室内设计是伴随着现代主义建筑的发展逐渐成长起来并成为独立专业的。有建筑就有室内，建筑犹如容器的外壳，表现为实体，室内犹如器皿的内容，表现为虚空，两者密不可分。完美的建筑是由内外空间设计两个基本部分组成。因此，自从人类开始建筑营造的历史，建筑与室内的设计就一直由建筑师一方承担。从严格的意义上来讲，在现代主义以前既没有室内设计师，也没有今天我们所讲的室内设计。

在古典主义的时代建筑师更多注重于建筑内外墙面的装饰，而忽视具有使用意义的功能空间。最初的室内装饰形态，是一种出于审美需要的纯艺术形式。随着社会的发展，文明的进步，装饰逐步与实用结合。在建筑上很多构件既是结构的需要，同时也起到很好的装饰作用。古希腊的柱式，古罗马的拱券柱廊，成为装饰与结构功能结合最完美的经典之作；中国木结构的梁架体系，不但成为先进框架结构的楷模，错综复杂、变化丰富的举架形式，也成为室内最好的装饰构件。

　　然而，人们对于美的永无止境的追求，又一度使装饰走入了歧途，无谓的添加与粉饰，最终造就出一批脱离使用功能，为装饰而装饰的室内环境。18世纪矫揉造作、细腻柔媚的法式洛可可风格以及雕饰重叠、浮华繁缛的中国清式风格，成为这类室内装饰的登峰造极之作。

　　从审美出发的纯艺术形式，到结合实用功能，再走到无谓的添加，这就是古典主义建筑在室内装饰方面走过的全部道路。

　　发端于19世纪后期的现代主义建筑思潮，是建立在理性的功能主义之上的。钢筋混凝土框架结构和玻璃的大量使用，为室内空间争得了发展的更大自由，空间的流动在技术上变成了可能。这是人类建筑史上的一次革命，它促进了现代室内设计的诞生。而恰恰在这时，依附于建筑内外墙面的装饰被减到了最少，而代之以从室内环境整体出发的装饰概念。在现代建筑的国际式室内设计中，装饰的效果是通过运用简洁的造型和材料纹理，在布置手法上注重各种器物之间的统一和谐，创造平静惬意的整体室内环境气氛来实现的。

　　不管现代主义建筑在后来又发生了怎样的变化，它的发展确实使建筑的规模达到了前所未有的程度。随着室内使用功能的日趋复杂，建筑师已很难兼顾内外空间两个部分的设计，于是室内设计从现代主义建筑中脱颖而出，成为艺术设计中一个举足轻重的门类。

　　现在让我们再回过头来看看中国的情况。五千年的文明历史，创造了中国建筑文化璀璨的过去，中国建筑创立了与西方古典主义建筑完全不同的另一个体系。中国独特的木结构梁架建筑体系，实际上成为现代框架系统的鼻祖。这种先进的体系，赋予了内部空间最大的自由。单个建筑的群体组合变化，演化出中国建筑室内丰富的空间内涵，造就了动静统一、内外交流、含蓄变化的空间形式。其代表作品当属明清江南园林建筑。在这里空间处理开敞流通，空廊、空门、空窗、漏窗、透空屏风槅扇的运用，和灵活的空间组合处理，使建筑内外空间融为一体。

　　基于木结构体系的内外檐装修，同样成为室内空间特殊的设计语汇。天花藻井、槅扇、罩、架、格，成为内部空间划分极具装饰性的构件。其工艺的精致，结构图案的精美与变化，都是独树一帜的。

　　中国传统的室内装饰陈设艺术，以其深邃的文化内涵达到了相当高的境界。以明式家具为代表的中国传统家具，在造型艺术和工艺技术方面的成就和造诣举世公认。

　　中华民族的历史源远流长，两千年稳定的封建社会，形成了博大精深的封建文化传统。以孔孟为代表的儒家理论成为中国传统文化的基础。在这个文化传统中，艺术始终是以人的主观意识为出发点，表现自我，追求事物的内在灵魂。以"意境"代替"逼真"，以"神似"代替"形似"，成为中国传统艺术最本质的特征。以这种特征所形成的中国传统风格具有内在含蓄的神韵。中国传统的室内设计风格具有中国传统文化的一切特征。

中国传统的建筑是以木构造为其基础的。历经数千年的演变之后形成了完整的体系，在宋代出现了中国第一本建筑技术书籍《营造法式》，记录了各种建筑构件相互间的关系及比例，对木构造的基本形制作了科学的总结。清工部《工程做法》则记载了这一体系的最后形态。传统的中国建筑在装修上依木构架的种类分内檐和外檐两种。内檐装修成为室内设计的基础。由于是木构架，室内空间组合灵活多变，空间的阻隔主要由各种木制的构件组成，从而形成了槅扇、罩、架、格、屏风等特有的木构形式。这些构架本身就有丰富的图案变化，装饰的效果已经很好，再加上藻井、匾额、字画、对联等装饰形式，以及架、几、桌、案上各种具有象征意义的陈设，就构成了一幅完美的空间装饰图画。

可见中国传统的室内设计风格，主要是以通透的木构架组合对空间进行自由灵活的分隔，并通过对构件本身进行的装饰，以及具有一定象征喻义的陈设，展示其深邃文化内涵的特殊样式。这种设计风格是精湛的构造技术和丰富的艺术处理手法的高度统一。

从技术发展的眼光看问题，木构造与现代的钢筋混凝土框架构造在空间的处

北京故宫太和殿藻井

广东东莞银城酒店大堂顶棚

理手法上是一脉相承的。如果不是中国超稳定的封建社会制度最终制约了生产力的发展，如果不是外强的入侵，本来中国传统的室内设计风格是会在新的历史条件下发扬光大的。但由于各种历史、政治、社会、经济的原因这种传统的室内设计风格在清代经历了它回光返照式的辉煌后便停滞下来。

中国在清代之后一直处于战乱的半殖民地半封建状态，当现代主义建筑在西方世界如日中天之际，近代中国的建筑却只能在新古典主义和折中主义之间徘徊不前。由于材料的原因明清以前的中国传统建筑实物几乎没有留存，而内部空间的实物样式则更是无从可考，纵观世界上林林总总各种版本的建筑史，有关中国的章节总是少之又少，所以外部世界对中国传统建筑的理解总不免存在着这样或那样的偏颇。

1949年中华人民共和国成立后因为众所周知的原因，又沿袭了前苏联的建筑设计体系，这种体系造就了50年代俄罗斯新古典主义与中国传统装饰符号相混合的建筑样式，成为一个时代的建筑象征。因此，可以说在20世纪70年代之前，以现代主义建筑为特征的室内设计，并没有在中国发展起来。横在中国设计师面前的是两座大山：一座谓之"中国传统"；一座谓之"外国现代"。

始于 1978 年的改革开放，对于中国设计界的意义非同小可。犹如打开了一道封闭已久的水闸，一切都被汹涌而入的洪水冲得面目全非。现代主义果实的滋味尚未品尝，后现代主义的多元思潮又接踵而至。设计界一时间天下大乱，使得当代室内设计呈现出五花八门、群芳争艳的热闹场面。

改革开放后商品经济的发展，为当代中国室内设计的起飞奠定了基础；单个空间的个性化要求，为设计者提供了相对于工业产品设计更为自由的设计天地；高额的商业投资利润，成为设计施工行业发展的催化剂。三种因素的合力，使中华大地上升腾起一股前所未有的室内装修热潮。这股热潮造就了一大批室内装修公司，带动了相关行业的发达兴旺。在这里我们暂且不论其风格的差异和水平的高低，就其过程而言，在不到 20 年的时间内，中国室内设计迅速走过了西方国家近百年所经历的路程。

在这种特定的历史时期，当代中国的室内设计表现出四种不同的发展形态。

传统文化的情结

中国是一个崇尚传统的国家，所谓传统不外是历史上流传下来具有一定特点的某种思想、道德、风俗、艺术、制度等。由于几千年文化的积淀，中国的传统文化对于各行各业都有着极其深刻的影响。对于艺术设计领域来讲更是如此。继承传统始终是当代中国室内设计师在设计构思中根深蒂固、挥之不去的文化情结。缅怀于昔日的辉煌，在室内设计中体现中华民族传统文化的精髓，成为当代中国室内设计的一种主要形态。以中华民族传统文化为其主导的中国古典室内装饰设计风格，与中国两千年的封建社会形态有着千丝万缕的联系，其伦理道德、政治体制、家庭结构、生活方式都对室内的装饰设计产生着不可估量的影响。由于中国当代的社会形态和一百年前相比，已经发生了翻天覆地的变化。显然完全照搬昔日的形式，使其为今天变化多端的空间服务，要么泥古不化陈腐保守；要么不伦不类张冠李戴。因此，以继承传统为主要设计概念所完成的室内设计作品就呈现出两种不同的形式。

一类作品视传统样式为不可更改的经典，墨守成规追求空间视觉形象的形似，空间界面的文章做得很足，表面上看十分的中国味，但从空间的整体效果来看，却好似一道道舞台布景，显得俗气做作。

另一类作品则取其传统样式的神韵，从空间流动的角度出发，适当选取传统建筑内檐装修的构件作为符号，与现代建筑内部空间的结构与功能紧密结合，从而创造出具有当代中国风格的室内设计样式。

从已完成的设计作品总量来看，这后一类作品并没有成为当代中国室内设计的主流，它只是中国上流室内设计阶层的一种理想的设计理念和个别实现的范例。更多的实例则属于前者。因此，真正创立具有当代中国风格的室内设计样式，并使其变成设计的主流，就成为中国室内设计师梦寐以求的目标。

商业浪潮的冲击

虽然中国是一个有着悠久的文化历史，又是一个有着56个民族的国家，应该说在设计的民族化问题上，有着任何一个国家不可比拟的长处。几乎每一个来访问的外国设计师，都无不为中国所具有的民族遗产而惊叹。然而，正因为文化博大精深，形成的风格过于严整，以至于达到增一分则多，减一分则少的地步，反而变成了沉重的包袱，使得当代的设计者不敢轻易越雷池一步，反而成为创新的障碍。

中国传统民居封闭的四合院和它一明两暗的室内布局，在它形成的那个年代，不愧为优秀之作，然而它只适用于独门独户的封建式大家庭。当历史发展到以三口之家为基本模式的当代中国时，这种形式就失去了往日的魅力。人口增长的矛盾，不可能使家家都拥有这样一个理想的天地。当若干个家庭共同处于同一院落时，问题就出现了……显然旧的形式无法容纳新的内容，如果不创造符合新生活方式的空间，旧的民族传统样式也不可能延续。

当改革大潮涌来，国门洞开，人们才发现外面的世界更精彩。商业化的设计手法，以其不可阻挡的潮头涌进了中国。炫耀浮华的风格恰恰迎合了处于商品经济初期人们那种满足于虚荣心追求的心理。20世纪80年代初广州东方宾馆进行了第一次室内装修改造，以大量的镜面玻璃毫无章法地堆砌于墙面，令人眼花缭乱，成为这类设计的典型。20世纪80年代中期，当锃光瓦亮的磨光镜面不锈钢柱第一次矗立在北京长城饭店大堂的时候，人们可曾想到它竟会带来90年代这种能够折射出迷幻色彩的闪光材料的泛滥。在家庭中人们也无法拒绝这种浮华的诱惑，不是从实用舒适出发，而是追求一种表面的奢化。似乎家家都装修成宾馆饭店才算好。

一方面民族化流于简单的形式照搬；另一方面商业化以畸形的变种出现。随着20世纪90年代中期市场经济在中国正式得以确认，这种盲目追求奢华的设计风气愈演愈烈，尤其是以欧陆风格冠名类似于欧洲新古典主义风格的设计大行其道，以致成为20世纪90年代中后期中国室内设计样式的主流。

流行时尚的向往

流行是一种审美的社会文化现象，任何一种艺术风格或样式都有着自己发生发展以至衰落的过程，艺术样式的流行似乎有着自己特殊的演变模式。这是一种沿着纵轴螺旋上升的空间曲线模型。当原点沿着上升的曲线行进到与出发时的空间坐标点相反方向时，所表现出的形态正好与之相反。而当原点盘旋一圈，上升到与出发点相对的同一坐标点时，则表现出与之相同的形态。在服饰的流行中这一点表现得尤为明显：诸如裙子的长短、裤腿的宽窄、鞋跟的粗细等。室内设计是一种综合了空间与时间因素在内的四度空间的艺术，由于受制因素较多，因此流行的螺旋曲线在时间和空间上相对要比其他艺术设计显得长而广。从世界范围来看室内设计装饰风格的演变，一般总是以数十年，上百年，甚至更长期为自己的一个螺旋线轮回。

每一种风格样式总是要维持一段相对稳定的时期。一般来讲，社会文化层次愈高，流行的周期就愈长。

由于中国处于长期封闭后又豁然开放的特殊国情，特别是社会公众的审美水平与消费心理远没有达到符合时代要求的成熟程度，因此在室内设计装饰风格流行的问题上就表现得异乎寻常。

由于设计品位的高低，决定于设计者本身的水准，也决定于其设计能否被当时的社会大众所接受，因此在当代中国，设计样式的决定权在很大程度上属于使用者。所以，社会的艺术设计流行趋势就几乎被使用者左右。

在中国一般文化层次是社会的主流，处于这个层次的绝大多数人在审美意识上，有着较强的从众心理，对各类室内设计的装饰风格并没有更深的理解，往往社会的流行就是自己的喜好。人家采用什么，自己也要采用什么。至于自己所处的环境条件是否允许这样做却不去过多地考虑。在目前的商业化潮流下，盲目追求所谓的时髦。一种装饰材料，或是一种新的设计样式，在这种大众潮流的冲击下，要不了多久就会被用俗，一旦俗了也就不时髦了，于是又开始新一轮的追求。

在这种向往于流行时尚的盲目追求下，当代中国的室内设计装饰风格，犹如团团转的走马灯，呈现出令人迷茫的幻彩。

绿色设计的召唤

商业化大潮的冲击，流行周期的骤然缩短，促使当代中国室内设计日趋与今天的国际标准接轨。进入信息化时代，东西方文化交流融会的速度骤然加快，国际化和民族化共处，任何一种艺术样式都不可能轻而易举地占据统治地位，统一多元成为时代最显著的特征。和谐完整的艺术形式作为这个多元化时代必须遵守的设计原则，已成为衡定艺术与设计质量的标准。

进入21世纪的世界，生活的空间变得越来越狭小。现代化的通信交通工具，大大缩短了时空。日益膨胀的人口和越来越高的生活追求，促使生产高速发展。需求与资源的矛盾愈来愈尖锐。人们的物质生活水平不断提高，但是赖以生存的环境质量却日益恶化。人类社会改造了环境，环境又反过来影响人类社会。人类正面临有史以来最严峻的环境危机。环境问题成为人类生存的头号难题。

室内设计作为一门空间艺术，无可置疑地成为人类生存环境系统中的一个组成部分。从环境艺术设计的观点出发，工业文明后创造的人工环境实际上是以牺牲自然环境为代价的。作为现代人工环境的主体——建筑及其室内，自然在其中扮演着不光彩的角色。从环境保护的角度出发，未来的室内设计应是一种"绿色设计"。这里包含着两层意义：一是现代室内所使用的环境系统和装修材料，如空调涂料之类，都在不同程度地散发着污染环境的有害物质，必须采用新技术使其达到洁净的"绿色"要求。二是如何创造生态建筑，使室内空间系统达到自我调节的目的，同时这里也包含在室内外空间大量运用绿化手段，用绿色植物创造人工生态环境的问题。

中国古典哲学历来主张"天人合一"，中国传统的建筑历来注重与自然的交融。因此，中国传统的风水学实际上就是哲学理论与建筑实践的结合，虽然这里面不乏迷信的成分，但它却蕴含了环境设计的理念。它注重人与环境相互作用的关系，而这种关系在"人文地理学"、"行为地理学"、"环境心理学"中有着同样的论述。体现于21世纪的绿色设计概念与中国传统文化在本质上有着完全相融的理念。

今天我们正站在21世纪的门槛上，可持续发展是整个世界在新世纪面对的重大课题，在生态环境日益恶化的今天，绿色设计已成为我们唯一的选择。虽然绿色设计必须靠高新技术的支持，实现生态建筑也还有相当长的路要走，但至少可以先改变室内设计行业的从业观念，首先确立节能环保的设计概念，做到不滥用材料过度装修，尽可能采用环保装饰材料，优化施工程序，最大限度地避免资源的浪费，然后再根据科学技术发展所提供的条件，逐步达到理想中的绿色设计。

参考论文（2001年6月在《中国室内设计师年鉴－Ⅰ》发表，中国建筑工业出版社出版） 编号：L001

中国室内设计的现状与展望

· 郑曙旸

中国室内设计正处在行业成熟期的前夜。从20世纪50年代我国在高等院校建立第一个室内设计专业，到90年代行业的高速发展，我们的室内设计走过了近50年的坎坷历程。在即将跨过21世纪门槛的今天，正确分析行业现状显然对于未来的发展具有重要意义。

装饰与空间

室内设计自从20世纪六七十年代成为一个相对独立的专业以来，在专业的发展上始终存在着"装饰"与"空间"的方向问题。出于社会文化层面的一般认识：建筑是营造空间的行业，室内是装饰装修的行业。"装饰"在中国成为室内设计行业代名词的现实，本身就具有很强的国情特点。中国建筑装饰协会和中国室内装饰协会目前所做的主要工作，实际上都是室内设计的内容，两者都以"装饰"作为自己行业的冠名，本身就说明了对于室内设计行业认识水平的现状。装饰是一个较为广义的概念，可以对应于各类物化的实体，并不为建筑与室内专有；而室内设计所包含的空间环境、装修构造、陈设装饰设计具有丰富的内容，并不是装饰这个词所能完全涵盖的。建筑界面装饰等于室内设计的认识水平，直接影响到整个行业的发展。

从整个人类的营建历史来看，室内装饰的历史甚至早于建筑。岩壁上的绘画是人类栖身于洞穴时的室内装饰；坐立于地面的彩绘陶罐成为最初建筑样式人字形护棚穴居的装饰器物。石构造建筑以墙体作为装饰的载体，从而发展出西方建筑以柱式与拱券为基础要素的装饰体系；木构造建筑以框架作为装饰的载体，从而发展出东方建筑以梁架变化为内容的装饰体系，形成天花藻井、槅扇、罩、架、格等特殊的装饰构件。发端于19世纪后期的现代主义建筑思潮，是建立在理性的功能主义之上的。钢筋混凝土框架结构和玻璃的大量使用，为室内空间争得了发展的更大自由，空间的流动在技术上变成了可能。这是人类建筑史上的一次革命，它促进了现代室内设计的诞生。而恰恰在这时，依附于建筑内外墙面的装饰被减到了最少，而代之以从室内环境整体出发的装饰概念。在现代建筑的国际式室内设计中，装饰的效果是通过运用简洁的造型和材料纹理，在布置手法上注重各种器物之间的统一和谐，创造平静惬意的整体室内环境气氛来实现的。

我们今天所讲的室内设计显然属于综合艺术设计的范畴，它的艺术表现形式既不同于音乐一类的时间艺术；也不同于绘画一类的空间艺术，而是融合时间艺术与空间艺术的表现形式为一体的四维综合艺术。通俗地说这种艺术表现形式就是房间内部总体的艺术氛围，如同一滴墨水在一杯清水中四散直至最后将整杯水染成蓝色，如同一瓶打开盖子的香水，其浓郁气息在密闭的房间中四溢。具体地说，室内空间的艺术表现要靠界面（地面、墙面、顶棚）装修和物品陈设的综合效果来体现，在这里界面等同于舞台，物品等同于演员，二者之间相辅相成，相得益彰。

在室内设计中空间实体主要是建筑的界面，界面的效果是人在空间的流动中形成的不同视觉观感，因此界面的艺术表现是以个体人的主观时间延续来实现的。人在这种时间顺序中，不断地感受到建筑空间实体与虚形在造型、色彩、样式、尺度、比例等多方面信息的刺激，从而产生不同的空间体验。人在行动中连续变换视点和角度，这种在时间上的延续移位就给传统的三度空间增添了新的度量，于是时间在这里成为第四度空间，正是人的行动赋予了第四度空间以完全的实在性。

由于历史、社会、教育种种因素的制约与影响，目前相当多的室内工程项目是在传统的平面艺术创造概念指导下完成的。简单地说这是一种二维空间的艺术表现形式，即重视空间界面的装饰，而忽视空间整体艺术氛围的创造。其直接后果是盲目的材料高档化与界面繁杂的材料堆砌，造成"装修"代替"设计"的现状。在这里装修显然是装饰的概念，而设计显然是空间的概念。值得欣慰的是一批年轻的室内设计师已经开始逐步成熟，中国室内设计学会2000年年会评出的年度设计一等奖"春兰展览馆室内设计"显然是在四维空间概念指导下完成的优秀作品。它的出现使我们看到了中国室内设计新世纪的希望。

市场与规范

室内设计行业的发展必须靠市场作为动力才能运行。市场是否规范又直接影响行业的发展。由于室内设计本身是一种综合性很强的行业，与这个行业相关的市场涉及材料、工程施工、设计三个大的方面。20年来这三个方面的市场发展是极不平衡的。其中，发展最快、种类最全的数材料市场；相对成熟、定位趋稳的是工程施工市场；只有设计市场还在步履艰难的初期阶段。

在改革开放室内设计行业大发展的初期，困扰业者最大的问题是"巧妇难为无米之炊"。不要说新型装饰材料，就是一般建筑材料的供给也十分紧张。由于新中国成立后特定的历史与社会环境，我们既没有自己的装饰材料生产体系，也不可能或不需要进口此类材料。许多新型的材料不要说用，连见都没有见过。当时的设计者对材料的奢望只能是在梦中实现。今天这种材料供应商踏破门槛的盛况是想也不敢想的。在经过20年的发展之后，现在我们面对的是一个相对完备的装饰材料市场，这个市场由进口合资与国内开发两部分组成，已经能够满足室内设计各方面的需求。

室内设计装饰工程施工市场的建立得益于建设的飞速发展，在初期我们只有建筑施工的概念，而缺乏室内施工精装修的概念，工具落后，施工水平低。广东深圳受靠近港澳的地理优势的影响，和特区所具备的开放政策环境，最先开始发展了室内装饰的工程施工市场，一大批年轻的专业技术工人在实践中迅速成长，一个个专业装饰公司相继成立。这股风在短短的数年中由南向北迅疾席卷全国。形成了今天分属于建设口与轻工口的两大装饰工程施工队伍。相对廉价的国内劳务市场和国家的政策性保护，几乎使所有境外投资设计建造的各类建筑高档室内装修施工都被国内公司承揽。高质量的技术要求逼迫我们向世纪一流的施工水平看齐。于是在很短的时间内有一大批工人掌握了目前最先进的技术。加上原有的各类工种以及不同档次的公司，形成了国内高、中、低三个层次的装饰工程施工市场。

与前两类市场蓬勃发展形成鲜明对比的是设计市场。由于知识产权概念的淡漠，和长期以来在人们思想中对脑力劳动价值的漠视，目前的室内设计市场极不规范，甚至可以说尚未建立。虽然经过这些年来各类学校的培养，已经有了一支数量可观的设计师队伍，每年的出图量难以数计，甚至能有一个工程的透视效果图堆满几间房的现象，但是设计者非但拿不到应有的报酬，还要忍受所谓"免费设计"的盘剥。加之招标投标的不规范，不少装饰公司在工程前期的设计投入十分巨大。由于不是统一设计方案的施工竞标很难形成公平竞争，因此将设计从施工市场中彻底剥离，以形成与建筑设计同样的室内设计市场，才能从根本上改变目前这种无序的状况。

设计与施工

室内设计是建立在四维时空概念基础上的艺术设计门类，从属于环境艺术设计的范畴，作为现代艺术设计中的综合门类其包含的内容远远超出了传统的概念。按照今天的理解室内设计是为人类建立生活环境的综合艺术和科学，它是建筑设计密不可分的组成部分，是一门涵盖面极广的专业。室内设计由三大系统构成，这就是空间环境设计系统、装修设计系统、装饰陈设设计系统。空间环境设计包括两个方面的内容，即空间视觉形象设计和空间环境系统设计。装修设计则是指采用不同材料，依照一定的比例尺度，对内部空间界面构件进行的封装设计。装饰陈设设计也包括两个方面的内容，对已装修的界面进行的装饰设计和用活动物品进行的陈设设计。

由于室内设计是一个相对复杂的设计系统，本身具有科学、艺术、功能、审美等多元化要素，在理论体系与设计实践中涉及相当多的技术与艺术门类，因此在具体的设计运作过程中必须遵循严格的科学程序。这种设计上的科学程序，在广义上是指从设计概念构思到工程实施完成全过程中接触到的所有内容安排；在狭义上仅限于设计师将头脑中的想法落实为工程图纸过程的内容安排。

室内设计的精髓在于空间总体艺术氛围的塑造。这种塑造过程的多向量化，使得室内设计的整个设计过程呈现出各种设计要素多层次穿插交织的特点。从概念到方案，从方案到施工，从平面到空间，从装修到陈设，每一个环节都要接触到不同专业的内容，只有将这些内容高度地统一，才能在空间中完成一个符合功能与审美的设计。协调各种矛盾成为室内设计最基本的行业特点，因此遵循科学的设计程序就成为室内设计项目成功的一个重要因素。

综上所述，我们不难看出室内设计系统的复杂性。然而，从整个社会层面来讲，并不是所有人都明白室内设计的本质，尤其是决策层。在专业的层面目前还停留在装修的概念，于是以施工带设计成为主流。认识的浮浅导致设计的浅薄。很多项目留给设计师的时间少得可怜，进入施工图阶段的设计深度远远不够。大量的问题留给了施工，从而又造成施工重于设计的假象。从专业的角度而言，设计与施工是互为因果的两个方面。在一个工程项目中设计是基础，始终处于第一位。通过施工，设计的成果最终物化。施工是设计的检验过程，合理的设计必定能够通过施工的检验。因此，设计与施工是相互制约的。没有设计的施工是盲目的，很难达到理想的效果。没有施工的设计则永远只能是纸面的方案。设计图纸是工程项目的法律文件，任何更改必须经过设计者。这些看起来很简单的道理，在我们目前的不少项目中却难以做到。可以说只有在设计成为行业的主流方面时，中国的室内设计水平才能真正提高。

人才与教育

无疑，中国的装饰业还要继续向前发展，能否在现有的基础上再迈几个台阶，关键在于抓住设计这个龙头。随着全民文化素质的不断提高，国家法律的日趋完善和人民经济条件的不断改观，室内设计市场必将最终建立，到了那一天不是业主要不要设计、找不找设计师，而是设计师能不能真正满足业主要求的问题。从现状来看设计师的综合素质普遍偏低，因此提高室内设计的水平首先应从设计师本身的业务水平抓起。

说到设计师首先想到的是人才的教育和培养。由于历史的原因我们现在550万从业的室内设计人员中仅有20万经过各类专业学校的培训，而达到大学本科以上水平的则只能以万计。这样的一个数量显然与我们庞大的市场形成强烈的反差。显然，仅依靠按部就班的正规教育系统在短期内是很难完成如此艰巨任务的，需要调动各方面的积极性举办各种类型的专业培训班，同时在行业内部加强工程项目的交流评审活动，从中汲取设计的营养，使现有的设计人员不断提高自身的专业素质，只有自身素质提高了才能在纷繁的设计活动中做到自尊、自信、自爱、自强，最终得到社会的承认。

人才的培养能否达到预期的目标，师资的水平成为制约的瓶颈。在国家的整个教育体系中，设计教育还是一个相当薄弱的环节。设计教育者必须具备坚实的专业基础知识，同时还要有丰富的设计实践经验，本身就可以成为合格的设计师。但是优秀的设计师未必能够成为成功的教育者，这是教育行业本身的职业特点所决定的。室内设计行业的特点又加剧了师资培养的难度，这种难度表现于施教者能否将理论与实践高度统一，并将其完整地传授给受教育者。在美国既有室内设计学会，同时还有室内设计教育学会，教育学会所交流与管理的主要是专业知识传授的学术问题，显然我们在这个领域还有相当的差距。可以这样说，专业教育的水平上去了，设计师的水平自然也就提高了。

在提高设计师水平的同时，必须适时在行业统一管理的基础上完善室内设计师的资格认证机制，通过一定的考核手段建立注册室内设计师的职称评审体系，从社会的角度确立设计师应有的地位，改变目前室内设计师无所依从的尴尬境地。由于目前行业管理分属于两个系统，这项工作的开展具有一定的难度，不妨先在各自的权限范围内作协会内部的设计师资格认证评估，待工作有了一定的基础，再选择合适的时机推向全行业。可喜的是这项工作已经得到有关政府部门的理解与支持，正在紧锣密鼓的运作之中。

我们正站在 21 世纪的门槛上，可持续发展是整个世界在新世纪面对的重大课题，在生态环境日益恶化的今天，绿色设计已成为我们唯一的选择。虽然绿色设计必须靠高新技术的支持，实现生态建筑也还有相当长的路要走，但至少可以先改变行业的从业观念，首先确立节能环保的设计概念，做到不滥用材料过度装修，尽可能采用环保装饰材料，优化施工程序，最大限度地避免资源的浪费。只有观念的转变才能使我们少走弯路，使中国的室内设计行业在新的世纪沿着健康的道路发展。

中国远洋运输总公司办公楼多功能厅，1992 年

甘肃敦煌宾馆贵宾楼大堂，1993 年

山东济南银工大厦多功能厅，1994 年

北京中南海国务院贵宾楼第一接见厅，1996 年

参考论文（2004 年 11 月在《装饰》杂志 2004 年 11 期发表）编号：L002

设计艺术的社会价值体现

· 郑曙旸

艺术设计的社会服务属性

· 艺术创作与艺术设计的本质区别

艺术的感觉在于认知的想象，想象的灵感来源于外界的刺激。不同强弱的刺激信息源与人的感知形成共鸣就产生了艺术的感觉。艺术创作来源于艺术感觉的顿悟，艺术创作就是存在于意识中美的感知想象的外化过程。艺术创作的手段与方法门类众多：文学、音乐、美术、舞蹈、戏剧、影视等。总而言之，艺术创作属于意识形态的精神产品，其成果必须具备某种审美的价值。尽管艺术的表现形式千变万化，但满足于人的精神需求是衡定其优劣的社会标准。

艺术设计是横跨于艺术与科学之间的综合性、边缘性学科。艺术设计产生于工业文明高度发展的 20 世纪。具有独立知识产权的各类设计产品，成为艺术设计成果的象征。艺术设计的每个专业方向在国民经济中都对应着一个庞大的产业，如建筑室内装饰行业、服装行业、广告与包装行业等。每个专业方向在自己的发展过程中无不形成极强的个性，并通过这种个性的创造以产品的形式实现其自身的社会价值。它体现于物质和精神的双重层面。

艺术创作允许艺术家主观意志的体现。无论"下里巴人"还是"阳春白雪"或者前卫另类，只要有人欣赏，满足某种审美情趣，就具备社会存在的价值。艺术设计则不同，设计师的主观意志必须服从于物质功能的体现，同时还要适应社会大众当时的主流审美意识。因为设计的产品只有实现社会的应用才具有存在的价值。这就是艺术设计的社会服务属性。正是这种社会服务的属性成为艺术创作与艺术设计的本质区别。

· 个体价值与社会价值

艺术创作和艺术设计的工作者，无不追求个体价值的最大化，这种追求一方面表现在艺术、人格、尊严、地位等精神层面，即所谓出"名"；另一方面表现在财富积累的物质层面，即所谓得"利"。尽管清高的艺术家耻于谈及散发着铜臭的金钱，但在商业化市场经济条件的背景下，名与利是成正比增长的。个体价值只有在社会价值中得以体现，才能实现其最大化。

艺术家的个体价值总是通过自己的作品来实现。虽然由于艺术类型的不同，表现的方式各异，但能否取得社会的共鸣是其社会价值体现的唯一标准。也许某些艺术家的创作超出了当时社会能够接受的范围，其作品处于孤芳自赏的境地。这种境遇反映的无非是两种情况：其一是艺术水平高超；其二是艺术水准平庸。无论何种在当时的社会条件下都不会被承认，个体的创作者也不会被社会认可为艺术家。虽然，艺术家个性化创作的非功利性追求是艺术创新的基础条件，可是这种创新一旦被社会接受，也就随之产生了社会价值。

设计师的个体价值当然也需要通过自己的作品来实现，但是，这种作品表现为两种形态：其一为设计的方案；其二是由设计方案转化的产品。设计方案只有在实现其产品的转化后，才可能在社会价值的实现中完成自身的个体价值。当然，设计方案本身也可能因为其具备的审美特质，而具有艺术品的社会价值，但是，因此也失去了设计的本质意义。所以说设计师只有将方案转化为产品，才具有艺术设计真实的社会价值。

时代精神与社会价值

·社会主流人群的思想意识决定时代精神

人的社会生存需要精神层面的抚慰。除了内在的主观追求，还需要外在客观的时代精神滋养。一个特定的历史时期会产生与之相适应的时代精神，这种时代精神成为社会中个体人的思想支柱，并集中反映于当时的社会意识形态，体现在审美观、价值观、人生观的各个层面。

时代精神存在于社会主流人群的思想意识，但这种时代精神并不一定代表着先进文化。体现于社会主流人群的现实文化素质，是由文化素质基础产生的思想意识，它受到当时社会、政治与经济的影响，必定在主流人群中形成某种特殊的思维定势。这种思维定势影响着当时社会观念的各个层面。当一种社会形态处于某种体制控制下的相对稳定期，那么时代精神与社会价值的观念之间是相互平衡的。而一旦社会形态处于体制的转型期，那么时代精神与社会价值的观念之间就会失去平衡。

既然时代精神取决于社会主流人群的思想意识，那么代表先进文化的时代精神能否占据社会主流人群的头脑，就成为与之相适应的社会价值实现的关键环节。就艺术设计的观念形态而言，代表先进文化的时代精神是其创作的本原动力。在社会价值的评价体系中：要么是设计者的观念落后于时代精神；要么是使用者的观念落后于时代精神。只有取得两者的平衡，具有先进文化时代精神的艺术设计作品才有可能得到最大的社会价值。

·审美取向是当代人群社会价值观念的体现

艺术设计的本质内容体现于设计的对象即产品。在这里形式与功能是不可或缺的两个方面，形式作为设计对象外在的空间形态必须具备相应的美学价值；功能作为设计对象内在的物质系统必须具备相应的实用价值。

产品外在的空间形态所具备的美学价值体现于人的美感。美感即人对于美的主观感受、体验与精神愉悦。美感的获得来自于人的心理因素即：感觉、知觉、表象、联想、想象、情感、思维、意志等。由于人处于不同的时代、阶级、民族与地域，因此形成了人与人之间在观念、习惯、素养、个性、爱好方面的差异，对同一事物形成的美感自然也就不同。然而，人又具有共同的物质依据与生理、心理机能，以及在审美关系中的相同因素，又使美感形成共同性。因此，美感的基本特点就表现为四个统一："客观制约性与主观能动性的统一，形象的直觉性与理智性的统一，个人主观的非功利性、愉悦性与社会客观的功利性的统一，差异性和共同性的统一。" ❶

然而，在一个特定的历史时期，审美的取向主要体现于当代人群的社会价值观念。崇尚消费的商品观念，必然喜欢眩目夸张的浮华外表，从而产生繁琐华丽的产品样式；崇尚环保的生态观念，必然喜欢沉稳素雅的朴实外表。一般来讲，一个时期总会有相应的大众审美取向，正是这种取向决定了艺术设计风格的定位。这与流行的时尚并不是一个概念，所谓的时尚总是与商业的炒作相关。

社会价值体现的决策机制

·决策层面的两难境遇

艺术设计者的设计方案必须成为产品才能实现其社会价值，在这个转换的过程中有一个关键的决策程序。决策者或是产品的生产部门，或是产品的使用部门。

---

❶ 辞海 [M]. 上海：上海辞书出版社，1999.

大型的产品开发项目，尤其是与城市景观相关的环境设计项目，决策者往往涉及相关的政府部门。未经决策者的通过，设计者的方案就永远是纸面文章。可以这样说：设计者的个体价值要通过社会价值的体现来实现，但命运之门的钥匙却掌握在决策者手中，这是由艺术设计的社会服务属性所决定的。

因此，决策者的社会综合文化素质集中反映在特定的设计项目上，体现于产品或项目在功能与形式两个方面的取舍。功能实用与形式美观的和谐统一是艺术设计的至高境界。真正能够在产品项目上做到这一点，在设计者的社会实践中是非常不容易的，而决策层面的两难境遇也同样体现于此。一般来讲，人们总是注重于产品的使用功能，但是在社会经济的上升期，审美的需求往往成为左右决策者决策的主旨。光污染的城市亮丽工程、破坏生态平衡的大树进城、耗费土地资源的小城市大广场、浪费自然资源的过度装修等，都是决策者将美观放在第一位而产生的后果，尽管这些做法并不一定"美"。

·建立符合社会价值正确体现的决策机制

从环境生态学的认识角度出发：任何一门艺术设计专业方向的发展都需要相应的时空，需要相对丰厚的资源配置和适宜的社会政治、经济、技术条件。面对信息时代和经济全球化，世界呈现越来越小的趋势：人工环境无限制扩张，导致自然环境日益恶化。在这样的情况下个体的专业发展如不以环境生态意识为先导，走集约型协调综合发展的道路，势必走入自己选择的死胡同。

随着20世纪后期由工业文明向生态文明转化的可持续发展思想在世界范围内得到共识，可持续发展思想逐渐成为各国发展决策的理论基础。环境艺术设计的概念正是在这样的历史背景下从艺术设计专业中脱颖而出的，其基本理念在于设计从单纯的商业产品意识向环境生态意识的转换，在可持续发展战略总体布局中，处于协调人工环境与自然环境关系的重要位置。基于环境概念的艺术设计最终要实现的目标是人类生存状态的绿色设计，其核心概念就是创造符合生态环境良性循环规律的设计系统。显然，未来艺术设计社会价值的体现，必须服从于这样的决策理念。

建立符合社会价值正确体现的决策机制，对国家实施可持续发展战略具有实际的意义。从设计艺术的环境生态学理念出发，建立起符合中国国情的以环境概念为基础的艺术设计理论框架系统，完成真正可供操作的科学的产品与项目决策的法律程序。

考察

　　在学校所在城市，选择与设计项目相同的实例，进行专业考察。重点在于室内空间的交通流向与功能分区。要求使用手绘（文字与图形并用，单体空间长、宽、高尺寸估量与实测）的记录方法。

相关课题研究报告

　　农丽媚，清华大学美术学院研究生"设计艺术的图形思维"课程学习研究报告001

工程学思维or设计思维

农丽媚　　2013311730

"赶快离开艺术学吧，看来她管不了咱们啦！"
"外面好乱喔，咱们去哪儿呢？"
"据说这几个世纪科学最牛了，咱们去找她吧。"
"好！咱们先划一个属于设计学的领地吧！"
"可是，还得问问科学是如何划的呀！"

基于控制论系统的设计图形思维，是工程技术式的设计流程管理。

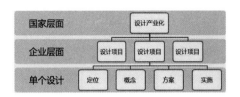

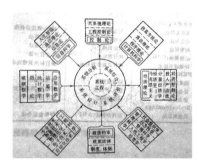

系统工程的交叉性 （资料来源：张启人．通俗控制论［M］：31）

研究方法的比较

经济/管理	艺术	工程学	自然科学	人文社科
• 现象描述 • 实证研究 （empirical） • 行为假设 （hypothesis） • 数学模型 • 数量统计 • 博弈论	• 实践创作- 理论提炼 • 史实资料- 经验总结 • 感性经验	• 控制论 • 控制工程 • 系统工程 • 信息处理 • 计算机仿真 技术	• 定性实验 • 定量实验 • 对照比较实 验 • 析因实验	• 实践调查 • 文献分析 • 抽样统计 • 定性分析

物		事
杯子（Cup）		解渴（Drink）
冰箱（Refrigerator）	设	储存（Store）
汽车（Car）		出行（Transport）
房屋（House）	计	居住（Live）
大厦（Building）		办公（Work）

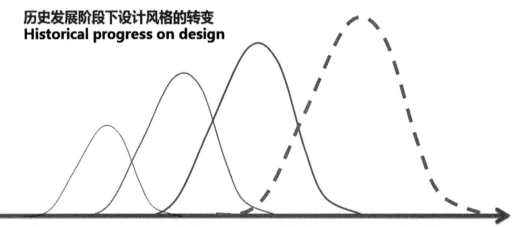

历史发展阶段下设计风格的转变
Historical progress on design

| 工业时代
（Industrial Era）
大批量生产（Mass Product）
（19世纪80年代至20世纪20年代）

特征：
技术（technology）
工艺（craft）
美学（aesthetics）
结构（construction）
机械制造（machinery manufacturing）
标准化（standardization） | 商业时代
（Commercial Era）
大批量销售（Market）
（20世纪30~60年代）

特征：
生产过程（process）
功能（function）
系统（system）
模块化（modular）
方法（methodology）
生产（production） | 信息时代
（Information Era）
全球化/新媒体
（20世纪70~90年代）

特征：
品牌（branding）
计划（planning）
市场（marketing）
消费者（consumer）
柔性生产（flexible production）
设计管理（design management） | 后工业时代
（Post Industrial Era）
全球责任（Sustainability）
（2000年以来）

特征：
体验（experience）
生活方式（life style）
可持续（sustainability）
包容设计（inclusive）
社会责任（social ethics）
全球化（globalization） |

设计是……

美术绘画？

做石膏像？ 裁剪搭配？

画画？ CAD？

3DMAX？Photoshop？

结构图？ 手绘方案？ 艺术+科学？

工艺美术？

设计是:

社会生产力!

创新驱动力!

文化软实力!

国家竞争力!

设计=计谋

《史记·太史公自序》:"运筹帷幄之中,制胜于无形,子房计谋其事,无知名,无勇功,图难于易,为大于细。"

元 尚仲贤《气英布》第一折:
"运筹设计,让之张良;点将出师,属之韩信。"

一味追求图像化的表达,只能约束设计的开放性,最后陷入形式主义、表现主义、符号论的艺术观念中。

吴冠中——笔墨等于零

石涛——无法之法,方为至法

设计:

设计是把一种计划、规划、设想通过有形或无形的形式传达出来的活动过程。

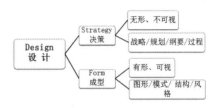

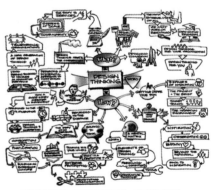

完整的设计思维,不单要有图形思维,更要有逻辑思维。

我认为的设计:

由技术上升到观念 设计师是社会资源最佳调配者

社会可持续性 确保设计发展的连续性、可持续性

流畅机制 促进生活方式的改变,提升设计的公众性

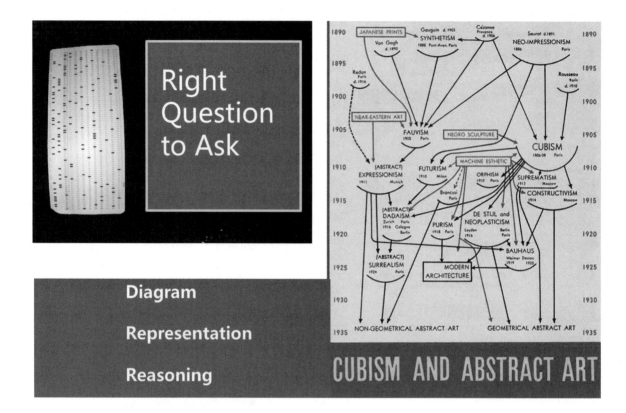

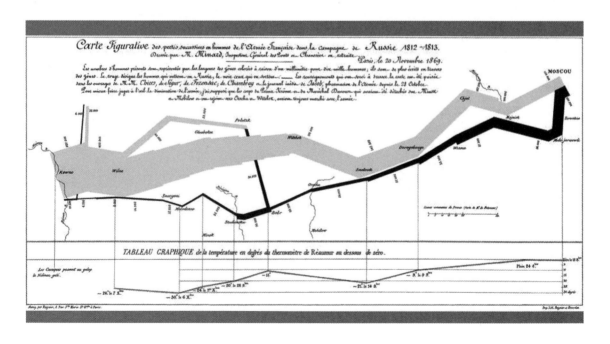

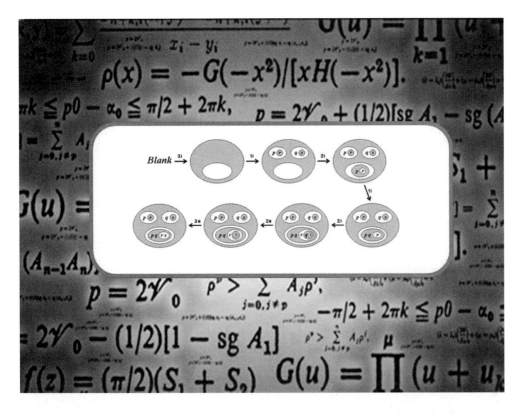

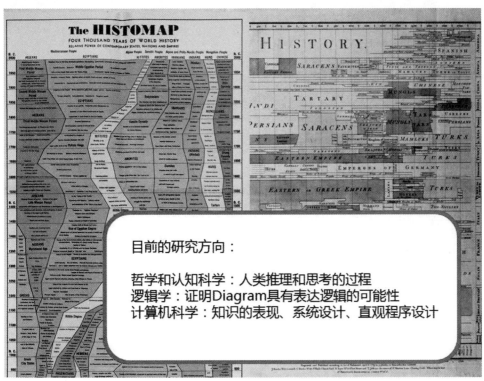

目前的研究方向：

哲学和认知科学：人类推理和思考的过程
逻辑学：证明Diagram具有表达逻辑的可能性
计算机科学：知识的表现、系统设计、直观程序设计

简化城市，省略信息…… 对现实的抽象

亨利·贝克(Henry Beck) 伦敦地铁交通，1933年

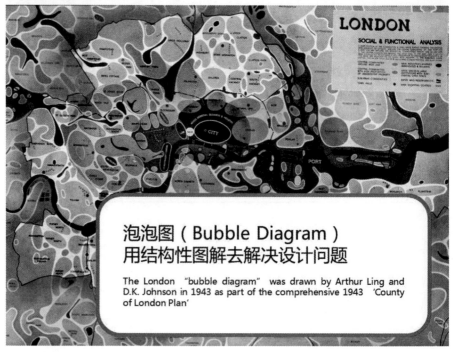

泡泡图（Bubble Diagram）
用结构性图解去解决设计问题

The London "bubble diagram" was drawn by Arthur Ling and
D.K. Johnson in 1943 as part of the comprehensive 1943 'County
of London Plan'

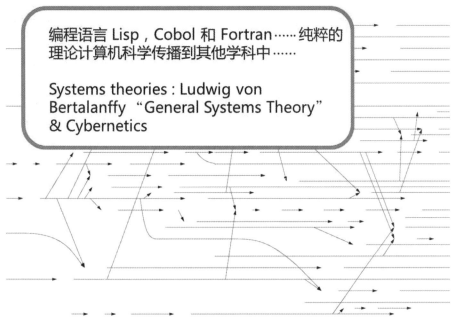

当代的观念……图解和系统……它解释为一种物理形式

... the research establishment of the day appropriated the idea of sets, diagrams and systems and tried to interpret it into a physical form.

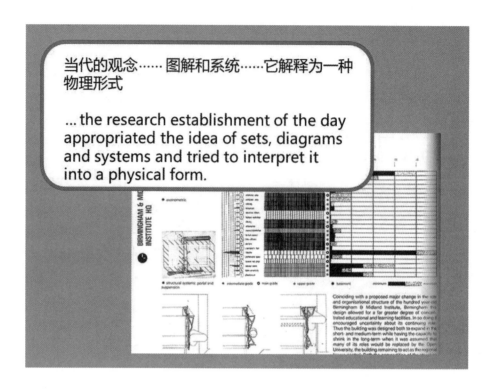

塞德里克·普里斯（Cedric Price）
Fun Palace：

社会价值符号的传递者——转变为——环境控制的概念

电讯派 Archigram
Plug-in City

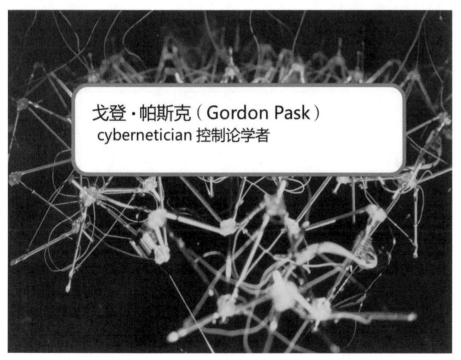

戈登·帕斯克（Gordon Pask）
cybernetician 控制论学者

克里斯托弗·亚历山大
Christopher Alexander
《综合形态的记录（Notes on the Synthesis of From）》

"问题"的性质
The nature of "problems"

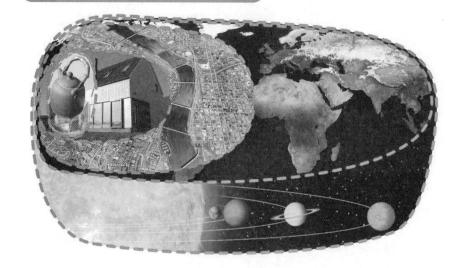

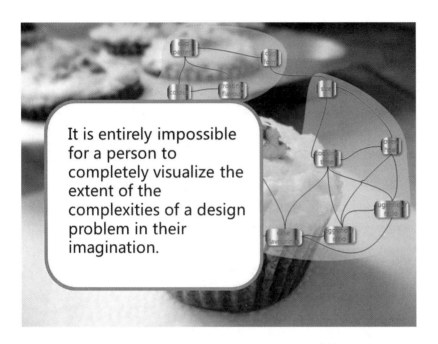

It is entirely impossible for a person to completely visualize the extent of the complexities of a design problem in their imagination.

Diagram 是一个非设计学科的产物，是一种表现和认知的方式。图解是一种类比知识表现的方法,特点是被表现结构与表现结构的一致。

Diagrams are a kind of analogical (or direct) knowledge representation mechanism that is characterized by a parallel correspondence between the structure of the representation and the structure of the represented

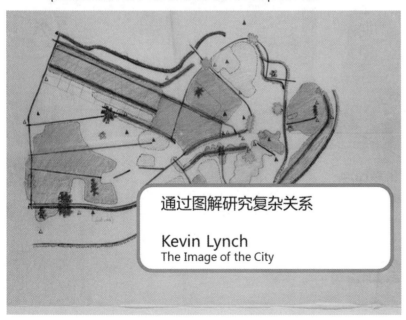

通过图解研究复杂关系

Kevin Lynch
The Image of the City

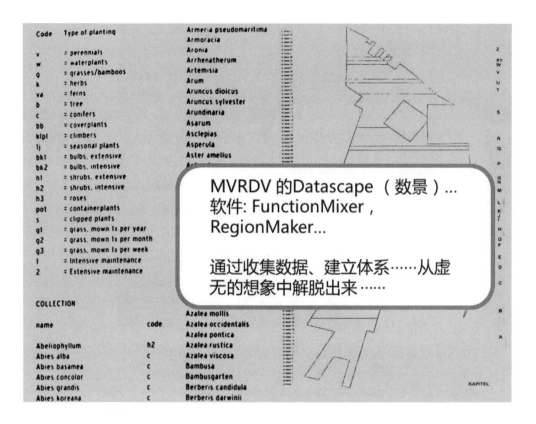

MVRDV 的Datascape（数景）...
软件: FunctionMixer ,
RegionMaker...

通过收集数据、建立体系……从虚无的想象中解脱出来……

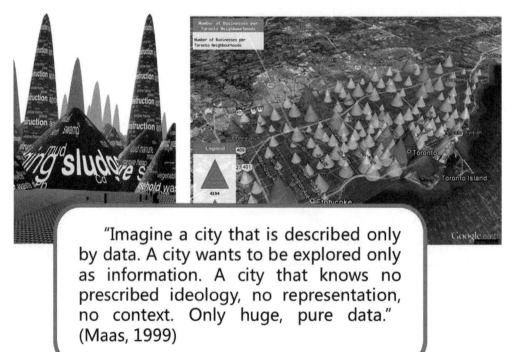

"Imagine a city that is described only by data. A city wants to be explored only as information. A city that knows no prescribed ideology, no representation, no context. Only huge, pure data."
(Maas, 1999)

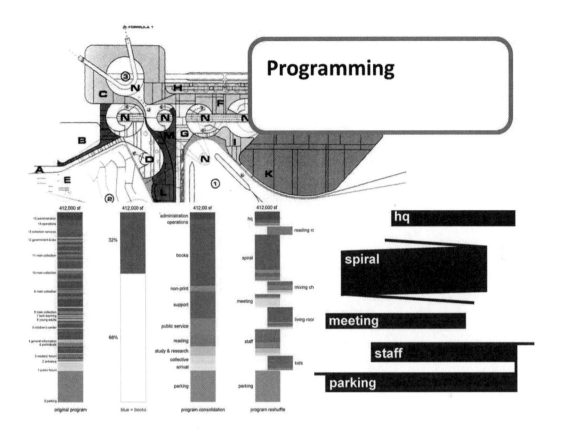

Diagram system doesn't actually do the design for you, it merely provides a framework to structure ones thoughts, and to ensure that the right questions are asked.

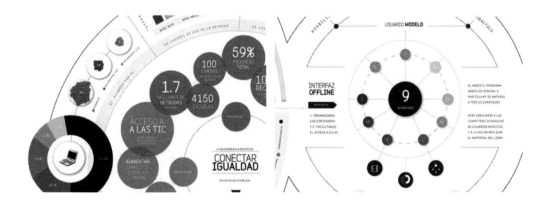

第 2 章　室内设计概念

2.1 设计概念的构思

设计概念的构思，来自于设计者的思维能力，即：设计概念推导的思维能力，这种能力来自于人类"思维模式"建构的传承。

古中国传统的思维模式，侧重于求同性。它要求子民们必须遵循深沉的伦理修养。重以德育人，讲忠孝仁义，尚安平少欲，以奠定人治社会的统治基础。古西方开放性的思维模式，侧重于对自然的认知、开发、利用；关注科学思维的求异性、独创性。着力于生产力的发展，以推进理性、进步的社会基础。

只是，在现实世界，一切事与物都是多元的、不完备的，任何事物也都是可错的、非单一存在的，并没有什么事物是永恒的、或是绝对正确的。且多元事物相互之间只有在特定条件下始有可能并行不悖；而相互相悖则是必然的。正因为存在着互为相悖，才能出现彼此之间的各有其不同的另类的创造性思维，才能出于相互间的互补、促进而产生前所未有的发明创造与新的科学方法论。

大学本科教育，基本上是教学那些经实践验证的、科学的、能为创造性思维奠基与启迪的学科基础知识。即专业中那些理性的、稳定的、运用中普遍肯定的基本概念与科学方法论。显然，其近期目的，可以为学生在短短的学习期间学得学以致用的专业知识，利于谋生、服务社会。其远期亦能为持续读研者，提供一个正确的、扎实的研习基础。❶

2.1.1 创造与思维的知识

创造："做出前所未有的事情，如发明创造。《后汉书·应奉传》：'凡八十二事……其二十七，臣所创造'。"❷ 思维："指理性认识或指理性认识的过程。是人脑对客观事物能动的、间接的和概括的反映。包括逻辑思维与形象思维，通常指逻辑思维。它是在社会实践的基础上进行的。认识的真正任务在于经过感觉而到达于思维。"❸ 设计的本质在于创造，创造的能力来源于人的思维。对客观世界的感受和来自主观世界的知觉，成为设计思维的原动力。❹ 客观感受与主观知觉的认知

---

❶ 潘昌侯："为'艺术与设计'教学所收集汇编的参考资料"中的"思维模式"一节。
❷ 辞海 [M]. 上海：上海辞书出版社，1999：220.
❸ 辞海 [M]. 上海：上海辞书出版社，1999：2027.
❹ 郑曙旸. 室内设计思维与方法 [M]. 北京：中国建筑工业出版社，2003：1.

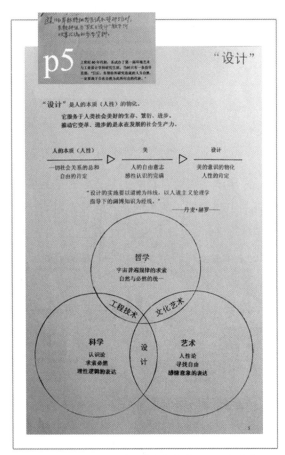

图 2-1 "艺术与设计"教学参考资料——当代科学方法论·设计 ❷

问题，成为研究人为自然创造与人的思维模式关系的钥匙。创造力："是对已积累的知识和经验进行科学的加工和创造，产生新概念、新知识、新思想的能力。大体上由感知力、记忆力、思考力、想象力四种能力构成。" ❶ 设计创作是一种具有显著个性特点的复杂精神劳动，需要极大地发挥创作主体的创造力以及相应的艺术表现技巧。

视觉是人类理解世界最原始的手段，是理解力最全面的感官。接受事物途径中视觉信息占83%，是人们获得信息的主要途径，随着各类视屏媒体的发明和普及，视觉交流在人们的生活中日益增强。视觉思考导致图形思考，因为图形认知是人类认识世界的初始方法，人对图形比对文字与数字更敏感、直观、具体，是认知世界的第二次飞跃：用数字说话、用图形说话。笛卡尔说："没有图形就没有思考"。斯蒂恩也说："如果一个特定的问题可以转化为一个图像，那么就整体地把握了问题，并且能创造性地思索问题的解法。"

"有时我们看见天上的云像一条蛟龙；有时雾气会化成一只熊、一头狮子的形状；有时想一座高耸的城堡、一座突兀的危崖、一堆雄峙的山峰，或是一道树木葱茏的青色海岬俯瞰尘寰，用种种虚无的景色戏弄我们的眼睛（莎士比亚《安东尼与克里奥佩特拉》(Shakepeare, Antony and Cleopatra))。"我们把这些偶然的形状解读为什么形象，取决于从它们之中辨认出已经储在自己心灵中的事物或图像的能

---

❶ 辞海 [M]. 上海：上海辞书出版社，1999：220.
❷ 潘昌侯汇编：1980 年中央工艺美术学院工业美术系研究生班 "艺术与设计" 教学参考资料节选。

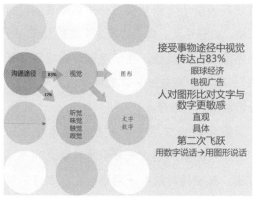

图 2-2

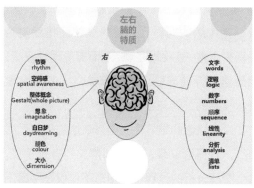

图 2-4

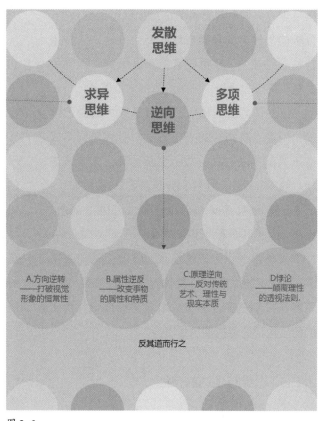

图 2-3

力。这种能力以投射（projection）为名成为心理学中整整一个分科的兴趣焦点。这种投射能力激起了许多人的兴趣和好奇心。最有趣的就是试图把偶然的形状用作所谓"图示"语汇的起点。

直觉与分析，聚合与发散，导致：直觉的感性（形象）思维与分析的理性（逻辑）思维。

直觉思维——依靠直觉突然看到解决问题的途径，预感到问题或情境的意义和结果，直接指向目标，没有明显的分析活动和严密的逻辑推理。具有拓展联想的广度、想象的极限可能性，能够打破常规的束缚。直觉的思维方式

具有思维的发散效能。这种发散性思维又能够扩展为求异、逆向、多源的思维。求异思维在于："他山之石，可以攻玉"；逆向思维反其道而行之的四种特性在于：A 方向逆转——打破视觉形象的恒常性；B 属性逆反——改变事物的属性和特质；C 原理逆向——反对传统艺术、理性与现实本质；D 悖论——颠覆理性的透视法则。多源思维在于：产生不寻常的反应和打破常规的能力，激发创造性思维中最重要的成分。

分析思维——即逻辑思维。遵循规律，逐步推导，最终作出合乎逻辑的结论，使想象更

具合理性，同时对方案的选择提供评判的依据。分析的思维方式具有思维的聚合效能，这种聚合性思维在于：根据已有信息做出唯一正确的答案，遵循单一模式归纳的方向求取答案。

以发散思维为核心、聚合思维为支持因素的、两者有机结合的操作方式。两种思维方式基于人脑的左右脑特质。左脑囿于：文字、逻辑、数字、顺序、线性、分析、清单；右脑囿于：节奏、空间感、整体概念、想象、白日梦、颜色、大小。由图形抽象为语言，再由语言归纳成文字，文字解析的图化形成图像，图像就能转化为更高一级的图形。图形与图像是发散的思维产物，语言与文字是聚合思维的限定与标准化。两者的配合应用即能挖掘思维潜能。❶

2.1.2　思维与表达的技能

设计概念的拓展主要依靠两种思维与表达的技能，这就是语言表达能力和图形表达能力。前者是使用语言与文字表达设计思想的能力，表现为口语演讲与文字写作的概念传达；后者是采用徒手绘制图形通过观看想象的概念推演。口语和文案的概念传达只有与图形信息的反馈相结合，才能最大限度地开发人脑的潜质，形成从图形思考到图解分析的深化，最终实现设计概念的拓展。

图形思考具有五个方面的特点。①感性优先——挣脱常规和习惯的枷锁，打破逻辑思维的束缚；②不假思索——边画边想，先画后想，

力戒想好再画；③自我交流——切勿畏惧，打开思路，放开手笔，保存过程；④信息循环——切勿擦除，保存灵感，在信息循环中发现"新灵感"；⑤集中高效——掌握时间，集中精力，专心思考，切勿拖沓。

图解分析是文字分析抽象和形象化的过程，是运用图解的语言来分析物与物之间关系的方法。其独特能效在于对语言文字表述的转化。因为，语言文字的表达具有时间性和过程性，图解分析的表达具有空间性和系统性。因此，具有视觉传达的同时性，能将个体间错综复杂的关系完全地、直观地呈现，从而实现理性分析、对比甄选、开阔思路、把握整体，尤其适合设计概念推导的理解与接收。

在设计概念的推导中，图形表达应贯穿过程的始终，是概念初现从想法到落实的有效手段。在这个图解分析的过程中，图形不仅仅是平面上的形象，立体空间的形态也是图形的一种，绘图与模型的方法，包括计算机在内的多种媒介，都可以运用在图形思考到图解分析的思维与表达过程中。这种统合语言文字和图解分析的设计方法，就是一种通过图形进行思维，将潜藏在脑海中似是而非的主观想法，外化为可视直观的时空形态，为对比优选的设计决策提供可靠的依据。

图形思维是充分运用图形和图式的语言，进行思考、分析、交流、表达的思维过程，是一个从视觉思考到图解思考的过程。图形思维是帮助设计师产生创意的源泉和动力。图形思维贯

---

❶　贾珊：清华大学深圳研究生院研究生"设计艺术的图形思维"课程学习研究报告。

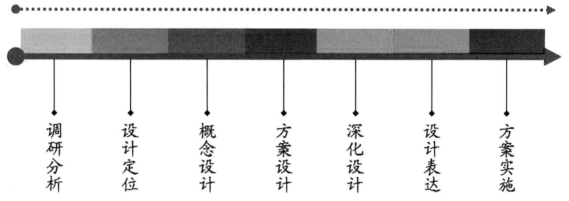

图 2-5

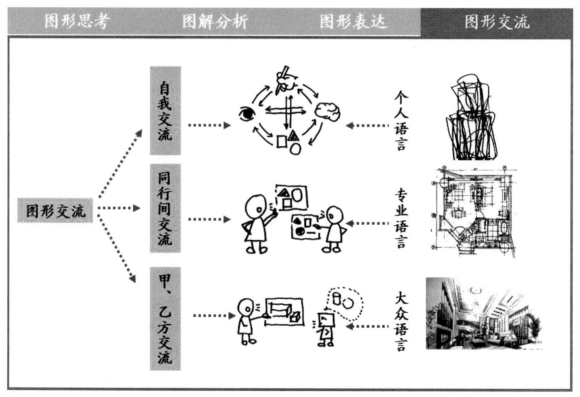

图 2-6

穿设计的始终，在不同的阶段表现出不同的优势。图形思维不仅仅可以运用于设计，它还可以帮助人们分析和处理生活中的各种事物。❶

2.1.3 技能与拓展的观念

教育

由于设计学"是集现代公民素质与设计创新能力教育于一身的、完整的创新型人格教育。"突出设计原理、基本方法及艺术思维的主体性，成为设计概念教育创新的方法。在掌握设计原理和设计基本方法的基础上，强调通过内外并重、灵活主动的艺术思维和举一反三的创造性方法，获得深度研究及持续创新的能力；并在强调动手能力的基础上完善设计表达及信息的反馈整合，以达到完整的设计技术基础。❷以此推导设计概念的技能与拓展训练，从而达到促成教育观念实现的目标。

教学

启发创造性设计概念的教学，在技能层面就是掌握设计思维的语言，在拓展层面就是丰富表达设计思想的手段。在这样的图形思维训练基础上，逐步使受教育者在理论层面理解：设计的本质、艺术的感觉、科学的逻辑、概念与构思的内涵。在教学中始终注意将艺术素养与审美能力、科学素养与逻辑思维能力统一在一个完整的设计能力体系之中。通过专业教学培养学习者

的人文精神、社会意识、科学思维及理性方法。

2.2 设计概念的推导

设计概念的推导是一个开采"脑矿"的过程 。人脑有 1.35kg 重，其中有 1000 亿个脑细胞可以吸收 10 万多个信息，每个脑细胞同其他细胞之间的链接空间在千兆以上，这是一座令人惊叹的拥有巨大资源的矿山，这是每个人每天可以随时随地开发的矿产。对自己的矿藏所作的"开采"是一种艺术思维的方式，体现于能否激发灵感的顿悟状态。这种状态又表现为三类推理模式：①直觉判断——触发信息的直接领悟；②类比推理——触发信息的直接转移；③逻辑整理——实践检验与信息反馈。而对于矿藏所作的"冶炼"则是一种科学思维的方式，体现于现代科学发现逻辑的认识规律。这种规律同样表现为三种演进模式：①科学认识的程序——从累积到整理；②科学研究的对象——从事物到系统；③科学发展的阶段——从常规到革命。

设计概念的推导需要倡导打破"公婆之理"的方法。理藏公婆之间，道隐是非之外。打破"公婆之理"，认识是非之道，并不是和稀泥。对事要多些看法：透视看，关联看，换角度看，过后看，片段认识使事物显得很容易解决，但这种容易将会使设计者自以为看清了事物的因果关系，却常常未能关照到更加多元联系的复杂性。艺术的基本功能体现于：再现（客观生活）

❶　任艺林：清华大学美术学院研究生"设计艺术的图形思维"课程学习研究报告。
❷　中国高等学校设计学学科教程研究组著 . 中国高等学校设计学学科教程 [M]. 北京：清华大学出版社，2013：10.

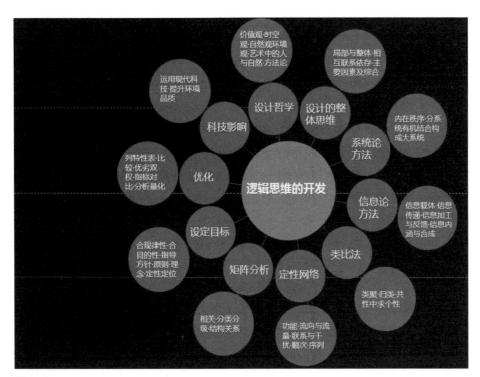

图 2-7

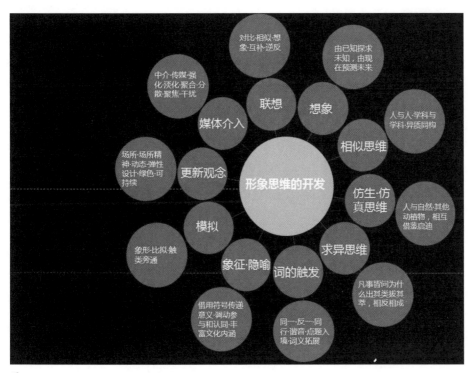

图 2-8

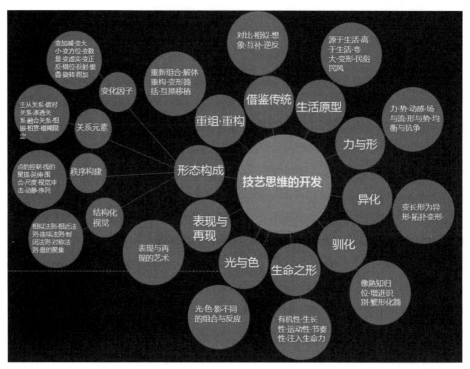

图 2-9

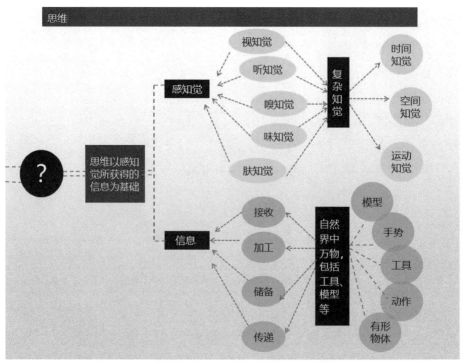

图 2-10

与表现（主观情感）两种类型。艺术表达能力因此涉及人的感觉、意识、想象、情感、思维、语言等哲学心理学领域的问题。掌握多层次的艺术表达能力，尤其是迅速捕捉自身思维火花的图形写照，是"脑矿"开采与冶炼的最佳途径。

设计概念的推导还要善于驱动"驱动力"：我们每天面对网上大量被编辑加工过的形形色色的咨询时，不要忘记上好周遭"活性事物之网"，学习用观察的"鼠标""点击"事件，"打开"事像，"下载"事理，"复制"到思考的"文件包"里，并"粘贴"到"心页"之上，还要对头脑的"桌面"常作"清理"和"刷新"！ ❶

2.2.1 感觉与联想的知识

设计是启发想象的艺术，设计是系统整合的科学。对于客观世界的感觉，通过艺术思维非格式化地释放想象和发散创意，成为设计概念的引导；对于设计对象的创意联想，通过科学思维将不同的设计要素整体关联、合力共振，成为设计概念的主导。两者必须以强烈的设计目标作为支撑，才能实现创新性思维达成的设计概念。

感觉："客观事物的个别特征在人脑中引起的直接反应，如苹果作用于我们的感官时，通过视觉可以感到它的颜色，通过味觉可以感到它的味道。感觉是最简单的心理过程，是形成各种复杂心理过程的基础。" ❷ 思维以感觉所获

得的信息为基础。感觉是人的感受器官接受客观世界的刺激，形成的主观认知，由视知觉、听知觉、嗅知觉、味知觉、肤知觉的综合，形成复杂知觉。是人面对客观世界形成的时间知觉、空间知觉、运动知觉的综合反应。其反应通过人的语言、手势、动作，物的实体、模型、工具，以自然物和人工物的各异形态反馈，不同的形态又通过人的感官接收、储存、加工、传递为有效信息，形成感觉到联想的思维循环。❸

瞬时感悟未知形与形态的物象，实际上是认知回忆与强烈的第一感觉碰撞的产物。在这里联想起着关键的作用。联想属于一种对物象跳跃式思维的连锁反应，是由一事物想起另一事物的心理过程，是现实事物之间的某种联系在人脑中的反映，往往在回忆中出现。联想有多种形式，一般分为接近联想、类似联想、对比联想、因果联想等。在艺术创作中联想具有强烈的主观意识。在充分调动自身思想贮藏的同时，往往能够在瞬间从一种形象转换到毫不相关的另一种形象，从而产生创作的冲动，将一个从未有过的形与形态表现出来。

在艺术与设计的感觉与联想中，可以利用艺术独特的表现形式，表达问题和解决问题；可以利用设计综合的创造，通过不同形式的表达来解决问题。无论艺术还是设计，在其感觉与联想中，对于"形"与"形态"概念的思考，都是绕不过去的一道坎。物成生理谓之形——《庄子·天地》；形色天性也——《孟子》；行者，生之具也——《史记·太史公自序》；形是一个多维、动态的概念。

---

❶ 刘胜男：清华大学美术学院研究生"设计艺术的图形思维"课程学习研究报告。

❷ 中国社会科学院语言研究所词典编辑室编. 现代汉语词典 [M]. 第 6 版. 北京：商务印书馆，2012.

❸ 武宇翔：清华大学美术学院研究生"设计艺术的图形思维"课程学习研究报告。

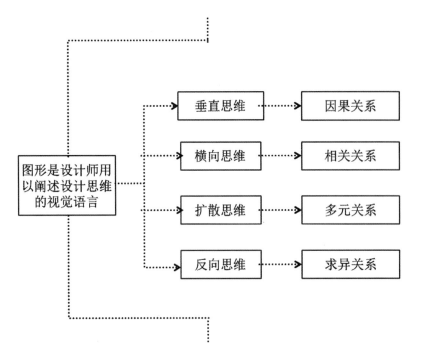

图形是设计师用以阐述设计思维的视觉语言

垂直思维	→	因果关系
横向思维	→	相关关系
扩散思维	→	多元关系
反向思维	→	求异关系

图 2-11

形之外：空间、外表、材质；行之内：功能、定位、关联；行之互动：客户、用户、环境；形之时间：过程、动态、变化。对于设计所涉及的形态塑造，可以通过体验、理解、交流、模拟、完善、评估、总结等种种手段和方法达到目标的实现。

2.2.2　鉴别与优选的技能

　　鉴别与优选的技能依靠有效的思维活动，和与此相应的主观思维虚拟图形及客观物化形态的推导过程。思维活动作为大脑皮层的一种特有功能，是在对外部对象及其复杂关系的映像、感知和记忆基础上，对客观事物进行的抽象、概括、分析、综合及在其过程中的推理和想象。其鉴别与优选必须转换为可辨形态。在设计决策领域，主要是以图形和物化的视觉语言传达与反馈。这种视觉语言体现于：垂直、横向、扩散、反向的四种思维模式。垂直思维反映因果关系，横向思维反映相关关系，扩散思维反映多元关系，反向思维反映求异关系。最终达成主观图形表达与客观物化表象的艺术鉴赏能力，这种能力具有独创性原则、审美性原则、逻辑性原则和明确性原则的恒定标准。❶

---

❶　陈贞贞：清华大学美术学院研究生"设计艺术的图形思维"课程学习研究报告。

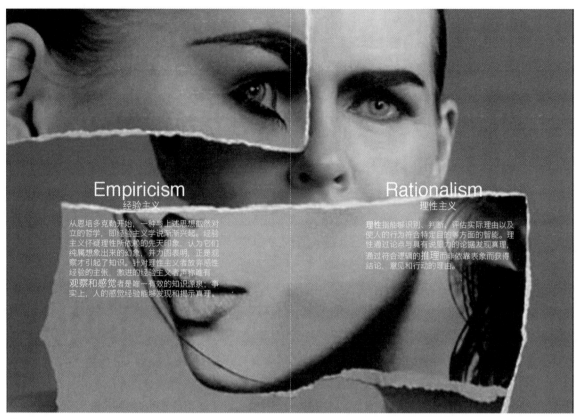

Empiricism
经验主义

从思培多克勒开始，一种与上述思想截然对立的哲学，即经验主义学说渐渐兴起。经验主义怀疑理性所依赖的先天印象，认为它们纯属想象出来的幻象，并力图表明，正是观察才引起了知识。针对理性主义者放弃感性经验的主张，激进的经验主义者声称唯有观察和感觉者是唯一有效的知识源泉；事实上，人的感觉经验能够发现和揭示真理。

Rationalism
理性主义

理性指能够识别、判断、评估实际理由以及使人的行为符合特定目的等方面的智能。理性通过论点与具有说服力的论据发现真理，通过符合逻辑的推理而非依靠表象而获得结论、意见和行动的理由。

图 2-12

选择是"反应者对被反应者的特征、状况、属性的取舍，任一组织水平或结构水平上的物质系统所普遍具有的特性。生物有机体在反应上的选择是自然选择。人的反应的选择与动物的本能选择有质的区别，具有自觉性、目的性、自主性、能动性和社会性。在必然性基础上产生的多种可能性，是人的选择的前提和基础。人的选择的类型是多种多样的。"设计指向的正确选择建立在对象需求功能定位、审美观念、技术条件的综合限定中。

当鉴别与优选面向设计概念的确立时，需要防止出现的是两种倾向。其一，经验主义。经验主义怀疑理性所依赖的先天印象，认为它们纯属想象出来的幻象，并力图表明，正是观察才引起了知识。针对理性主义者放弃感性经验的主张，激进的经验主义者声称唯有观察和感觉者是唯一有效的知识源泉：事实上，人的感觉经验能够发现和揭示真理。其二，理性主义。理性指能够识别、判断、评估实际理由以及使人的行为符合特定目的等方面的智慧。理性通过论点与具有说服力的论据发现真理，通过符合逻辑的推理而非依靠表象而获得结论，意见和行动的理由。在这里经验具有不确定性，意识的提取又具有不可逆性，作为设计概念的筛选，其目标的预期值未必能够达成。正确的方法是通过设计中图形推导的思维方法和技能，将经验与理性融会，最终实现设计概念推理的目标。这就是从经验出发的情感意识与理性主义的意识提取融合，情感意识与意识提取共同经由逻辑推导的渠道，通过图形思维的推导过程，实现设计概念经由设计方案的深化通向实施的预期价值。❶

2.2.3 虚拟与物化的观念

教育

培养视图与绘图能力，培养和树立空间想象能力及分析能力，是实现从虚拟到物化教育观念转换的关键技能。从主观思维的意象转为客观世界的表象，是概念建立并走向概念设计的过程。即：提出一个概念，再针对这个概念进行设计。意象只是虚拟的意识，具有人的情感色彩，而表象则是物化的设计现象，具有理性表达的属性。将意识通过手绘（包括电子工具）用图形同步表现，注重设计者理解创作的过程，以明确的步骤和目标从概念走向概念设计，进而转化为设计方案。

教学

在实验层面掌握室内设计基本的设计程序与方法，重点是思维与表达的形式与内容，图形在思维与表达中运用的技能。图形表达的优点在于：高效、直观性、客观性、可保存、可助思维结构化；图形思维的特点在于：直观、

有效传达、打破界限；图形思维发挥的领域在于：沟通——自我沟通和他人沟通，理解——进一步分析，思考——通过工具表达的外化使思路延伸。迅速将设计者头脑内的思想，用图形与图表的方式落实到纸面上，将人思考的过程视觉化。❷

2.3 设计概念的确立

设计概念的确立在于思维外化于纸面图形所构建设计表象的对比优选。

由于"纸张是大脑的界面"（保罗·萨福（Paul Saffo）），其界面信息的视觉传达形成图形思维，这是一种方便学习与理解的结构，一种传递或者建构知识的好方法。通过绘制路径或顺序，成为思维基本架构的视觉呈现。当下的人们似乎也看重这些路径和顺序，不过大多依赖电子工具计算机来表现，从而造就一个图形泛滥的时代。机器感、束缚感、排斥感的影响，使思维表达的顺畅感觉大打折扣。

概念表达的"图形"在不同的背景下，会出现推与拉的状态。让人感觉被"推"的情况：指令、太多内容、事先安排的格式、冲突与攻击、作决定、作评估、作提案；让人感觉被"拉"的情况：开放式问题、简单图像、寂静、从迷途返回、白纸和留白、开放式的手绘图、不确定性、方案出意外时。在这里，推的状态使人产生抵触，拉的状态使人愿意参与。理想的境

---

❶ 赵沸诺：清华大学美术学院研究生"设计艺术的图形思维"课程学习研究报告。
❷ 金觉非：清华大学美术学院研究生"设计艺术的图形思维"课程学习研究报告。

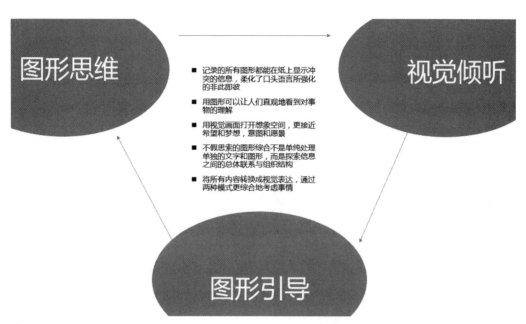

图 2-13

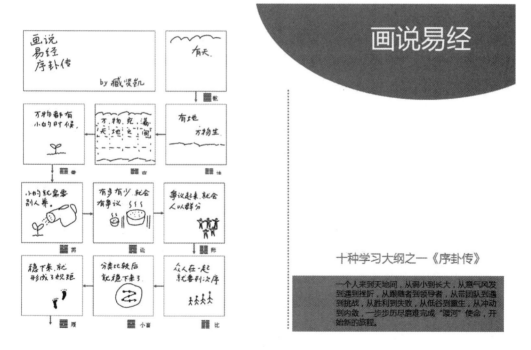

图 2-14

界是文字与图像的图形语言建构，使之形成行云流水般的思维外化拓展。

文字是构筑信息的基本元素，具有直觉化、便捷化、表意化的特征。文字是一种记录和传播信息的载体符号，它除了本身所承载的基本内容以外，还具有文字的精神状态，能赋予人们无穷的联想、情感、回忆，当这些情感以某种审美形式表现出来时，留下的是特殊的审美意味。文字符号作为重要的信息符号和视觉传达手段，它不仅提升了人们的视觉传达信息的品质，还促进了人们生存方式的艺术化，推动了社会的向前发展。

图像是构筑信息的表层元素，具有直观性、生动性、概括性的特征。优秀的图形设计可以在没有文字的情况下，通过视觉语言进行无声的沟通和交流，它能跨越地域的限制、突破语言的障碍、渐变文化的差异，从而达到无声传播的艺术效果，具有"一图顶万言"的传播效能，是走遍全球的"世界语"。

记录的所有图形都能在纸上显示冲突的信息，柔化了口头语言所强化的非此即彼，用图形可以让人们直观地看到对事物的理解。用视觉画面打开想象空间，更接近希望和梦想，意图和愿景。不假思索的图形综合不是单纯处理单独的文字和图形，而是探索信息之间的总体联系与组织结构。将所有内容转换成视觉表达，通过两种模式更综合地考虑事情。❶

2.3.1　判断与推理的知识

判断："对事物的情况有所断定的思维形式。任何一个判断，都或者是真的或者是假的。如果一个判断所肯定或否定的内容与客观现实相符合，它就是真的；否则，它就是假的。检验判断真假的唯一标准是实践。"❷这种概念是以逻辑思维的状态来界定的，然而在形象思维中情况有所不同，尤其是当艺术的成分作为设计内容的主要方面时，物象的判断就很难确定对与错。而只能是相对而言。判断都是用句子来表达。同一个判断可以用不同的句子来表达，同一个句子也可表达不同的判断。在设计中正确的判断也只能是以相对完整的图形、图纸或部件。判断可按不同标准进行分类，如简单判断和符合判断，模态判断与非模态判断等。

推理："亦称'推论'。由一个或几个已知判断（前提）推出另一未知判断（结论）的思维形式。例如：'所有的液体都是有弹性的，水是液体，所以水是有弹性的。'推理是客观事物的一定联系在人们意识中的反映。由推理得到的知识是间接的，推出的知识。要使推理的结论真实，必须遵守两个条件：①前提真实；②推理的形式正确。推理有演绎推理、归纳推理、类比推理等。"❸推理的概念更是以严密的逻辑为基础的。在设计中推理的应用往往以人的行为心理在空间功能的体现上为主。而形象的设计则很难以这样的思维形式进行。

---

❶　肖媛：清华大学美术学院研究生"设计艺术的图形思维"课程学习研究报告。
❷　辞海 [M]. 上海：上海辞书出版社，1999：222.
❸　辞海 [M]. 上海：上海辞书出版社，1999：846.

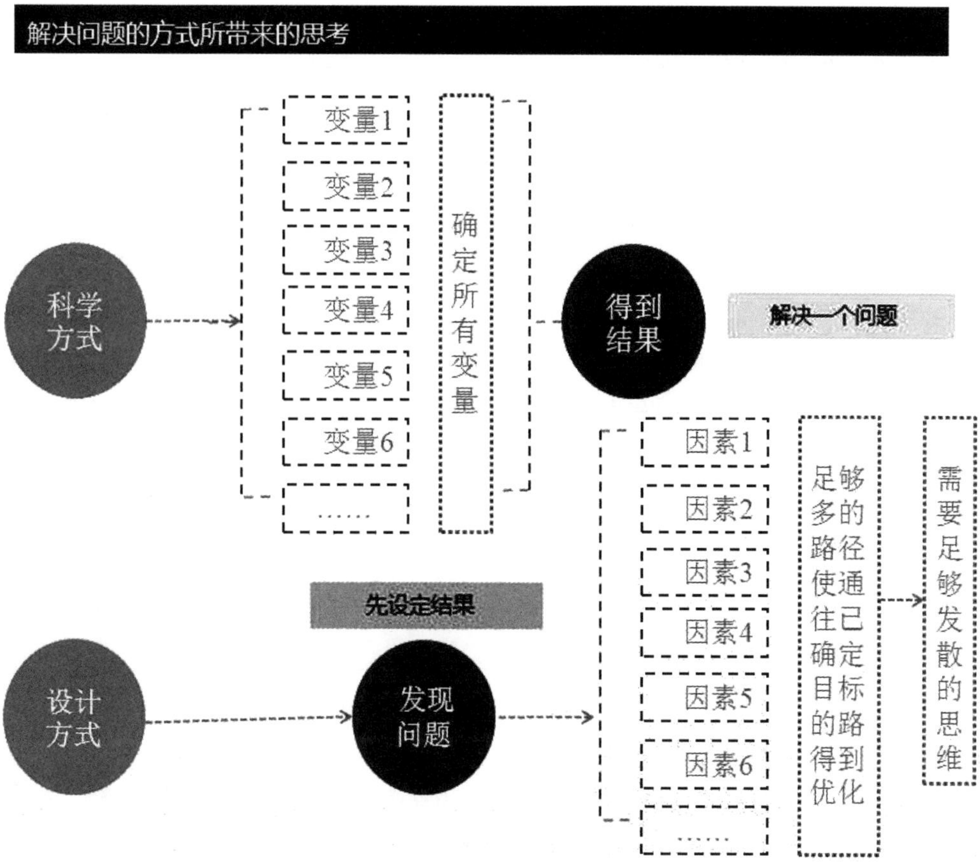

解决问题的方式所带来的思考

变量1
变量2
变量3
变量4
变量5
变量6
……

科学方式

确定所有变量

得到结果

解决一个问题

先设定结果

设计方式

发现问题

因素1
因素2
因素3
因素4
因素5
因素6
……

足够多的路径使通往已确定目标的路得到优化

需要足够发散的思维

图 2-15

作为设计用户与其服务的行为系统：发现问题、定义问题、解决问题、评估方案、生产实施的程序，在于寻找目标的定位。环境设计和产品设计最大的不同是：产品一般只适应一类特定的用户或人群，而空间则需要适应几乎所有的人群。通过对不同人群进行归类，发现不同人群的心理预期。分析不同人群的心理预期，找出他们关心的核心价值取向。通过大数据资源搜索的筛查与选择，并结合用户文化层、社会文化层、专业文化层对于特定空间与场所的需求，得出与项目设计定位相适应的设计概

念，最终由决策层定案。

科学方式的判断与推理，是一个分析涉及项目各种变量，确定所有变量，从而得到结果，解决一个问题的方法。设计方式的判断与推理，是一个先设定结果再发现问题的流程。需要分析涉及设计项目的各种因素，由于因素的不确定性，又需要足够多的路径使通往已确定目标的路得到优化。因此，需要足够发散的思维，去冲破不同因素制约关系的障碍，从而解决问题。

科学方式直击事物的本质，设计方式关注事物间规律性的联系。两者间接与概括地反映

于思维：科学方式倾向于逻辑思维，设计方式倾向于形象思维。在这里形象思维的意义在于与外界交互所产生的纷繁知觉，这种知觉对思维的发散具有重要影响。当一个设计师面对一个设计项目，与他交互的世界呈现出各种不确定的因素。他会面对普通用户与人群，设计团队成员与合作者，与之沟通、聊天，这种社会性和群体性行为有利于思维的发散；他会身处项目所在的环境，体验来源于自然和人为环境感知觉的所有信息，从中寻求解决专业问题的方法；他会依靠自身的动作与手势，以潜意识扩展的行为，帮助发散思维和组织语言；他会巧妙利用信息时代大数据的资源，寻找海量数据与设计上更为宏观的相关关系，为设计带来更多灵感相关性。当然，这些工作又需要通过电脑建模，来补充数学逻辑，推导参数化图形，通过工具、模型、益智型模型推导软件加强空间知觉。❶

2.3.2 分析与归纳的能力

分析："与'综合'相对。思维的基本过程和方法。分析是把事物分解为各个部分加以考察的方法，综合是把事物的各个部分联结成整体加以考察的方法。二者是辩证的统一，互相依存、互相渗透与转化。西方哲学史上，有的经验论者片面强调分析，有的唯理论者片面强调综合，分析与综合的统一，是辩证逻辑

的基本方法之一。"❷分析是设计的起点——戈登·贝斯特认为对设计问题的分析是设计过程的起点。要分析必须分解。杰佛里·布鲁德本特提出："……要分析，整体必须分解……如果选择了错误的分解方法，整体就会受到破坏，而正确的分析方法却可以使结构物保持完整。"

归纳作为思维方法的一种，在设计中同样也具有广泛的意义。归纳："从个别或特殊的经验事实出发推出一般性原则、原则的推理形式、思维进程和思维方法。同由一般性知识的前提出发得出个别性或特殊性知识的结论的推理形式、思维进程和思维方法的'演绎'相对。一般说来，两者之间的区别是：归纳是由特殊推到一般，演绎是由一般推到特殊。在认识过程中两者是相互联系、相互补充的。演绎所依据的理由，来自对特殊事物的归纳，演绎离不开归纳；而归纳对特殊现象的研究，又必须以一般原理为指导，归纳也离不开演绎。"❸

说到底分析与归纳的能力，就是设计概念切题的决策能力。

2.3.3 控制与系统的观念

教育

系统工程由分析、综合、设计、评价四大模块构成。只有在控制论观念的统领下接受相应的政法约束，融会信息科学与计算机科学、

❶ 武宇翔：清华大学美术学院研究生"设计艺术的图形思维"课程学习研究报告。
❷ 辞海 [M]. 上海：上海辞书出版社，1999：333.
❸ 辞海 [M]. 上海：上海辞书出版社，1999：1287.

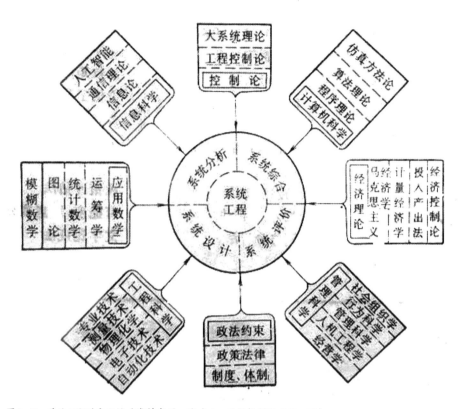

图 2-16　系统工程的交叉性（资料来源：张启人．通俗控制论 [M]：31）

研究方法的比较

经济/管理	艺术	工程学	自然科学	人文社科
• 现象描述 • 实证研究 （empirical） • 行为假设 （hypothesis） • 数学模型 • 数量统计 • 博弈论	• 实践创作—— 理论提炼 • 史实资料—— 经验总结 • 感性经验	• 控制论 • 控制工程 • 系统工程 • 信息处理 • 计算机仿真 技术	• 定性实验 • 定量实验 • 对照比较实 验 • 析因实验	• 实践调查 • 文献分析 • 抽样统计 • 定性分析

图 2-17

应用数学与经济理论、工程科学与管理科学，在资源优化的条件下，才能实现系统的正常运转。控制论系统下的设计思维，呈现刚性与柔性统合的思维特征。刚性思维受政治策略、经济策略、科技策略、产业策略、能源策略、环境策略的制约；柔性思维受文化策略和设计策略的影响。在控制论系统的观念层面，设计 = 计谋。《史记·太史公自序》："运筹帷幄之中，制胜于无形，子房计谋其事，无知名，无勇功，图难于易，为大于细。"元·尚仲贤《气英布》第一折："运筹设计，让之张良；点将出师，属之韩信。"❶

教学

　　基于控制论系统的设计概念推导，是工程技术式的设计流程管理。这是一个过程控制、创意激发、设计落实和完整设计流程的系统。其推导程序受制于研究方法比较的观念影响。经济与管理、艺术、工程学、自然科学、人文社科的研究方法构成其完整的体系。经济与管理：现象描述、实证研究（empirical）、行为假设（hypothesis）、数学模型、数量统计、博弈论；艺术：实践创作——理论提炼、史实资料——经验总结、感性经验；工程学：控制论、控制工程、系统工程、信息处理、计算机仿真技术；自然科学：定性实验、定量实验、对照比较实验、析因实验；人文社科：实践调查、文献分析、抽样统计、定性分析。❷

2.4　课内教学安排

设计概念

　　综合设计定位确立的目标要求，通过发散性的形象思维程序，构思出明确的设计概念，在文化层面形成设计的主题精神。最终形成具体空间的概念设计，通过规范的制图表达，作为方案设计的雏形。

第 4 次授课（4 课时）

　　设计观念的授课。根据学生的背景选择合适的"授课讲义"进行讲授。

　　课外作业：设计概念推定前的知识储备。

第 5 次授课（4 课时）

　　课题系统总体设计概念的交互式图形思维推导过程授课（45min 二轮次演绎）。

　　课外作业：确立课题设计概念的演示文件 (PPT)。

第 6 次授课（4 课时）

　　学生通过 PPT 讲解确立的设计概念，分析技术难点（尺度与比例）的授课。

　　课外作业：课题概念设计技术图纸与文本的完善；主课题拓展项目（由教师根据设计主课题选取子项拓展，建议以室内装修细部或单件家具设计为题）的概念构思。

第 7 次授课（4 课时）

　　主课题拓展项目（室内装修细部或单件家

---

❶　农丽媚：清华大学美术学院研究生"设计艺术的图形思维"课程学习研究报告。
❷　农丽媚：清华大学美术学院研究生"设计艺术的图形思维"课程学习研究报告。

具设计）设计概念的交互式图形思维推导过程授课（45min 三轮次演绎）。

课外作业：完成课题的概念设计图纸（CAD）；方案设计前的知识储备。

2.4.1 讲授

设计概念阶段的教学，重在设计思维潜力的发掘和图解思考的拓展性表达。主题概念确立后的概念设计主要反映学生创意的素质。

（1）概念设计能够启迪感性的创意，从而培养理性的设计工作方法。

（2）概念设计的结果未必一定能够通过方案设计的定型来实现，但却培养了学生勤于感性思考和理性策划的能力。

（3）概念设计只是未经验证的设想，非确定性的发展前景能够刺激设计者的创作激情，具有可持续的后劲。

以上三点作为教师授课的重要理念，其目的在于启发学生不受拘束海阔天空的设计创意。

室内设计概论

室内设计（Interior design）专业

定义

在建筑内部空间以满足人的使用与审美需求进行的环境设计称为室内设计。

作为建筑设计的组成部分，以创造实用、舒适、美观、愉悦的室内物理与视觉环境为主旨。

空间规划、构造装修、陈设装饰是室内设计的主要内容：通过建筑平面设计与空间组织；建筑构造与人工环境系统专业协调；构件造型与界面（地面、墙面、顶棚、柱与梁、门与窗）处理；光照色彩配置与材料选择；器物选型布置与装饰设置来实现其设计。

简史

满足于人视觉需求的空间装饰甚至早于建筑，岩壁上反映日常生活和狩猎活动的绘画是人类栖身于天然洞穴时的装饰；坐立于地面的彩绘陶罐成为穴居时代的装饰器物。

石构造建筑以墙体作为装饰的载体，从而发展出西方建筑以柱式与拱券为基础要素的装饰体系。

木构造建筑以框架作为装饰的载体，从而发展出东方建筑以梁枋变化为内容的装饰体系，形成天花藻井、槅扇、罩、架、格等特殊的装饰构件。

20 世纪以来，随着结构技术的发展，建筑内部空间不断扩大，使用功能日趋复杂，建筑内部不仅需要美化，还需要进行科学的划分，以全面满足人的行为、生理、心理上的需要。

20 世纪后半期以来，室内设计逐渐形成建筑设计中的一个分支，成为相对独立的专业系统。

平面设计与空间组织

以人的行为模式进行功能分区的建筑平面设计是室内空间组织的基础。

人在室内空间的行为活动特征构成了建筑平面的交通与使用面积，成为各类建筑平面布置的基本划分。

居住建筑的平面布置因使用者的组成、年龄、文化、习俗、爱好等不同而异。

公共建筑还取决于经营管理、人流活动、社会心理和使用方法。

室内最显著的特点在于其界面围合形成的虚空。

人在被笼罩的空间中活动，主要的视觉感受来自于界面。

受界面围合的影响，空间的尺度感受十分敏锐，因此人的行为心理尺度因素成为空间设计的依据，通过空间形态、比例、尺度的界定，以及界面围合的处理，以封闭、开敞、虚拟的限定手法，运用各种自然或人工环境要素来达到空间组织的目的。

专业协调与设计

人工环境系统是为满足人的生理需求而设置的物理设备与构件，是现代建筑不可缺少的有机组成部分，涉及水、电、风、光、声等多种专业技术领域。

建筑构造对于室内空间形态具有决定性作用。这种人工环境系统与建筑构造组成了室内设计的物质基础，是满足室内各种功能的前提。

根据空间总体规划的需要，进行专业协调同样是设计的内容。

光照与色彩设计

光照与色彩是空间意境创造的基本要素。

由形体、色彩、质感造就的室内空间氛围来自于天然采光和人工照明。

通过开窗的形式，光照类型、光色和灯具造型的选择，以光的直射、过滤、反射、扩散或光影变化，运用色彩的色相、明度、彩度变化影响于人的心理和生理，从而调节室内的尺度和温度感，造就不同功能需求和艺术效果的室内环境氛围。

材料与装修设计

运用材料对建筑构件和界面进行的处理是装修的内容。

装修设计需要合理的选材，并依照一定的比例尺度，运用造型艺术的规律，从室内的视觉形象出发来组织空间构图。

通过人的近距离视觉与触觉感受，以材料表面不同质地的变化来体现设计的意图。

装修材料分为天然与人工合成两大类，常用的材料是：木材、石材、金属、陶瓷、玻璃、塑料、涂料、织物等。

不同的材料造就不同的装饰风格，新材料的运用意味着新样式的产生。

陈设与装饰设计

选择与调配家具、灯具、织物、植物、生活器具、艺术品是陈设与装饰的内容。家具使人的行为活动通过不同状态的体位得以实现，并以固定与移动的类型（橱、柜、架、床、桌、椅、凳、沙发）成为室内空间的有机组成部分，以家具为主体布置其他类型的物品是设计的主要方法。通过选择灯具的造型和照明方式达到装饰目的；通过织物应用的装饰，丰富空间色泽和质感的层次；通过配置植物平添绿色生机，使室内兼有自然的要素；通过生活器具摆放和艺术品陈设，突出空间性格，活跃环境气氛。

室内设计的专业内容决定其从业的定位

室内设计到环境设计的专业发展

从室内装饰到环境艺术设计

现代意义的中国室内设计起始于 20 世纪 50 年代，其标志性体现是 1958～1959 年的北京十大建筑。尽管这个时期的室内设计带有明显的装饰色彩，但这毕竟是从室内概念出发，由中国第一代室内设计师完成的具有中国概念的设计。

室内设计教育因此发端于室内装饰（中央工艺美术学院 1957 年成立室内装饰专业）。

1978 年年末开始的改革开放，吹响了中国室内设计大进军的号角，经过 30 年的发展，室内设计已经成为带动中国设计的领头羊，短短的时间内走过了西方国家的百年历程。

高等教育的环境艺术设计专业

尽管环境艺术与环境艺术设计有着本质的区别，但只能是先从环境艺术的概念入手，然后再向设计的层面渗透。于是，在高等学校又以室内设计为基础，建立了环境艺术设计的专业。

1988 年当时的国家教育委员会批准在普通高等学校设立环境艺术设计专业，标志着中国的设计教育翻开了新的一页。尽管认识未必到位，但是将环境的概念，从国家顶层设计的层面融入到室内设计的专业领域，其意义之重大也许要经过一个相当长的时间才会被理解。

从环境艺术的概念到环境艺术设计

环境艺术是由"环境"与"艺术"相加组成的词，在这里"环境"词义的指向并不是广义的自然，而主要是指人为建造的第二自然即人工环境。"艺术"词义的指向也不是广义的艺术，而主要是以美术定位的造型艺术，虽然环境艺术作品的体现融会了艺术内容的全部，但创造者最初的创作动机，还是与"造型的"或"视觉的"艺术有着密切的关联。

人工的视觉造型环境融会于自然，并能够产生环境体验的美感，成为环境艺术立足的根本。

环境艺术设计的微观概念

早在 1982 年中央工艺美术学院的教授奚小彭先生就将"环境艺术"指向艺术设计的层面，他明确指出"我的理解，所谓环境艺术，包括室内环境、建筑本身、室外环境、街坊绿化、园林设计、旅游点规划等，也就是微观环境的艺术设计。"

这里所说的微观环境的艺术设计，就是基于环境意识的艺术设计，在词义上会出现"环境的艺术设计"或"环境艺术的设计"两类完全不同的理解，在目前社会对艺术设计学科的认知背景下，相信人们理解的范围还是前者大于后者。

环境艺术设计的观念与运行

目前，我们所讲的环境艺术设计，在设计的领域更多的是作为一种观念来理解。

这是一种广义的概念，即：以环境生态学的观念来指导今天的艺术设计，就是具有环境意识的艺术设计，显然这是指导设计发展的观念性问题。

而狭义的环境艺术设计概念，则是以人工环境的主体——建筑为背景，在其内外空间所展开的设计。具体表现在建筑景观和建筑室内两个方面。显然这是实际运行的专业设计问题。

应该说狭义的环境艺术设计已经在今日的中国遍地开花，然而广义的环境艺术设计观念尚未被人们广泛认知。

环境艺术设计的审美观念转型

18世纪后期，"美学"（Esthetic）成为美的哲学命名并获得世界的公认。而对美学的思考却可以追溯到希腊哲学家苏格拉底（Socratēs，前469～前399年）的时代。从柏拉图（Platon，前427～前347年）美是视听而达的快感；到亚里士多德（Aristotlēs，前384～前322年）美的三大形式：秩序、匀称和明确；再到托马斯·阿奎那（Thomas Aquinas，约1225～1274年）美的三要素：整一、比例和明晰；一直到黑格尔（G.W.F.Hegel，1770～1831年）指出：自然美与艺术美的区别。

近代美学强烈批判古代美学中试图建立某种审美标准，而将其作为美的最好形式或关系的做法。费希纳（G.T.Fechner，1801～1887年）认为，只有在一定的范围之内，这些形式或关系才能体现出美的价值与意义，永恒、一成不变的美的形式并不存在。美学研究的主题由对"美"的形而上学探讨，转变到对审美心理、美感经验以及艺术中微观问题的关注。

环境艺术设计的审美观念转型

在提倡生态主义的今天，对美的感知早已不仅仅停留在外观形态的层面，而是蔓延到一个更广大的范畴——环境。符合生态文明的美学观念是基于环境的审美，这是时空一体完整和谐的审美观。

环境美学观念的时代重构，在于从传统美学观到环境美学观的转换。

环境审美观念的本质

真正的环境审美，具有融会于场所，时空一体的归属感。如同物理学"场"的概念：作为物质存在的一种基本形态，具有能量、动量和质量。实物之间的相互作用依靠有关的场来实现，这种"场"效应的氛围显现只有通过人的全部感官，与场所的全方位信息交互才能够实现。

环境审美不应该只通过一件单体的实物，而应该是能够调动起人的视、听、嗅、触，包括情感联想在内的全身心感受的环境体验场所。

以静观为主的传统审美定位于空间的、视觉的、造型的、具有明确形象直观实体创造的反映；以动观为主的环境审美来自于虚拟的、联想的、抽象的、具有文学色彩环境氛围创造的反映。

环境艺术设计＝环境设计

在汉语中"设计"是作为表示人的思维过程与动作行为的动词而出现的。显然与我们在这里讲的设计在含义上有很大不同。我们所说的设计是源于英语"design"的外来语。这个词在英语中既是动词又是名词，同时包括了汉语：设计、策划、企图、思考、创造、标记、构思、描绘、制图、塑造、图样、图案、模式、造型、工艺、装饰等多重含义。一句话，在"design"中除了汉语"设计"的基本含义外，"艺术"一词的含义占了相当的比重。我们很难在现代汉语中找到一个完全对等的词汇，姑且以"设计"应对不免会使公众的理解产生偏颇，于是在一段时间内不得不采用一种折中的办法，在"设计"前面冠以"艺术"，形成"艺术设计"的词组，以满足公众理解的需要。"环境艺术设计"的组词，正是产生在这样的背景中。

随着时间的流逝，社会逐渐理解了"设计"一词的真实内涵。2012年教育部发布的《普通高等学校专业目录》和2013年国务院学位委员会学科评议组出版的《学位授予和人才培养一级学科简介》中："环境设计"的专业定名，最终了结了近30年专业称谓的一段公案。

从室内设计到环境设计的发展是中国特殊国情造就的必然

室内设计与建筑设计专业的不同定位

作为建筑的空间概念

建筑无疑是以空间形态构建的功能与审美体现作为设计的最终目标。

一栋建筑无论其体量的大小，功能的各异，在形态上总是表现为内外两种空间。

建筑以形体的轮廓与外界的物化实体构造了特定的外部空间，这个形体轮廓视其造型样式、尺度比例、材质色彩的表象向外传递着自身的审美价值。

同时建筑又以其界面的围合构成了不同形态的内部空间，这个内部空间是以人的生活需求与行为特征作为存在的功能价值的。

正是由于建筑内外空间的这种特性，在一个相当长的历史阶段中，建筑与室内在空间设计上是分不开的。

作为建筑师也从来是以空间的概念来从事设计的。

室内设计专业的教育处境

设计与设计教育诞生于现代设计行业在发达国家建立之后。本身具有艺术与科学的双重属性，兼具文科和理科教育的特点，属于典型的边缘学科。

由于我们的国情特点，室内设计与室内设计教育基本上是脱胎于美术教育，导致学生的艺术素养较高而技术素养较低。

而具有鲜明工科特征的我国建筑类院校，在明显的工程技术背景下，导致学生的技术素养较高而艺术素养较低。可以说两者依然还处于过渡期的阵痛中。

室内设计与建筑设计专业的分立

建筑与室内是一脉相承的两个设计专业，室内设计是建筑设计延伸的观念被学界广泛认同。

问题出在计划经济背景下的国家学科概念。

1952年的院系调整采用的是苏联20世纪20年代受困环境下复苏经济不得已的办法。这是一种把大学变为大专，快速医治战争创伤，以利解困的权宜之计。"而20世纪50年代的新中国，国内国际环境已大不一样了，而他们仍机械地搬用过时的历史经验，居然把中国所有的综合大学给拆掉，都变成了专科学院。"（中央工艺美术学院教授潘昌侯）

这次院系调整对中国高等教育的影响和带来的损失难以估量。建筑学定位于工科专业院校就是发生在这样的历史背景下。因此，建筑学成为了建筑工程学，由此培养出的建筑"人才"基本上是缺了一条腿。我们只看到近年境外建筑师在国内攻城略地，而没有看到我们人才储备存在的明显缺陷。

室内设计专业崛起的原因

室内设计脱离建筑成为独立专业，两个因素起着重要的作用。

其一：现代建筑的空间复杂、体量庞大，使用功能综合多元。

其二：建筑空间内外交融，艺术氛围感官强烈。

建筑师难以在有限的设计周期内满足客户日益丰富的功能与审美需求，导致室内设计专业群体的崛起。

室内设计与建筑设计专业分立的意义

尽管学科交叉、专业融会是世界艺术与设计的时代潮流，但对于中国来讲，建筑设计与室内设计的分立符合目前的国情。

重要的问题在于室内设计要立足于自身的事业，因为目前的室内设计还停留在中间层面，即装修与装饰，向上和向下发展的空间都不小。

上游是靠近建筑设计的空间规划，下游是靠近产品设计的环境体验。从发展的眼光，下游的文章更为难做，但创新的可能也相应增大。由于环境体验涉及人的行为心理，教学与研究的领域相对宽广，应该成为室内设计专业与教育主要的发展方向。

不同背景与经历的个人应选择适合自己特点的专业定位

授课讲义（成稿 2009 年 5 月）编号：J005

高等学校人文艺术学科的实验教学

1 问题的提出

实验教学的习惯性认识

长期以来在人们的头脑中，高等学校的实验教学是理工类学科的专利。就像是人们一提到科学研究，习惯地会与自然科学划等号，习惯地认为只有理工学科进行的研究才是科学研究。于是"为了检验某种科学理论或假设而进行某种操作或从事某种活动"（《现代汉语词典》）的科学实验，成为理工科专业当然的教学内容。

观念层面的缺失

1985 年出版的《中国大百科全书·教育卷》对于实验教学法的解释："学生在教师的指导下，使用一定的设备和材料，通过控制条件的操作过程，引起实验对象的某些变化，从观察这些现象的变化中获取新知识或验证知识的教学方法。"而且在该词条的结论部分明确指出："它是提高自然科学有关学科教学质量不可缺少的条件。"

四个关键问题

要不要在文科实施实验教学，问题的关键在于：

· 什么是实验教学？

· 什么是文科类专业的实验教学？

· 文科的实验教学包括哪些内容？

· 怎样进行文科的实验教学？

存在的差距

毋需进行更深入的考察我们就会发现：

我们的文科教学是以理论知识的信息单向传输为主要方法，形成了典型的理论教学模式。

世界一流高等学校文科教学则是以理论与实践相结合的教学方法，促使知识的信息双向传递，专业的技能综合培养，形成了多元的实验理论教学模式。

文科的实验教学模式是建立在经过工业文明洗礼的现代教育理念的基础之上的，并经过了长期社会实践的考验和科学的验证。

在文科实施实验教学

在知识经济时代，知识的获得相对容易，而提高掌握知识后的应用能力则比较困难。随着高等教育进入信息化时代，知识更新的问题和运用知识的创造性应用问题都日渐突出，要求接受教育者具备全面的素养，体现于知识与能力的同步增长。基于这样的考量，高等学校的文科专业就必须实施实验教学，通过实验教学课程实践的促进，传统的理论教学才能达到时代所要求的高度，学生的综合素质才能在探索精神、科学思维、实践能力、创新能力诸方面得到协调发展。

2 历史的经验

东方中国

反映农耕文明的教育史

我国的教育历史源远流长，然而却是一部反映人类农耕文明思想文化典型的教育史。从奴隶社会的礼乐教育到封建社会的科举制，前后绵延两千多年，形成了一套严整有序的教育思想体系。以至于进入后工业文明时代处于社会主义初级阶段的中国教育，还在某些方面残留着过去时代浓重的印迹。

奴隶社会的礼乐教育

在中国的奴隶社会倡导的是六艺教育，所谓"六艺"即：礼、乐、射、御、书、数。六艺教育起源于夏代，商代又有发展，西周的六艺教育在继承商代的基础上更为发展和充实。奴隶主贵族的礼和乐是密切配合的，凡是行礼的地方，也就需要乐，礼乐贯穿于整个社会生活活动，体现宗法等级制度，对年青一代思想政治、道德品行的培养有重大作用，礼乐教育成为六艺教育的中心。

封建社会教育的目标

中国封建社会教育的主要目的是培养官吏，学校的任务则主要是"养士"。学成之后，经选士或科举，优秀者授予官职。因此，教育制度和教育思想都是与之相适应的。

孔子提出的"学而优则仕"则确立了由平民中培养德才兼备从政君子的育人路线。在这里学习是通向做官的途径，培养官员是教育最主要的政治目的。因此，儒家学派的教育思想非常注重于德教，德教从而成为中国古代教育的重心。儒家强调"修身、齐家、治国、平天下"作为个人完善的最高境界。

封建社会教育的中心内容

在汉代体现儒家思想的德教经董仲舒的发展，确立了以"三纲五常"为核心的道德教育内容。这就是所谓的"王道三纲"："君为臣纲，父为子纲，夫为妻纲。"从此，臣忠、子孝、妻顺成为封建社会中最重要的道德规范。与"三纲"相配合的是"五常"。"五常"即仁、义、礼、智、信。"三纲"

是道德的基本准则，"五常"则是与个体的道德认知、情感、意志、实践等心理、行为能力相关的道德观念。"三纲"与"五常"结合的纲常体系成为中国封建社会道德教育的中心内容。❶

传统的教育观

由于封建道德经典的教化必须经过书本知识的强制灌输，因此"头悬梁，锥刺骨"的苦读书和死读书的方式，成为那个时代教育所提倡的主要学习方法。"万般皆下品，唯有读书高"，"两耳不闻窗外事，一心只读圣贤书"成为天经地义的教育信条。按照今天的说法就是只重视理论教学的单向传输模式。所以，书本知识具有不可动摇的经典教化意义，"教育＝读书"在中国教育的传统概念中是根深蒂固的。

缺失的实践教育和实验教学

在"重文轻技"教育思想的主导下，自然科学技术知识的传授始终处于边缘地位。从事这类教育的学校在唐、宋时代已发展到一定规模，在世界上也是比较早的。但在中央官学中，这种学校的政治地位比较低。后来随着官学的衰败，自然科学知识和技术多转入民间，由私人进行传授了。可见，注重实践的实验教学在中国传统的教育体系中是缺失的，体现教学互动和思维启迪的实验教学模式，在中国现行文科教学中的推行是没有历史积淀基础的。

西方外国

实验教学的历史经验

在西方世界的欧洲，传统的封建教育带有明显的宗教色彩。尤其是中世纪的欧洲，宗教成了封建制度的精神支柱，文化和教育全部为教会所垄断，教学内容贯穿着神学精神。就实验教学的历史经验而言，重要的具有启示意义教育思想的出现，是在中世纪之后经过文艺复兴和宗教改革两大思想解放运动的 18 世纪资产阶级教育思潮，以及始于 20 世纪初多元发展的现代教育思想和思潮。

工业革命促进的变革

18 世纪是一个以理性追求和知识探索为主要标志的世纪，在教育思想领域促成了理性主义和国家主义两大教育思想的诞生和发展。同时，工业革命之后的大机器生产要求全面发展劳动者的智力与体力，要求教育同生产劳动密切结合。现代生产和科学技术的发展，又使教学形式和方法产生了新的变革。

实验教学理论的代表人物

20 世纪是人类历史上发展最为迅速的世纪，前期实验教育学、劳动教育学、文化教育学、社会教育学等教育思想的多元发展格局，影响了 20 世纪后期教育思想的发展和演变。与实验教学的理论有着直接联系的，正是实验教育学和进步主义教育思潮的主要代表杜威（John Dewey，1859～1952 年）的实用主义教育思想。

---

❶　孙培青. 中国教育史（修订版）[M]. 上海：华东师范大学出版社，2000.

杜威教育思想研究

　　人们普遍承认，杜威是 20 世纪美国乃至世界上最有影响的一位教育家。因为他确实给教育带来了一场深刻的革命，在教育领域引起了重要的变化。❶ 但是其唯心主义经验论的立场，和他理论体系中某些不够完善的缺陷，使得杜威经常被人误解，在 20 世纪 50 年代还受到一些人的攻击和批判。然而，"无论对西方教育界还是对中国教育界来说，杜威教育思想研究都是一个基本课题。"❷ 从文科实验教学研究的历史经验出发，重读杜威，深入研究其教育理论，确实具有明显的现实意义。

3　理论的思考

以马克思主义理论为基础

　　《中华人民共和国高等教育法》第三条规定："国家坚持以马克思列宁主义、毛泽东思想、邓小平理论为指导，遵循宪法确定的基本原则，发展社会主义的高等教育事业。"毫无疑问，我们的社会主义教育事业，是建立在 19 世纪 40 年代由马克思（1818 ~ 1883 年）和恩格斯（1820 ~ 1895 年）创立的马克思主义理论基础之上。

马克思主义教育观的核心

　　首先，马克思主义创始人根据社会存在决定社会意识的理论，科学地探讨和揭示了社会与教育的关系。

　　其次，马克思主义创始人关于生产与教育的关系的论述，具有重要的意义。它不仅深刻地揭示了教育发展和经济发展的某些客观规律，而且阐明了人的发展的某些客观规律。

　　教育和生产劳动相结合，从而造就人的全面发展，成为马克思主义教育观的核心。

促成教育与生产劳动相结合

　　显然，仅仅依靠传统的书本知识的理论教学，是很难做到以马克思主义教育思想为指导的我国现阶段高等教育所要达到的教育目标。也就是教育与生产劳动相结合，培养具有创新精神和实践能力的全面发展的社会主义建设者和接班人的教育目标。战略上的宏观概念，需要通过一个个具体的战术环节去实现，实验教学恰恰是战术层面促成教育与生产劳动相结合最为有效的武器。这一点在高等教育的理工科范畴比较容易理解，而在文科的范畴则存在一定的难度。

科学实验三要素

　　就科学实验而言，它是"根据一定目的，运用一定的仪器、设备等物质手段，在人工控制的条件下，观察、研究自然现象及其规律性的社会实践形式，是获取经验事实和检验科学假说、理

---

❶　单中惠．杜威教育名篇・序 [M]．北京：教育科学出版社，2006：2.
❷　单中惠．杜威教育名篇・序 [M]．北京：教育科学出版社，2006：2.

论真理性的重要途径。它包括实验者、实验手段和实验对象三要素。其特点是：可以纯化、简化或强化和再现研究对象，延缓和加速自然过程，充分体现人的主观能动性和创造性。科学实验的范围和深度，随着科学技术的发展和社会的进步而不断扩大和深化。科学理论对科学实验有能动的指导作用。"

缺少物证的文科实验教学

在文科的实验教学中，"实验者、实验手段和实验对象三要素"中的手段和对象到底是什么就很难界定。因为这里的对象表现为实体的物质，而手段则是针对物质的，是具有特定运行程序的手法。而在文科的实验教学中，并不存在物质的对象。要么是人的思想通过某种表达方式进行的信息多向传递，要么是社会现象模拟中理论问题的深入探讨。也许就是因为缺少了"物证"，文科的实验教学概念才会变得如此让人难以理解。

"实践"与"实验"

在汉语的词义中"实践"和"实验"同时可作为名词和动词使用。因此，两个词在具体表述某种事物时，容易在人们的理解上产生偏差。

实践，作为动词可解释为："实行（自己的主张）；履行（自己的诺言）"。[1] 作为名词可解释为："人类有目的地改造世界的活动"。各派哲学对它有不同的解释。科学的实践观的确立是马克思主义哲学诞生的重要标志。

实验：作为动词可解释为："又称'试验'。根据一定目的，运用必要的手段，在人为控制的条件下，观察研究事物的实践活动。"[2] 作为名词可解释为："指实验的工作：做实验 | 科学实验。"[3]

实践教学与实验教学

实践教学中的"实践"是名词的概念。

实验教学中的"实验"是动词的概念。

实践教学中，"实践"的词义面向事物所表达的概念是宏观和总体的。

实验教学中，"实验"的词义面向事物所表达的概念是微观和具体的。

实验教学≠科学实验

我们之所以对文科实验教学产生疑问，原因就在于用"实验"的名词词义来理解实验教学。于是，才产生了"实验教学＝科学实验"的错误理解。因为在"实验"的动词概念中，观察研究"事"与"物"的实践活动，只有目的、手段、控制三个环节，而这三个环节并不是仅指"物"。文科的实验教学针对的主要是"事"，也就是社会"事理"的研究。

---

❶ 现代汉语词典 [M]. 第5版 . 北京：商务印书馆，2005.
❷ 辞海 [M]. 上海：辞书出版社，1999.
❸ 现代汉语词典 [M]. 第5版 . 北京：商务印书馆，2005.

实验教学不是理工科的专利，而是面向高等教育实践教学的最为有效的教学手段。或者更为明确地说：实验教学是实践教学体现于特定学科和专业具体实施的手段。

4 实施的方法

高等教育的任务

《中华人民共和国高等教育法》对于高等教育任务的表述是："高等教育的任务是培养具有创新精神和实践能力的高级专门人才,发展科学技术文化,促进社会主义现代化服务。"要完成这样的任务，高等学校的教学就必须实施理论与实践相结合的方式。

设计的实验教学

在设计学科教学中，实践的环节除了校外真正的社会实践，只能是通过传统意义课堂的实验教学。于是这种在封闭教室的空间中进行的教学，能否称其为实验教学，就取决于所采取的教学形式和与之相应的方法内容。

实验教学的三个环节

这样的教学模式需要符合文科类专业实验教学必备的三个环节，即：目标定位—手段选择—施教控制。

三个环节的内容

"目标定位"是预设学生应该掌握的某项知识技能或工作方法；

"手段选择"是知识、技能、方法掌控的具体信息传递方式，这种方式决不是教师单向的说教式传授，而具有明显的"活动教学"特征；

"施教控制"是指教师针对教学过程控制的课程设计。通过对教学的目标设定，选择重点和难点，经过发散的联想思维和严密的逻辑推理，将实验的内容提升到相应的理论高度。

做中学

"做中学"的教学观念，成为实验教学思想的基本原则。这一点在艺术学科设计专业的教学中体现得尤为明显。具有设问、讨论、评价、答疑、讲授、总结等多元信息传递与互动的"WORKSHOP·工作坊"教学形式，就是一种适合于文科在传统课堂进行的典型实验教学方式。这种方式在欧美文科的教学中被广泛应用，被证明是一种行之有效的适合于设计学科的实验教学方法。

信息互动

当然，在设计实验教学的实际运行中，还有不少问题需要去探讨和研究。尤其是适合于不同专业的具体的实验教学形式与方法。但有一点是可以肯定的，那就是教学的形式要符合于社会现象运行的现状，能够产生引发信息互动的环境，从而展开对于"事理"的探讨。

环境体验

对于艺术设计专业的实验教学来讲，最重要的是在不同场所进行教学的课堂上，营造能够引起信息互动的环境体验氛围。教师的作用在于控制环境体验中氛围"场"运行程序的节奏，并适时从理论的高度进行总结，从而达到实验教学的最佳效果。

重视实验教学

《教育部关于开展高等学校实验教学示范中心建设和评审工作的通知》中指出："重视实验教学，从根本上改变实验教学依附于理论教学的传统观念，充分认识并落实实验教学在学校人才培养和教学工作中的地位，形成理论教学与实验教学统筹协调的和谐氛围"❶是针对高等学校所有学科和全部专业的，对于建设创新型国家的人才培养具有深远的意义。

胡锦涛2007年8月31日《在全国优秀教师代表座谈会上的讲话》中指出：

"教师从事的是创造性工作。教师富有创新精神，才能培养出创新人才。广大教师要踊跃投身教育创新实践，积极探索教育教学规律，更新教育观念，改革教学内容、方法、手段，注重培育学生的主动精神，鼓励学生的创造性思维，引导学生在发掘兴趣和潜能的基础上全面发展，努力培养适应社会主义现代化建设需要、具有创新精神和实践能力的一代新人。"

教育观念的更新

教师创新精神的体现，关键在于教育观念的更新。而教育观念的更新，又必须通过改革教学内容、方法和手段才能实现。显然，胡总书记所讲的这一切都与实验教学的实施有着密切的关系。

---

❶ 教育部文件：《教育部关于开展高等学校实验教学示范中心建设和评审工作的通知》（教高［2005］8号）。

设计艺术的图形思维

上篇：设计的思维与表达

一、设计的本质

1. 创造性的设计思维能力

设计的本质在于创造，每个人都具有创新的意识，存在着创造的潜能，然而并不是每个人都能成为设计师。选择设计师作为终身职业报考各类设计专业的学子，也不是个个都能够成才。半路出家从事设计事业成功的例子，说明人人都具有内在的设计潜力，苦读数年始终徘徊不得其门而入的例子，说明没有找到打开设计之门的钥匙。这个钥匙就是设计之"道"，道即方法，道即技能，得道与失道仅在观念之差，观念的形成在于悟性，悟性的培育在于观察客观世界的思维方式。

这种思维方式体现于人的灵感激发的顿悟状态，这种状态表现为三类推理模式：

直觉判断：触发信息的直接领悟

类比推理：触发信息的直接转移

逻辑整理：实践检验与信息反馈

灵感激发的顿悟状态与现代科学的发现逻辑在认识规律上有着内在的相似：

科学认识的程序：从累积到整理

科学研究的对象：从事物到系统

科学发展的阶段：从常规到革命

2. 多层次的艺术表达能力

设计内容的体现在于艺术表达能力的培养。就设计而言并没有一种固定的艺术表现形式，从表象来看所有的视觉图形工具都可以用来做设计。但是在艺术设计不同的阶段使用的表现方式是完全不同的。艺术表达能力的外向化：一类是迅速捕捉自身思维火花的图形写照；另一类是完整设计内容的终极展示。一个优秀的设计者应该掌握多层次的艺术表现能力。电子计算机出现于设计领域，宣告了设计表现新时代的到来，我们正处在一个设计思维与艺术表达的转型期。

艺术的基本功能体现于：

再现（客观生活）与表现（主观情感）两种类型。

艺术表达能力因此涉及人的感觉、意识、想象、情感、思维、语言等哲学心理学领域的问题。同时在设计领域的构思表达应用中又需要掌握各种操作技巧。

二、设计思维的模式

1. 两种思维模式

设计的过程与结果都是通过人脑思维来实现的。思维的模式与人脑的生理构成有着直接的联系。根据最新的科学研究成果，人大脑的左右两半球分管的思维类型是完全不同的。左半球主管抽象思维，具有语言、分析、计算等能力。右半球主管形象思维，具有直觉、情感、音乐、图像等鉴别能力。

人的思维过程一般地说是抽象思维和形象思维有机结合的过程。在人的儿童期开始进行的各种启蒙教育都是为了使大脑得到全面的锻炼而设置的。设计学科融会科学与艺术，就其设计思维而言，由于本身跨越学科的边缘性，使单一的思维模式不能满足复杂的功能与审美需求。受我国传统的教育理论和教学实践长期忽视右脑潜能开发的影响，以及学术界对形象思维的研究远远落后于抽象思维的现状，因此无论是在艺术设计专业学习的学生，还是社会各界有能力和机会参与设计的人员，普遍存在形象思维能力较弱的情况，不能掌握以形象思维为主导模式的设计方法。

抽象思维着重表现在理性的逻辑推理，因此也可称为理性思维；形象思维着重表现在感性的形象推敲，因此也可称为感性思维。理性思维是一种线形空间模型的思路推导过程，一个概念通过立论可以成立，经过收集不同信息反馈于该点，通过客观的外部研究过程得出阶段性结论，然后进入下一点，如此循序渐进直至最后的结果。感性思维则是一种树形空间模型的形象类比过程，一个题目产生若干概念（三个以上甚至更多），三种概念可能是完全不同的形态，每一种都有发展的希望，在其中选取符合需要的一种再发展出三个以上新的概念，如此举一反三地逐渐深化，直至最后产生满意的结果。

从以上分析我们不难看出理性思维与感性思维的区别，理性思维是从点到点的空间模型，方向性极为明确，目标也十分明显，由此得出的结论往往具有真理性。使用理性思维进行的科学研究项目最后的正确答案只能是一个。而感性思维是从一点到多点的空间模型，方向性极不明确，目标也就具有多样性，而且每一个目标都有成立的可能。结果十分含混，因此使用感性思维进行的艺术创作，其优秀的标准是多元化的。

理性思维具有逻辑的意义；感性思维具有美学的意义。在美国学者怀特海的著作《思想方式》中曾就两者的关系作了如下的论述：

"美学和逻辑的相似性是哲学尚未展开的话题之一。

首先，二者都关心对由诸要素的相互联结而形成的结构，即许多细节相互作用而产生的一个整体。

意义产生于对一和多的相互依赖性的生动把握。如果对立中无论任何一方陷入背景之中，逻辑和审美的经验就显得不重要了。

逻辑和美学的区别在于它们所包含的抽象程度的差异。逻辑是高度的抽象，而对美学而言，在有限理解的需要所允许的情况下，尽可能与具体事物保持着密切关系。逻辑与美学是有限的心智在向无限的部分渗透过程中进退维谷的两个极端。

这些话题中的任何一个都可以从两种观点来考虑。一个是对逻辑体系的发现和发现时的快感，另一个是对美学作品的建构和完成后的快感。"

"美学经验中更多的具体性使它拥有比逻辑经验更广阔的主题。的确，当美学的主题被充分挖掘时，是否还要有供讨论的东西就令人怀疑了。但这种怀疑还未被证实，因为伟大经验的本质在于向未知的、未经验的领域的渗透。"

作为艺术设计显然需要综合以上两种思维方法，由于每一项具体的设计总是有着特殊的形式限定，这种限定往往受制于各种使用功能的制约，如果过分考虑功能因素使用一种理性的思维形式，也许我们永远不能创造出新的样式。设计的过程与结果如同一棵枝繁叶茂苹果树的生长，一个主干若干分枝，所有的果实都汇集于尖端，尽管都是苹果但没有一个是完全相同的，无论是形体、大小、颜色都有差异，这种差异与设计的终极目标在概念上是一样的。这个概念就是个性，这种个性实际上成为设计的灵魂。

2. 以形象思维引导设计概念

几乎所有的设计师都有这样的设计经历，设计灵感的触发一般出现在最初一轮的概念构思中，这时的想法往往个性化最强。随着设计的逐步深入，各种矛盾越来越多，能否坚持最初的构思，就成为检验设计者功力的关键一环。克服了来自各个方面的干扰，始终能够坚持最初的构思，完成的设计就有可能呈现与众不同的个性，表现出新颖独特的面貌。反之就可能在汲取众家之长的所谓综合中变成一个四不像的平庸之作。由此看来最初的概念构思异常重要，能否选择一个理想的概念构思就成为创造个性化强的设计作品的基础。理想概念构思的选择体现了设计者设计思维方式掌握的深度。

设计概念的产生体现为一种空间形象的造型转换，呈现多元化的趋势，它的形象构思发展模式应该是爆炸式的。这种构思可以不受任何限制：空间形式、构图法则、意境联想、流行趋势、艺术风格、构件材料、装饰手法等都可以成为进入概念设计的渠道。

由于形象是作为设计概念的主要思维依据，因此打开思路的方法莫过于形象构思的草图作业，当每一张草图呈现在面前的时候都可能触发新的灵感，抓住可能发展的每一个细节，变化发展绘制出下一张草图，如此往复直至达到满意的结果。

以室内设计为例，最初的空间形象构思总是从简单的几何形体组合入手，因为再复杂的内部空间，也是由最基本的空间形态构成的。在诸多的思路发展要素中，相似的联想是启发空间形象构思的重要方面。象征相似，以两者的主要特征为启发依据；直接相似，在平行因素和效果之间进行比较；自然相似，以自然中结构的、物理的、控制的要素进行类比；有机相似，从植物或者动物的形态和行为中得到启示；文化相似，则是人在社会中文化观念的相互启迪。

面对一个设计项目就如同站在旅行的出发点，虽然条条道路通罗马、目标一致，但哪条路最优却要经过审慎的选择。选择是对纷繁客观事物的提炼优化，合理的选择是任何科学决策的基础。选择的失误往往导致失败的结果。人脑最基本的活动体现于选择的思维，这种选择的思维活动渗透于人类生活的各个层面。人的生理行为，行走、坐卧、穿衣、吃饭无不体现于大脑受外界信号刺激形成的选择。人的社会行为，学习劳作、经商科研无不经历各种选择的考验。选择是通过不同客观事物优劣的对比来实现的，这种对比优选的思维过程，成为人判断客观事物的基本思维模式。这种思维模式依据判断对象的不同，呈现出不同的思维参照系。设计概念构思的确立显然也要依据这样一种思维模式。

可见，培养以形象思维作为主导模式的设计方法，以综合多元的思维渠道进入概念设计，以图形分析的思维方式贯穿于设计的每个阶段，以对比优选的思维过程确立最终的设计结果，应该是科学的艺术设计之道。

下篇：设计方法与设计实践

一、理论与实践的关系

理论家虽然可以讲授设计方法的课程却未必胜任设计师的工作，而设计师经过实践经验的积累则有可能成为理论家。这里有一个理论与实践的关系问题，同时也是认识论的本质问题。设计师的工作属于创造性的思维认识活动，这种认识活动必须基于实践而始于问题。

在理论与实践的关系问题上，毛泽东在他的《实践论》中用哲学语言进行了高度的概括："通过实践而发现真理，又通过实践而证实真理和发展真理。从感性认识而能动地发展到理性认识，又从理性认识而能动地指导革命实践，改造主观世界和客观世界。实践、认识、再实践、再认识，这种形式，循环往复以至无穷，而实践和认识之每一循环的内容，都比较地进到了高一级的程度。这就是辩证唯物论的全部认识论，这就是辩证唯物论的知行统一观。"在这里"实践－认识－再实践－再认识"的辩证唯物主义的认识论的基本公式，成为解释设计理论与实践问题的经典公式。实际上每一个成功的设计师无一不是这个公式的实践者。

二、掌握图形思维的方法

1.图形分析的思维方式

感性的形象思维更多地依赖于人脑对于可视形象或图形的空间想象，这种对形象敏锐的观察和感受能力，是进行设计思维必须具备的基本素质。这种素质的培养主要依靠设计者本身建立科学的图形分析思维方式。所谓图形分析的思维方式，主要是指借助于各种工具绘制不同类型的形象图形，并对其进行设计分析的思维过程。以室内设计的整个过程举例来讲，几乎每一个阶段都离不开绘图。概念设计阶段的构思草图：包括空间形象的透视与立面图、功能分析的坐标线框图；方案设计阶段的图纸：包括室内平面与立面图、空间透视与轴测图；施工图设计阶段的图纸：包括装修的剖立面图、表现构造的节点详图等。可见，离开图纸进行设计思维几乎是不可能的。

养成图形分析的思维方式，无论在设计的什么阶段，设计者都要习惯于用笔将自己一闪即逝的想法落实于纸面。而在不断的图形绘制过程中，又会触发新的灵感。这是一种大脑思维形象化的外在延伸，完全是一种个人的辅助思维形式，优秀的设计往往就诞生在这种看似纷乱的草图当中。不少初学者喜欢用口头的方式表达自己的设计意图，这样是很难被人理解的。在艺术设计的领域，图形是专业沟通的最佳语汇，因此掌握图形分析的思维方式就显得格外重要。

在设计中图形分析的思维方式主要通过三种绘图类型来实现：第一类为空间实体可视形象图形，表现为速写式空间透视草图或空间界面样式草图。第二类为抽象几何线平面图形，例如：在室内设计系统中主要表现为关联矩阵坐标、树形系统、圆方图形三种形式。第三类为基于画法几何的严谨图形，表现为正投影制图、三维空间透视等。

2. 对比优选的思维过程

选择是对纷繁客观事物的提炼优化，合理的选择是任何科学决策的基础。选择的失误往往导致失败的结果。人脑最基本的活动体现于选择的思维，这种选择的思维活动渗透于人类生活的各个层面。人的生理行为，行走、坐卧、穿衣、吃饭无不体现于大脑受外界信号刺激形成的选择。人的社会行为，学习劳作、经商科研无不经历各种选择的考验。选择是通过不同客观事物优劣的对比来实现的。这种对比优选的思维过程，成为人判断客观事物的基本思维模式。这种思维模式依据判断对象的不同，呈现出不同的思维参照系。

就设计而言选择的思维过程体现于多元图形的对比优选，可以说对比优选的思维过程是建立在综合多元的思维渠道以及图形分析的思维方式之上的。没有前者作为对比的基础，后者选择的结果也不可能达到最优。一般的选择思维过程是综合各种客观信息后的主观决定，通常是一个经验的逻辑推理过程，形象在这种逻辑的推理过程中虽然有一定的辅助决策作用，但远不如在室内设计对比优选的思维过程中那样重要。可以说对比优选的思维决策，在设计的领域主要依靠可视形象的作用。

在概念设计的阶段，通过对多个具象图形空间形象的对比优选来决定设计发展的方向，通过抽象几何线平面图形的对比优选决定设计的使用功能。在方案设计的阶段，通过对正投影制图绘制不同平面图的对比优选决定最佳的功能分区，通过对不同界面围合的室内空间透视构图的对比优选决定最终的空间形象。在施工图设计的阶段，通过对不同材料构造的对比优选决定合适的搭配比例与结构，通过对不同比例节点详图的对比优选决定适宜的材料截面尺度。

对比优选的思维过程依赖于图形绘制信息的反馈，一个概念或是一个方案的诞生必须靠多种形象的对比。因此，作为设计者在构思的阶段不要在一张纸上用橡皮反复涂改，而要学会使用半透明的拷贝纸，不停地拷贝修改自己的想法，每一个想法都要切实地落实于纸面，不要随意扔掉任何一张看似纷乱的草图。积累、对比、优选，好的方案就可能产生。

3. 从视觉思考到图解思考

设计图形思维的方法实际上是一个从视觉思考到图解思考的过程。空间视觉的艺术形象从来就是设计的重要内容，而视觉思考又是艺术形象构思的主要方面。视觉思考研究的主要内容出自心理学领域对创造性的研究。这是一种通过消除思考与感觉行为之间的人为隔阂的方法，人对事物认识的思考过程包括信息的接受、贮存和处理程序，这是个感受知觉、记忆、思考、学习的过程。认识感觉的方法即是意识和感觉的统一，创造力的产生实际上正是意识和感觉相互作用的结果。

根据以上理论，视觉思考是一种应用视觉产物的思考方法，这种思考方法在于：观看、想象和作画。在设计的范畴，视觉的第三产品是图画或者速写草图。思考以速写想象的形式外部化成为图形时，视觉思维就转化为图形思维，视觉的感受转换为图形的感受，作为一种视觉感知的图形解释而成为图解思考。

图解思考的本身就是一种交流的过程。这种图解思考的过程可以看做自我交谈，在交谈中作者与设计草图相互交流。交流过程涉及纸面的速写形象、眼、脑和手，这是一个图解思考的循环过程，通过眼、脑、手和速写四个环节的相互配合，在从纸面到眼睛再到大脑，然后返回纸面的信息循环中，通过对交流环的信息进行添加、消减、变化，从而选择理想的构思。在这种图解思考中，信息通过循环的次数越多，变化的机遇也就越多，提供选择的可能性越丰富，最后的构思自然也就越完美。

从以上分析我们可以看出图解思考在艺术设计中的六项主要作用：

表现 — 发现

抽象 — 验证

运用 — 激励

这是相互作用的三对六项。视觉的感知通过手落实在纸面称为表现，表现在纸面的图形通过大脑的分析有了新的发现。表现与发现的循环得以使设计者抽象出需要的图形概念，这种概念再拿到方案设计中验证。抽象与验证的结果在实践中运用，成功运用的范例反过来激励设计者的创造情感，从而开始下一轮的创作过程。

2.4.2 讨论

课堂讨论必须建立在学生课外作业完成或课堂考核作图的基础之上。

设计概念阶段的教学，细分为战略的宏观思考（概念推导）与战术的微观落实（概念设计）两个部分。前者可以运用手绘的图形思维天马行空，后者使用数字技术的CAD绘图分类对比优选。而课堂讨论则是在两类图纸成形状态下的问题推演。

课堂讨论完成后，概念设计的主题决策只能是设计者（学生）自身，教师在这个阶段最好扮演顾问的角色，而非越俎代庖。

2.4.3 考核

在设计概念阶段的考核，实际就是一种在课堂上设定时间的图形推导作业过程。因为有时间和工作量的强制限定，其方式很像各类考试，因此有一种生理和心理的应激反应效果，其设计灵感的激发远胜于一个人坐在那里冥思苦想。之所以称其为考核，是说教师可按学生实际表现的优劣，作为课程最终成绩评定的加权。

2.5 课外教学安排

2.5.1 作业

第4次授课后的作业：设计概念推定前的知识储备。这是一个软性的教学安排，可以在推荐学生读书、听音乐、看展览、逛商店等项中选择。唯一的要求是在第5次授课时，由学生报告所做的作业内容以及对设计概念的形成的启迪。

第5次授课后的作业：确立课题设计概念的演示文件（PPT），要求在第6次授课时，模拟设计项目投标面对甲方陈述，有时间限定地登台演讲。

第6次授课后的作业：课题概念设计技术图纸与文本，包括主课题的拓展项目（如室内装修细部或单件家具设计）的概念构思。要求在第7次授课时完成。

第7次授课后的作业：完成课题的概念设计图纸（CAD）；方案设计前的知识储备。要求在第3阶段的第8次授课时完成。

图2-18 课堂"考核"的状态

图2-19 课堂"考核"作业的交流与讲评

学生作业选例：

案例选自清华大学美术学院环境艺术设计系本科——室内设计（1）课题讲评的
PPT 报告文本。作者：2007 级李诗雯、1999 级王植、2003 级郑恬辛。
第一例李诗雯所作——纯棉女友：清纯、阳光、健康、温情

纯 棉 女 友

——MM 合租公寓

李诗雯

家庭成员

* SL

* 榛子

* 我~

成员1

* SL ：
* 非常喜欢看恐怖电影，经常营造恐怖气氛
* 喜欢**乱蹦乱跳**，折腾～～～
* **瑜伽**
* 小明儿（大帅猫）——是SL的保镖！
* 极其**臭美**！
* 但是很**懒**……

成员2

* 榛子和KK：
* 喜欢冷色调
* **读书和深邃的思考**
* 喜欢**咖啡** ，自己做饭
* 没事儿就到处**溜达**
* 注意生活的细节，收藏生活的印记
* **爱家**，喜欢养猫和**植物**

成员3

* 我～～～：
* **晒太阳** 看星星 遐想
* **不喜欢见半生不熟的人**
* 溜达！**写写东西！**
* 家里都是毛绒玩具
* **收集标本**

我们一起选房

私密No.1；

私密No.2；

私密No.3；

三室两厅，一厨一卫，两个阳台。室内面积121 m²，层高3m。

分地儿～～

* ■ SL最吵……让她在最外面

* □ 榛子和男朋友KK需要更大更私密的空间——所以去主卧

* ▨ 我……不喜欢见生人，所以去最里面

装修！

SL

· SL说：要一个**巨大的床**，可以猛劲儿折腾的床，可以跳舞也可以练瑜伽的床，还要有地儿放小明儿。我说那我给你弄个炕吧！

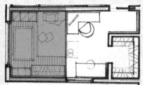

· SL 喜欢臭美当然少不了"**更衣室**"、化妆台！我要当明星！！！

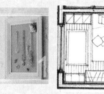

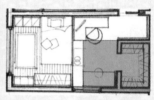

榛子

· 榛子：活在**书堆**里！在书里书外都要享受烂漫的爱情

· **安静，思考**

· 有足够的空间塞我的"破烂儿"

我

· 我：床边就是小桌，可以马上**记录**下自己的梦

· 有一块纯正的小天地，胡思乱想……

· 可以像小动物一样**钻进**自己的遐想地带

· 铺天盖地的毛绒玩具

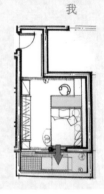

家具摆好啦！

公共空间

- 一进屋子就会看到我们仨一起做的**织物**~~~

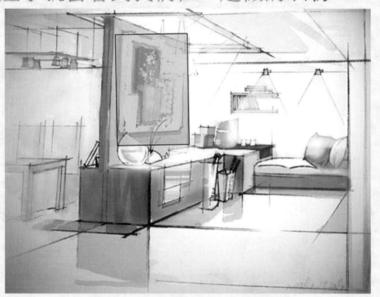

陈设

- 榛子屋子里的小景观
- 思考

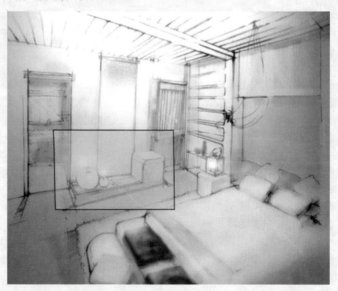

榛子屋子里收集的各式各样的小杯子

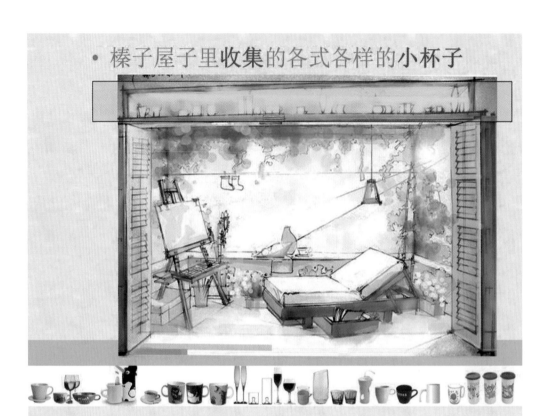

概念风格

主题————纯棉

风格：简约、舒适

色彩：高调（白色调）+少量彩色

材质：现代材料+少量自然材料

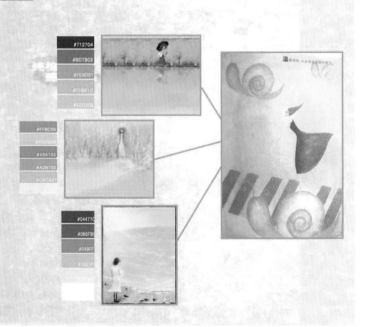

- **2-1-1**
- **SL的卧室**

- 棕色+卡其
- 日式+时尚

- **2-1-2**
- **榛子、KK的卧室**

- 淡蓝+碎花
- 地中海

- **2-1-3**
- **我的卧室**

- 淡绿+黄
- 活泼的

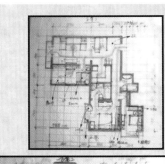

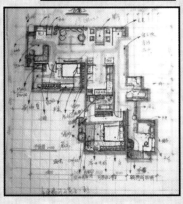

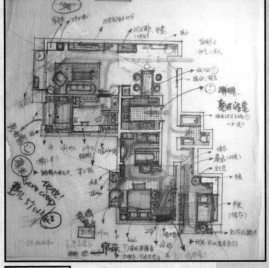

- **一草平面**

第二例王植所作——非非我的设计：个性、简约、异趣、馨香

非非我的设计

二层的设计

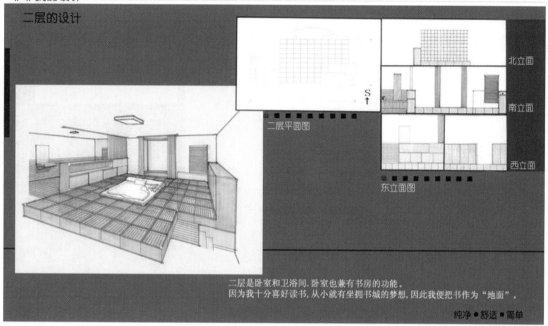

二层平面图

北立面

南立面

西立面

东立面图

二层是卧室和卫浴间，卧室也兼有书房的功能。
因为我十分喜好读书，从小就有坐拥书城的梦想，因此我便把书作为"地面"。

纯净●舒适●简单

清华大学美术学院　王植

非非我的设计

书箱细节

概念表现

我设计木制的小书箱（长50cm，宽33cm，高30cm），
用钢化玻璃作为盖子。把这些长方形的书箱契合在一起作
为卧室的地面。这样做透过玻璃一看便知，取用方便，而
且不占用太大空间。古语说"腹有诗书气自华"，我夜夜
与书同眠，想必也能沾染些书气。

纯净●舒适●简单

清华大学美术学院　王植

—非非我的设计—

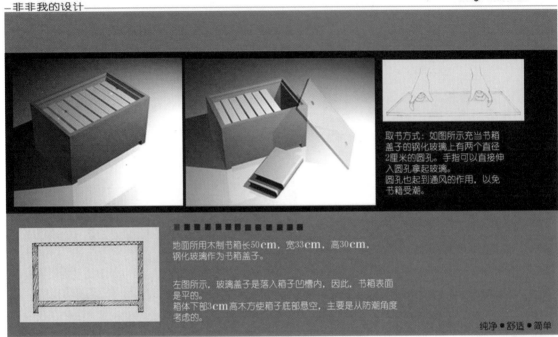

取书方式：如图所示充当书箱
盖子的钢化玻璃上有两个直径
2厘米的圆孔。手指可以直接伸
入圆孔拿起玻璃。
圆孔也起到通风的作用，以免
书箱受潮。

地面所用木制节箱长50cm，宽33cm，高30cm，
钢化玻璃作为书箱盖子。

左图所示，玻璃盖子是落入箱子凹槽内，因此，书箱表面
是平的。
箱体下部3cm高木方使箱子底部悬空，主要是从防潮角度
考虑的。

纯净●舒适●简单

清华大学美术学院王植

—非非我的设计—

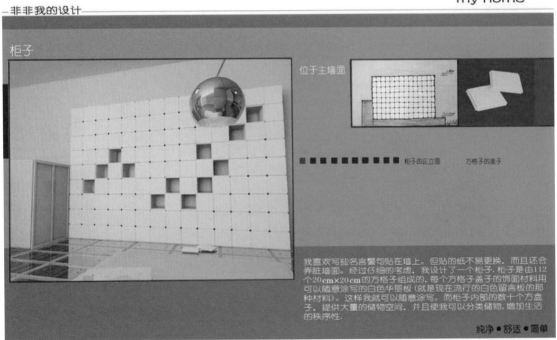

柜子

位于主墙面

柜子的正立面　　方格子的盖子

我喜欢写些名言警句贴在墙上。但贴的纸不易更换。而且还会
弄脏墙面。经过仔细的考虑，我设计了一个柜子。柜子是由112
个20cm×20cm的方格子组成的，每个方格子盖子的饰面材料用
可以随意涂写的白色华丽板（就是现在流行的白色留言板的那
种材料）。这样我就可以随意涂写。而柜子内部的数十个方盒
子，提供大量的储物空间，并且使我可以分类储物，增加生活
的秩序性。

纯净●舒适●简单

清华大学美术学院王植

非非我的设计

二层卫浴间

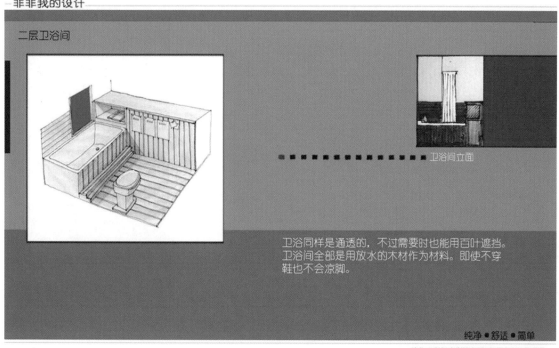

卫浴间立面

卫浴同样是通透的，不过需要时也能用百叶遮挡。
卫浴间全部是用放水的木材作为材料。即使不穿
鞋也不会凉脚。

纯净 ●舒适 ●简单

清华大学美术学院王楠 指导老师:郑曙旸

非非我的设计

■ 生活实景

纯净 ●舒适 ●简单

生活实景

简单易做的构造，
环保舒适的材料，
无一固定的家具，
存放心灵的净土。

第三例郑恬辛所作——Sweet heart's home：浪漫、稚气、变幻、多彩

Sweet heart's home

我 25岁 酒吧老板

爱好

摄影　写作　发呆　看电视　听音乐　美食

eating

我 25岁 酒吧老板

爱好

摄影　写作　发呆　看电视　听音乐

Listen Radio & music

我 25岁　酒吧老板

爱好

摄影　写作　发呆　看电视　听音乐　美食　读书

嗯~

reading

你不看啦?

他 29岁 杂志编辑

爱好

幻想

dreaming

他 29岁 杂志编辑

爱好

幻想　做饭

cooking

他 29岁 杂志编辑

爱好

幻想 做饭 下午茶

他 29岁 杂志编辑

爱好

幻想 做饭 下午茶 做事

tea or coffee

doing something. or job.

有一天

我们想有个房子

考虑到我们可能结婚
并且生了一个小 baby

所以我们需要

两个屋子
两个厕所
$90\sim120m^2$

并且要朝阳

于是

WC

厨房

WC

我们想要的生活是这样的

我们想要的生活是这样的

我们想要的生活是这样的

我们想要的生活是这样的

我们想要的生活是这样的

我们想要的生活是这样的

我们想要的生活是这样的

所以

我们需要一个家

和我们一样的一个家

舒适 自在 温馨 简单 自然 朴实

Feels like home
Change follow the mood，follow the nature
感觉像家一样
随心情，随自然变换

154

这里抬高地面做地热

两个人一起做饭的地方

两个人的书房

朋友们一起玩儿的地方

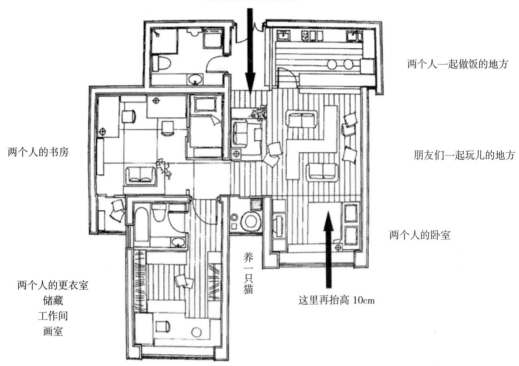

养一只猫

两个人的卧室

两个人的更衣室
储藏
工作间
画室

这里再抬高 10cm

客厅兼卧室就是这样啦

我们并不需要太多家具
也不用买床，一个足够大的床垫就够了
也许我们会随时购进新的陈设
这是以后的事
总之，我们的房子已经盖好了

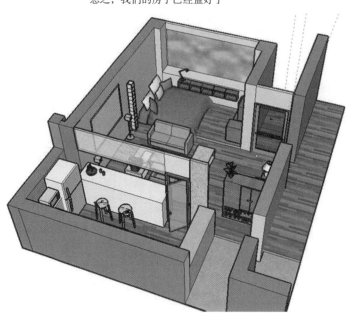

住进新房子

我们一起做饭

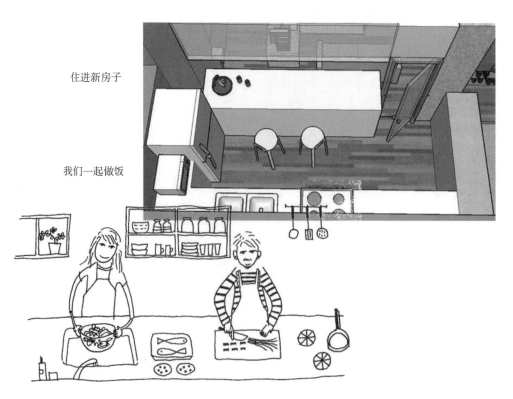

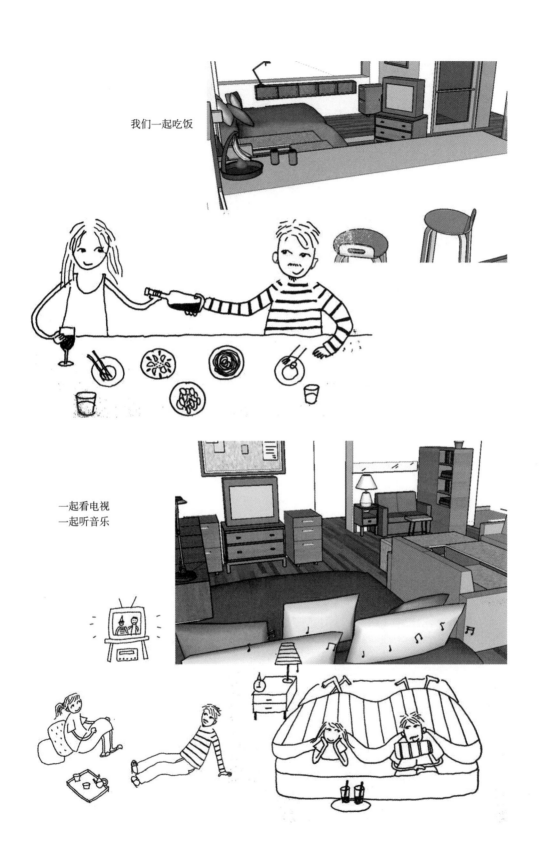

我们一起吃饭

一起看电视
一起听音乐

还一起读书
聊天

朋友们来的时候

一起招待

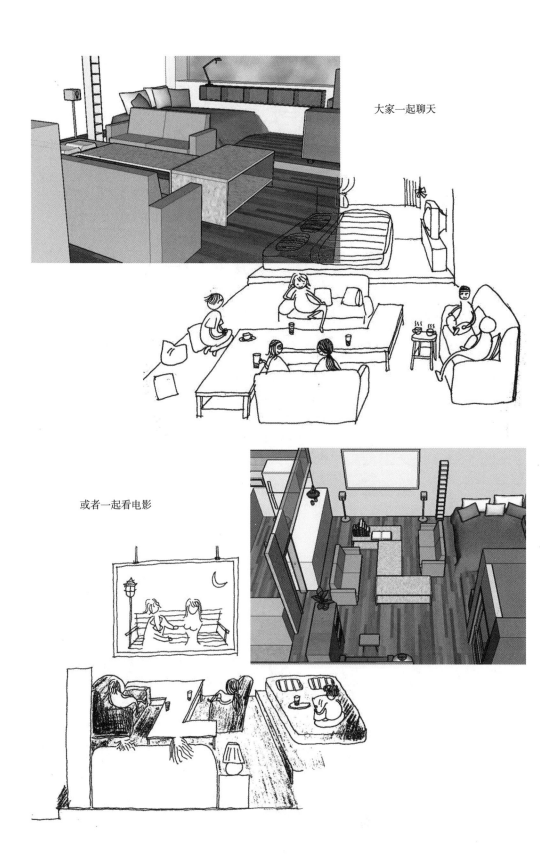

大家一起聊天

或者一起看电影

累的时候就这样

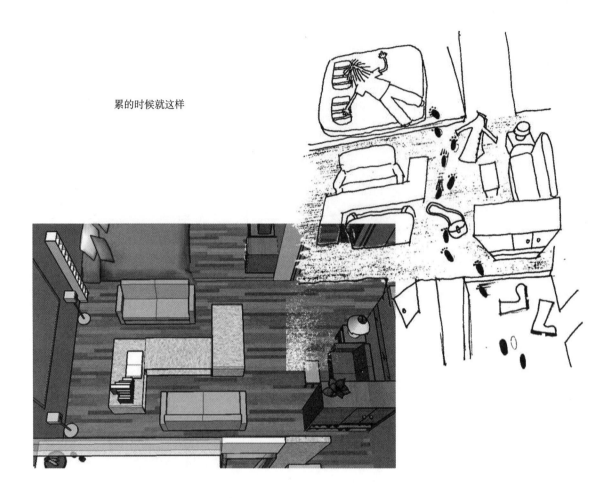

春天了！

春天了！　然后是夏天^-^

春天了！　然后是夏天^-^　秋天来了~~

春天了！　然后是夏天^-^　秋天来了~~　紧跟着又是冬天**

不高兴的时候
房子也跟着不高兴

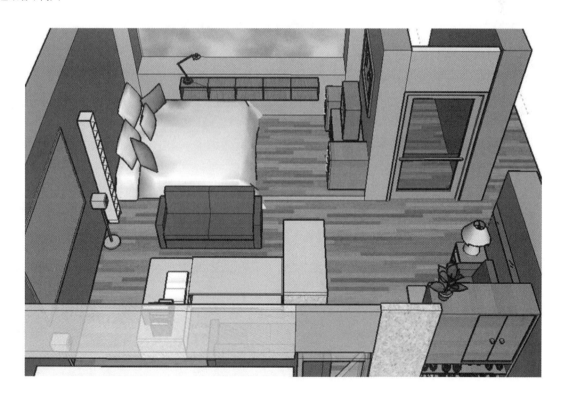

腻了的时候　　　　　　或者功能需要　　　　　房子就要跟着调整

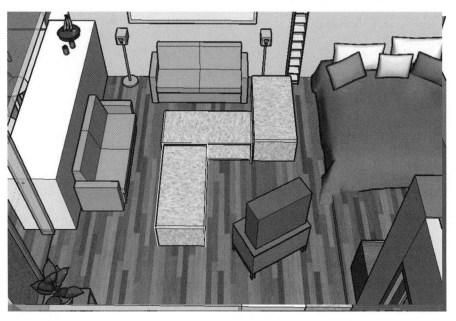

腻了的时候　　或者功能需要　　房子就要跟着调整 **1**

腻了的时候　　　或者功能需要　　房子就要跟着调整 **2**

腻了的时候　　或者功能需要　　房子就要跟着调整 **3**

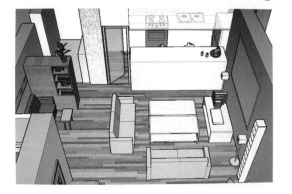

腻了的时候　　　或者功能需要　　房子就要跟着调整 **4**

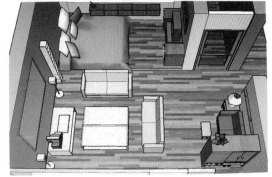

腻了的时候　　或者功能需要　　房子就要跟着调整 **5**

这就是我的家啦~
欢迎下次再来玩儿~

Sweet heart's home 的作者，在大学毕业六年后，终于实施完成自己理想之家的设计。依然保持了当初设计概念的意象。

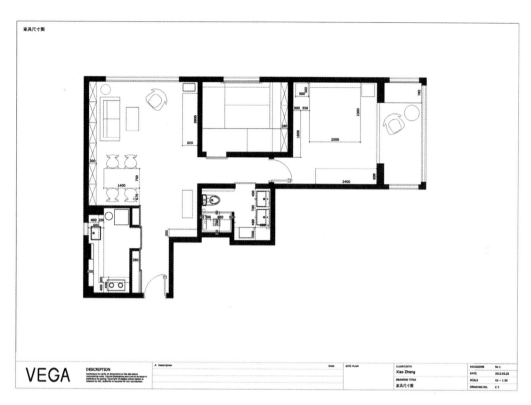

家具尺寸图

Sweet heart's home 平面图

2.5.2　实验与实践

　　设计概念推导阶段所需的教学实践活动，具有设计创意教育的广泛意义。其内容包括艺术实践的全部领域，涉及学生创新意识培养的跨专业选课教学。只有掌握举一反三的艺术思维，通过人文与艺术、理工与科学之间的穿插与交融，方能在相互的实验教学中取得突破。从这点出发综合大学中的设计学专业实践教学具有优势，具体到室内设计专业课程，则强调学生选择相关专业和音乐、绘画、书法、工艺课程的教学实践。

2.5.3　阅读与考察

教学参考资料：
书目
周易 [M]. 北京：中华书局，2009.
诗经 [M]. 北京：中华书局，2009.
老子 [M]. 北京：中华书局，2009.
墨子 [M]. 北京：中华书局，2014.
喻守真. 唐诗三百首详析 [M]. 北京：中华书局，1957.
（清）朱孝臧（上强村民）. 宋词三百首 [M]. 北京：中华书局，1924.
（美）保罗·拉索著. 图解思考 [M]. 邱贤丰译. 陈光贤校. 北京：中国建筑工业出版社，1988.
（美）程大锦（Francis D.K.Ching）著. 刘从红译，邹德侬审校. 建筑：形式、空间和秩序 [M]. 第二版. 天津：天津大学出版社，2005.
郑曙旸. 室内设计程序 [M]. 第 2 版. 北京：中国建筑工业出版社，2005.

论文
参考论文（2002 年 4 月在《艺术与科学国际学术研讨会论文集》发表，湖北美术出版社出版）编号：L003

设计的两翼——关于艺术与科学理论的思考

· 郑曙旸

　　艺术与科学，作为人类认识世界和改造世界的两个最强有力的手段。同样体现于设计，可以说设计的整个过程就是将各种细微的外界事物和感受，组织成明确的概念和艺术形式，从而构筑起满足于人类情感和行为需求的物化世界。设计的全部实践活动的特点就是使知识和感情条理化，这种实践活动最终归结于艺术的形式美学系统与科学的理论系统。既然设计的成果是艺术与科学的结晶，那么深入探讨艺术与科学的本质，按照其内在的规律指导设计就显得格外重要。

　　艺术，按照我们今天的解释："人类以情感和想象为特征地把握世界的一种特殊方式，即通过审美创造活动再现现实和表现情感理想，在想象中实现审美主体和审美客体的互相对象化。具体说，它是人们现实生活和精神世界的形象反映，也是艺术家知觉、情感、理想、意念综合心理活动的有机产物。"（《辞海》1999 年版）尽管有史以来存在着不同的艺术理论，作为满足人们多方面审美需求的社会意识形态，"艺术"仍然是一个为公众所普遍理解的概念。

　　"艺术"一词显然具有美学的含义，然而艺术的美学含义起源则较晚。在西方的传统思想中，广义的对艺术一词的解释和现代对艺术严格界定的含义是不同的。"艺术"的古拉丁语 Ars，类似希腊语中的"技艺"，从古希腊时代到 18 世纪末，"艺术"一词是指制造者制作任何一件产品所需要掌握的技艺。无论是一幅画、一件衣服、一只木船，甚至一次演讲所使用的技巧，都可称之为艺术。其制成品称之为艺术产品。因此，从历史的角度出发，艺术包含了最广义的解释，即技能和技术的含义。

　　一直到伊曼努尔·康德（1724～1804 年）第一次使用"造型艺术"一词，以区别于其他艺术，并指出："造型艺术……是一种表现形式，它有着内在的合目的性，虽然它没有目的，但在社会交流中起着促进文化与精神力量的作用。"

同时表明，"艺术，人所掌握的技艺，也是与科学（从知识得来的能力）有区别的，正如实践才能之于理论才能，技术之于理论（如测量术之于几何学）。由此，那种一经知道应该怎样做就立即能够做到，除了对预期达到的结果充分了解之外不需再作任何努力的事不能称作艺术。艺术则有其特殊性，即使掌握了最完整的有关知识，也不意味着立即掌握了熟练的技巧。"从此艺术品本身成为供人享用的精神产品，成为不需要外力来实现其目的之终极目的。

在这之后的几个世纪，"艺术"一词的意义逐渐界定为专指文学、音乐、绘画、雕塑等审美专业的创作。艺术成为人类以不同的形式塑造形象，具体地反映社会生活，从而表现作者思想感情的一种意识形态。以文学为代表的语言艺术；以音乐、舞蹈为代表的表演艺术；以绘画、雕塑为代表的造型艺术；和以戏剧、电影为代表的综合艺术；成为各具风格的艺术类型。众多的艺术门类以表现形式的特征为出发点，按自然界的基本要素时间和空间，分为时间艺术和空间艺术两大系统。

就西方的艺术理论而言，强调其主观性、情感性、审美性的言论广见于各类著作：

"艺术不是任何其他事物，而仅是完成某种作品的正确的合理行为。"（阿奎那：《神学大全》）

"正确地说，只有通过自由的、也即是出于自愿的以理性为基础的创造成果，才能被称为艺术。"（康德：《判断力批判》）

"艺术的任务与目的是触及我们的感官、我们的感情、我们的灵感，一切能在人的思想中有一席之地的方面……因此它的目的在于唤起和激励沉睡中的感情、倾向、激情，在于填补心灵的空缺，在于迫使无论有无文化的人们都感受到人的心灵深处所能体验和创造的广阔的天地，以及能调动和激发人心脑中多层可能性的一切力量，在于向感情和直觉提出人的智能所拥有的真实的光辉；同时，也使人们知觉不幸和苦难，奸诈与罪行；使人认识一切丑恶与恐怖以及愉悦与欢乐的本质；最后放任想象在幻景中闲游，在刺激感官的梦幻的魅力中尽情享受。"（黑格尔：《艺术哲学》）

"艺术是一种人类的活动，它的目的是传达人类所达到的最高贵与最优秀的感情。"（托尔斯泰：《艺术是什么》）

"艺术仅有一条规律——创造出至善至美的作品。""艺术不是功利性的，或者说是无偏见的。这就是说……在创造作品的过程中，艺术的宗旨只在于一点：在作品中体现善，在物质中创出美，按事物自身的规律创造事物；因此，艺术希求作品中的一切都必须在它的控制之下，希求只由它来直接主宰作品，来塑造和创作作品。"（马利坦：《艺术与经院哲学》）

"艺术是情感的客观化，自然的主观化。""因为生活是美的，每一种艺术也都是美的，并且理由也都大致相同；艺术体现了感知力，从生命的最基本的感觉、个体的存在和延续，直到人类的感知，他们的爱恋、仇恨、成功、苦难、领悟和智慧的充分发展，都在艺术中体现。"（苏珊·朗格：《理性：论人类的情感》）

在东方，艺术的理论博大精深，艺术的风格璀璨辉煌。东方艺术以其独有的特色，构成它自成体系的根基。早在公元前后，印度就出现了一部艺术理论的专著《舞论》，相传作者是婆罗多牟尼，这部专著对印度古代音乐、舞蹈和戏剧作了非常详尽的论述，表达了完整的审美原则，成为印度后世艺术理论发展的基础。在古代中国，艺术理论完全融汇于哲学、伦理学、文艺批评和鉴赏中，虽然没有上升到抽象的狭义艺术美学专著，但是其精神内涵已深深地植根于中华民族悠久的文化传统之中。

虽然在远古的象形文字中艺术的"艺"字是一个拿着工具的人，虽然在古汉语中"艺术"一词的含义是泛指各种技术技能（《后汉书》二六伏湛传附伏无忌："永和元年，诏无忌与议郎黄景校定中书五经、诸子百家、艺术。"注："艺谓书、数、射、御，术谓医、方、卜、筮。"），然而以现代对"艺术"一词的理解来看待中国传统文化中的"艺术"，我们不难发现艺术始终与政治联姻，从来都属于上层建筑的伦理道德范畴。上古时期礼乐并举，礼乐被视为政治秩序的标志，乐以"六艺"之一成为贵族子弟的必修课。"凡音者，生于人心者也。乐者，通伦理者也。是故，知声而不知音者，禽兽是也；知音而不知乐者，众庶是也。唯君子为能知乐。是故，审声以知音，审音以知乐，审乐以知政，而治道备矣。是故，不知声者不可与言音，不知音者不可与言乐。知乐，则几于知礼矣。礼乐皆得，唯之有德。德者得也。"（《礼记·乐记》）可见知乐的重要。艺术与统治几乎等同，礼崩乐坏意味着政治衰亡。儒家理论就此成为中国传统文化的基础。在这个文化传统中，艺术始终是以人的主观意识为出发点，表现自我，追求事物的内在灵魂。以"意境"代替"逼真"，以"神似"代替"形似"，成为中国传统艺术本质的特征。

综观东西方的艺术理论，我们不难看出其共同点，这一共同点主要体现在艺术审美的统一性上。作为艺术家总是要创造美的精神产品，这种创造要么源于生活，再现他们的所见；要么表现他们主观的心灵写照；要么混淆现实生活与他们的想象。由于人们往往习惯于某种艺术风格，一旦某个艺术家创造出新的表现形式，就会引起人们的震惊和振奋，因此创新成为艺术家永恒的追求。

科学，是在人们社会实践的基础上产生和发展的。按照我们今天的解释："是运用范畴、定理、定律等思维形式反映现实世界各种现象的本质和规律的知识体系。社会意识形态之一。按研究对象的不同，可分为自然科学、社会科学和思维科学，以及总结和贯穿于三个领域的哲学与数学。"（《辞海》1999年版）

然而提到科学，在社会公众的概念中总是以自然科学取而代之，即使是学术界在涉及艺术与科学的关系时，也总是以自然科学作为讨论的对象。同样，本文的立论也是按照自然科学的理念，这是因为自然科学的研究方法所代表的人类思维方式，最集中地反映了科学工作方法的实质。对于设计来讲具有十分重要的现实指导意义。

自然科学是研究自然界的物质形态、结构、性质和运动规律的科学。一般把现代自然科学分为基础理论科学、技术科学和应用科学三大类。

科学技术的发展历史与人类的文明史同样久远，当人类第一次使用石斧，第一次学会用火，就标志着科学技术应用的开端。随着时间的推移，人类所获得的技术愈来愈全面，掌握的规律也愈来愈普遍。科技的曙光最早照亮的是世界的东方，古埃及的金字塔，古巴比伦的占星术，创造了最初的科学奇迹。两河流域的文明成为人类科学文化进化的序曲，承继其巨大的遗产，成就了古代世界大放异彩的希腊科学，从而成为西方科学的母体。中国的四大发明显示了东方文明古国科技的实力。希伯来人融东西方文化为一炉，从印度和希腊科学中汲取营养，创造的阿拉伯文明成为近代科学产生与发展不可或缺的条件。

近代，科学技术在西方取得了长足的发展，这时的科学已经从哲学和神学的领域脱颖而出，观察、实验、分析、归类成为科学的工作方法，形成了分支细密而庞大的学科体系。自然科学的异军突起，使人类逐步摆脱偏见和迷信的束缚，人类的精神在探索知识和追求真理的过程中取得进步和解放。近代科技的突飞猛进促使社会生产力得到极大提高，随之而来的工业文明改变了世界的经济结构与产业结构，引起了生产关系的变革，传统的农耕时代随之瓦解。科学的进步促进了人类社会的进步，世界进入了一个全新的时代。

现代设计显然是在这样的时代背景下发展起来的。设计的程序和它的工作方法无疑带有科学工作方法的印记。这与农耕时代传统的工艺技巧显然有着明显的区别。

科学技术的研究方法是经缜密的计划和观察而获得并支配经验的有步骤的努力，具有严密的逻辑和明确的目标。这种研究具有实践与理论的双重属性，科学探索的结果一类产生于偶发的实验过程，而后得出结论；一类先有理论和假说，然后在实验中得到验证。也就是说科学知识的发展不仅仅靠更精确、更广泛的观察在实践中得到，而且是靠理论的进一步的完善得到的。

关于科学和科学方法在西方的理论著作和科学家的论文中有着广泛的论述：

"天文学家和物理学家都可能得出同一个结论——比如说，地球是圆的；天文学家是根据数学的方法（即，从物质中概括）得出的，而物理学家则是通过物质本身得出的。"（阿奎那：《神学大全》）

"每一门自然科学必须包括三种事情：作为科学的对象的一系列事实；用来

阐述这些事实的概念；以及用以表达这些概念的词句。"（拉瓦锡：《化学元素》）

"我们知道，自然法则是我们认识事物的基础。我们对自然法则的所有认识来自于高明的智者的不断努力和许多年代的应用。对理论和试验进行严格的、彻底的检验之后，给各种自然法则下定义。自然法则成了我们的信条，但我们仍然日复一日地检验为自然法则所下的定义。这并不是我们的固执。相反，最伟大的发现就是证明已被人接受的法则之一是谬误。这种发现是一个人的大荣耀。"（法拉第：《精神教育观察》）

"科学的发展在于观察这些内在联系，并清楚地表明：这个变化不息的世界上的各种现象不过是许多被称之为法则的一般联系和关系的例证。科学思维的目的就是要从特殊看到一般，由瞬间洞察永恒。"（怀海特：《数学原理》）

"人们往往支持这样一种看法，即科学应该建立在定义严格、意义清晰的基本概念的基础之上。实际上，没有一门科学，包括最严谨的科学在内，是从这种定义出发的。真正的科学活动首先是对各种现象进行描述，进而将它们分组归类，最后找出它们之间的内在联系。"（弗洛伊德：《本能及其变化》）

"从系统论的角度来说，我们可以把一门经验科学的演化过程想象成为一种连续的归纳过程。各种学说在其推论与表述中，把大量的个别观察材料浓缩成经验法则式的陈述，而一般法则则是通过对这些经验法则进行比较而获得确立的。由此看来，一门科学的发展近似编纂一部分类目录，似乎纯粹是一种经验性的工作。

但这种看法根本没有注意到实际过程中的各个方面，它忽略了知觉与推论在科学发展过程中的重要作用。一门科学一旦完成它的基础工作，理论发展便不再仅仅靠分类了。观察者会在经验资料的引导下形成一种系统思想。一般来说，这种系统思想从逻辑上建立于少量被人们称为公理的那些基本假设之上。我们把这种系统思想称为学说，它揭示了大量个别观察材料之间的内在关系，并由此而确定了自身的存在，而这一学说的真理性也正表现在这里。"（爱因斯坦：《相对论》）

当我们简要地回顾了艺术与科学发展的历史，分析了艺术与科学工作的特征，就不难发现"设计"其实就是处于艺术与科学之间的边缘学科。艺术是设计思维的源泉，它体现于人的精神世界，主观的情感审美意识成为设计创造的原动力；科学是设计过程的规范，它体现于人的物质世界，客观的技术机能运用成为设计成功的保证。

参考论文（2002 年 10 月在《AIDIA 亚洲室内设计联合会论文集》发表）编号：L004

中国当代室内设计的地域文化特征

· 郑曙旸

地域文化成为设计保持鲜明个性，在世界上立于不败之地的利器。面对外来强势文化的挑战，我们原来所具有的地域文化优势能否继续保持，同时又不断发扬光大，成为每一个设计者需要深思的两难课题。一方面需要吸取强势文化的精华为我所用，另一方面又需要发掘地域文化的精髓不断创新。对于中国的室内设计者来讲，我们正处在这样一个关键的历史时期。

一、中国室内设计地域文化产生的本质

1.1 地域文化的基本概念

地域：特定区域的地理环境构成了地域的称谓，地域具有相对确定的地理位置和相当大的区域面积。

文化：广义指人类在社会实践过程中所获得的物质、精神的生产能力和创造的物质、精神财富的总和。狭义指精神生产能力和精神产品，包括一切社会意识形式；自然科学、技术科学、社会意识形态。有时又专指教育、科学、文学、艺术、卫生、体育等方面的知识与设施。作为一种历史现象，文化的发展有历史的继承性；同时也具有民族性、地域性。不同民族、不同地域的文化又形成了人类文化的多样。作为社会意识形态的文化，是一定社会的政治和经济的反映，同时又给予一定社会的政治和经济以巨大影响。❶

---

❶ 辞海 [M]. 上海：上海辞书出版社，1999.

地理位置：国家、地区的自然或社会客体（如山脉、河流、居民点、港口等）与外在客观事物间的空间关系总合。以赤道和本初子午线为标志，表明其在经纬网上方位的数理地理位置；以海陆、地形等自然地理要素为标志，表明其在自然地图上方位的自然地理位置；以具有经济意义的自然条件或经济事务为标志，表明其在经济地图上方位的经济地理位置；以政治上、军事上与邻国或邻区的相对位置，确定其在政治和军事战略地图上方位的政治地理位置。❶

地理环境：通常指环绕人类社会的自然界，包括作为生产资料和劳动对象的各种自然条件的总和。是人类生活、社会存在和发展的物质基础和经常必要的条件。包括自然地理环境和人文地理环境。前者是气候、地貌、水温、土壤、植被与动物界有机组合的自然综合体；后者是人类通过历史的和现代的经济、政治、社会、文化等活动在原先的自然地理环境基础上所造成的人为环境。它可以加速和延缓社会发展的进程。随着社会生产力的发展，人类社会将更广泛、深刻地作用于地理环境。❷

地球村：是形容信息时代我们生存环境的夸张对比词组。"地球"是人类生存的环境物质基础，是人类环境系统中最大的实体。"村"是人类聚居形态的最小单位。大与小的对比与综合生动地勾画出信息时代我们生存环境既大又小的现实。"大"指物质的实体空间，"小"指感觉的心理空间。也就是说随着交通工具的日益快捷，通信条件的日趋便利，我们生活的这个世界在生理的感觉上变得越来越小，如同生活在一个村子里的人那样易于交流。

通过以上几个词组的概念罗列，我们不难看出"地域文化"中地理与历史的概念占据了十分重要的位置。这也就是设计界面对新世纪地球村形成后能否继续保持地域文化特征的设计思维要点。

地理的概念包括时间与空间、信息与交流、封闭与开放三个层面的问题。

时间与空间的相对性不仅表现在现代物理学中，它们之间的相对理念同样处于地域文化概念的核心位置。同是一块地域徒步行走贯穿东西可能需要1个月，而驾驶汽车在高速公路上奔驰则只需要12h。意大利马可波罗中国之旅和唐代玄奘漫漫取经之路的疆域印象，远比今日飞车观景的地域感觉要大得多，古人需要一生的时间去体验的景观，今人也许只要短短的几个月。也就是说今日世界的空间印象在时间飞逝的作用下无形地变小了。过去时代的行万里路之所观所学远胜于今天也在于时间的作用，万里之遥在今天只不过是协和式超音速客机的3个小时。

---

❶ 辞海 [M]. 上海：上海辞书出版社，1999.
❷ 辞海 [M]. 上海：上海辞书出版社，1999.

信息与交流作用于地域文化同样与时间有关。单位时间内信息传播的速度快慢，人际交流的程度深浅，直接影响到不同的地域范围。信息传播的速度愈慢，作用于地域的范围愈小，而人际交流的程度却愈深；信息传播的速度愈快，作用于地域的范围愈大，而人际交流的程度却愈浅。前者代表了工业化时代之前信息与交流的主要模式。当时的声音语言只能够口传身授，文字语言的传播受制于交通工具和地理环境，反而产生了具有鲜明特征的地域文化。后者代表了工业化时代之后信息与交流的主要模式。尤其是20世纪末开始的信息革命所带来的数字化生存方式，对地域文化的存在产生了非常巨大的影响。强势文化的最新信息借助于迅捷的传播工具能够在一夜之间深入到全球的每一个角落。

封闭与开放的程度也直接影响地域文化的形成。这里所说的封闭与开放的概念是指由于自然地理环境所造成的气候、地质、交通条件对人的生理或行为产生影响的问题。高山、大海、密林曾经造就了各自独立的文化圈层，形成了各具特色的地域文化。封闭愈甚地域文化的特点愈强，开放愈甚地域文化的特点愈弱。随着人类的足迹依仗先进交通工具遍及地球的每一个角落，除去刻意保护的文化遗产和生活方式，原先深入到生活各个层面的地域文化特征逐渐被流行的强势文化所取代。

历史的概念包括社会与政治、风格与传统、时尚与流行三个层面的问题。

社会形态与政治体制无疑对地域文化的形成起到了推波助澜的作用，历史上形成的各类地域文化无不与当时的社会与政治发生着千丝万缕的联系。中国历史上的儒家学说被当时的统治者奉为经典，使大一统超稳定的封建宗法制度延续了两千年，从而造就了君君臣臣、父父子子、男尊女卑、上下有序、长幼分明的居住建筑平面格局和与之相应的城市形态。建立在古罗马废墟上的欧洲中世纪封建制度，战乱纷争四分五裂，领主们的封地割据，使所有的国家都名存实亡。因此，才会出现一个个孤立于田野上和山岭间的城堡。

风格与传统体现于艺术风格的世代相传，是地域文化得以存在并不断发展的基础。艺术风格的产生一方面来自于创造者的主观愿望，而更主要的方面则是受当时当地本民族生活方式的影响。当风格积淀到一定的深度，就成为一种样式流传下来，变为特定地域文化传统的组成部分。

时尚与流行是地域文化中最具变数的要素，当时的风尚既有特定地域内部某种风格受技术条件影响所发生的变化，但更重要的因素还在于外部文化的渗透，尤其是受当时强势文化的巨大影响。至于能否流行或者流行的长短，都在于和特定地域文化的同化程度，浅层同化的流行只能风行一时，而深层同化则可能演变为新的样式作为地域文化的传统流传下来。

1.2 地域文化的传统理念

对人们的社会行为有无形的影响和控制作用，由历史沿传下来的思想、文化、道德、风俗、艺术、制度以及行为方式等称为传统。[1]之所以能够在一个特定的地域形成特定的文化，其关键在于传统的作用。在传统的所有理念中，观念性的要素处于支配的位置。观念是人思维活动的结果，人的思维活动除了业已形成的主观思想之外，主要来自于外界的信息刺激。生活在地理环境相对封闭且历史久远文化圈层的社会群体，在自然经济的农耕时代接受本地域之外信息的机会极小，受其影响主导的思想观念主要受地域的传统所控制。中国的历史和地理恰恰符合于这样的推理。因此，在漫长的发展过程中形成了独特的传统，体现于建筑的室内，突出地表现于装饰手法与空间处理两个方面。

中国古典建筑室内的装饰手法，体现于构件实体的造型与界面图式的综合运用。"以木构架为结构体系的中国古建筑，它们的柱、梁、枋、檩、椽等主要构件几乎都是露明的，这些木构件在用圆木制造的过程中大都进行了美的加工。柱子做成上下两头略小的梭柱，横梁加工成中央向上微微拱起，整体成为富有弹性曲线的月梁，梁上的短柱也做成柱头收分，下端呈尖瓣形骑在梁上的瓜柱，短柱两旁的托木成为弯曲的扶梁，上下梁枋之间的垫木做成为各种式样的驼峰……这些构件的加工都是在不损坏它们在建筑上所起结构作用的原则下，随着构件原有的形式而进行的，显得自然妥贴而毫不勉强。"[2]由于是木构架，室内空间组合灵活多变，空间的阻隔主要由各种木制的构件组成，从而形成了槅扇、罩、架、格、屏风等特有的木构形式。这些构架本身就有丰富的图案变化，装饰的效果已经很好，再加上藻井、匾额、字画、对联等装饰形式，以及架、几、桌、案上各种具有象征意义的陈设，就构成了一幅完美的空间装饰图画。

中国古典建筑室内的空间处理，体现于完整理论指导下的设计实践。从《易经》的阴阳之道，老子《道德经》的"三十辐，共一毂，当其无，有车之用。埏埴以为器，当其无，有器之用。凿户牖以为室，当其无，有室之用。故有之以为利，无之以为用"，一直到神秘的风水理论。在天地人相互交融的中国环境观念中，空间从来就是动静相宜的。内外融会、相辅相成的空间系统因此成为木构造建筑最显著的特征。象征着建筑内部空间的"家"和象征着建筑外部空间的"庭"，在汉文字中构成了社会

---

❶ 辞海 [M]. 上海：上海辞书出版社，1999.
❷ 楼庆西. 中国古建筑二十讲 [M]. 北京：生活·读书·新知三联书店，2001.

最基本的单位——家庭。中国古典建筑空间体系的全部内容就浓缩在这两个字中。

1.3 地域文化的社会因素

每一个特定时代和特定地域的社会、经济、政治、文化特征都会影响到艺术的风格。风格的产生必定有着特殊的形态表象作为支撑，这种形态的表象积淀到一定程度就成为一种定式作为传统流传下来。新的时代开始社会的价值观念发生变化，整个评价体系的改变必然对传统产生影响，从而开始新一轮文化艺术风格的探索。一般来讲在社会形态新旧交替的历史阶段，最容易产生新的艺术样式并成为设计创新的收获期。由这些社会因素促成的特定艺术风格组成当时特定地域设计文化的主体。

社会是以共同的物质生产活动为基础而相互联系的人们的总体。人类是以群居的形式而生活的，这种生活体现在各种形式的人际交往联系上，就会产生丰富多彩的社会活动。社会活动的各种物质需求，带来了艺术设计者的创作机会。深入了解社会就成为设计者创造力完善的基础。中国目前正处于社会体制转型的过渡时期，在由计划体制向市场体制的转换过程中，人际关系与社会活动变化十分剧烈。因此，很难确立一种相对稳定的社会形态作为设计的依据。

经济作为社会物质生产和再生产的活动，在它发展的不同阶段总是形成一定的社会经济制度，作为社会生产关系总和的经济基础，成为一个国家发展的根基。作为艺术设计者不了解经济运行的基本状态，就把握不住设计定位的方向。中国经济正处于高速发展的上升期，旺盛的需求为设计者提供了广阔的市场。

政治是经济的集中表现，产生于一定的经济基础，又为经济基础服务，给予经济发展以巨大影响，并在社会上层建筑中居统帅地位。无论艺术设计者在主观上愿意不愿意，由于自身所处的位置，都不可避免地受到当时社会政治因素的制约。

文化作为人类社会历史发展过程中所创造的物质与精神财富的总和，表现出无比深厚的内涵，不同地域的文化又呈现出完全不同的特征。文化积淀所反映出的传统理念，以及物化的风格样式，成为设计者取之不尽的创作源泉。

二、形成当代中国地域文化特征的因素

2.1 跳跃发展的影响

改革开放后商品经济的发展，为当代中国室内设计的起飞奠定了基础；单个空间的个性化要求，为设计者提供了相对于工业产品设计更为自由的设计天地；高额的商业投资利润，成为设计施工行业发展的催化剂。三种因素的合力，使中华大地上升腾起一股前所未有的室内装修热潮。这股热潮造就了一大批室内装修公司，带动了相关行业的发达兴旺。在这里我们暂且不论其风格的差异和水平的高低，就其过程而言，在20年的时间内，中国室内设计以跳跃发展的态势迅速走过了西方国家近百年所经历的路程。

2.1.1　逆向发展的奇特现象

在世界室内空间的全部设计总量中，居住空间占据了最大的份额，其次是工作空间，最后才是公共空间。这样的排序符合人类生活行为需求的本能。大多数发达国家的室内设计也是这样发展起来的。室内最终脱离建筑成为一个独立专业，这样的一个发展顺序是符合逻辑的。

然而，中国的室内设计却走过了一条逆向发展的道路：从公共空间开始到工作空间，然后再到居住空间。而且集中表现在最具功能特点的三类建筑，即：酒店—写字楼—住宅。

打开国门的最初年代，需要吸引大量的境外投资者进入中国，住的问题首当其冲。开拓具有丰富资源的旅游市场，首要解决的问题也是住。受这种双重刺激，依靠灵活的投资政策，从20世纪80年代初到90年代的10年间，在中国的大地上从无到有地冒出了数以万计、大大小小、符合国际标准的酒店。现代意义的中国室内设计由此迈出了第一步。从空间形象的审美概念出发，追求表面效果的设计成为主流。

标准化的工作空间代表了现代office概念的各类工作场所，诸如：办公室、办事处、事务所、营业所之类。符合现代office概念的室内空间在中国出现是在20世纪90年代的中期，至今还有相当一批工作空间未能够达到这样的标准。现代标准化工作空间的设计，强化了大陆设计师的室内功能概念，促进了室内设计功能化特征的体现。

真正具有现代室内设计意义的住宅，在中国的出现是在20世纪90年代的后期。因为只有当人们的钱包日益鼓胀，人均占有的建筑面积日益增大时，设计的委托才能变为现实。国内居住空间的室内设计在短短的五六年间实现了从公共空间（酒店）到工作空间（写字楼）的设计概念转换。这是一个十分有趣的现象。从最初追求酒店豪华的空间氛围回归到注重实用功能方便生活的本原。

2.1.2　市场需求的拉动作用

中国大陆的各类行业自20世纪90年代中期才开始真正按照市场经济的规律

运行，至今还不到 10 年光景。因此发展很不平衡，仍然处于转型的阵痛之中。

室内设计行业的发展必须靠市场作为动力才能运行。市场是否规范又直接影响行业的发展。由于室内设计本身是一种综合性很强的行业，与这个行业相关的市场涉及材料、工程施工、设计三个大的方面。20 年来这三个方面的市场发展是极不平衡的。其中，发展最快、种类最全的数材料市场；相对成熟、定位趋稳的是工程施工市场；只有设计市场还在步履艰难的初期阶段。

在改革开放室内设计行业大发展的初期，困扰业者最大的问题是"巧妇难为无米之炊"。不要说新型装饰材料，就是一般建筑材料的供给也十分紧张。由于新中国成立后特定的历史与社会环境，我们既没有自己的装饰材料生产体系，也不可能或不需要进口此类材料。许多新型的材料不要说用，连见都没有见过。当时的设计者对材料的奢望只能是在梦中实现。今天这种材料供应商踏破门槛的盛况是想也不敢想的。在经过 20 年的发展之后，现在我们面对的是一个相对完备的装饰材料市场，这个市场由进口合资与国内开发两部分组成，已经能够满足室内设计各方面的需求。

室内设计装饰工程施工市场的建立得益于建设的飞速发展，在初期我们只有建筑施工的概念，而缺乏室内施工精装修的概念，工具落后，施工水平低。广东深圳受靠近港澳的地理优势的影响，和特区所具备的开放政策环境，最先开始发展了室内装饰的工程施工市场，一大批年轻的专业技术工人在实践中迅速成长，一个个专业装饰公司相继成立。这股风在短短的数年中由南向北迅疾席卷全国，形成了今天分属于建设口与轻工口的两大装饰工程施工队伍。相对廉价的国内劳务市场和国家的政策性保护，几乎使所有境外投资设计建造的各类建筑高档室内装修施工都被国内公司承揽。高质量的技术要求逼迫我们向世纪一流的施工水平看齐，于是在很短的时间内有一大批工人掌握了目前最先进的技术。加上原有的各类工种以及不同档次的公司，形成了国内高、中、低三个层次的装饰工程施工市场。

与前两类市场蓬勃发展形成鲜明对比的是设计市场。由于知识产权概念的淡漠，和长期以来在人们思想中对脑力劳动价值的漠视，目前的室内设计市场极不规范，甚至可以说尚未建立。虽然经过这些年来各类学校的培养，已经有了一支数量可观的设计师队伍，每年的出图量难以数计，甚至能有一个工程的透视效果图堆满几间房的现象，但是设计者非但拿不到应有的报酬，还要忍受所谓"免费设计"的盘剥。加之招标投标的不规范，不少装饰公司在工程前期的设计投入十分巨大。由于不是统一设计方案的施工竞标很难形成公平竞争，因此将设计从施工市场中彻底剥离，以形成与建筑设计同样的室内设计市场，才能从根本上改变目前这种无序的状况。

2.2 多元文化的冲击

我们所处的这个时代是一个多元文化并存的时代。各种文化思潮无不对室内设计的发展造成影响。当代全球政治运行的焦点，围绕着建立单极世界还是多极世界的纷争。在这样的大趋势下任何一种地域文化都不会成为世外桃源。目前，中国的地域文化至少受到三种外来文化的冲击。

2.2.1 强势文化

所谓强势文化毫无疑问就是代表当今唯一的超级大国——美国生活方式的文化。借助于信息时代强大的传媒，这种文化已经深深地渗透在我们生活衣食住行的各个方面。我们喜欢有着摩天高楼的城市景观，我们穿着牛仔裤，吃着麦当劳、肯德基，向往于汽车文化带来的一切。借助于猖獗的盗版和无所不在的网络，代表着美国价值观的意识形态已经完全深入我们的头脑。所有的一切都对集中体现生活方式的室内设计造成影响。

2.2.2 商业文化

所谓商业文化的冲击具有典型的中国国情特点，它只可能出现在从计划经济向市场经济转型期的社会形态下。这种张扬的商业文化往往具有很强的推销意识，哗众取宠的炫耀性成为其基本的特征。强烈炫目的感官刺激是这类设计外在表现最常用的手法。体现于室内设计主要表现于滥用材料与色彩。这一点不仅表现在我们公共建筑和居住建筑的室内装修，甚至影响到体现国家形象的政府建筑，比如人民大会堂的室内装修。

2.2.3 宗教文化

我们的宪法规定公民有宗教信仰的自由。但是由于历史的原因，尤其是"文革"的影响，在20世纪50年代到80年代中期，宗教文化在当时的中国仅表现为民族政策落实的概念。随着改革开放时代的到来，宗教文化才以自身本来的面貌重返中国大陆。问题并不在于实际信仰与否，而在于各种宗教文化所带来的生活表象形态，诸如过圣诞节、以基督教堂为背景拍婚纱照、庙会进香等。尽管在三种文化中宗教文化相对式微，但却是一个不可忽视的文化现象。

面对多元文化的冲击，持排斥的态度既不可取也不可能。"一切外国的东西，如同我们对于食物一样，必须经过自己的口腔咀嚼和胃肠运动，送进唾液胃液肠液，把它分解为精华和糟粕两部分，然后排泄其糟粕，吸收其精华，决不能生吞活剥地、毫无批判地吸收。"❶ 历史的经验告诉我们代表中国地域文化核心的汉文化具有对外来文化极强的同化能力。在地球村的时代，中国的地域文化是否还具备这样的能力，是需要当代学者深入研究的社会学课题。

至少在目前我们还没有形成既有时代特点又具民族传统的中国室内设计地域文化。由于艺术设计领域几十年的禁锢，缺乏与外部世界的交流。改革开放以后的20年时间是远远不够的。面对世界艺术设计领域多元化的趋势和商业化的冲击，在设计上不免出现一种兼容并蓄的局面。多种风格共处一室的现象随处可见，颇像中餐冷菜的大拼盘。虽然近几年情况有所好转，但要真正形成一种文化恐怕还需要时间。

2.3 世俗文化的围城

作为中国地域当时社会风俗习惯的世俗文化，我们这一代面对的是一个十分尴尬的局面，两千年封建宗法制度所建立的世俗文化早已被革命的年代所打破。就像我们津津乐道的旧日北京四合院的生活场景已经一去不复返一样。而新的具有普遍意义的世俗文化在社会转型期迅速变换的生活中尚未建立。从室内设计的理论意义上来讲，世俗文化是其赖以生存的基础。离开世俗文化的"阳春白雪"从来都不会成为地域文化的主流，问题在于世俗文化的整体水平。应该说我们正处于中国历史上世俗文化整体水平的低潮，虽然低潮预示着高潮的到来，但是作为身处低潮的设计者其处境可想而知。作为设计之城内部的设计者和设计之城外部的使用者，相互都有着不低的期望值。合格的设计者期望在使用者那里充分体现自己全部的设计价值，包括技术功能和艺术风格。世俗的使用者期望在设计者那里得到自己镜花水月般的理想境界，以为设计者个个都是身怀绝技的魔术师，于是在一轮又一轮的磨合中，风格样式个性特点的棱角被全部抹平，就连最基本的功能也得不到保证，综合，综合，再综合，最后设计者逃出城，使用者攻进城，完成的设计双方都不满意。世俗文化的整体水平得不到提高，这样的围城游戏就将继续地演下去，而能够真正代表时代水平，作为传统流传下去的地域文化也就建立不起来。

---

❶ 毛泽东 . 毛泽东选集·第二卷 [M]. 北京：人民出版社，1991.

三、中国室内设计地域文化的发展前景

3.1 冲破狭隘的传统观

在世界的东方有一个神秘的国度……以至于当世界已经进入数字化时代，而在相当多数西方人的脑海里，当代中国人还是张艺谋早期那些获奖影片中的形象。换言之，由于中国长达几千年文明的积淀，两千年的封建宗法制度烙印至今还深深地遗留在人们的脑际。这种地域文化的传统理念依然在社会的各个层面顽强地体现。作为体现艺术与科学的设计领域自然不会幸免。尽管我们已经生活在21世纪，而我们的设计依然摆脱不了地域文化传统理念的控制。毛泽东在1940年有关这个问题的一段论述值得我们深思："中国的长期封建社会中，创造了灿烂的古代文化。清理古代文化的发展过程，剔除其封建性的糟粕，吸收其民主性的精华，是发展民族新文化、提高民族自信心的必要条件；但是决不能无批判地兼收并蓄……中国现实的新文化也是从古代的旧文化发展而来，因此，我们必须尊重自己的历史，绝不能割断历史。但是这种尊重，是给历史以一定的科学的地位，是尊重历史的辩证法的发展，而不是颂古非今，不是赞扬任何封建的毒素。"❶ 从历史唯物主义的角度出发，代表资本主义生产关系的以突出实用功能的现代建筑室内体系，要比注重表面装饰效果体现封建秩序的古典建筑室内体系先进。实际上前者是在吸取了后者的精华并去其糟粕后的发展。而且从专业理论的角度出发，西方现代建筑的空间理论只能从东方的历史典籍中找到根源。可以说西方现代建筑的空间理论是对自己过去的彻底背叛。我们地域文化中经典的部分恰恰就是这个空间的理论，而我们自己却只看到了外在的表象。稳定正统、雍容大度、富丽华贵的封建宫廷风格在世俗的社会观念中根深蒂固。我们的酒店大堂追求宏大的空间与富丽堂皇的装饰效果，乃至影响到各种类型的办公大楼。我们的住宅起居同样喜欢在墙面添加累赘的装饰。当代中国人的审美观依然保留着明显的封建秩序意识，一部早已被别人淘汰的车型——捷达，却一直高居私车购买的榜首，其主要原因就在于其外表符合国人正统大度的预期轿车形象。有着后屁股的三厢与封建时代的轿子何其相似乃尔，能够为车主挣足面子，害得夏利与富康趋之若鹜地也给自己加了一个多余的屁股。可见传统的观念有多么大的力量。中国的室内

---

❶ 毛泽东. 毛泽东选集·第二卷 [M]. 北京：人民出版社，1991.

设计要创建符合时代要求的地域文化非冲破狭隘的传统观念不可。

3.2　摆脱经济一体化的束缚

我们生活的这个世界日趋同化，文化的界限越来越模糊，一种新产品的应用，一种新风格的流行，用不了多久就会在全世界普及。虽然民族化、个性化是设计师梦寐以求的，但在全球经济一体化大趋势的冲击下，却很难在发展中国家实现。就如同"麦当劳"、"肯德基"、"必胜客"之类洋式快餐在中国大行其道，而具有悠久历史、享誉全球的中餐，却很难在快餐业上与之匹敌。想当初冰箱在中国的普及比之发达国家晚了几代人，而今天 VCD 视盘机的普及却只有短短的几年。因此，在环境艺术和室内设计领域同样存在着这样的问题。尤其是在中国这样一个没有经历过现代设计文化洗礼的发展中国家，要想发扬本民族的地域文化将是一件非常不容易的事情。首先，我们的经济必须保持现在这样的一个发展势头，并且在全球化的市场份额中占据相应的位置。然后，才能逐渐使具有自己知识产权的产品引领潮流，而不只是成为世界的工厂。只有在产品设计方面居于世界的前列，才能使运用产品进行空间环境设计的建筑室内摆脱经济一体化的束缚。当然，这已经不是单一设计门类的事业，而是涉及中华民族地域文化复兴的伟大事业。

3.3　回归于绿色大地的向往

毫无疑问，迄今为止人工环境的发展（自然包括室内环境）是以对自然环境的损耗作为代价的。于是从科技进步的基本理念出发，可持续发展思想成为制定各行业发展的理论基础。可持续发展思想的核心，在于正确规范两大基本关系：一是"人与自然"之间的关系；二是"人与人"之间的关系。要求人类以最高的智力水准与道义上的责任感，去规范自己的行为，创造一个和谐的世界。❶ 作为室内设计行业在可持续发展战略总体布局中，是处于如何协调人工环境与自然环境关系的重要位置。因此，绿色设计成为行业依靠科技进步实施可持续发展战略的核心环节。

作为中国传统地域文化的核心恰恰强调的就是人与自然的和谐相处，强调人

---

❶　中国科学院 .2000 中国可持续发展战略报告 [M]. 北京：科学出版社，2000.

与大地同处于一个有机的整体之中。英国剑桥达尔文学院的唐通（Tong B.Tang）在《中国的科学和技术》一书中指出："中国的传统是很不同的。它不奋力征服自然，也不研究通过分析理解自然。目的在于与自然订立协议，实现并维持和谐……中国的传统是整体论的和人文主义的，不允许科学同伦理学和美学分离，理性不应与善和美分离。"李约瑟认为中国的科学人文主义建立在两个主要的基础之上："它从来不把人与自然分开，而且从未想到社会以外的人。"这种人与自然和谐的思想与西方人过分强调人的中心作用，从而导致人与自然分离的做法大相径庭。西方人是在面对种种社会危机的情况下，转而注视东方文化的。❶回归于绿色大地的向往本来就是我们地域文化的精髓。

我们按照人工环境与自然环境融会的程度来区分建筑的内部空间——室内的发展阶段。以界面装饰为空间形象特征的第一阶段，开放的室内形态与自然保持最大限度的交融，贯穿于过去的渔猎采集和农耕时期；以空间设计作为整体形象表现的第二阶段，自我运行的人工环境系统造就了封闭的室内形态，体现于目前的工业化时期；以科技为先导真正实现室内绿色设计的第三阶段，在满足人类物质与精神需求高度统一的空间形态下，实现诗意栖居的再度开放，成为未来的发展方向。

室内作为建筑的组成部分，其专业的发展必然依托于建筑。绿色的生态建筑在目前尚处于试验的阶段，我们今天看到的世界上已有的"生态建筑"基本上呈现两种状态：一类是从生态到建筑，一类是从技术到自然。前者利用地形特征以最小空间的可能性、以地上生出的体量、以走近自然景观的景观元素来开发建筑。或者利用景观改造以及创造居住建筑的生态学来与自然结合。后者利用高技派的进化、高效能的立面和生物气候的屋顶来营造建筑。或者利用技术手段直接将自然要素运用于建筑本体。❷这些散在于世界各地的探索性建筑体现了未来发展的方向。即便要把这些观念性建筑推而广之，普及成为社会大规模建筑的主流尚有待时日。作为过渡阶段的室内设计自然也不可能超越建筑的发展而另辟蹊径。因此，设计的多元化就成为时代典型的特征。在这个时期室内设计首先要实现观念的转换，在技术条件许可的情况下，以绿色设计的概念创造符合时代要求的多种风格并存的室内空间形象。

建立与生态建筑相符的室内环境系统，最终实现室内的绿色设计，成为我们对地域文化未来的展望——实现人类诗意地栖居于大地的理想。

---

❶　刘沛林. 风水·中国人的环境观 [M]. 上海：上海三联书店，1995.
❷　（西）帕高·阿森西奥. 生态建筑 [M]. 侯正华，宋晔皓译. 南京：江苏科学技术出版社，2001.

参考论文（2005 年 11 月在 2005【北京】国际建筑装饰设计高峰论坛发表——载《中国建筑装饰装修》2005 年 11 期）编号：L005

论建筑装饰设计的原创性

· 郑曙旸

国家创新体系的战略目标是：在 2010 年前后，基本完成国家创新体系的建设，基本形成分层次、多元化良性循环的全社会共同发展科学技术的机制，科技创新能力和创新效率得到大幅度提高，为中国经济总量再翻一番提供强有力的科技支持；基本形成能够支撑中国未来 25 年发展需求的科技布局，培养出若干国际一流的科研机构，推动一批大学向国际一流大学迈进，在若干重要的科技领域进入世界先进行列；造就新一代具有国际水平的科技带头人，形成一支国际化的科技创新队伍，并向社会不断输送大量高素质的知识劳动者。

——《2004 中国可持续发展战略报告》

一、原创性与原创的条件

在构建国家创新体系的宏大目标下，建筑装饰行业无疑需要完成自己的知识创新体系，创建这个体系的核心内容，就是建设一支以知识劳动为主体的具有原创能力的设计队伍。

1. 原创性辩白

"原创"在汉语中是一个新词，鲜见于 21 世纪之前出版的各种汉语词典。"原创性"更是近年才频繁出现于报刊的词汇。

原创，在 2003 年版《当代汉语新词词典》中的解释是：最初创作成的，首创。在 2004 年版《现代汉语规范词典》中的解释是：首创；创始。2005 年版《现代汉语词典》的解释是：最早创作，首创。三种词典对"原创"的解释，都使用了"首创"一词，无论是"最初"还是"最早"都强调创造的第一性。

原创这个词之所以在21世纪的中国产生，显然有着深刻的时代文化背景。从词义本身来讲"原创"与"创造"并没有实质性的区别，"创造"词义的涵盖面反而更为广泛："想出新方法、建立新理论、做出新的成绩或东西"。❶创造性劳动与原创性劳动，都是强调首创性，即："作品等具有的首先创作或创造而非抄袭或模仿的性质"。❷之所以会出现"原创"这个词，无非是要强调保护创造性的知识劳动所具有的原在价值——知识产权。在知识经济的时代，这种原在价值的内涵及其作用在科技力量的推动下，通过市场转化的经济价值无可限量。

原创的内容体现于知识劳动的前提在于知识产权。随着科技的迅速发展和经济全球化进程的加快，知识产权日益成为决定一个国家核心竞争力的关键，作为国家的社会发展，制定和实施知识产权战略已十分紧迫。作为建筑装饰行业的发展，意欲提高企业的竞争力，促使具有原创能力的设计队伍大量涌现，就必须建立符合知识产权保护机制的良性循环的设计市场。

2. 原创的条件

创作的本身是一个积累与升华的过程，体现于主观世界的创造性思维向客观世界的物质实体转化。原创所强调的首先是创作的第一性即原创性，并非完全是从人的头脑中凭空产生，而是一个由外因促使内因转化的过程，这个过程即是原创的条件。

·物质基础的保证

按照唯物主义的观点：物质是第一性的，意识是物质存在的反映，是第二性的。我们相信并提倡唯物主义的原创观。首先，原创的思想活动都是物质存在的意识反映，创作中内在的主观灵感完全来自于外在的客观世界。其次，没有物质基础的保证，原创的产物就失去了赖以生存的土壤，不能转化为物质实体而只存在于头脑或者纸面的所谓创意，在艺术设计的领域是没有任何意义的。

·生活经验的积累

人类的社会生活是艺术设计原创活动的源泉。人的创造能力的取得是一个通过社会生活渐进的积累过程。这个积累的过程实际上就是人的全部后天经历。具体到某个人，这种经历也就是他全部的生活经验。不同的人有着不同的生活经验，

---

❶　现代汉语词典 [M]. 北京：商务印书馆，2005.
❷　现代汉语词典 [M]. 北京：商务印书馆，2005.

生活经验的取得既有被动的也有主动的，生活经验积累的深度完全取决于一个人所处的环境，即他的家庭、学校和社会生活。既然生活是艺术设计原创活动的唯一源泉，"这是唯一的源泉，因为只能有这样的源泉，此外不能有第二个源泉" ❶，所以，主动地深入生活，不断取得生活经验，是原创外在条件的基础。

· 艺术素养的积淀

艺术设计毕竟是一种以形象思维为主导的创作方式。作为这种创作方式的原创条件之一，就是创作者必须具备一定的艺术素养。凡是经过基础教育并有一定生活经验的人，一般来讲，或多或少都具有自身相应的审美眼光，只是水平高低而已。也就是说具有一定的欣赏水平，可以是眼高手低。而这里所说的是全面的艺术素养，要求眼高手亦高，既具备较高的审美水平，也能够亲自动手进行创作。换句话说，就是要具备较高的专业设计技能。

· 设计实践的锤炼

原创即做出前所未有的事情。只有通过人脑的思维，确定针对某种事物创造的发展概念和具体工作方法，通过艰苦的脑力劳动和所有必须的实践，才能完成特定的创造。可见原创的基础在于人本身心智与体能发挥的潜在素质，这种素质不可能通过设计实践之外的渠道来获得。也就是说，体现于人的心智与体能的素质，只有具备特定的专业技能，并在具体的设计实践过程中不断锤炼，才能逐渐转换为相应的原创力。

· 理论总结的升华

设计的本质在于创造，创造的能力来源于人的思维。对客观世界的感受和来自主观世界的知觉，成为设计思维的原动力。这种原动力能否转换为原创力，取决于理论总结的升华。只有生活经验的积累，艺术素养的积淀和设计实践的锤炼，不善于将积累的经验梳理为指导全局的理论概念，不能在某一方面有所突破，则可能永远是一个兢兢业业、一丝不苟的匠人，而绝难成为一个设计上的原创者。不能进行理论思辨的艺术设计者，往往会落入因循守旧的窠臼。

二、建筑与建筑装饰设计的原创性体现

建筑装饰是建筑物不可分割的组成部分，体现于建筑物的内外两类空间。建

---

❶　毛泽东：在延安文艺座谈会上的讲话 [M]// 毛泽东选集 . 第二版 . 第三卷 . 北京：人民出版社，1991.

筑装饰设计的原创性体现，自然摆脱不了建筑学内容的限定，这就是建筑的使用功能与艺术表现。

1. 建筑与建筑装饰设计

从建筑设计的概念出发，装饰从来就是其设计要素中不可或缺的内容。自从人类开始建筑，装饰就伴随着建筑的发展，演化出多姿多彩的形态，形成不同地域和时代特征的艺术风格。

在古典主义的时代建筑师更多地注重于建筑内外墙面的装饰，而忽视具有使用意义的功能空间。最初的建筑装饰形态，是一种出于审美需要的纯艺术形式。随着社会的发展，文明的进步，装饰逐步与实用结合。在建筑上很多构件既是结构的需要，同时也起到很好的装饰作用。古希腊的柱式，古罗马的拱券柱廊，成为装饰与结构功能结合最完美的经典之作；中国木结构的梁架体系，不但成为先进框架结构的楷模，错综复杂、变化丰富的举架形式，也成为室内最好的装饰构件。

作为行业，建筑装饰业依然是建筑业门下的一类。只是由于室内设计在世界的发展和中国社会的特殊国情，才形成目前建筑装饰业相对独立的运行态势。尽管如此，建筑装饰从属于建筑的基本概念却从来没有也永远不会改变。所以，建筑与建筑装饰设计的原创性体现，在内容的本质上是完全一致的。

2. 原创性体现的表征

设计艺术是造型的艺术，换言之也可以称作造物的艺术。从空间的概念出发，形态的变化是无限的。然而从时间的概念出发，形态的变化则是有限的。造物的原创性体现，实际上是一种时空综合的物象表征。从历史发展的角度来认识造物的原创性，那种所谓前无古人、后无来者、独一无二、前所未有的原创物，实际上是不可能存在的。每个时代都有每个时代的人根据他们彼时彼地的社会生活需求，依据可能的物质基础和技术条件，选取适当的材料，运用相应的工艺，来完成设计者头脑中反映的原创产物。

在建筑装饰设计的领域，这种原创物只能是时空综合的物象表征。与建筑设计相同，建筑装饰设计同样要体现于使用功能与艺术表现两个方面。

·使用功能的"共性"

建筑的使用功能体现于人的生理和心理需求。表现在设计上，就是能够规范人的环境行为。建筑装饰设计既然是建筑设计的组成部分，那么使用功能的共性特征，就是设计中必须遵循的铁的定律。使用功能的需求转换为设计要素，则集中体现于尺度和比例。因此，改变使用功能，重新界定人的环境行为的设计原创，是一个典型的时间概念。只有当社会、经济、材料、技术等外在条件发生重大变化，这种功能设计的原创才有可能产生。

· 艺术表现的"个性"

艺术并不是一种不可捉摸的东西，它是人们感觉的产物。之所以产生艺术的神秘感"这主要是因为我们忽视了通过感觉到的经验去理解事物的天赋。我们的概念脱离了知觉，我们的思维只是在抽象的世界中运动，我们的眼睛正在退化为纯粹是度量和辨别的工具。结果，可以用形象来表达的观念就大大减少了，从所见的事物外观中发现意义的能力也丧失了。"❶ 仅此，就人的感官而言，视觉与艺术的关系已经是十分紧密了。视觉艺术的概念在于"视觉形象永远不是对于感性材料的机械复制，而是对现实的一种创造性把握，它把握到的形象是含有丰富的想象性、创造性、敏锐性的美的形象。"❷

在建筑装饰设计的领域原创性体现的表征，完全是艺术的视觉显现，尽管建筑装饰艺术的本质体现于四维时空，但视觉的作用在这里还是相当重要的，设计者只有掌握视觉的图形思维技巧，才能在艺术个性原创表现的海洋中畅游。

三、建筑装饰设计的原创性定位

建筑装饰设计的艺术含量是毋庸置疑的。在建筑设计中功能与规范当然地处于首位，只有在建筑装饰设计独立运行时，美观才会上升到第一的位置，并成为最重要的设计内容。

社会需求对于建筑装饰设计的原创性定位，也不可避免地界定在对于建筑的外在美感追求上。

20 世纪 50 年代以来"适用、经济、并在可能条件下注意美观"的建筑原则，在中国执行了近 30 年后，被改革开放后的商业大潮所冲破。多元建筑思潮的影响，强势外来文化的入侵，禁锢后的饥不择食，使得满足于视觉观感"美"的装饰，在建筑的内外墙面被放大到无以复加的地步。

"欲望之美"还是"情境之美"，这是建筑装饰设计原创性定位选择的关键。

---

❶ （美）鲁道夫·阿恩海姆. 艺术与视知觉 [M]. 北京：中国社会科学出版社，1984：1.
❷ （美）鲁道夫·阿恩海姆. 艺术与视知觉 [M]. 北京：中国社会科学出版社，1984：5.

1. 欲望之美的原创性定位

人类的环境行为最终受制于人脑支配的人类欲望：食欲、性欲、自我表现欲、求知欲、权力欲……表现于建筑环境，这种欲望转换为对于形体的视觉观感刺激。对于高大伟岸的建筑形体的追求，使得世界第一高楼的记录被不断刷新。对于建筑界面时尚风格的追求，使得建筑装饰的装修周期被不断缩短。

然而有学者说：人类文明就是讲道德的人类欲望相加的总和，人类文明史就是人的欲望同道德相互冲突和协调的复杂历史。显然，脱离功能限定的"装饰"概念，泛艺术化倾向的"装饰"概念，都是人的欲望和道德相悖而需要协调的内容。这样的"美"的追求，不符合建筑装饰行业可持续发展的原则。满足人的这种"欲望之美"的追求，不应该成为建筑装饰设计的原创性定位。

2. 情境之美的原创性定位

建筑装饰设计"情境之美"的原创性定位，必须符合人类文化遗产界定所体现的理念，即四个主要特征。

· 环境系统存在的多样特征

在一个特定的环境场所，存在着物质与非物质的多样信息传递。自然与人工要素同时作用于有限的时空，实体的物象与思想的感悟在场所中交汇，从而产生物质场所的精神寄托。文化的底蕴正是通过环境场所的这种多样特征得以体现。

· 环境系统发展的动态特征

任何一个环境场所都不可能永远不变，变化是永恒的，不变则是暂时的，环境总是处于动态的发展之中。特定历史条件下形成的人居文化环境一旦毁坏，必定造成无法逆转的后果。如果总是追随变化的潮流，终有一天生存的空间会变成文化的沙漠。努力地维持文化遗产的本原，实质上就是为人类留下了丰富的文化源流。

· 环境系统关系的协调特征

环境系统的关系体现于三个层面，自然环境要素之间的关系；人工环境要素之间的关系；自然与人工的环境要素之间的关系。自然环境要素是经过优胜劣汰的天然选择而产生的，相互的关系自然是协调的；人工环境要素如果规划适度、设计得当也能够做到相互的协调；唯有自然与人工的环境要素之间，要做到相互关系的协调则十分不易。

· 环境系统美学的个性特征

无论是自然环境系统，还是人工环境系统，如果没有个性突出的美学特征，就很难取得赏心悦目的场所感受。虽然人在视觉与情感上愉悦的美感，不能替代环境场所中行为功能的需求，然而在人为建设与环境评价的过程中，美学的因素往往处于优先考虑的位置。

建筑装饰设计的工作者要明白"人们生活的目标是幸福，而不是财富，财富只是手段之一，人们生活幸福的程度也并不取决于财富的多少，而在很大程度上取决于生活信念、生活方式和生活环境之中的对比感受"❶的道理。而基于环境意识的设计审美恰恰符合这样的理念，因为"在环境欣赏中，视觉的和形式的因素不再占主要地位，而价值的体验是至关重要的。"❷这是由于在"日常生活中我们进行的一切活动，不管是否意识和注意到，它们都进入我们的感知体验并且成为我们的生活环境。"❸这就是体现"情境之美"设计的原创性定位的本质内容。

四、建筑装饰设计的原创性发展

建筑装饰设计的原创性发展，必须符合社会发展总的要求，必须与国家实施可持续发展战略的步伐合拍。

1995 年中国政府确立了"科教兴国"和"可持续发展"的战略方针，标志着中国的经济和社会发展将从工业化与知识化并重开始迈向以知识化为主的重要发展阶段。中国的科学技术发展开始在注重应用开发的同时，重视发现和发明的基础研究和为实现国家长远发展战略的基础研究，建立起包括知识创新、技术创新和教育振兴的国家创新体系，使中国在全球化的知识传播与竞争中占有优势地位，并使国家的创新能力显著提高。

进入 21 世纪，尤其是中国共产党的十六大以来，随着科学发展观作为社会发展的指导方针，以循环经济模式构建节约型和谐社会的理想，使得由知识创新为主导的科技进步在理念上达到了新的高度。建筑装饰设计的可持续发展也因此面临着重大的战略机遇期。只有依靠科技进步的正面作用，构建稳固的技术基础，建筑装饰设计才有可能在可持续发展整体战略的指导下，去寻求具体的原创性战术突破口。

1. 空间形态的视觉表现

作为艺术设计界的一般认识，设计的原创性主要体现于空间形态的视觉表现。

❶ 中国社会科学院环境与发展研究中心 . 中国环境与发展评论 [M]. 北京：社会科学文献出版社，2004：475.
❷ 张敏 . 阿诺德·柏林特的环境美学构建 [J]. 文艺研究，2004（4）.
❸ 张敏 . 阿诺德·柏林特的环境美学构建 [J]. 文艺研究，2004（4）.

于是形成空间形态的构造、材料、色彩、质感以及一切与此相关的艺术风格，都成为设计者猎取的对象。当这样的素材积累到一定的程度，设计者又具备了相应的专业水准，能够以合适的尺度比例，按照使用功能的要求，准确地运用材料，以自己预想的模式，构建起心目中理想的空间，同时也得到业主的认同，那么这样的设计就可以成立。但未必称得上是原创性设计，因为同样形态的空间可能随处都能见到。当这样的设计做得多了，设计者逐渐找到了感觉，能够熟练地运用各种设计要素，构建起具有意境体验的空间，并逐渐形成自己的设计风格，于是才开始形成自己的原创性特点。

一般来讲，建筑装饰设计者的设计概念，总是从平面开始，然后走向立体，最后才能达到整体空间。作为一个设计者的设计历程：第一阶段往往摆脱不了墙面的束缚，总是希望在墙面上做许多文章，结果整体空间的效果很不理想；第二阶段能够从空间出发作整体的考虑，在空间的整体构图上做得比较到位，但可能因为构造的细节处理不周，陈设的风格不够匹配，依然不能感受到空间整体的魅力；第三阶段能够完全以人的空间体验作为设计的标准，不再拘泥于界面装修的限定，而是追求某种空间氛围的体现，从而达到建筑装饰设计的最高境界。只有到了这个阶段才能实现建筑装饰设计的原创。

空间形态的视觉表现，只是一种技术的手段，而不是设计原创的目的。

2. 从环境设计概念出发实现原创

产品是以实现功能特征的空间形态展示其审美价值的。这是一种传统的审美感官，主要通过视觉感知来实现。不同空间形态的表象所传递的信息具有不同的特征。二维空间实体表现为平面，视觉传达的书籍装帧、海报招贴、包装标识属于平面表象。三维空间实体表现为立体，产品造型的陶瓷、家具、交通工具等属于立体表象。无论二维还是三维，其审美的实现是主体与对象相分离的静观方式，并且需要一定的审美距离。

环境设计是主观与客观相互融会连接人和环境的和谐的整体。"环境的背后蕴涵着千百年来生态演进的历史和文化发展变化的历史，它是人与自然共同的作品，经过了千百年来的改造，深深打上了人的实践的印记，成为'人化的自然'。"❶环境设

---

❶ 张敏. 阿诺德·柏林特的环境美学构建 [J]. 文艺研究，2004（4）.

计需要调动起人与自然的全部合理要素以动态的方式加以整合。

环境是以场所的生活景观通过综合的感知体验反映其审美价值的。这种环境的感知体验，是在人的所有的感觉共同参与下形成的，涉及人的全部感官。也就是说环境的审美是动态中的人积极参与的结果，"环境的欣赏要求一种与人紧密结合的感知方式。"[1]表现于设计的空间形态就是四维空间。四维空间实际是时空概念的组合，它的表象是由实体与虚空构成的时空总体感觉形象。环境设计时空的表象是由多种产品并置，相互影响、相互作用而产生的。在环境设计中空间的形态体现为时空的统一连续体，是由客观物质实体和虚无空间两种形态而存在，并通过主观人的时间运动相融，从而实现其全部设计意义的。

只有从环境设计的概念出发，才能实现建筑装饰设计的原创。

3. 技术进步条件下思想境界的提升

随着科学技术的不断进步，今天的建筑装饰设计已经在一定程度上达到了相对自由的境界，只要材料能够解决，几乎能够想到的都可以做到。于是原创性的发展有了坚实的基础，人们似乎可以在设计的世界里为所欲为。问题是原创的基点是什么？走向生态文明的艺术设计，要实现可持续发展的战略目标，其设计的核心理念是否需要实现彻底的转变。原创的理念是否需要实现从产品设计为中心向环境设计为中心的转型，已成为时代摆在每一位设计者面前的重大课题。作为一个正在高速发展国家中的设计工作者，必须以高度的社会责任感承担起这样的重任。

从社会政治的角度来看：我们今天的艺术设计事业尚未进入决策者所青睐的视野，在各级领导所考虑的国家可持续发展战略的布局中还得不到应有的位置，当然就更谈不到艺术设计从产品意识向环境意识的转换。其在整个国家机器中的作用尚不明确，不可或缺的润滑剂作用还不能得到社会的认识。尽管国家科学发展观的定位十分明确：这就是"把推进经济建设同推进政治建设、文化建设统一起来，促进社会全面进步和人的全面发展。推动建立统筹区域发展、统筹经济社会发展、统筹人与自然和谐发展、统筹国内发展和对外开放的有效体制机制。建立体现科学发展观要求的经济社会发展综合评价体系。"[2]但是要将艺术设计及其行业纳入这样的轨道，尚路漫漫而任重道远。

---

[1] 张敏. 阿诺德·柏林特的环境美学构建[J]. 文艺研究，2004（4）.
[2] 《中共中央关于加强党的执政能力建设的决定》，2004年9月19日中国共产党十六届四中全会通过。

从国家经济的角度来看：今天中国的艺术设计还不能摆脱"资本的逻辑"指挥棒下产品消费需求的运作。这是建立在消费主义基础上的设计理念。消费主义是经济主义在当代的表现。"在资本主义早期发展阶段，生产是经济增长的关键，但到了20世纪，资本主义生产已使绝大多数人的基本需要得到满足。这时，简单地促进大量生产已无法保证经济增长，必须激励大众消费，才能推动经济的不断增长，于是消费主义应运而生。"❶ 在经济主义的指导下，人类采取了"大量生产—大量消费—大量抛弃"的生产、生活方式，这种生产、生活方式已引起了全球性的生态危机。在这种状态下，打着创新旗号以产品为主轴旋转的艺术设计就会成为助纣为虐的帮凶。"没有哪位思想家宣称自己的学说是经济主义，也没有哪个国家政府明确宣称奉行经济主义。但经济主义是渗透于现代文化（广义的文化）各个层面的意识形态，是最深入人心的'硬道理'。"❷ 问题是"在中国实行社会主义市场经济的条件下，生产经营者以赢利最大化为目的，存在着无限掠夺自然资源、破坏生态和环境的自发倾向，并因此危害着社会公众的利益。"❸

实际上联合国环境与发展委员会从可持续发展的理念出发对此有着明确的界定：

"'需要'的概念，尤其是世界上贫困人民的基本需要：应将此放在特别优先的地位来考虑；

'限制'的概念，技术状况和社会组织对环境满足眼前和将来需要的能力施加的限制。

因此，世界各国——发达国家或发展中国家，市场经济国家或计划经济国家，其经济和社会发展的目标必须根据可持续性的原则加以确定。解释可以不一，但必须有一些共同的特点，必须从可持续发展的基本概念上和实现可持续发展的大战略上的共同认识出发。"❹

建筑装饰设计的原创必须限定在国家可持续发展战略的整体框架下。

❶ 中国社会科学院环境与发展研究中心.中国环境与发展评论 [M]. 北京：社会科学文献出版社，2004：473.
❷ 中国社会科学院环境与发展研究中心.中国环境与发展评论 [M]. 北京：社会科学文献出版社，2004：473.
❸ 中国社会科学院环境与发展研究中心.中国环境与发展评论 [M]. 北京：社会科学文献出版社，2004：473.
❹ 世界环境与发展委员会.我们共同的未来 [M]. 长春：吉林人民出版社，1997：52.

相关课题研究报告

赵云芳，清华大学美术学院研究生"设计艺术的图形思维"课程学习研究报告 T003

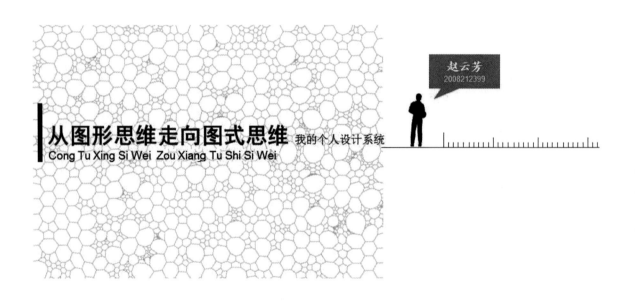

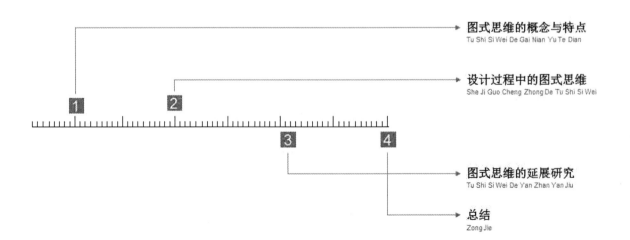

图式思维的概念与特点
Tu Shi Si Wei De Gai Nian Yu Te Dian

设计过程中的图式思维
She Ji Guo Cheng Zhong De Tu Shi Si Wei

图式思维的延展研究
Tu Shi Si Wei De Yan Zhan Yan Jiu

总结
Zong Jie

1 图形与图式

图式思维的概念与特点

图形	图式
① 汉语词典	**① 汉语词典**
基本解释：	**基本解释：**
1.画像，图绘形象。	1.测绘地图所依据的各种符号注记的格式。内容包括地图上所用符号的式样、尺寸和颜色，注记字体和排列，以及地图整饰形式和说明等。
2.图样。在纸上或其他平面上表示出来的物体形状。参见"图样"。	2.表征特定概念、事物或事件的认知结构，它影响对相关信息的加工过程。
3.几何图形的简称。	
词语分开解释：	**词语分开解释：**
图：图（圖）tú 用绘画表现出来的形象：图画。图案。指地图：《亚洲略图》。图穷匕见。	图：图（圖）tú 用绘画表现出来的形象：图画。图案。指地图：《亚洲略图》。
形：形 xíng 实体：形仪（体态仪表）。形体。形貌。形容。样子：形状。形式	式：式 shì 物体外形的样子：式样。样式。特定的规格：格式。程式。典礼，有特定内容的仪式：开幕式。
② 英语词典	**② 英语词典**
◆(几何图形的简形) figure；graph几何图形 geometric figure	◆schema 模式；纲要；架构
◆(在纸上或其他平面上表示出来的物体的形状)drawing；chart；patterning；sign	

2 图式理论

S→（AT）→R公式

即一定的刺激（S）被个体同化（A）于认知结构（T）之中，才能作出反应（R）。

④

图式这一概念最初是由**康德**提出的，在康德的认识学说中占有重要的地位，他把图式看做是"潜藏在人类心灵深处的"一种技术，一种技巧。

①

图式是包括动作结构和运算结构在内的从经验到概念的中介。

③

皮亚杰认知发展理论

②

图式是指一个有组织、可重复的行为模式或心理结构，是一种认知结构的单元。一个人的全部图式组成一个人的认知结构。

右脸镜像

完整照片

左脸镜像

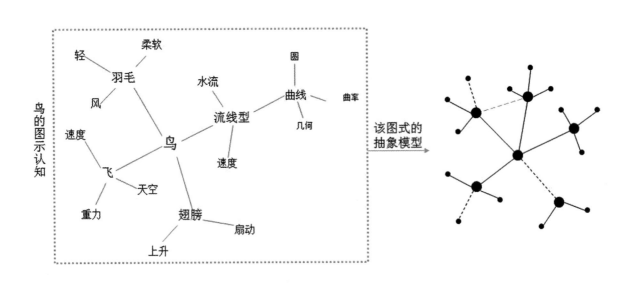

鸟的图示认知

该图式的抽象模型

设计中的图示思维

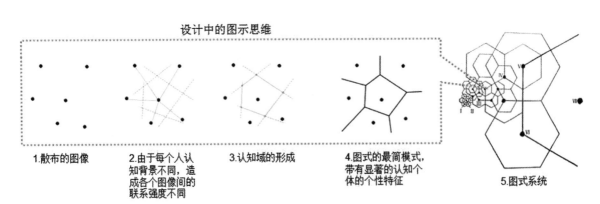

1.散布的图像

2.由于每个人认知背景不同，造成各个图像间的联系强度不同

3.认知域的形成

4.图式的最简模式，带有显著的认知个体的个性特征

5.图式系统

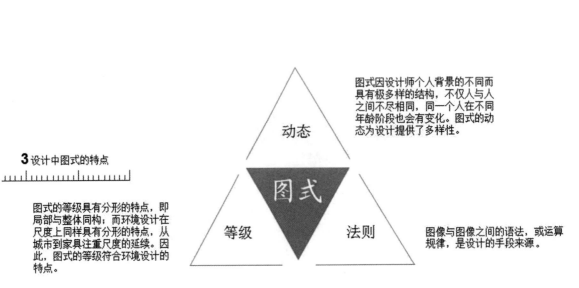

3 设计中图式的特点

图式的等级具有分形的特点，即局部与整体同构；而环境设计在尺度上同样具有分形的特点，从城市到家具注重尺度的延续。因此，图式的等级符合环境设计的特点。

图式因设计师个人背景的不同而具有极多样的结构，不仅人与人之间不尽相同，同一个人在不同年龄阶段也会有变化。图式的动态为设计提供了多样性。

图像与图像之间的语法，或运算规律，是设计的手段来源。

动态

图式

等级　法则

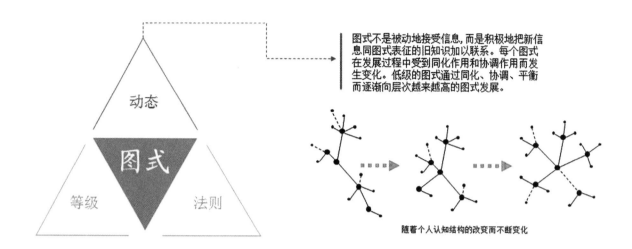

图式不是被动地接受信息, 而是积极地把新信息同图式表征的旧知识加以联系。每个图式在发展过程中受到同化作用和协调作用而发生变化。低级的图式通过同化、协调、平衡而逐渐向层次越来越高的图式发展。

随着个人认知结构的改变而不断变化

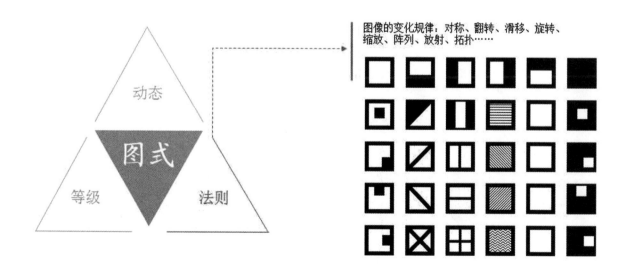

图像的变化规律: 对称、翻转、滑移、旋转、缩放、阵列、放射、拓扑……

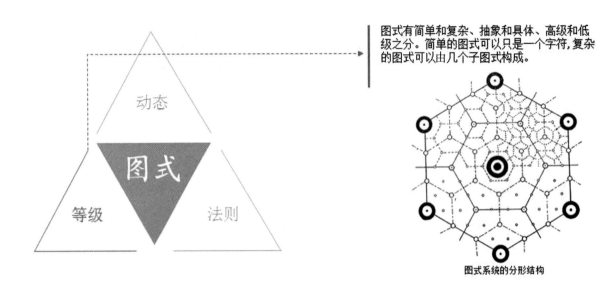

图式有简单和复杂、抽象和具体、高级和低级之分。简单的图式可以只是一个字符,复杂的图式可以由几个子图式构成。

图式系统的分形结构

设计程序

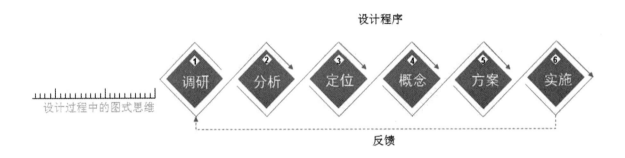

设计过程中的图式思维

反馈

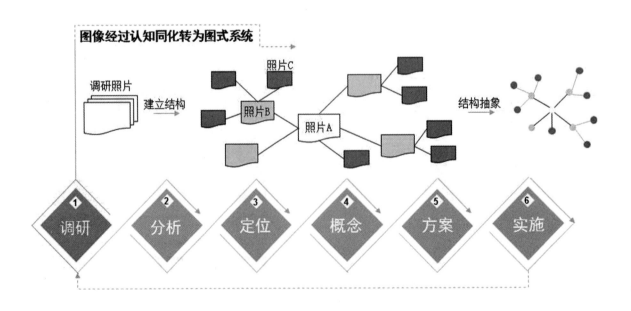

图像经过认知同化转为图式系统

调研照片 建立结构 照片C 照片B 照片A 结构抽象

① 调研 ② 分析 ③ 定位 ④ 概念 ⑤ 方案 ⑥ 实施

解析图式系统的句法规则

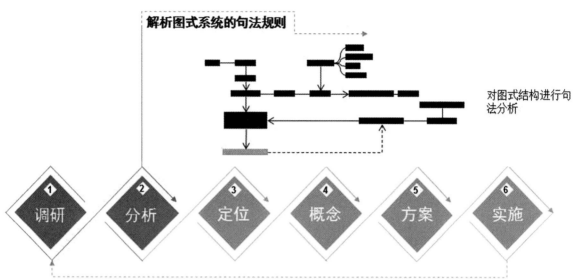

对图式结构进行句法分析

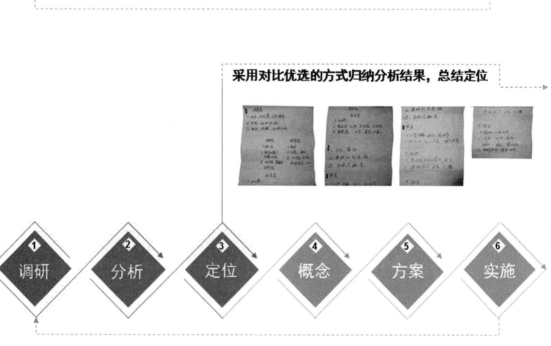

采用对比优选的方式归纳分析结果，总结定位

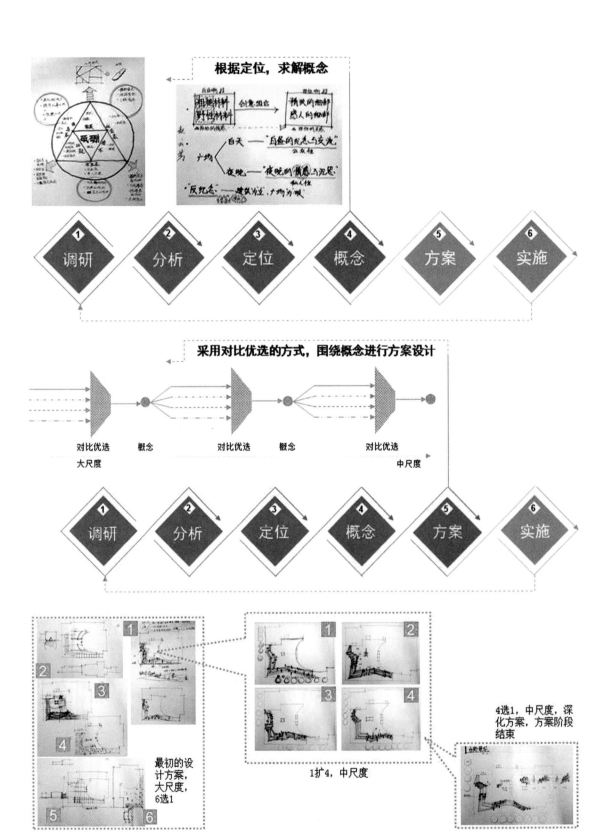

根据定位，求解概念

| 1 调研 | 2 分析 | 3 定位 | 4 概念 | 5 方案 | 6 实施 |

采用对比优选的方式，围绕概念进行方案设计

对比优选　概念　　对比优选　概念　　对比优选
大尺度　　　　　　　　　　　　　　中尺度

| 1 调研 | 2 分析 | 3 定位 | 4 概念 | 5 方案 | 6 实施 |

最初的设计方案，大尺度，6选1

1扩4，中尺度

4选1，中尺度，深化方案，方案阶段结束

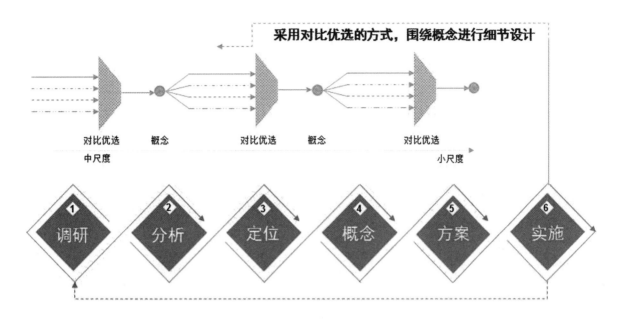

采用对比优选的方式，围绕概念进行细节设计

对比优选　　概念　　对比优选　　概念　　对比优选

中尺度　　　　　　　　　　　　　　　　　　小尺度

| 1 调研 | 2 分析 | 3 定位 | 4 概念 | 5 方案 | 6 实施 |

1扩5，小尺度，探讨可能性

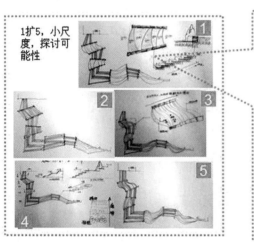

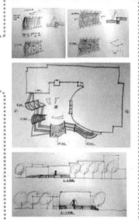

5选1，小尺度，深入完善节点，扩初结束

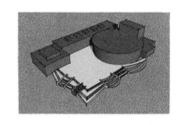

基于欧式几何学与牛顿绝对时空观的图式法则

基于非欧几何（曲面几何）与爱因斯坦相对时空观的图式法则

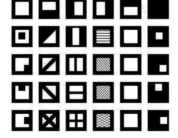

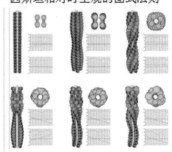

1 图式法则的延展

图式思维的延展研究

图式思维与图形思维的最大区别就在于对法则的重视，实际上无论是哪种图式法则都可以通过数学映射表达出来，因此，图式化的设计方法的前景之一就在于与数学的结合，从而实现参数化设计。这样，设计师在整个过程中不是通过直接对结果的控制来掌握设计进程，而是通过对规则的设定与判断来间接影响设计，在此过程中，设计师能够无限逼近理想的空间形式。

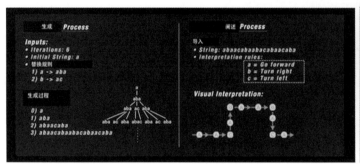

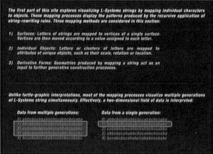

2 图式法则的影响

图式思维中法则参数化后对于设计的影响：

1.设计师由对结果的控制转为对过程的控制

设计师不再设计特点的空间形体，而是研究及建立适于某种需求的人们生活的真实的参数模型。

2.环境设计中的公众参与能够得到实现

参数化控制的好处在于对空间形式的关心将被对于形式逻辑与生成策略的关心所取代，因此公众能够参与到设计过程中来，影响设计结果。

3.设计师从"效果图"美化师走向更本质的空间设计师

总结

图式思维的特点在于：法则、动态和具有分形的等级结构，其上述特点若结合数学进行参数化表达，将成为空间设计的另一个发展方向。

感谢郑老师的授课，使我受益颇多。

本文在受到郑老师《设计艺术的图形思维》一课的教学的启发下完成，由于能力有限，难免观点局限。

最后，谢谢大家！

图形思维 vs 语言思维

何为   2009212381

1

首先，我有一个问题问大家：

你们觉得中文是图形思维   OR
英文是图形思维   ？

2

中文语系

· 先来看一首诗吧：

月明星稀，乌鹊南飞。绕树三匝，无枝可依。周公吐哺，天下归心！

3

关键问题是：

有这么多的意象，但是这句话是什么意思呢？

曹操是中国历史上非常伟大的一代英雄（当然也有很多人说他是枭雄和奸臣的，这都不管了），短歌行中的这最后一句，豪情万里，抒发了他的求贤若渴，一统天下的壮志豪情。

4

· 再来看一个例子吧：

枯藤	老树	昏鸦
小桥	流水	人家
古道	西风	瘦马

5

夕阳西下，断肠人在天涯！

无比哀思，无比惆怅

回顾这些各种各样的图形，似乎谁都不挨着谁

但我们却都接受了一个概念：萧瑟

6

7

中国古代人凭什么运用这些图形思维
又凭什么归纳这些并行的图形得到这样的概念？

中国古代语言：图形堆积依赖经验与情感

8

9

英文语系

To be or not to be, that's a question.

↓　　　　　↓

TO BE　　　BE

不定式表状态　事实

(To be,) A be C.

形合语言：语法非常图形思维

而且一目了然

10

11

To be or not to be, that's a question.

准确翻译：去做或不去做，这是个问题

高级翻译：生存还是毁灭，这是个问题

因此，我们知道西方人的图形思维是有主从关系
的。图形的存在，必然支持概念本身。于是，今
天的我们将其名曰：逻辑。

而中国古代人的图形思维是"散点状"的，图形
之间相互离散，却共同表达其背后隐藏的主题。
或许我们将其称为：意境.

12

13

可以说西方人和中国古代人的语言思维中都强烈地带有图形思维的痕迹。只不过是两种道路。

然而，这两条路在20世纪初相会，而且是以一方妥协，一方强攻的姿态走到一起。在此之后，设计作为一种舶来品，作为西方语言思维的伴随状语进入中国。

漫长的一百年里，我们学会了如何使用白话文，学会了白话文中的语法与句读，也开始学习了设计。

可是，我们的设计缺少了图形思维。我们做不到

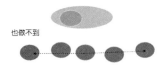

也做不到

我们真的能从"白雪、白猫、白马"中得到"白"的概念吗？

AB+AC+AD=A（B+C+D）

但是"雪、猫、马"之间有联系吗？有经验吗？有情感吗？

这样的概念与图形思维之间的联系是不是太简单了？

我们必须承认白话文是有进步意义的。因为它确实更有逻辑，主题意义更直接和清晰。

同时，我们必须承认我们仍旧生活在根深蒂固的中文语系里，其本身的语言逻辑还是十分松散，有时候它不是能简单地依靠西方语法的介入就能被规范的。

然而，最令我们遗憾的是真正"继承传统"比"学习西方"更**难。**

我们要如何寻找到背后的隐线？那种情感经验的认同？

我认为的好设计：

a)

b)

c)

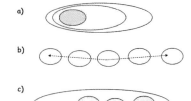

我的设计

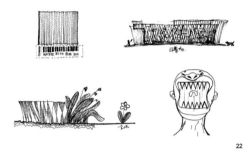

22

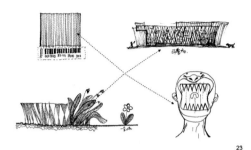

23

力量

(教室来回跑:调研)

声音 ── 小花 ── 条形码

(力量:设计师)

24

条形码

小果炮

设计方案三: 综合应用

25

语言思维 VS 图形思维

↓

填补白话文的空白

(尊重逻辑,寻找意境)

26

第 3 章　室内设计方案

3.1 设计方案的内容

设计方案是概念设计的成果经过总结归纳的最终表达。设计方案是设计概念思维的进一步深化，成为设计对象付诸实施前的关键环节。在方案的设计阶段，需要设计者进一步收集、分析、运用与设计任务有关的资料与信息，通过构成设计所有要素的对比优选，进行设计方案全部文本和图纸的制作。

进入到方案设计阶段，需要设计者对于制图、透视、设计表现以及概预算等相关知识具有一定的驾驭能力，通过对平面图、顶平面图、立面图、方案表现图和设计说明、造价概算、材料与陈设选择等方面工作的完成来实现。

室内设计是一项复杂的系统工程，其设计项目的实施主要通过委托设计或招标投标设计的方式来完成。两种方式在具体的实施过程中有所不同，如果是委托设计，在设计构思、功能定位、创意草图阶段就有更多的机会与时间同甲方进行沟通与交流，因而在方案设计阶段就会避免走很多弯路，拿出的设计成果更容易得到甲方的认可与接受。而公开的招标投标设计与委托设计不同，作为设计师这时在进行方案设计前就应该在人文环境调研和功能分析等方面多下功夫，从不同的方面去思考，通过几个方案的展示来争取甲方的认可。

3.1.1 方案综合表达的知识

设计方案综合表达的基础知识，在于通过勘测的方法，深化建筑与室内制图的知识、规范及绘制方法的认识。以实地实体的勘察测量训练，提高学生从三维空间到二维投影图再到三维空间形态塑造的理解能力，要求掌握符合国家标准的相关专业制图规范以及测量绘制方法。切实掌握正投影法的基本理论及其应用，培养学生的空间逻辑思维能力、形象思维能力和创新精神。培养阅读设计工程图纸的基本能力，得到徒手与计算机绘制工程图纸的基本训练。

以基础知识为支撑的文字语言、手绘图形、计算机辅助图形三类设计表达，构成设计方案综合表达的主要内容。

文本与口语表达。设计概念与设计方案演示的文本与语言表达训练。文本陈述的逻辑性，语言表达的程序性，主题思想表现的确定性等内容，通过实际设计课题的登台演讲与幻灯文件演示。

手绘设计图形表达。通过徒手绘画技法教

学，掌握以素描、色彩为基本要素的具有一定专业程式化技法的专业绘画技能。重点是透视效果图的基础表现技法。包括形体塑造、空间表现、质感表现的程式化技法，绘制程序与工具应用的技巧，不同类型单件物品的绘制特点。手绘表现图的形式多种多样，主要包括水粉、水彩、彩色铅笔、马克笔等技法。

计算机辅助图形设计表达。对计算机专业绘图软件及硬件知识的介绍（内容应根据计算机技术发展的情况及时调整变动），主要专业辅助图形设计软件的应用方法及技能讲授。此类软件应包括：3D 建模渲染软件、2D 工程图形设计软件、其他相关的应用软件。

3.1.2 方案系统表达的技能

在设计方案的制作过程中，依然需要拓展设计思维，选择合适的工作方法。重点在于：数字技术表达——计算机辅助图形的设计表达能力；设计掌控能力——对设计方法和设计表现的掌控能力；概念拓展能力——科学的室内空间系统规划与室内设计概念推导能力。

通过指导学生对于项目的环境体验，经由目测、速写、测量、记录等方式学习，提升以下能力：思维能力——对空间形态的感知思维能力；认知能力——对工程图纸的视读能力；创新能力——通过"空间形态—平面图纸—空间形态"的思维绘图过程形成的创造想象能力。

利用目测使用工具记录与测量场所的方法，

以空间实景手绘速写的透视图作为辅助勘测手段，综合逻辑思维与形象思维认知应用于项目设计方案的测绘与制图。

在方案系统表达的进程中，强化视图与读图的作业训练，进一步理解投影原理以及项目空间视图与空间立体之间的关系，初步完成从"平面到空间"的思维训练过程，从而达到能够阅读与绘制项目空间视图的目的。

理解并掌握符合国家标准的环境设计相关专业制图规范，明确建筑平面图、立面图、剖面图；室内平面图、立面图、细部节点图；景观平面图与竖向图等图纸的规定画法及简化画法。

使用计算机参数化技术，熟悉并掌握一种二维与三维软件的操作技能。

3.1.3 方案整体表达的观念

教育

培养和树立空间想象能力及分析能力。从人与人、人与自然关系的本质内容出发，结合环境设计理论知识学习与实践技能训练，掌握以图形推演为主导的环境设计思维能力。通过设计思维与表达、环境设计专业基础、专业设计知识的学习，研究环境社会学与综合设计的问题，了解并掌握方案表达设计阶段的思维与表现模式，以及设计语言、设计程序、设计方法等内容。学习并具备从物质形态和意识形态两个方面展开工作的能力，掌握环境优化、环境安全和符合环境生态可持续发展的设计知识，建立标准化概念。

教学

　　室内设计方案表达的基本知识和理论。立足环境设计系统的整合理念，结合室内设计相关专业工程建设知识学习与图形技术实施的技能训练，掌握运用材料构建塑造空间形态和表达设计概念的能力。通过测绘与制图、材料与构造知识的学习，研究环境心理学与环境物理学的问题，了解并掌握经由逻辑思维与形象思维捕捉对象认知环境的综合勘测手段。学习并具备从主观技能和客观物质两个层面介入技术的能力，掌握设计实施技术路线优选抉择的知识与实际动手操作的技能。

3.2　设计方案的程序

　　设计方案的制作程序，应遵循系统控制的方法。系统是自成体系的组织；相同或相类的事物按一定的秩序和内部联系组合而成的整体。在自然辩证法中，同"要素"相对。由若干相互联系和相互作用的要素组成的具有一定结构和功能的有机整体。系统具有整体性、层次性、稳定性、适应性和历时性等特性。就设计的实用概念而言需要的是控制论系统。"控制论系统当然是一般系统，但一般系统却不一定都是控制论系统。一个控制论系统须具备五个基本属性：可组织性：系统的空间结构不但有规律可循，

而且可以按一定秩序组织起来。因果性：系统的功能在时间上有先后之分，即时间上有序，不能本末倒置。动态性：系统的任何特征总在变化之中。目的性：系统的行为受目的支配。要控制系统朝某一方向或某一指标发展，目的或目标必须十分明确。环境适应性：了解系统本身，尚不能说可成为控制论系统，必须同时了解系统的环境和了解系统对环境的适应能力。"❶

　　利用步行与目测来研究场所的方法，观察与诠释特定的场所环境。从中进行最佳的观察、辩证、理解与搜集线索。汇总线索进而理解某个场所的故事与其背后的动能、建造时间和为谁而建。借由物质与感觉指标探讨社会经济演变、趋势、问题、弱点、政策与准则等议题。

　　以系统化方法进行入户与田野调查，并由探究及确认环境事件的发生以建立新的模式。关注人们如何感知环境、如何使用环境、在环境中人们期望会发生的事件。不刻意强调缜密的资料搜集，而着重于联结不同的数据源、假设点、验证流，通过串联发现线索，进而导出可能的结果。理解特定环境的实质系统：室内的尺度、纹理、光色、房间、陈设，室外的街郭、街道、区域、基础建设与大自然。

　　评估复合结构的方法。复合结构包含实质环境、感知、价值观、规划行为、设计专业、政府官员、顾客、媒体与不同的用户。

　　环境观察的记录、表达与交流的各种技巧。

---

❶　张启人.通俗控制论[M].北京：中国建筑工业出版社，1992：17.

学习基础的图面语言，这些语言经由表达工具的使用，如：绘图、拍照、计算机仿真及计算机排版，可以进行环境的分析与设计。

3.2.1 统筹规划的知识

通过对室内设计相关专题典型案例的研讨与分析，对涉及环境的空间形态、场所特征、平面规划、构成要素的教学，对设计程序各环节的工作方法进行指导，以实验教学的交互方式实施设计全过程的作业训练，使学生掌握从概念设计到方案设计，以及最终实施设计全过程的能力。重点把握总体统筹控制与选项协调融通的环境设计能力，使学生了解相关专题的设计内容，从而建立人与人、人与物、人与环境互动的设计标准及方法；培养学生艺术与科学统合的设计观念，将人文关怀与技术手段融会于设计的全过程；掌握室内设计空间控制系统功能、设施、建造、场所要素相关机理的基本知识和理论；掌握室内设计空间规划、装修构造、陈设装饰完整的专业设计程序与方法。以上专业内容的工作程序在于：运用画法几何的正投影理论知识，建立正确的空间尺度与比例观念，通过室内设计制图知识的拓展，掌握不同比例制图规范及相应绘制深度的方法。

3.2.2 文案制作的技能

文案制作的技能，体现在理论与实践、观念

与技术的结合层面，一个设计项目的文案是以具有内在逻辑的系统文字、图形和实物（材料样本）呈现的，这就要求学生了解两类控制系统的运行。

其一：以材料优选概念主导的环境设计建造控制系统。通过特定空间中人为建造在材料与构造技术选择方面的研究课题，学习材料与构造在空间实际运用中的理论知识和技术经验，经由结合社会实践的案例或实例，掌握经济、适用、美观三位一体的建造设计方法。

其二：以人文关怀的理念规划环境设计场所控制系统。通过特定空间中限定使用功能，以人的行为特征实施设计的研究课题，学习在自然与人工环境的任一场所中，合理适配场所与特定人群需求的设计方法。

最终完成设计文案专业水平的高度与深度，实际就是设计者对于以上控制系统把握的技能，这些技能体现在四个方面：

（1）分析能力：设计方案优劣的分析能力。

（2）认知能力：对工程图纸的视读能力。

（3）设计表达能力：记录与传达环境印象与概念的能力。

（4）创新能力：通过"空间形态—平面图纸—空间形态"的思维绘图过程形成的创造想象能力。

3.2.3 时间控制的观念

教育

室内设计系统的环境概念（空间规划、界

面装修、陈设装饰）。以时空序列概念主导的环境设计功能控制系统。通过特定空间中人的主观行进路线与客观交通布局设置之间取得匹配，合理配置交通功能空间与实用功能空间的设计方法，就是时间控制的观念。在室内的环境中，人的步行速度依然是时间控制要素的标准度量。不同之处只在于步行速度的快慢和停留时间的长短。在建筑内部空间使用功能较为单一的年代，人在空间中的行进速度和停留时间相对一致。而在当代由于内部空间的使用功能复杂多元，步行速度和停留时间就呈现出相当的差距，正是这种差距使室内设计出现了完全不同的空间处理手法。

教学

方案设计的制作过程所耗费时间的长短，与每个设计者的思维模式与操作技能，有着直接的关系。每项设计方案呈现的文本与图纸总量相对恒定，属于可以预估的受控系统。每个设计者应该明确面对某一具体项目时，投入人力所需工时的总量。似乎这是个不值一提的常识性问题，但恰恰是这一点成为设计方案在有限时间能否提交的关键。由于受经济、政治、文化、社会发展阶段的影响，相当一部分业主不了解设计程序的周期，给予设计者的时间根本没有包括设计创意阶段所需的最低限度。而在整个项目的全部设计过程中，方案制作所需的刚性时限，往往成为制约设计方案提交的主要因素。因此，需要在该阶段的教学中，使学生明白自身完成一个项目制作整套设计文本与图纸的时间，逐步养成面对设计项目的时间控制观念。

3.3 设计方案的制作

室内设计的最终结果是包括了时间要素在内的四维空间实体，其设计方案是在二维平面作图的过程中完成。在二维平面作图中完成具有四维要素的空间表现，并体现在设计方案的制作中，显然是一个非常困难的任务。因此设计方案的制作，必须调动所有可能的视觉图形传递工具。这些图面作业采用的表现技法包括：徒手画（速写、拷贝描图），正投影制图（平面图、立面图、剖面图、细部节点详图），透视图（一点透视、两点透视、三点透视、轴测透视）。

室内设计方案作图的程序基本上是按照设计思维的过程来设置。室内设计的思维一般经过：概念设计、方案设计、施工图设计三个阶段。平面功能布局和空间形象构思草图是概念设计阶段图面作业的主体；透视图和平立面图是方案设计阶段图面作业的主体；剖面图和细部节点详图则是施工图设计阶段图面作业的主体。设计每一阶段的图面作业，在具体的实施过程中并没有严格的限制，为了设计思维的需要，不同图解语言融汇穿插在设计方案中，也是经常采用的方式。

设计方案的制作过程是设计概念思维的进一步深化，同时，又是设计内容表现关键的环节。设计者头脑中的空间构思，最终就是通过方案图作业的表现，展示在设计委托者的面前。视觉形象信息准确无误地传递，对设计方案的表达具有非常重要的意义。因此，平立面图要绘制精确，符合国家制图规范；透视图要能够忠实再现室内空间的真实景况。可以根据设计内容的需要采用不同的绘图表现技法，如水彩、水粉或透明水色、马克笔、喷绘之类。目前，在室内设计工程项目的领域，采用计算机技术制作设计方案已是主流，尤其是正投影制图部分，基本已完全代替了繁重的徒手绘图。透视图的计算机表现同样也具有模拟真实空间的神奇能力，用专业的软件绘制的透视图类似于摄影作品的效果。

作为学习阶段的方案图作业仍然提倡手工绘制，因为直接动手反映到大脑的信息量，要远远超过隔了一层的机器，通过手绘训练达到一定的标准，再转而使用计算机必然能够在方案图作业的表现中取得事半功倍的效果。

在室内设计的设计方案制作中，平面图的表现内容与建筑平面图有所不同，建筑平面图只表现空间界面的分隔，而室内平面图则要表现包括家具和陈设在内的所有内容。精细的室内平面图甚至要表现材质和色彩。立面图也是同样的要求。

一套完整的方案图作业，应该包括：设计主导概念的报告文本，平立面图、空间效果透视图以及相应的材料样板图和简要的设计说明。工程项目比较简单的可以只要平面图和透视图。具体的作图程序则比较灵活，设计者可以按照自己的习惯，以时间控制的观念作出相应的安排。

3.3.1 文本与图形制作的知识

文案写作：掌握以设计概念表达为主要内容，结合文字、图表、图片等要素的设计报告写作方法。

正投影制图：掌握扎实的制图基本功，包括工具（手绘与计算机辅助技术）的正确使用，图线、图形、图标、字体的正确绘制，不同设计阶段以不同尺度比例呈现的规范；通过测绘的手段，要求学生确立正确的制图绘制程序与方法；掌握专业设计方案图及施工图的绘制方法。

手绘图形：掌握以素描、色彩为基本要素的具有一定专业程式化技法的专业绘画技能；通过对景观设计资料的收集、临摹与整理，用专业绘画的手段，初步了解专业的概略；通过绘制透视效果图验证自己的设计构思，从而提高专业设计的能力与水平；从专业绘画的角度，加深对空间整体概念及色彩搭配的理解，提高全面的艺术修养。

电子计算机辅助设计与绘图：掌握电子计算机基本知识，学会操作系统专业软件。至少掌握一个专业设计或绘图软件系统（如 CAD、Photoshop）的使用方法。

材料与构造：构造与技术发展沿革。各类材料的物理性能，不同专业工程的结构、界面、环境效益和使用质量，材料、色质、肌理的艺术表现；不同专业所用材料的分类，材料的安装方式以及辅料的类型。室内装修与装饰工程在施工中的材料应用与艺术表现方式，各类材料连接方式的构造特征，界面与材料过渡、转折、结合的细部处理手法。室内环境系统设备与空间构图的有机结合。

3.3.2 空间形态与终极表现的技能

通过对各类风格设计典型案例的文献查阅

或实地观摩，分析归纳空间构成的方法，把握其艺术手段、材料、工艺和细部做法，形成对室内环境的综合判断、分析能力。

通过设计方案从空间形态创意到终极表现过程的课堂练习，使学生掌握从方案设计的初步到深化以致最后设计表现全程的综合能力。重点在于把握室内空间环境整体的设计能力，以及控制整体设计与室内各要素之间的设计协调能力。

从具有空间视觉形象主题的室内方案设计方法入手，重点学习空间组合的不同设计手法。明确空间形象与尺度系统的关系，空间构造与环境系统的关系。训练学生从虚拟空间构思到实体空间形态确立的转化能力。

（1）思维能力：对设计方案空间形态的感知思维能力。

（2）语言表达能力：文字与语言表达设计思想的能力。

（3）手绘表达能力：徒手绘制图形的设计表达能力。

（4）计算机辅助表达能力：计算机辅助图形的设计表达能力、思维能力。

（5）动手能力：设计方案制作全程的图形与文字表达。

3.3.3 材料构造与空间匹配的观念

教育

利用设计方案的艺术风格定位，选择合适的材料与构造，实现设计主题概念的方法。通过文献查阅与实例勘测，结合所实施的设计方案，以材料的质地、色彩、肌理和相应的构造处理手法，综合所处空间形态的需要，完成材料的主题概念表达。以系统化方法进行材料要素的分类，按照艺术法则的基本规律，理解构成材料的实质系统：尺度、比例、色质、纹理、图案等要素。在此基础上进行：运用图形推导思维、小尺度比例模型模拟、工程现场等大尺度对比等方法的训练。

教学

评估常用的木材、石材、金属、玻璃、塑料，以单体或复合结构在不同专业工程项目中的应用方式。通过工程案例的应用对比考察，以制图、速写、模型等作业方式进行常用材料的构造方式创作训练。评估特质材料，以单体或复合结构或配合其他常用材料，在不同专业工程项目中的应用方式。通过工程案例的应用对比考察，以制图、速写、模型等作业方式进行常用材料的构造方式创作训练。

3.4 "设计方案"课内教学安排

设计方案

从虚到实的技术落实过程。通过相应尺度与比例的平面、立面、剖面图纸，产生专业化、技术化、形象化的方案。对方案的施工可能性进行终极探讨，从功能、审美、技术等方面权衡实施的可行性，是方案设计阶段工作的主要内容。

第 8 次授课（4 课时）

课题方案设计技术深化的圆桌❶交流讨论式授课。

课外作业：课题方案设计的 CAD 图纸制作。

第 9 次授课（4 课时）

课题方案设计的第一次圆桌个体辅导与总体讲解式授课。

课外作业：课题方案设计的 CAD 图纸制作。

第 10 次授课（4 课时）

课题方案设计的第二次圆桌个体辅导与总体讲解式授课。

课外作业：课题方案设计的 CAD 图纸制作（第 11 次授课时检查）。

第 11 次授课（4 课时）

设计方案深化的工作方法授课"以国家制图规范控制深度的方案设计"。

课外作业：按照国家制图规范修正课题方案设计的 CAD 图纸（第 12 次授课时完成）。

3.4.1 讲授

设计方案阶段的课程讲授，围绕学生的方案设计展开。方案的设计过程主要反映学生所掌握的专业技能。科学的方案设计工作方法，也能够锻炼和提高专业的技能，培养动手的能力。

（1）设计方案的最终表达，必须是能够运用现有技术，可供操作的设计实施。

（2）实施后的工程必须经过时间的检验，才能作为设计者的经验来指导今后的工作。

（3）未经实践检验的设计方案图纸，有可能作为错误的经验留存在设计者的思想中，并影响今后的设计决策。

以上三点需要通过教师的案例教学，使学生留下深刻印象。

设计方案阶段授课的项目，根据不同的教学计划，可作不同安排，这里以住宅室内设计为例。

---

❶　圆桌教学：

·"哈克尼斯圆桌"——哈克尼斯体系（The Harkness gift）：老师和学生一起学习、工作、交流想法，类似于苏格拉底问答法。1930 年 11 月哈克尼斯向学校捐赠 5800000 美金来支持建立这种教育模式。"为什么来自埃克塞特学院的学生，思想已如大学生般成熟，语言表达甚至超越普通大学生？""那是圆桌教学法的功劳"，学生们回答。

·圆桌教学理念：强调知识与品行相辅相成，所有学科教授采用如大学研讨班的圆桌教学法，12 位学生与老师围圆桌而坐，互相分享、质疑、讨论、思考及分析，以解决问题而非课本为中心。学校提供 450 多门课程设计 19 个学科领域，提供 20 种运动项目，110 种课外社团活动，9 种外文课程。

·学校背景资料：成立年份（Year Founded）：1781 年；校园面积（Campus Size）：619 英亩；所属宗教（Religion Affiliation）：无；学校类型（School Type）：男女合校；寄宿年级（Boarding Grade）：9 ~ 12 年级；学生总人数（Enrollment）：1063 人；寄宿生比例（Boarding Students）：80%；国际生比例（International Students）：9%；平均 SAT 成绩（Average SAT Score）：2097；师生比例：1：5；班级平均人数（Class Size）：12 人；体育项目数量（Sports Offered）：21 种；校内社团（Extracurricular Organizations）：160%；教师拥有硕士及以上学历比例（Teacher with Advanced Degree）：82%；录取要求（Entry Requirements）：SSAT，托福；录取率（Acceptance Rate）：17%；学费（Tuition & Fee）：45315 美元 / 年。

授课讲义（成稿 2007 年 11 月）编号：J007

中国住宅的历史变迁

上篇：古代中国的传统住宅

1370 ～ 1910 年　中国传统住宅的建筑特点

　　中国古代建筑以木结构为主体，造型的艺术特点基本来自结构本身。中国古代建筑注重群体组合，形成以"院"为单位的组合体。在室内通过各种隔断自由灵活地分隔空间。这些特点在住宅中得到充分体现。

合院式宅院

北京四合院"七间口"三进院的典型形态

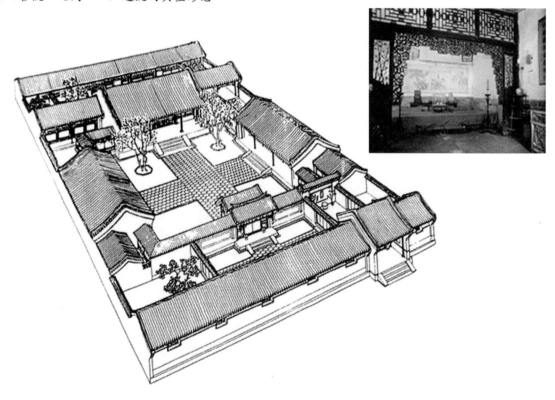

木结构与木隔断

1370 ～ 1910 年　中国传统住宅的地域体系

　　中国幅员辽阔，民族众多，不同地区和民族的住宅存在显著差异。汉族住宅按地域的体系区分，为南北两个大的系统，都采取合院式的宅院布局。北方住宅重在防寒、保温，需要采暖，对日照要求严格；南方住宅重在隔热、防潮，需要遮阳、避雨、散热、通风。

北方民居　　　　　　　　　　　　南方民居

1370 ～ 1910 年　中国北方汉族的传统住宅

北方汉族住宅建筑单体的基本型可以概括为三开间的"一明两暗"。合院式布局的核心构成可以概括为"一正两厢"。主要代表类型：北方单体平房、北京四合院、东北大院、晋陕窄院、青海庄窠、西北窑洞等。

北方单体平房

黑龙江省齐齐哈尔市诸宅。明间用作厨房，西屋设万字炕

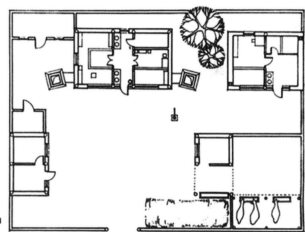

北京四合院

北京四合院的多进多路大宅。北京沙井胡同某中堂府

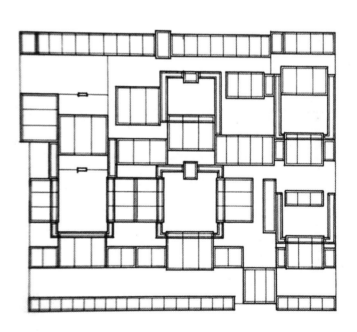

东北大院

东北大院的"一正四厢"格局。吉林市头道胡同张宅总平面

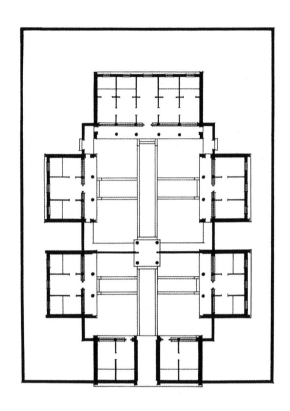

晋陕窄院

山西襄汾丁村一号院。厢房采用"三破二"格局

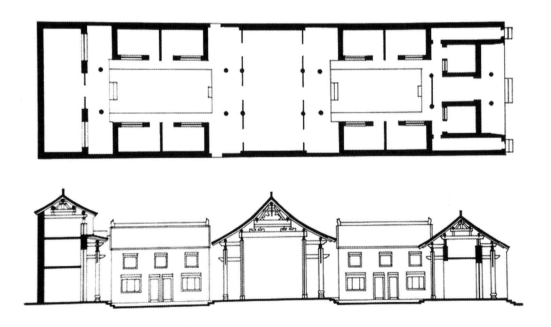

青海庄窠

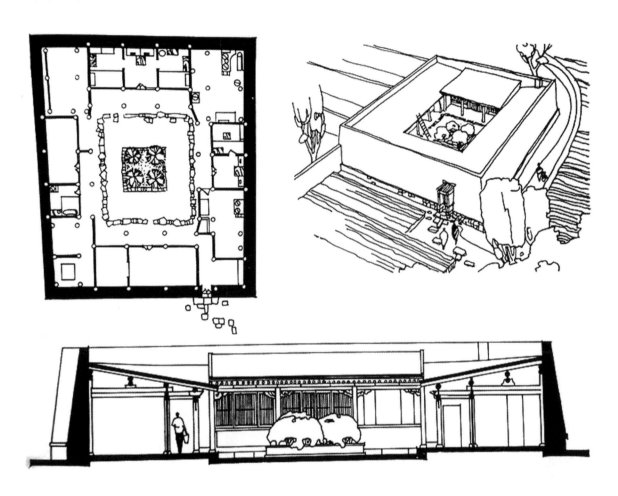

北方低规格大宅

低规格大宅。山东栖霞牟氏庄园总平面

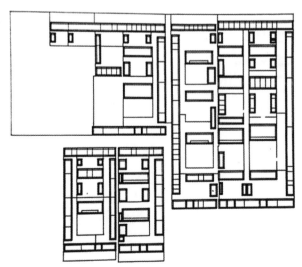

北方高规格大宅

高规格大宅。北京摄政王府总平面

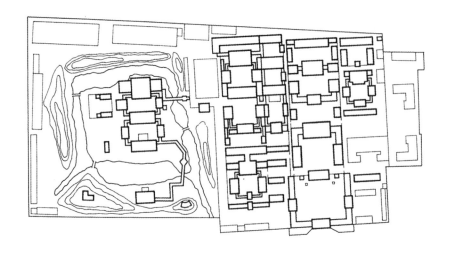

西北窑洞

天井窑最大限度地融入黄土大地，山西平陆槐下村天井窑群鸟瞰

1370 ～ 1910 年　中国南方汉族的传统住宅 ❶

　　南方汉族住宅的形制与北方基本一致，但由于地域特征，多丘陵河流，土地资源紧张，因此形成了小院落的天井式民居。其建筑特征表现为：小天井、多巷道、敞厅堂。形成类型丰富、组合灵活，外封闭、内开敞，密集方形的平面布局。通过厅堂、天井、廊巷组成通风体系。

广东民居

广东普宁洪阳新寨

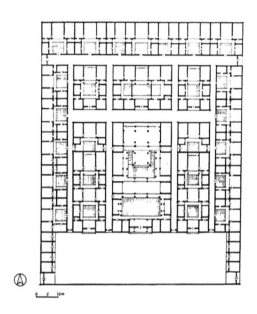

广东揭阳太和巷蔡宅

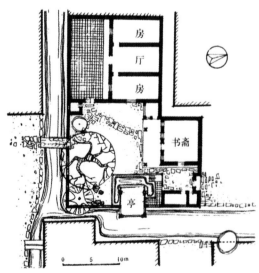

---

❶　插图来源：中国美术分类全集·中国建筑艺术全集·宅第建筑 [M]. 北京：中国建筑工业出版社，1999.

苏州民居

苏州富郎中巷陈宅

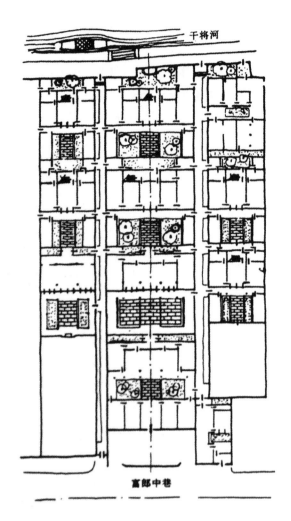

福建民居

福建福鼎白琳村洋里大厝

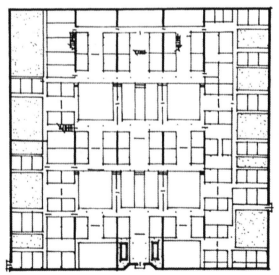

福建客家圆形土楼

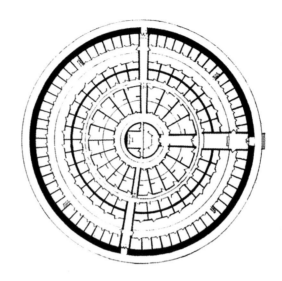

江西民居

江西客家关西新围

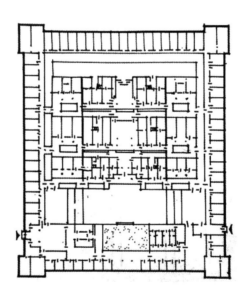

下篇：现代中国的集合住宅

1949 ～ 1995 年　集合住宅·全新的生活形态

虽然集合住宅在 1949 年以前已经进入中国，但从整体上来看，集合住宅对于中国人来说是一个全新的生活形态。

中华人民共和国成立后，集合住宅开始大量兴建。这种由西方输入的独门独户的集合住宅，从根本上打破了中国沿袭了几千年的宅内行为模式，传统的在院落住宅中营建的伦理、传统、尊卑观念完全消失，开始建立一种新的宅内行为模式。

但是受到当时中国特殊的政治、经济条件的影响，在西方集合住宅中最重要的起居厅，却有很长一段时间在中国城市集合住宅中消失。

直到 20 世纪 80 年代由于社会经济的允许，人们开始使用住宅空间和家具、电器等家庭设施，起居空间在住宅中才逐渐普及，并随着住宅商品化，起居厅成为住宅中展示自我的主要场所。

1949 ～ 1957 年

以寝室为核心的居住模式的合住型住宅

"适用、经济、在可能的条件下注意美观"

——新中国的建筑设计原则。这个时期的住宅有以下特征：

1. 合理设计，不合理使用

2. 混合空间

3. 小面积集合住宅的设计

1955 年较为舒适的住宅楼平面图

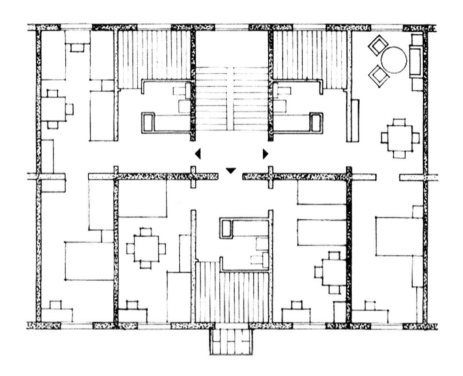

比较受欢迎的户型 9014，也是普及率较高的住宅

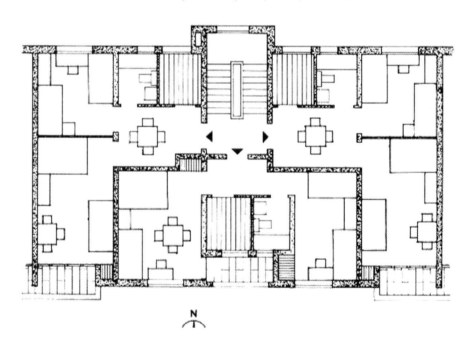

N

一家 8 人

人均 2.9m²

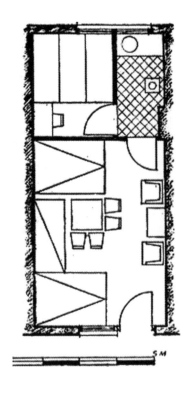

一家 8 人

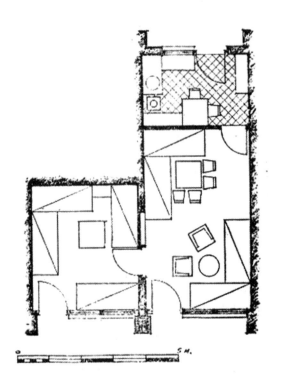

两家合用单元

人均 $2.77m^2$，一家 6 人、一家 5 人

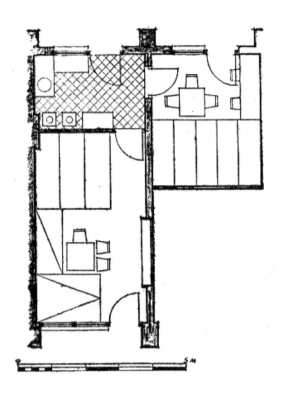

小面积住宅

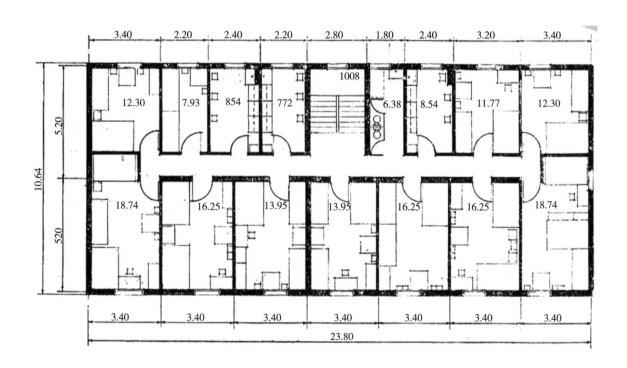

1949 ～ 1957 年　住宅实态平面与实景

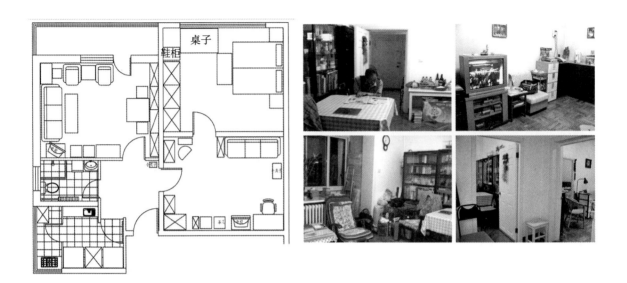

1958 ～ 1965 年　就餐行为萌芽与宅内专属空间出现的穿套型

　　宅内行为模式依旧是以寝为核心，但就餐行为首先从混合空间中分化出来，于是，原来只起交通作用的过道扩大而成小厅，满足了就餐需要。

就餐行为的分离

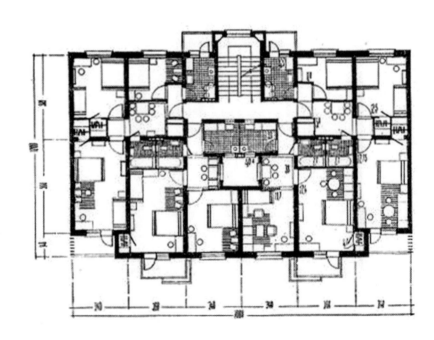

建筑面积：249m^2
每户平均：62.2m^2
居住面积：134.9m^2
每户平均：33.7m^2
平面系数：54.2%
每户平均面宽：5.2m

1958 ～ 1965 年　住宅实态平面与实景

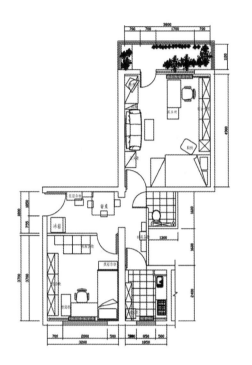

1966 ～ 1978 年　室内行为高度混合的外廊型住宅

降低非生产性建筑造价对住宅建设有着重要影响。在这种思想指导下开始建造一批简易楼，大多情况下，每户仅有一至两间居室，户内不设厨厕。做饭与交通一起由外廊来解决。廊式的住宅大量涌现。

长外廊式住宅

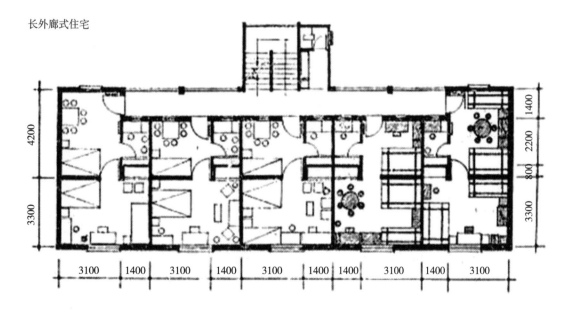

短外廊式住宅

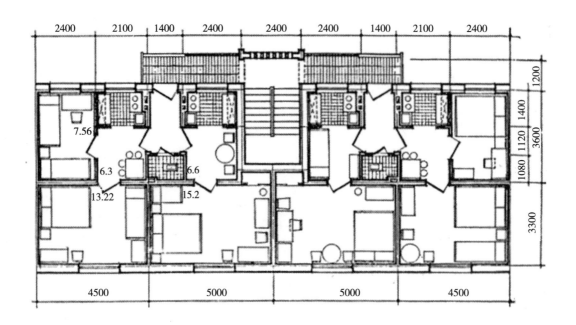

1966～1978年　住宅实态平面与实景

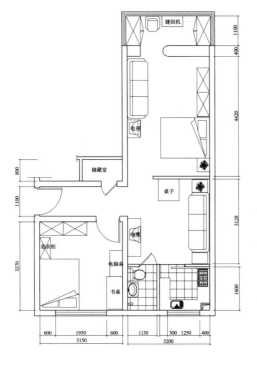

1979～1989 年　餐寝分离的行为模式与方厅型住宅

电视机作为家庭共享的对象和家庭生活水准的标志，成为引起宅内行为模式重大变化的重要因素。为保证娱乐活动和工作、学习及休息的互不干扰，导致了新的宅内行为的分化。起居行为继就餐行为之后也从混合空间中分化出来，成为独立的宅内行为单元。

20 世纪 80 年代初小方厅平面图

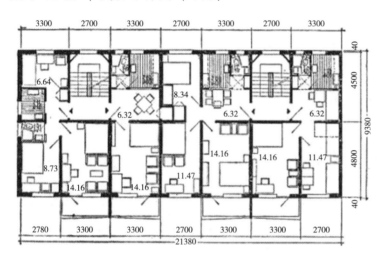

1979～1989 年　住宅实态平面与实景

20 世纪 80 年代中大方厅平面图

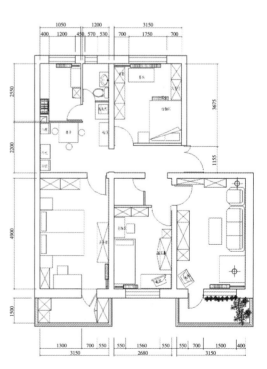

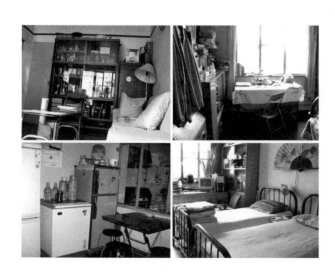

1990 ～ 1995 年

20世纪90年代宅内行为意义的改变，使得起居空间在住宅中的中心地位确立，并且使起居空间成为个性化的展示区域。

入口开始有门厅的考虑

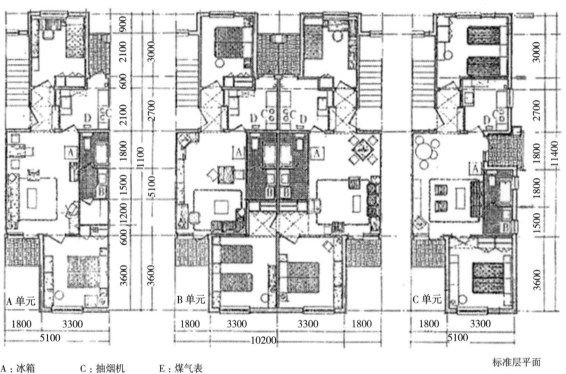

A：冰箱　　　C：抽烟机　　　E：煤气表
B：洗衣机　　　D：热水器

标准层平面

餐厅和起居厅有所分离

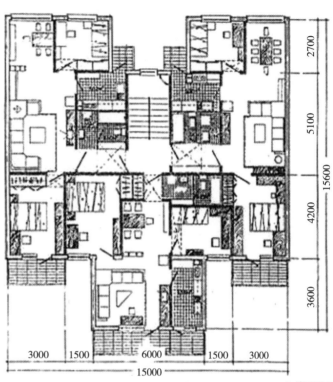

2700

5100

15600

4200

3600

3000 1500 6000 1500 3000

15000

B 单元平面

住宅实态平面与实景

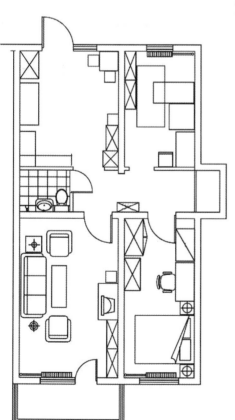

住宅室内设计的原理与方法

　　住之于人，在于追求生理与心理最大的满足——一种舒缓身心、淡定闲散的松弛情境，即所谓诗意地栖居于大地；住宅之于人，在于经济适用，既不太大也不过小——一种安定舒适、美观愉悦的环境氛围。

1　设计的基本理念

住与住宅辨义

　　"衣、食、住、行、用"——人作为生命存在的物质基础代词。"住"位居排序的中央，既是机缘巧合，也是定位的必然。

西安半坡遗址

　　"衣、食、行、用"所代表的均是人的生活用品，唯有"住"代表着人的生活环境。

　　当人类搭起人字形棚架，第一次开始了居所的建筑，这个人造空间就以生活环境的最小单位，作为"住"的物化形态确立起"住宅"的概念。

　　作为人的生活环境创造，住宅必须是能够满足人的物质与精神需求的空间形态，除了具有功能条件外，还必须具有审美因素。

　　即使是以审美因素为主导的住宅室内装饰（注意：不是室内设计），其美学意义也不是传统概念的定位，而是环境美学的全新理念。

　　对于具有人的动态时空运行特征的住宅室内环境而言，"环境美学不只关注建筑、场所等空间形态，它还处理整体环境下人们作为参与者所遇到的各种情境。"

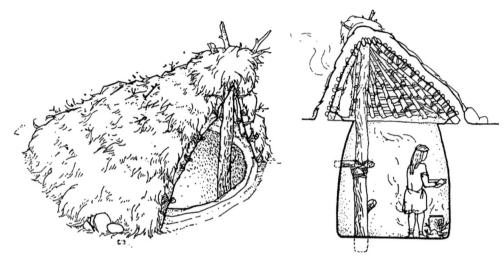

袋形竖穴。河南偃师汤泉沟 H 六（杨鸿勋复原）

应该说环境体验的过程是情境产生的关键，而这个过程不仅是视觉的观感，它需要人的全部感官投入，甚至包括主观的联想和所谓的直觉。

现代意义的室内设计体现于中国住宅的时间很短，这是因为住宅商品化的实施尚不满十年，但是，却催生出一个庞大的行业——家装。这个词的出现具有典型的中国特色，中庸含混，模糊不清，甚至没有一个公认的全称。家庭装潢、家庭装修，抑或还是家庭装饰……

尽管如此，专业者心知肚明："家装"的实际含义是住宅的室内设计。

艺术与科学，生活与美学的结合，应该作为室内设计追求的最高境界。

由于在社会认知的层面：艺术＝设计、设计＝装饰、装饰＝装修，于是，传统意义上的视觉审美因素上升到住宅室内设计的主导地位。

"住"与住宅是完全不同的两个概念。住是动词，代表了人的居住形态，这里并没有"住"的环境界定。"住"是人以不同的生活方式、行为模式在特定场所存在的社会反映。

安定舒适，是人对"住"的基本心理诉求，因而"住有所居"的反面就是"居无定所"。

住宅则是名词，代表了供人居住的环境，这里并没有具体的形象，只是泛指的空间场所。

"住宅"是人工环境的建筑形态，无论其商品价值的高低贵贱，并不一定能够保证"住"的安定舒适。

住与社会形态

"住"的安定舒适，首先取决于大小适宜的活动空间尺度。

从人的基本生理与心理需求出发，空间尺度过大和空间尺度过小，都不适合人的居住。

在技术层面，空间的高低，面宽与进深的比例，是住所活动空间基本的尺度限定，在这里本应

有一个符合人类共通的标准，这个标准通常以
人均占有的建筑面积来统计。

然而，落实到具体的住宅尺度单位限定，除
了自然的环境条件和人工的技术条件之外，却因
所处社会形态的制约呈现出完全不同的状态。

封建的王权统治社会形态，造就了辉煌的
具有严格范式的宫廷建筑。

纵观东西方文明，中国的紫金城和法国的凡尔
赛宫，作为 17 ～ 18 世纪封建社会末期极盛阶段最
后辉煌的两个典型，充分体现出融宫殿与宅第为一
体的综合建筑群体，在满足作为"帝王人"和"本
真人"的需求之间所形成的强烈反差。

紫金城作为明清两代的皇宫，其建筑的形
制完整体现了中国封建社会儒家思想的核心
"王道三纲"，即："君为臣纲，父为子纲，夫
为妻纲"。南起永定门北到钟楼的北京城中轴
线，纵贯紫金城。从紫金城前庭大明门起始，
经千步廊过金水桥，入承天门过端门，再入紫
禁城午门过太和门，穿过太和、中和、保和三
大殿，再经乾清门、乾清宫、交泰殿、坤宁宫、
坤宁门、钦安殿，最终洞穿神武门北上。无比
壮观、严整对称的纵横双向扩展组合，形成前
殿后寝的整体格局。这条中轴线的核心，无疑
是太和殿上显示皇权的宝座。所有的时空铺垫
无不以这个坐标而展开，从大明门到达此点的
距离，是从此点到神武门的一倍，帝王的权势，
天子的威仪，通过建筑的空间序列得以充分的
诠释。

故宫的寝宫尺度和床位宽窄，却保持着一个人
的尺度。在康乾盛世的清代，养心殿的三希堂是皇
帝政务之余的流连之所，在此书画器玩尤以乾隆为
最。三希堂与太和殿的面积相差百倍，然而使用的
时间却是一多一少，同样相差百倍。

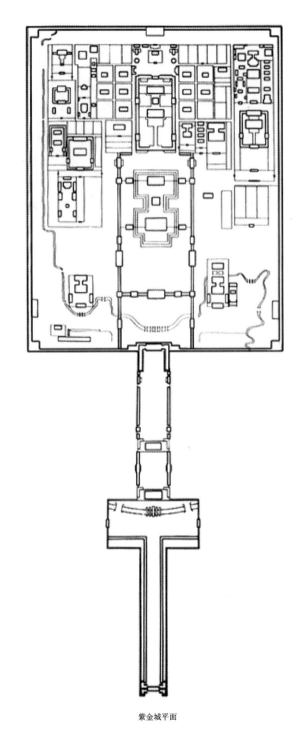

紫金城平面

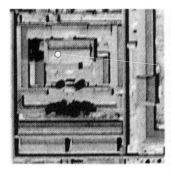

· 故宫的寝宫尺度和床位宽窄，却保持着
一个人的尺度。

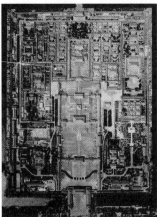

· 在康乾盛世的清代，养心殿的三希堂是皇帝政务之余的流连之所，在
此书画器玩尤以乾隆为最。

· 三希堂与太和殿的面积相差百倍，然而使用
的时间却是一多一少，同样相差百倍。

· 凡尔赛皇后寝宫、凡尔赛宫镜厅内外。

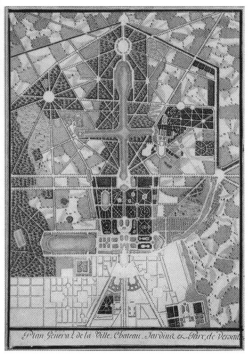

· 凡尔赛宫苑平面

镜 廊

9号为皇后寝室　18号为皇帝寝室

凡尔赛宫作为法国路易十四到十六的皇家宫苑,从建筑的功能而言,它更像是北京的圆明园而非紫禁城。同样,法兰西的封建传统礼仪也无法与中国相提并论。但是这所宫苑却反映了西方文明在"住"的问题上所追求的最高境界。西方世界自古罗马之后,再也没有建立起能够与之匹敌的大帝国。政教合一的统治,城邦之间的征战,构成中世纪的主旋律。与之相适应,"住"的最高建筑形制便是城堡。这是将防御功能置于首位的住宅形式,所有王者概莫能外。凡尔赛宫本身就是从这样的城堡发展起来的,其主体建筑的平面可能更像是今天的展览馆,起居卧寝的空间就像是一个个展厅依次排开。

可见,不同的社会形态,必然造就人的不同居住行为模式。

以封建社会形态代言:作为本真人的需求,在空间占有的尺度概念上,皇帝和老百姓并没有本质的差别。同样,"住"所通过空间表象显现的尊贵奢靡氛围,是"帝王人"以牺牲"本真人"的自在为代价的。

住与商品经济

资本的金权统治社会形态，造就了人生价值以金钱衡量的现实。

在物欲横流的世界里，住宅成为高端商品的顶级。无论何种地域、民族、国家的人，都以拥有商品形式的住宅，作为私有财产的标志物而奋斗终身。

住宅在商品经济的运行方式下，其不动产的保值概念，成为投资渠道的重要选择。房地产业的巨大利润空间，导致住宅建设面向普通劳动者的人性化目标越来越远。

回顾历史我们看到：经过 17 ～ 18 世纪的工业革命至 19 世纪，科技的发展已经使住宅内容发生了本质的改变。干净的自来水和排水系统，使生活环境更卫生；煤气和电力的供应，使生活更方便；交通的发达则使城市加快向郊外扩展，"住"并不一定要靠近工作的地方。社会化大生产使构造复杂的家庭用品变得价格公道而大受欢迎，1900年，一般人都有能力购买电风扇、炊具和电水壶、暖炉等。到20世纪初，住宅里已有电灯、冷热水、抽水马桶、电话和洗衣机等各种现代化的设备。家用设施的机电化与环境系统运行的人工控制，成为住宅作为商品的基础条件。然而，这一切都发生在商品经济发达的西方世界住宅中。

从1949～1995年的近50年间，集合住宅在中国大量兴建。这种由西方输入的独门独户的住宅样式，从根本上打破了中国沿袭几千年的宅内行为模式，在院落住宅中营建的伦理传统、尊卑观念完全消失，一种新的宅内行为模式开始建立。

对于中国人来说这是一种全新的生活形态。但是受到当时中国特殊的政治、经济条件的影响，在西方集合住宅中最重要的起居室，却有很长一段时间在中国城市集合住宅中消失。

直到20世纪80年代，随着社会经济条件的改善，人们开始在住宅空间中使用家用电器。起居空间逐渐普及，并成为住宅中展示自我和休闲交流的主要场所。电视，因此成为起居室中绝大多数中国家庭的标志性商品。

1999年起，中国的住宅开始进入商品市场，受需求和房地产利润驱动的影响，集合住宅形态迅速呈现多元化的倾向。

21世纪已过去了八年，就是这短短的八年，在城市住宅的高端市场，已经完成了西方世界的百年历程。集合住宅的所有形态都已在中国出现。

20世纪末，能够赚取最大利润而环境条件和使用功能极差的高密度塔楼，迅速被设计精良的板式楼替代。联排、叠拼、复式、独栋全部进入人们的视野。

商品经济的本质特征，促使住宅的房地产发展出现明显的高端化倾向，大户型、大房间所占比例日益攀升。国家不得不以宏观调控的手段强制推行 $90m^2$ 以下的户型。

商品的市场经济运行模式，能够最大限度地推动住宅建设的速度，但是，并不一定能够轻易解决全民"住有所居"的问题。已建商品住宅的空置率和数量庞大、买不起房的低收入群体形成反差，这就是社会主义市场经济需要破解的难题。

住与环境生态

环境生态学是依据生态学原理，着力于研究受损生态系统的变化机制、变化规律、修复对策等理论及实践问题。

环境生态学的根本目的就是维护生物圈的正常功能，改善人类生存环境并使两者协调发展。

环境生态学在发展的过程中，不断吸取其他学科的优势，从宏观与微观方向深入，在系统理论和研究方法上突破，与社会、经济、应用科学结合，产生了景观生态学、城市生态学，同时包括生态工程、生态规划、生态管理等交叉学科。

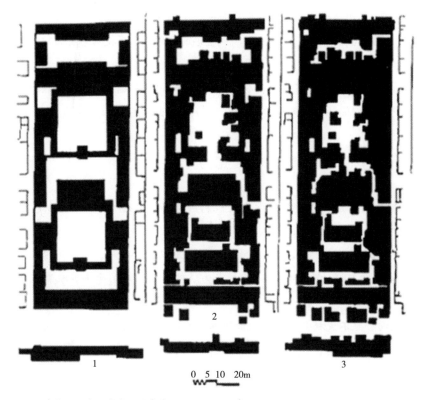

1.1950 年初，四合院完整，共有建筑面积 2440.5m²；
2.1970 年后期，已经成为大杂院，建筑面积增至 3196.5m²；
3.1987 年后居住面积增至 3786.5m²，为 20 世纪 50 年代初的 155％。几乎是"杂而无院"。

北京某四合院的历史变迁

住宅定位于环境生态的概念体现于人与环境互动的两个层面。

第一层面：环境对于人的生理影响，包括构成住宅的建筑物在利用阳光、空气、水体等自然要素，和运用人为的技术手段在采光、通风、给水排水与结构材料应用方面的问题。

第二层面：环境对于人的心理影响，包括构成住宅的建筑物在室内形态的尺度、比例、光色等技术要素，和与此对应的空间氛围感应、人际交往距离、光色感受等影响行为方面的问题。

这就是住宅建筑环境生态的营建和宅内生活方式影响下的生态运行模式。

中国传统民居封闭的合院式，以及"一明两暗"的室内布局，在它形成的那个年代，不愧为优秀之作，然而它适用于几世同堂的封建社会家庭。

当历史发展到以三口之家为基本模式的当代中国时，这种形式就失去了往日的魅力。人口增长的矛盾，不可能使家家都拥有这样一个理想的天地。

当若干个家庭共同处于同一院落时，问题就出现了……显然旧的形式不能容纳新的内容，如果不创造符合新生活方式的空间，营造新的生态模式，旧的民族传统样式也不可能留存。

创造实用、舒适、美观、愉悦的室内物理与人文环境，应该是住宅环境生态及其运行模式的终极目标。

以室内物理环境的技术问题为例，恒温条件下的自然通风就是一个关键的难以在现有技术条件下解决的问题。只有依靠科技进步，才能逐步摆脱人工气候——封闭式空调的控制，在高技术的层面回归于自然。

以室内人文环境的行为问题为例，当代核心家庭的两代居问题，如何能够在保证两代人不同生活方式不受干扰的情况下，通过交通与空间的技术处理，保持经常的最大限度交流。

住与价值观念

从可持续发展的概念出发，社会需求层面的住宅建设决策机制应建立在道德的层面，也就是价值观的导向方面，因为它符合于中国特定的国情。

与"住"相关的政策和项目策划的目的性，在这里具有至关重要的意义。

以科学发展观构建资源节约与环境友好的和谐社会，应该成为"住"的需求层面决策机制定位的核心指导内容。

关于中国人的价值观念及其导向，且不说社会主义核心价值体系的建立，就是按照一百年前美国人亚瑟·史密斯的理解，节俭所代表的价值观念，在中国人的精神文化领域也是具有象征意义的。他说："按照我们的理解，节俭表现在以下三个不同的方面：限制需求，杜绝浪费，以这样的方式调节经济，少花钱，多办事。照这三方面衡量，中国人是异常节俭的。"❶

如果，这种传统观念能够一直延续下去，那么前景还是一片光明。然而事态的发展并不乐观。

金钱至上、经济至上导致人性扭曲，势必影响人的健全发展。

在"住"与住宅的问题上决策者、设计者、建设者、使用者都要明白"人们生活的目标是幸福，而不是财富，财富只是手段之一，人们生活幸福的程度也并不取决于财富的多少，而在很大程度上取决于生活信念、生活方式和生活环境之中的对比感受"❷的道理。而基于环境意识的设计审美恰恰符合这样的理念，因为"在环境欣赏中，视觉的和形式的因素不再占主要地位，而价值的体验是至关重要的。"❸这是由于在"日常生活中我们进行的一切活动，不管是否意识和注意到，它们都进入我们的感知体验并且成为我们的生活环境。"❹也就是说，住宅空间的大小，装修档次的高低，家用设施的选配，需要在个人生理、心理基本需求满足的基础上，与社会发展的总体水平之间取得平衡。需要经济基础的保证与环境生态资源的适度匹配。

❶ （美）亚瑟·史密斯著.中国人德行 [M].张梦阳，王丽娟译.北京：新世界出版社，2005：4.
❷ 中国社会科学院环境与发展研究中心.中国环境与发展评论 [M].北京：社会科学文献出版社，2004：475.
❸ 张敏.阿诺德·柏林特的环境美学构建 [J].文艺研究，2004（4）.
❹ 张敏.阿诺德·柏林特的环境美学构建 [J].文艺研究，2004（4）.

古人云："乐不在外而在心，心以为乐，则是境皆乐；心以为苦，则无境不苦。"[1]在"住"的问题上物质基础固然十分重要，然精神因素也不可或缺。幸福感的高低并不一定与房子的大小同步。

在住宅的问题上：

适度，恐怕是人所有价值取向的最佳归宿。

2　设计模式与概念

两种设计模式

空间改造的模式

陈设装饰的模式

三种设计概念

家具为主体的概念

贮存空间的概念

留有余地的概念

3　设计程序与方法

设计程序

制定设计任务书：家庭人口构成（年龄、性别、主体结构、个性爱好）；生活方式与行为（动态与静态、时间利用、特殊行为）；发展性预测；家具采购计划；固定装修的可能性；装修风格的界定。

确定设计概念：目标定位；风格定向。

平面功能划分：空间界定；功能分区。

装修设计：环境系统设定；材料与固定设施。

陈设与细部设计：陈设与装饰；设施与细部。

设计表达：平面与立面；透视图；细部节点。

---

[1]　（清）李渔.闲情偶寄[M].天津：天津古籍出版社，1996.

设计方法

图形分析的思维方式与绘图方法

在设计中图形分析的思维方式主要通过三种绘图类型来实现。

第1类：空间实体可视形象图形，表现为速写式空间透视草图或空间界面样式草图。

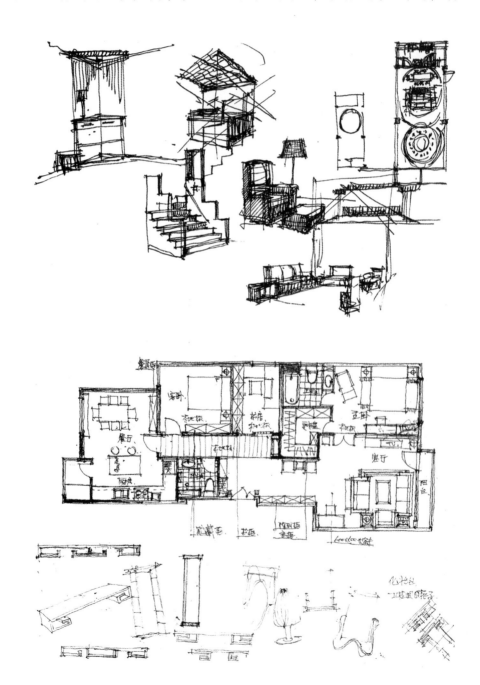

第2类：抽象几何线平面图形，在室内设计系统中主要表现为关联矩阵坐标、树形系统、圆方图形三种形式。

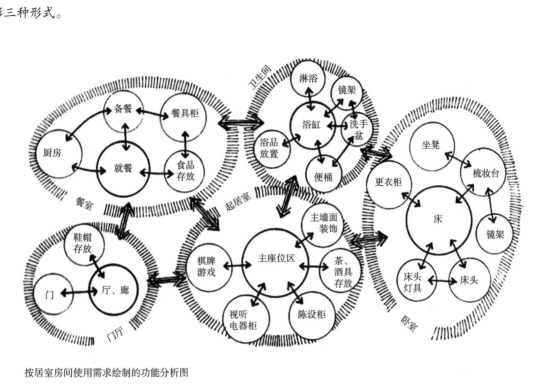

按居室房间使用需求绘制的功能分析图

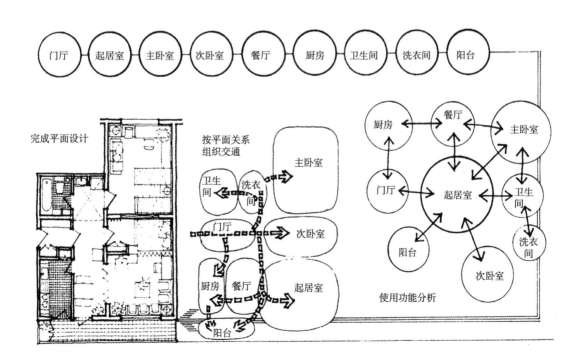

完成平面设计

按平面关系组织交通

使用功能分析

第 3 类：基于画法几何的严谨图形，表现为正投影制图、三维空间透视等。

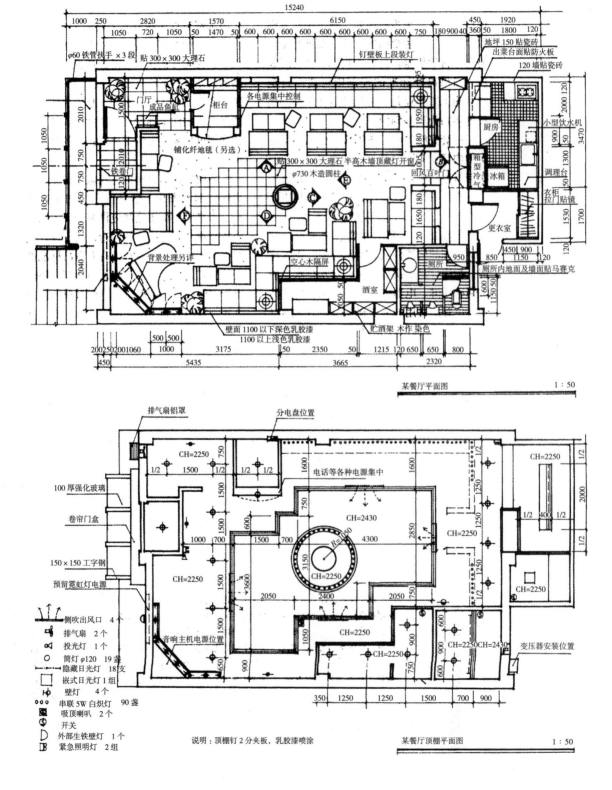

某餐厅平面图   1：50

侧吹出风口 4个
排气扇 2个
投光灯 1个
筒灯 φ120 19盏
隐藏日光灯 18支
嵌式日光灯 1组
壁灯 4个
串联5W白炽灯 90盏
吸顶喇叭 2个
开关
外部生铁壁灯 1个
紧急照明灯 2组

说明：顶棚钉2分夹板，乳胶漆喷涂   某餐厅顶棚平面图   1：50

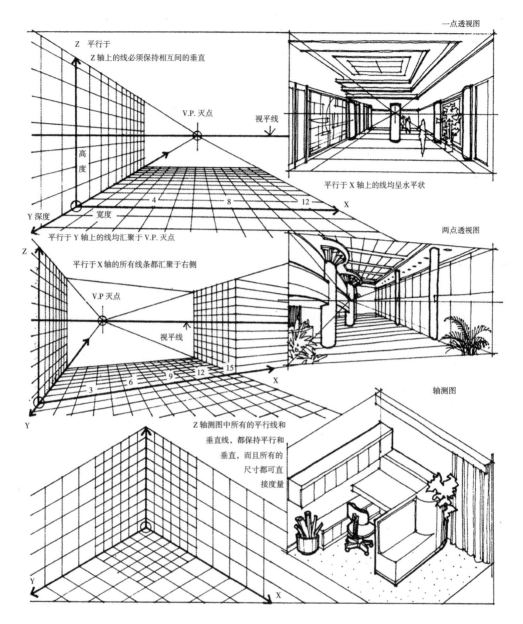

使用不同的笔在不同的纸面进行的徒手画，是学习设计进行图形思维的基本功。在设计的最初阶段包括概念与方案，最好使用粗软的铅笔或 0.5mm 以上的各类墨水笔在半透明的拷贝纸上作图，这样的图线醒目直观，也使绘图者不过早拘泥于细部，十分有利于图形思维的进行。

不同尺度比例的思维与表达

在 1 ∶ 100 比例的制图中进行空间的交通流线与功能分区规划；在 1 ∶ 50 比例的制图中进行装修界面与家具陈设的布局；在 1 ∶ 10 比例的制图中推敲材料组合；在 1 ∶ 5 比例的制图中推敲构造细部。

中西文化融会的传承——当代中国室内设计主流风格分析

东方文化的空间概念——以虚拟空间为主导的建筑

西方文化的装饰概念——以实体形象为主导的建筑

1 中西文化的历史背景

1.1 中西文化历史背景的时空对比

中·时空坐标汇聚一国的千年文明传承——统一集权的文化

西·时空坐标指向多国的千年文明传承——多元分权的文化

1.2 西方文明的环境观念与形态

西方文明——人作为大自然主宰的环境观

在西方环境观的孕育下建筑、园林、城市规划体现了文化内涵所赋予的特质：建筑以其向上伸展的形体张扬着人为的力量，园林以其规整的几何图形体现出人的意志。

西方建筑的尖顶

1.3 东方文明的环境观念与形态

东方文明——人与自然和谐相处的环境观

　　在东方环境观的孕育下建筑、园林、城市规划体现了文化内涵所赋予的特质：建筑结合自然环境互为映衬、相辅相成，园林以其自然的山水形态体现出深邃的意境。

东方文明——体现于"风水"的传统设计观

　　中华民族在原始经验积累的基础上产生了"环境选择"的学问——风水学。

　　风水学蕴涵了环境设计的理念，即哲学理论与建筑实践结合的设计观，它注重人与环境相互作用的关系，而这种关系在"人文地理学"、"行为地理学"、"环境心理学"中有着同样的论述。

1.4　两种文化导致两种文明

东方传统文化背景下的环境观孕育了农耕文明

西方传统文化背景下的环境观引发了工业文明

2　东方文化与建筑室内

2.1　以木材构造导致的形制

从一而终的构造方式

从大到小的风格变化

由简至繁的装饰手法

2.2　以稳定社会形成的风格

公元前 221~ 公元 220 年——秦汉（稳定 440 年）

公元 618~1278 年——唐宋（稳定 660 年）

公元 1368~1840 年——明清（稳定 470 年）

2.3　以宗法制度构建的装饰

以封建伦理"三纲五常"形成的宗法秩序

君为臣纲，父为子纲，夫为妻纲；仁、义、礼、智、信。

导致

绝对均衡的构图原则；循规蹈矩的装饰手法。

两种美的理想

雕绘满眼之美——体现于宫廷装饰源流；出水芙蓉之美——体现于民间装饰源流。（出自宗白华《中国美学史中重要问题的初步探索》）

中国室内装饰艺术的物质表象与精神内涵

上古：黄帝始建宫室，尧做成阳之宫，舜有郭门之宫；囿于初民尚朴，所谓"宫"茅茨土阶的简陋居室。

殷商：青铜器、陶器、骨昔器、漆器、玉器、石器、纺织品等手工制造技艺日臻成熟，成为宫殿装饰的多种艺术手段；商纣王"锦绣被堂"，可见其宫室装饰之一斑。

西周：建筑已有覆瓦。春秋之世出现瓦当。陕西凤翔春秋秦都雍城遗址，先后出土六十四件铜制建筑装饰构件——金釭。建筑敷彩有了等级的差别。周惠王六年（公元前 671 年）齐桓公为迎娶齐女用丹红色涂饰宫柱"天子、诸侯黝垩，大夫仓（苍），士黈。丹楹，非礼也。"（《春秋榖梁传注疏》卷六）

战国秦汉：铜、金、玉、翡翠、明珠、锦绣等大量用于室内装饰。秦始皇筑咸阳宫"木衣绨绣，土被朱紫"，又作阿房宫前"以木兰为梁，以磁石为门。"（《三辅黄图》卷一）汉初萧何为刘邦治未央宫，大事奢华，盖缘于"天子以四海为家，非壮丽无以重威，且无令后世有以加也"的观念（《史记》卷八）。汉武帝盛世时，未央宫前殿已是"以木兰为棼橑，文杏；为梁柱，庄，金铺玉户，华榱壁珰，雕楹玉磶，重轩镂槛，青琐丹墀，左碱右平。黄金为壁带，间以和氏珍玉，风至其声玲珑然也。"（《三辅黄图》卷二）

三国魏晋南北朝：其装饰已经到了"纤缛纷敷，繁饰累巧，不可胜书"的程度（《昭明文选》卷十一）。曹操妻卞后的侄子卞兰，在《许昌宫赋》中说："木无小而不砻，材靡隐而不华；懿采色而发越，玮巧饰之繁多。"（《艺文类聚》卷六十二）。由于佛教渐行，以火焰、莲花、卷草、缨络、飞天、狮子为题材的图案广泛应用于建筑、各种生活用品器物的装饰，出现了覆斗形藻井和彩绘的斗八藻井，天花除长方格平棋外，还有用长方形平棋构成的人字形顶棚。

隋唐：经济发展，国力强盛，宫殿兴造不断。隋文帝开皇十三年（593 年）造仁寿宫，炀帝大业元年（605 年）营显仁宫。《大业杂记》载：宇文曾造观风行殿"两厦丹桂，素壁，雕梁画栋，一日之内，巍然峙立。"唐高祖武德元年（618 年）改建太极殿、桃源宫，以武功旧宅为武功宫。唐太宗贞观四年（630 年）治洛阳宫。八年，建大明宫。据文献记载与考古证实，当时宫殿室内已用花砖铺地，并大量使用琉璃饰件装饰室内外。

北宋：崇宁年间刊行的《营造法式》成为建筑兴造之规范。木、石、瓦、彩画等诸做法及建筑装饰都有不同规定。室内外彩画随建筑等级差别而有五彩遍装、青绿和土朱刷饰三类。宫室内部出现精美的成套家具与统一和谐的小木作装修。钦宗靖康元年（1126 年）改撷景园为宁德宫。大内正门曰宣筷德楼，"门皆盎金钉朱漆，壁皆砖石间鋈，镌镂龙凤飞云之状，莫非雕甍画栋，峻桷层榱，覆以琉璃瓦。曲尺朵楼，朱栏彩槛。"（《东京梦华录》卷一）

元：元建大邪，宫殿装饰使用了紫檀、楠木、各种彩色的琉璃等许多稀有材料。主要宫殿用方柱，涂以红色并绘金龙，墙壁上挂毡毯和毛皮、丝质帷幕等。"凡诸宫门皆金铺朱户，丹楹，藻绘彤壁，琉璃瓦饰檐谵脊。"大明殿后之香阁"青石花砌，白玉石圆磶，文石甃地，上藉重茵。丹楹金饰，龙绕其上。四面朱琐窗，藻井并间金绘饰，燕石重陛，朱栏涂金，铜飞雕冒。"（《南邨辍耕录》卷二十一）

明：永乐帝定鼎北京，仿金陵规制营造北京宫殿，其宽敞宏丽有过之而无不及，"彤庭玉砌，壁槛华廊。飞檐下啄，丛英高骧，辟阊阖其荡荡，俨帝居于将将。玉户灿华星之炳晃，璇题纳明月而辉煌。宝珠焜耀于天阙，金龙夭矫于虹梁。藻井焕发，绮窗玲珑。建瓴联络，复道回冲。轶霄汉以上出，俯日月而荡胸。"（《日下旧闻考》卷六）。明代的大小木作、绘画、雕塑、陶瓷、染织、刺绣、髹漆油饰、鎏金等金属冶炼烧镀、拼接镶嵌及家具等各项工艺都日益成熟，丰富和发展了建筑装饰艺术的内容与形式。

清：清朝入主中原，以明宫修而用之。康乾盛世，国力充实，营作日繁；雍正年间颁布的营亨造准绳上部《工程做法》，仪彩画名类就达数十种，规定装修有各部名件称谓及各项尺寸做法；乾隆年间，设"内工部"，由"样式雷"主办建筑设计。清代工艺美术较明代更为繁缛、精致。天下名工巧匠汇集宫廷，呈宫室内装饰尽意奢华，可谓登峰造极。

（以上内容出自《故宫建筑内檐装修》黄希明之总论）

宫廷与民间的装饰风格

宫廷装饰——华贵、富丽、雍容、繁缛；民间装饰——简洁、宁静、清秀、自然。

中国室内装饰的主流传统概念来自于宫廷

土木之事，最忌奢靡，匪特庶民之家，当崇俭朴，即王公大人，亦当以此为尚。盖居室之制贵精不贵丽，贵新奇大雅，不贵纤巧烂漫。凡人止好富丽者，非好富丽，因其不能创异标新，舍富丽尤所见长，只得以此塞责。（李渔：《闲情偶记》）

雕绘满眼之美

出水芙蓉之美

3 西方文化与建筑室内

3.1 以石材构造导致的形制

体现于古希腊文化的梁柱构造·第一阶段
体现于古罗马文化的拱券构造·第二阶段

3.2 以动荡社会导致的风格

公元纪年前后的古典风格

5~13 世纪（约 500~1300 年）的中世纪风格
13~17 世纪（约 1300~1700 年）的文艺复兴风格
17~18 世纪（约 1700~1800 年）的巴洛克与洛可可风格
18~19 世纪（约 1800~1900 年）的古典复兴风格

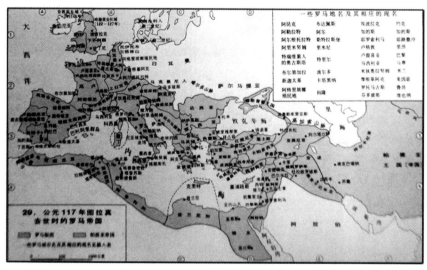

西方文明历史上地理版图与文化
影响最大的帝国——罗马帝国

公元前 500~公元 500 年的古典风格

以古希腊和古罗马帝国的崛起为特征。

古希腊的建筑、雕塑、文学被西方尊为最高艺术典范。民主政治和法律制度的广泛建立——雅典卫城、帕提农神庙。

古罗马帝国的不断征战，使其建筑和技术伴随罗马军团和"罗马盛世"传播到世界各地——罗马斗兽场、万神庙。

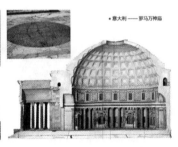

约 500~1400 年的中世纪风格

在欧洲历史上，中世纪被称为黑暗时代，然而这个时代却是基督教建筑发展的鼎盛期。

前期的罗马式——比萨大教堂。

后期的哥特式——巴黎圣母院。

约 1400~1700 年的文艺复兴风格

复兴古典文化，以"人文主义"为主导，反对"神学"的理念。新思想的产生成为西方建筑发展的分水岭。

· 意大利文艺复兴式——圣母百花大教堂。

· 欧洲各国文艺复兴式——巴黎卢佛尔宫、哥本哈根证券交易所。

约 1700~1800 年的巴洛克与洛可可风格

·奢华与繁复是巴洛克与洛可可的基本定义,是西方"人"彻底摆脱"神"的精神束缚形成的艺术风格。

英雄史诗般巴洛克——法国凡尔赛宫。

精致典雅的洛可可——德国阿玛林堡厅。

约 1800~1900 年的古典复兴风格

考古发现的古希腊或古罗马建筑形式的古典主义复兴。

遍布欧美的新古典主义建筑——巴黎凯旋门、勃兰登堡门、赫尔辛基路德教大教堂、华盛顿国会大厦。

3.3 以宗教变革导致的装饰

基督东正教的建筑装饰
基督天主教的建筑装饰
基督新教派的建筑装饰

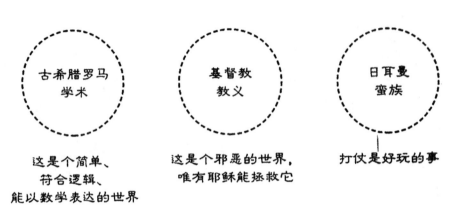

欧洲历史三要素：(图片来源：（澳）约翰·赫斯特《你一定爱读的极简欧洲史》)

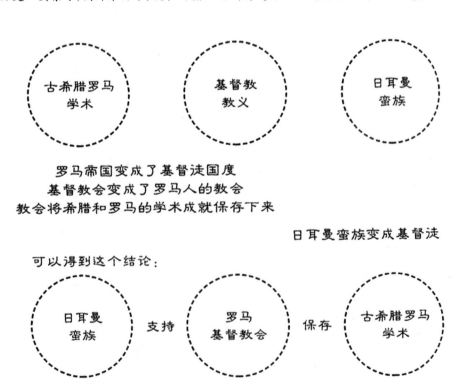

基督教对于欧洲文明的意义：(图片来源：（澳）约翰·赫斯特《你一定爱读的极简欧洲史》)

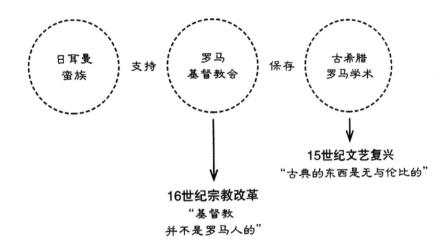

宗教改革与文艺复兴：（图片来源：（澳）约翰·赫斯特《你一定爱读的极简欧洲史》）

正统的——君士坦丁堡基督东正教
保守的——梵蒂冈基督天主教
革新的——马丁·路德基督新教

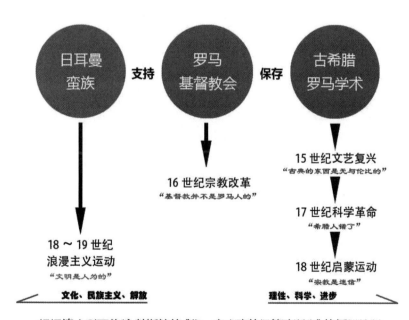

根据澳大利亚约翰·赫斯特的《你一定喜欢的极简欧洲史》的插图绘制

4 当代中国主流风格的本质

4.1 难以冲破的单一传承

独尊儒术后的传承线

中国历史上形成的思想体系，在人类思想宝库的东方领域独树一帜。然而，在经历了春秋之始的百家争鸣，到汉代以独尊儒术归于一统，形成两千年超稳定的封建制度，但最终轰然坍塌于工业革命武装到牙齿殖民者的坚船利炮之下。

宫廷装饰风格的追崇

体现于民间装饰的源流，代表华夏文化现代转型的精华需要发扬光大；体现于宫廷装饰的源流，影响华夏文化现代转型的糟粕需要剔除扬弃。

现代转型观念的障碍

华夏文化是世界上唯一可能跨越农耕文明、工业文明、生态文明的文化形态。当代中国社会面对的现实，是这种文化形态的艺术教育观念现代转型问题。缺失的工业文明进程，狭隘的专业设计观念，严重地影响着转型的实现。

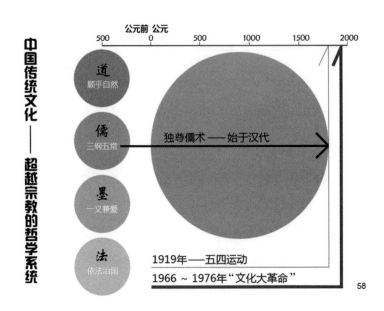

58

现代化就是人类文明的转型，"现代化是现代文明形成、发展、转型和国际互动的复合过程，是文明要素的创新、选择、传播和退出交互进行的复合过程，是不同国家追赶、达到和保持世界先进水平的国际竞争"（中国科学院中国现代化研究中心研究员何传启）。

4.2 中西文明对冲的融会

在华夏文明的殿堂中迷失

从 20 世纪初五四运动提出打倒孔家店，到 20 世纪中期的"文化大革命"，传统文化的遗产无论精华还是糟粕，似乎被统统逐出人们的思想。但是，绵延千年的文明并不能轻易消弭，封建观念与意识依然顽固地反映在社会的现实中。

在西方文明的大网中交织

消费主义和物质主义的全球泛滥："我们这一代人是在以西方为导向的历史背景下成长起来的，我们自然也生活在一个由西方居支配地位的世界中。"（斯塔夫里阿诺斯《全球通史》）

帝国主义的殖民背景，使 20 世纪初的中华精英选择了否定自身传统，全盘西化的传统工业文明道路。不加选择地迅速接受西方文化所造就的价值观，导致东方世界实施可持续设计面临重重障碍。

在全球文明的交互中突围

在地球村的背景下，要实现生态文明的设计理想，仅靠一个城市、一个地区乃至一个国家，已经不可能办到。希望的所在，寄予世界范围的合作与国际的综合协调。

设计需要从封闭到开放

在技术条件受限的今天，转变观念显得尤为重要。而开放的观念，正是设计者在确立环境意识之后，可以选择的可持续设计道路。

设计需要从开放到可持续

4.3 开放包容中实现创新

中国传统文化的本质

中国优秀的文化传统，主要是道、儒、墨、法四家的集合，"天人合一"与"道法自然"同样会有不同的解读。儒家的正统是以维护封建统治为前提的，在今日弘扬国学实现文化传承创新，必要以道、儒、墨、法四家精华的融会贯通为前提。

文化传承创新的实质

作为艺术与设计的文化传承创新，必须具备五个条件：①物质基础的保证；②生活经验的积累；③艺术素养的积淀；④社会实践的锤炼；⑤理论总结的升华。创新是一个兼容并包的过程，即融会人类思想之精粹，为我所用，为今天所用。创新是一个积累升华的过程。从主观世界的创造性思维，到客观世界的物质实体转化。

在可持续设计中突破

正确理解的"天人合一"与"道法自然"传统文化观具有世界向生态文明转型的普适价值，以此建立的艺术与设计观，同样具有世界向可持续发展之路迈进的普遍意义。

——我们的当代性，就是代表重塑中华民族面向生态文明价值观主流文化的先进性；

——我们的本土性，就是代表再造国家形象自立于世界民族之林时代精神的引领性。

3.4.2　讨论

设计方案阶段的教学，讨论环节应以学生所完成的概念设计为基础。方案的设计是概念定形与深化的过程，是依据正投影制图尺度比例步步放大的图解思考，按照室内空间以厘米（cm）为人体度量尺度单位的方式，研究其由生理与心理所达成行为特征的设计方法。尺度比例放大（如：从1：100到1：50）的每一步，制图表现内容的深度与最终完成的项目质量控制有着密切关系。其艺术风格与品质体现的空间构图法则也与此紧密关联。因此，该阶段的讨论设计技术层面的含量较高，这就要求教师具有一定水准的项目工程设计经验，能够控制学生在千差万别的概念设计中走出一条正确的路线。理想的状态是既保留学生概念主题的亮点，又具备方案走向实施的技术可能性。

3.4.3　考核

设计方案阶段的课堂考核，应该是强化学生在"测绘与制图"、"材料与构造"专业设计基础课所学知识在项目设计时的实际运用技能。在设计方案手绘制图的时代，这个问题并不存在。而在数字时代，电子工具的超便捷，造成尺度比例的随意缩放，线型粗细的视觉判断缺失，使学生难以形成图面作业与实际空间想象的脱节。因此，需要设计相关题目的考核，使学生能够将数字表达模式的电子版制图，转换为不同比例的二维手绘制图与三维模型制作。

3.5　课外教学安排

3.5.1　作业

第8次授课后的作业：课题方案设计的CAD图纸制作，以项目设计的平面图（1：50以下比例必须绘制陈设物）与顶棚平面图绘制为主。

平面图

平面图是室内设计施工图中最基本、最主要的图纸，其他图纸则是以它为依据派生和深化而成。同时，平面图也是其他相关专业（结构、水暖、消防、照明、空调等）进行分项设计与制图的重要依据，其技术要求也主要在平面图中表示。

概括起来包括以下几点：

（1）表明建筑的平面形状和尺寸。有的施工平面图为了与建筑图相对应，而标注建筑的轴线尺寸及编号。这种情况一般出现在具有许多房间的较为综合性建筑的室内设计施工平面图中，目的是为了给不同房间以更准确的平面定位，不至于在施工过程中因房间众多而增加查找上的麻烦和混乱。

（2）标明装修构造形式在建筑内的平面位置以及与建筑结构的相互尺寸关系。标明装饰构造的具体形状及尺寸，标明地面饰面材料及重要工艺做法。

（3）标明各立面图的视图投影关系和视图位置编号。

（4）标明各剖面图的剖切位置、详图等的位置及编号。

（5）标明各种房间的位置及功能。走廊、

楼梯、防火通道、安全门、防火门等空间的位置与尺寸，该情况一般出现在施工总平面图中。

（6）标明门、窗的位置及开启方向。

（7）注明平面图中地面高度变化形成的不同标高。

顶棚平面图

在施工图中，顶棚平面图所表现的内容如下：

（1）表现顶棚吊顶装饰造型样式、尺寸及标高。

（2）说明顶棚所用材料及规格。

（3）标明灯具名称、规格、位置或间距。

（4）标明空调风口形式、位置，消防报警系统及音响系统的位置。

（5）标明顶棚吊顶剖面图的剖切位置和剖切编号。

第9次授课后的作业：课题方案设计的CAD图纸制作，以项目设计立面图（1∶50以下比例，需按剖切方向正投影表现陈设物）绘制为主。

立面图

室内设计的立面图表示建筑内部空间各墙面以及各种固定装修设置的相关尺寸、相关位置。通常表现建筑内部墙面的立面图都是剖面图，即建筑竖向剖切平面的正立面投影图，因此也常把立面图称之为剖立面图。剖切面的位置应在平面图上标出。

立面图的基本内容及识图要点：

（1）在立面图上一般采用相对标高，即以室内地面作为正负零，并以此为基准点来标明地台、踏步、吊顶的标高。

（2）表明装饰顶棚吊顶的高度尺寸及相互关系尺寸。

（3）表明墙面造型的式样，文字说明材料用法及工艺要求。但要搞清楚立面上可能存在许多装饰层次，要注意它们之间的关系、收口方式、工艺原理和所用材料。这些收口方法的详图，可在剖面图或节点详图上反映。

（4）表明墙面所用设备（如空调风口）的定位尺寸、规格尺寸。

（5）表明门、窗、装饰隔断等的定位尺寸和简单装饰样式（应另出详图）。

（6）搞清楚建筑结构与装饰构造的连接方式、衔接方法、相关尺寸。

（7）要注意设备的安装位置，开关、插座等的数量和安装定位，符合规范要求。

（8）各立面绘制时，尤其要注意的是它们之间的相互关系。不应孤立地关注单个立面的装饰效果，而应注重空间视觉整体。

第10次授课后的作业：

课外作业：课题方案设计的CAD图纸制作（第11次授课时检查）。由于学生在课程学习阶段的知识与技能水平以及设计实践经验所限，加之可用时间的限定，本次作业不要求将项目所及的全部剖面图及节点详图作出。可选部分内容进行制图，以学生掌握基本的材料与构造方法表达即可。

剖面图及节点详图

剖面图是将装饰面的整个竖向，剖切或局部剖切，以表达其内部构造的视图。

界面层次与材料构造在施工图里主要表现在剖面图中，这是施工图的主要部分，严格的剖面图绘制应详细表现不同材料和材料与界面连接的构造关系。由于现代装饰材料的发展，不少材料都有着自己标准的安装方式，因此如今的剖面图绘制侧重于剖面线的尺度推敲与不同材料衔接的方式，而不是关注过于常规的、具体的施工做法。

（1）剖面图的表达内容

· 用细实线和图例画出所剖切到的原建筑实体切面（如墙体、梁、板、地面或屋面等）以及标注必要的相关尺寸和标高。

· 用粗实线绘出，剖切部位的装修界面轮廓线，以及标注必要的相关尺寸和材料。

（2）剖面图绘制的要求

· 剖视位置宜选择在层高不同、空间比较复杂或具有代表性的部位。

· 剖面图中应注明材料名称、节点构造及详图的索引符号。

· 主体剖切符号一般应绘在底层平面图内。

· 标高系指装修完成面或吊顶底面标高（单位为米）。

· 内部高度尺寸，主要标注吊顶下净高尺寸及细部尺寸。

（3）节点详图

节点详图是整套施工图中不可或缺的重要部分，是施工过程中准确地完成设计意图的依据之一。节点详图是将两个或多个装饰面的交接点，按水平或垂直方向剖切，并以放大的形式绘制的视图。

· 平、立、剖面图中尚未能表示清楚的一些特殊的局部构造、材料做法及主要造型处理应专门绘制节点详图。

· 用标准图、通用图时要注意所选用的图集是否符合规范，所选用的做法、节点构造是否过时、淘汰。大量选用标准图集也有可能使设计缺乏创造性和创新意识，这点应引起注意。

细部尺度与图案样式在施工图里主要表现在细部节点、大样等详图中。细部节点是剖面图的具体详解，细部尺度多为不同界面转折和不同材料衔接过渡的构造表现。

常用的施工图细部节点其比例一般为 1：1、1：2 或 1：5。在图面条件许可的情况下或构造具体尺度不过大的条件下，应尽可能利用 1：1 的比例。

细部节点的尺寸标注是施工图设计中不可缺少的重要内容。

图案样式多为平、立面图中特定装饰图案的施工放样表现，自由曲线多的图案需要加注坐标网格。图案样式的施工放样图可根据实际情况决定相应的尺度比例。

第 11 次授课后的作业：按照国家制图规范修正课题方案设计的 CAD 图纸（第 12 次授课时完成）。本次作业是将全部图纸（平面图、顶棚平面图、立面图、剖面图及节点详图）汇总后的修订纠错程序。

学生作业选例：

案例选自清华大学美术学院环境艺术设计系本科——室内设计（1）课题讲评的
PPT 报告文本。作者：2008 级向奕翰、2007 级白兰。

第一例向奕翰所作："成长森林"甲方需求—概念构成—方案发展，三个阶段脉络清晰，干净利落，赏心悦目。

成长 森林

Interior Design -I

向奕翰　　　2008013035
指导老师：郑曙旸 刘东雷

女主人：空间可以灵活运用，招待朋友/举办小型聚会/夫妻二人平常休闲娱乐的需求/家人能一起边做早饭边聊天

男主人：全家一起舒服地看DVD/能在阳光下阅读和家人一起生活游戏/小茶室/偶尔办公的书桌

共同：儿童学习的书房/能根据小孩的成长轻松改变房间布置/整个室内气氛活泼温暖

**甲方
需求** **甲方意向**

成长森林

● **更好的亲子关系**
创造更多父母与孩子的交集

● **更多的成长空间**
更多自主运用的空间，更多可供儿童玩耍、学习、阅读的空间

**概念
构成** **概念理解**

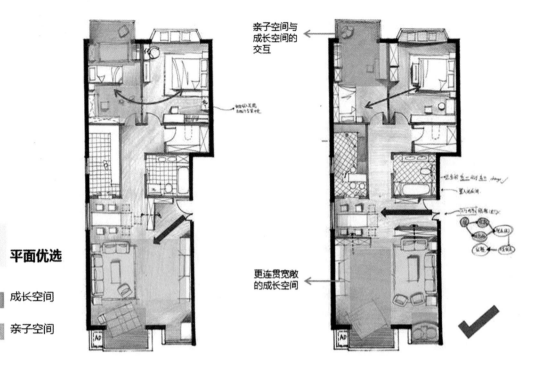

亲子空间与
成长空间的
交互

更连贯宽敞
的成长空间

方案
发展 平面优选

成长空间

亲子空间

方案
发展 平面优选

更衣取衣不便捷，
采光优——办公桌

采光差
更衣取衣便捷

增加储物空间，为空间
变化提供更多可能

连通
增进家庭交流，亲子

家具设计

松散布局，更好地与
成长空间关系融合

地台为儿童提供一个玩
耍、学习的成长空间

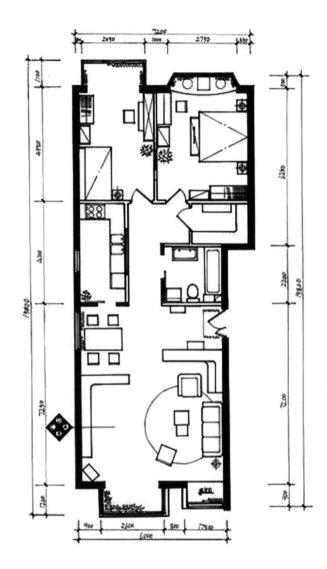

方案
发展　　平面确定

成长 森林

活泼色彩

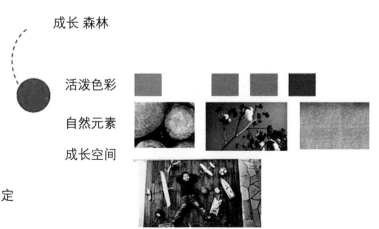

自然元素

成长空间

方案
发展　　立面确定

方案
发展　　风格意向

方案
发展　　家具选择

明亮色彩与活泼造型

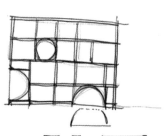

为儿童创造独有动线，满足儿童喜欢躲藏的天性

活泼圆形的运用

增添乐趣

方案
发展　立面发展

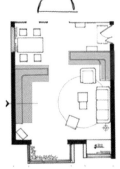

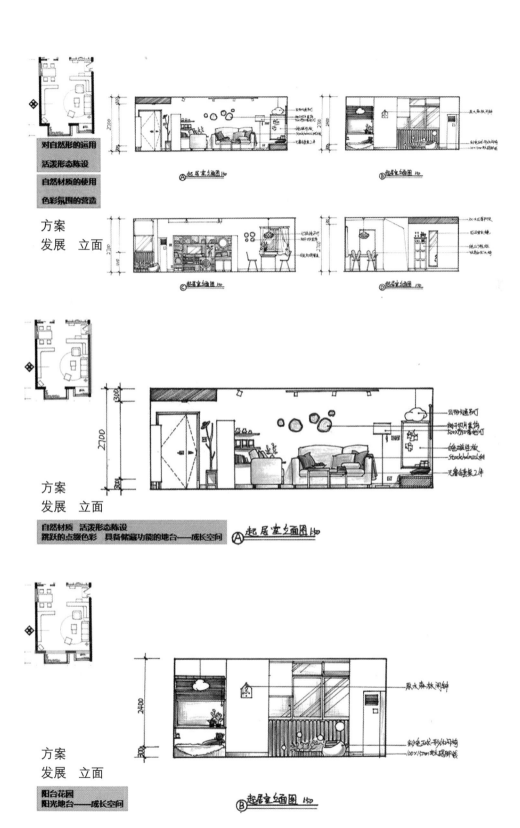

对自然形的运用

活泼形态陈设

自然材质的使用

色彩氛围的营造

方案
发展 立面

自然材质 活泼形态陈设
跳跃的点缀色彩 具备储藏功能的地台——成长空间

方案
发展 立面

阳台花园
阳光地台——成长空间

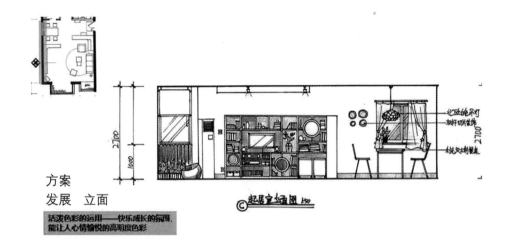

方案
发展　立面

活泼色彩的运用——快乐成长的氛围，
能让人心情愉悦的高明度色彩

起居室立面图 1:50

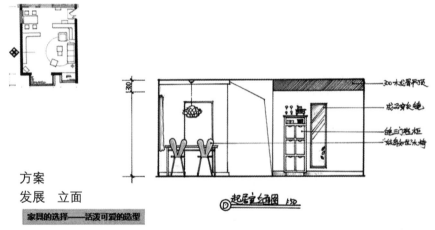

方案
发展　立面

家具的选择——活泼可爱的造型

起居室立面图 1:50

透视图

第二例白兰所作："居室设计"设计任务书—平面功能分析—概念陈述—方案设计—最终图纸，五个阶段环环相扣，逻辑严谨，绘图清雅。优点在于：设计方案表达的完整性。

室内设计（一）
——居室设计

07 室内 白兰 2007012986

指导教师：郑曙旸　刘东雷

设计任务书

2009.9.28

位置分析

小区：

　　该住宅小区位于石家庄市**区，临近市中心

楼号：

8号一共四个单元

该楼位于小区北面，北临东西主干道，距主干道约50m

户型：

　　三单元10层东门103室，三室两厅户型，套内面积约109 m²，南北朝向

业主概述

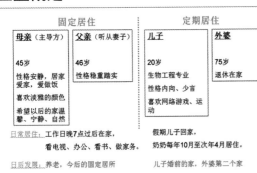

固定居住		定期居住	
母亲 (主导方)	父亲 (听从妻子)	儿子	外婆
45岁	46岁	20岁	75岁
性格安静，居家爱好，爱做饭	性格稳重踏实	生物工程专业	退休在家
喜欢淡雅的颜色		性格内向、少言	
希望以后的家温馨、宁静、自然		喜欢网络游戏、运动	

日常居住：工作日晚7点过后在家，看电视、办公、看书、做家务。

日后发展：养老，今后的固定居所

假期儿子回家，奶奶每年10月至次年4月居住。

儿子婚前的家，外婆第二个家

功能空间需求

- **公共空间：**

- 会客、交流
- 就餐
- 阅读、工作空间
- 客卫
- 养花

- **私密空间：**

- 休息空间×3（三居室）
- 阅读、工作空间
- 主卫
- 洗衣、晾晒

原始平面分析

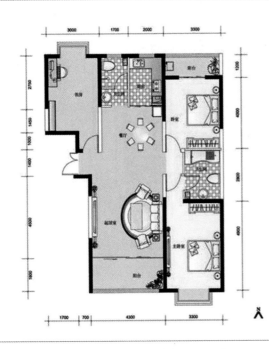

优点：

1. 南北朝向，通风好
2. 南向景观视野较好
3. 动静区分布较合理，公共空间较完整：卧室部分功能分布较合理
4. 采用地暖供暖，空间利用自由度较高

缺点：

1. 承重墙过多，空间可变性不强
2. 三居室+书房，空间需求与实际矛盾
3. 书房的入口方向不符合日常行为习惯
4. 北向的厨、卫空间相对拥挤（卫生间便池与淋浴位置不考究）
5. 有上下水的阳台北向，不宜晾晒

原始平面

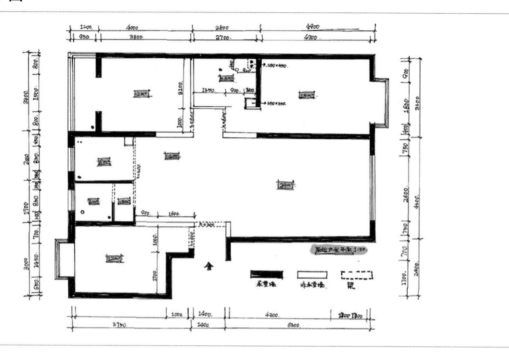

毛坯房实景

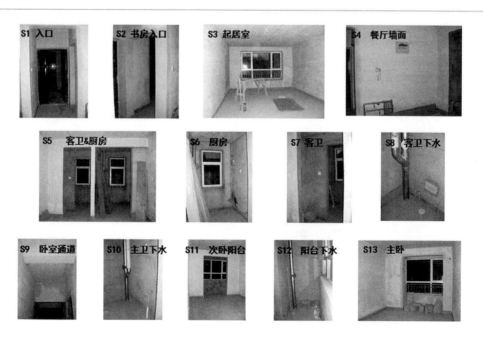

业主要求

1. 厨房太小，有可能就扩大些
2. 若有可能，在阳面设置一个晾衣处
3. 厨房、主卧、卫生间要功能齐全
4. 保留部分家具、电器
5. 卧室铺木地板，客厅为瓷砖
6. 家中会种植盆栽大叶植物3~4盆
7. 气氛安静、简洁、温馨

预算5万元左右……

风格方向：淡雅宁静，恬静的温暖，有文化韵味

保留的家具

立柜：1350×1800×600
双人床：1500×2000×500
床头柜×2：500×500×500
电视柜|矮柜：700×700×500

立柜：1400×2200×600
书桌：1400×1200×2000
单人铁架床：可要可不要

电视：
冰箱：1800×600×600
洗衣机：600×550×850

初期采购计划

建筑构件：地板、门、墙面（墙纸/漆）

家具：起居室：沙发、茶几、电视柜

　　　　餐厅：餐桌、餐椅

　　　　厨房：厨具、储物柜、灶具

　　　　主卧：床、衣柜

　　　　书房：书柜

　　　　卫生间：坐具、储物柜、面盆、浴用器具

照明&装饰构件：灯具、布艺、挂饰……

平面功能分析

2009.10.8

建筑平面图分析

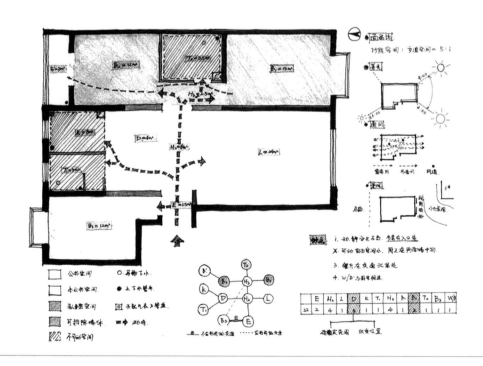

功能分区（寻找其他可能性）

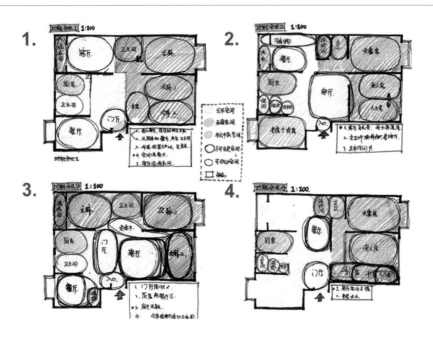

功能分区比较表

注： "★"很好； "☆"一般；"空白"不好。

	原功能分区	功能分区1	功能分区2	功能分区3	功能分区4
采光	★	★	☆	☆	★
交通	★				
公共、私密	☆	☆	★	☆	★
功能空间使用率	★				
朝向	☆		★		☆
尺度	★		☆	☆	☆

选定原功能分区

原功能分区细化

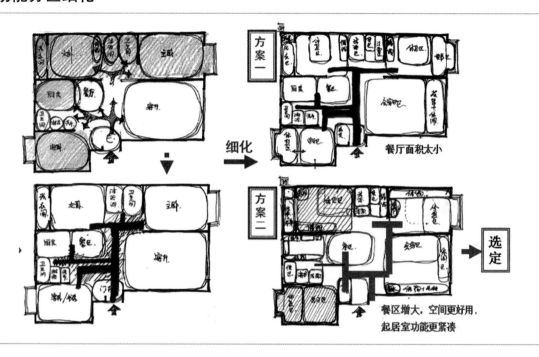

细化

方案一 · 餐厅面积太小

方案二 · 餐区增大，空间更好用，起居室功能更紧凑

选定

选定功能平面

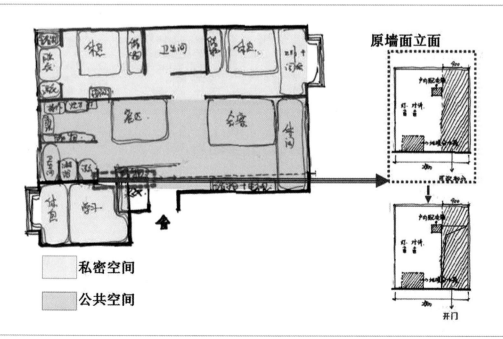

原墙面立面

开门

私密空间

公共空间

概念陈述
2009.10.10

家庭成员分析

	性格爱好	日常活动	空间使用情况	发展	空间要求
女主人	性格安静 居家爱家 视力不好	做家务、做饭、看电视、看书、工作、就餐	厨房、书房、卧室1、	长久居住养老	安静温馨 明亮干净
男主人	性格稳重 工作为主 喜欢运动	工作、就餐、看电视、看书	工作日晚上在家 卧室1	稳重 内敛	
儿子	性格内向 喜爱运动 网络游戏	假期在家、吃饭睡觉、玩电脑	卧室2、书房	婚前的家	独自舒适的空间
奶奶	退休在家 性格开朗 喜欢养花	散步、做饭、看电视、养花	厨房、花房	第二居所	安全便捷

（起居室、餐厅、卫生间）

设计师印象：
通过光、色、材质等因素打造安静整洁、淡雅明亮的居室空间

概念形成与分析

关键词：安静、养老

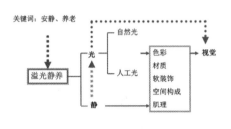

溢光静养 → 光 → 自然光 / 人工光 → 色彩、材质、软装饰、空间构成、肌理 → 视觉
静

空间要求——公共空间

起居室：功能：家人一起看电视、聊天、来客聚谈　　面积需求：20 m²
　　　　性质：门面，中心区　　使用时段：全天　　要求：欢乐、明亮、舒适
　　　　光环境：白天——阳光明亮　　夜间——温暖柔和

餐厅：功能：家庭聚餐、来客聚谈　　面积需求：6 m²
　　　性质：中心区　　使用时段：就餐时间　　要求：明亮温馨，温暖欢乐
　　　光环境：白天采光较弱，人工照明——餐桌重点照明，菜肴成色好

厨房：功能：女主人和奶奶的烹饪操作间　　面积需求：6 m²
　　　性质：功能区　　使用时段：就餐前　　要求：明亮、便于操作
　　　光环境：白天——自然采光；夜间——操作台分别重点照明

客卫：功能：来客使用，洗手、淋浴、方便　　面积需求：4 m²
　　　性质：功能区　　使用时段：任何时候　　要求：临时使用，满足功能
　　　光环境：一般照明，满足基本需求

功能要求——私密空间

主卧：功能：夫妻休息（储物+就寝+休闲阅读）　　面积需求：16 m²
　　　性质：居室的核心　　使用时段：中午、晚上
　　　要求：舒适安静，符合人体工学　　光环境：任何角度无直射光

次卧1：功能：奶奶居住（储物、阅读、休息）　　面积需求：12 m²
　　　　性质：居室次核心　　使用时段：全天
　　　　要求：舒适安静，符合人体工学　　光环境：任何角度无直射光

次卧2：功能：儿子居住（休息、储物、上网）　　面积需求：12 m²
　　　　性质：次要区　　使用时段：全天
　　　　要求：独立、舒适　　光环境：任何角度无直射光

空间要求——功能区

书房：功能：学习、工作（电脑、书写台、书柜）　　面积需求：12 m²
　　　性质：功能区　　使用时段：晚间、部分白天
　　　要求：明亮安静，可供两个人同时使用
　　　光环境：白天——自然采光；夜晚——一般照明+书桌重点照明

主卫：功能：家人使用（沐浴、梳妆、洗漱、方便）面积需求：6 m²
　　　性质：集中使用功能区　　使用时段：早晚、部分白天
　　　要求：干湿分区明确，各功能互不干扰，功能齐全
　　　光环境：无自然采光，一般照明+面盆、沐浴区重点照明

洗衣间：功能：洗晒衣物，女主人、奶奶使用　　面积需求：3 m²
　　　　性质：次要功能区　　使用时段：任意
　　　　要求：功能单一
　　　　光环境：白天——自然采光；夜间——一般照明+洗衣机重点照明

初步构想

色彩：淡雅——以木色、米色或白色、深色点缀为主
材质：自然——以棉、麻、木为主
软装饰：简而精——灯具、布艺、陈设
空间构成：以面为主——运用板材
肌理：整齐、疏密有致

方案设计
2009.10.11

家具平面图草案（一）

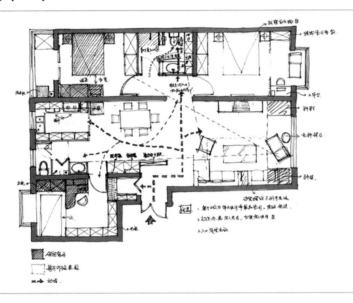

家具平面图草案（二）

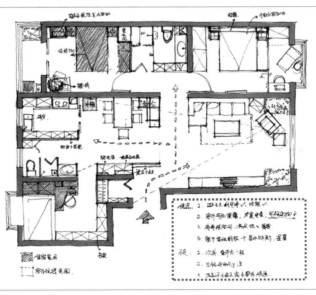

分析确定平面

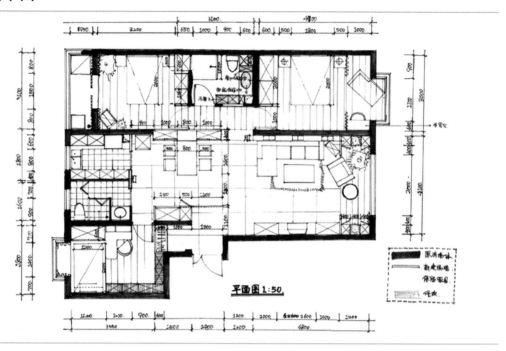

平面图 1:50.

立面方案（一）

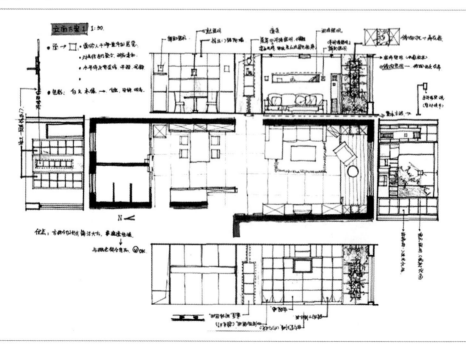

立面方案 1 1:50.

立面方案（二）

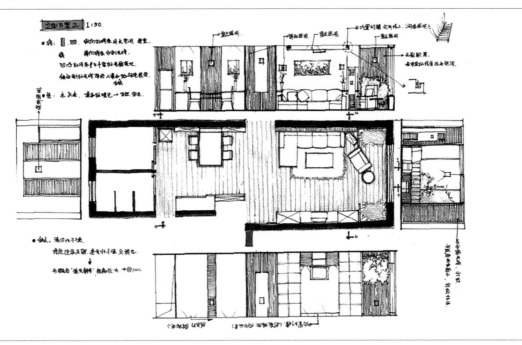

分析确定立面

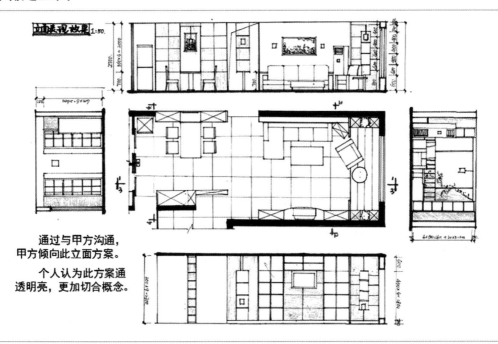

通过与甲方沟通，
甲方倾向此立面方案。

个人认为此方案通
透明亮，更加切合概念。

铺地平面

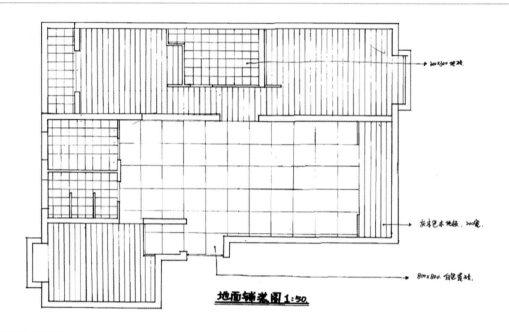

地面铺装图 1:50.

顶棚灯位、吊顶示意

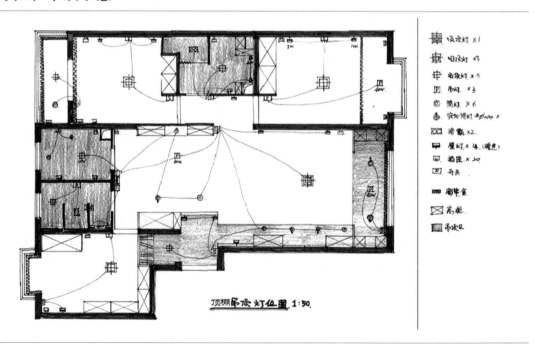

顶棚吊顶灯位图 1:50.

采购计划

成品购买	定做购买
玄关：脚垫	更衣柜、玄关墙
起居室：沙发、茶几（大小）、空调、地毯	窗帘、储物柜
餐厅：餐桌椅、桌旗	储物柜
厨房：油烟机、灶具、水池	橱柜
客卫：坐具、花洒、热水器、面盆（成套）	
主卧：双人床（带床头柜）、贵妃椅、书写台	窗帘、立柜
次卧（奶奶）：	窗帘
次卧（儿子）：书写椅、床垫	窗帘、书柜
主卫：坐具、花洒、热水器、面盆、镜子	储物柜、梳妆台
洗衣阳台：防水垫	窗帘、储物矮柜

采购计划

电器：		门：	
大吸顶灯	1	房门	3
中吸顶灯	3	推拉方格门	4
小吸顶灯	5	折叠方格门	3
吊灯	3	**地面**：	
牛眼灯	5	木地板	48 m²
筒灯	6	800*800瓷砖	40 m²
壁灯	9	400*400瓷砖	16 m²
床头灯	5	**顶棚吊顶**：	
浴霸	2	石膏板（入口、客厅）	12 m²
插座	20	铝扣板（厨房、卫生间）	16 m²
开关	1～3	**墙面**：	
	2～9	环保漆	
	3～5	瓷砖（卫生间、厨房）	

家具选型

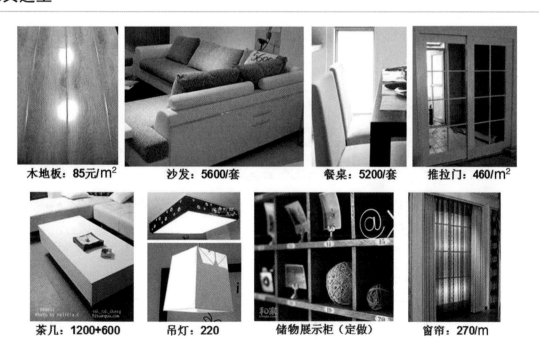

木地板：85元/m²　　沙发：5600/套　　餐桌：5200/套　　推拉门：460/m²

茶几：1200+600　　吊灯：220　　储物展示柜（定做）　　窗帘：270/m

最终图纸

2009.11.3

家具布置平面图

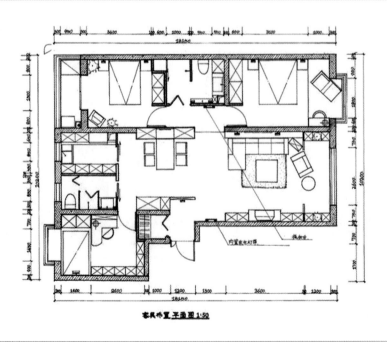

家具布置平面图 1:50

顶棚灯位平面图

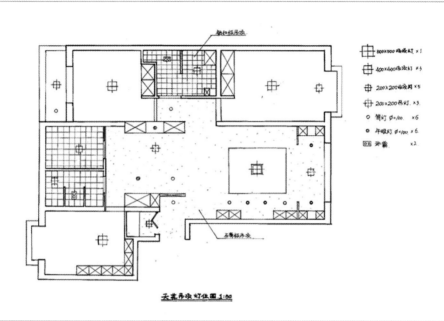

云荟吊顶 灯位图 1:50

客厅—餐厅立面图

细部节点详图

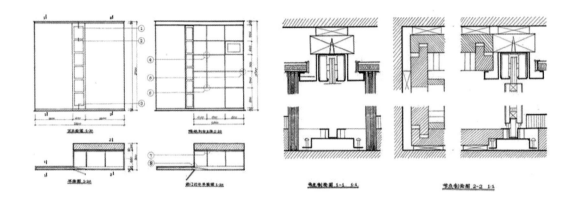

最终效果图

3.5.2 实验与实践

　　设计方案阶段的实验与实践教学，可按照两种内容安排。其一，建筑装饰装修材料市场的考察与调研；室内设施与设备，家具、灯具、织物、艺术品等的选择。其二，可能条件下室内设计相关设计机构的专业实习；相关项目案例的现场体验式考察。

3.5.3 阅读与考察

教学参考资料

书目

约翰·派尔.世界室内设计史 [M].北京：中国建筑工业出版社，2007.

刘致平.中国建筑类型及结构 [M].北京：中国建筑工业出版社，2000.

刘致平.中国居住建筑简史——城市、住宅、园林 [M].北京：中国建筑工业出版社，1990.

（美）程大锦（Francis D.K.Ching）著.室内设计图解 [M].北京：中国建筑工业出版社，1992.

中国建筑工业出版社编.现行建筑设计规范大全 [M].

中国建筑工业出版社编.建筑装饰装修行业最新标准法规汇编 [M].

论文

参考论文（2001年9月在《美术观察》杂志2001年9期发表）编号：L006

考察后的对比——关于艺术设计教育

· 郑曙旸

　　艺术设计教育在我国的历史相对较短。由于自身的特殊性，其教学模式和教学方法与其他的高等教育相比有着很大的差异。尤其是艺术设计教育完全是工业化之后的产物，是介于艺术与科学之间边缘性极强的专业教育。虽然我国从20世纪50年代就开始有了专门从事艺术设计教育的高等院校——中央工艺美术学院（现清华大学美术学院），发展至今全国也有上百所院校开办了艺术设计类专业，但就整体水平而言还处于参差不齐的一般层次。借鉴国外成功经验就成为艺术设计教育工作者的重要课题。在20世纪80年代笔者有机会到美国的大学本科进行了一年多的室内设计专业进修。进入21世纪，为争创世界一流，清华大学美术学院又组织了大规模的出国专业教育考察。所幸参加了赴欧工作组，重点考察了德、法、意三国不同类型的八所院校，结合平时在北京与日本、韩国、新加坡、美国、法国、意大利、英国、澳大利亚等外籍教师的交流，以及历次出国对艺术设计教育的关注，对比我们的教育现状，在一些问题上有了新的认识。

素质与职业

　　素质教育和职业教育是两个完全不同的概念，虽然我国目前大力提倡素质教育，但由于政治、经济和社会条件的限制，要真正达到素质教育的目的还有相当长的一段路要走。对比中外艺术设计教育的差异，从基本的办学概念来讲，发达国家的艺术设计教育是在高度市场经济条件下的人文素质培养，相当一部分学生就学并不是以就业作为目的，这一点在纯艺术类学校就更为明显。以德国为例，类似于我国职业高中、中专与大专这条线的教育体系，是以专业技能性训练培养为主的专门职业教育；而大学本科类的另一条线则是以创造性思维培养为主的素质教育。其他国家虽然没有德国这样明确的分工，但艺术设计类学校的主旨多是以人的素质教育为主。由于这样的根本区别，只有真正感兴趣，并愿意在某一方面提高自己艺术素质的学生，才可能进入这样的学校学习。

同时，在发达国家的中小学教育阶段艺术与设计的基础教育是十分普及的，它同样是素质培养的关键环节，很多学生在没有进入高等艺术设计院校之前，审美的水平已经达到一个较高的层次。虽然艺术设计的表达能力没有以职业教育为主的学校培养出的学生那么高，但艺术构思的创新能力显然不同一般。

素质教育并不意味着降低入学的门槛，像法国国立高等美术学院、装饰设计学院的入学测试就非常严格，用百里挑一来形容也不为过。由于是考察人的综合素质，并不像我们那样以笔试为主，而是以口试为核心的综合测试系统，往往要经过几轮的筛选才能胜出，只有优秀学生在学习中的相互熏陶，才能保证高素质人才的脱颖而出。

至于学生所学专业和今后的就业对口率，则完全不是学校教育成败的衡量标准。无论学生将来在哪一个领域做出成绩，都有他在艺术设计教育中所受创新思维素质培养的功劳。这就是素质与职业在艺术设计教育概念上的根本区别。

统一与多样

由于有高度发达的市场经济体制和以人的综合素质培养为目标的艺术设计教育系统为基础保证，几乎所有发达国家的艺术设计教育体制都没有一个统一的模式，只要市场有需求就会派生出各种各样的学校。即使是同一个专业也会在不同的学校产生出不同的课程体系，这一点和我们相比恐怕是差别最大的。长期以来我们在计划经济的指挥棒下习惯于大一统，至今我们的艺术设计专业目录仍然是由国家统一制定，学校只能在大原则不变的情况下作微调。这种状况显然不符合我们社会主义市场经济模式的社会需求。

当今的世界是一个以多样化为主流的世界。在全球经济一体化的大背景下，艺术设计领域反而需要更多地强调个性，统一的艺术设计教育模式无论如何也不是我们的需要。

绘画艺术在20世纪现代诸流派的冲击下一反传统的样式，似乎写实风格的油画已经没有市场，但是，我们居然在意大利的佛罗伦萨，找到一个在20世纪90年代才创办的以教授传统写实油画为唯一专业的微型美术学院。50多个学生来自世界各地，醉心于传统的艺术风格。他们的静物写生训练极为严格，苛刻到用尺测量的精度。静物摆放的构图与自然光的配置十分到位，空间感极强。学生的写实绘画技能水平远远高于我们。这只是多样性的一个极端例证。在设计类院校的同类专业中变化就很大，以室内设计专业为例：在美国既有综合大学中以概念性课题为主要对象的理论研究型；也有专科独门以社会工程项目课题为主的实践技能型；更有以家庭室内装饰陈设课题为主的家政事务型。

显然，统一的专业教学模式不符合艺术设计教育的规律，只有在多元的撞击下才能产生新的火花。

技能与创新

就艺术设计专业知识构成的性质而言，在教育的内容上可能更多地注重于技能的训练。如果仅从这一点出发，我们的艺术设计教育甚至可以说世界一流。这一点与其他学科的情况相类似，也就是说我们的学生专业基本功一般都比较扎实，这与中国人民吃苦耐劳的民族精神一脉相承。但技能仅仅是艺术设计专业的手段而非目的。如果我们只是满足于熟练技巧的掌握，那么在激烈的设计市场的竞争中就只能处于为洋人打工的可悲境地。技能教育还是创新教育，这是一个艺术设计教育的观念性问题。

从教育的本质来讲无非是最大限度地启发人的创造力，而创新思维能力的培养又是艺术设计教育最大的长项，因此世界发达国家的各类艺术设计院校无一不把创新作为贯穿所有教学环节的观念性内容。相比之下，启发设计创造性思维的课题，在整个教学体系中占据了相当的比重，设计方法性教学、设计概念性教学在不少国家的教学体系中占据着十分重要的地位。由于概念性思维的专业领域跳跃性很大，以至于当一些发达国家的教师来华任教时，在一些概念性很强的课题辅导中，中国学生往往跟不上教师授课思维的节奏。

当信息时代不再是神话，当计算机成为设计表达的主要工具，设计技能逐渐成为不需花费长达十数年功夫，人人在较短时间皆能掌握的技巧，那么创新意识的培养无疑成为新世纪艺术设计教育最为关键的中心环节。

方法与内容

教育目标的实现依赖于科学的教学方法和先进的教学内容。艺术设计教育由于自身的特殊性，在方法与内容上肯定与其他学科有着很大的不同。从表面上看我们的授课时数远高于国外同类专业；我们教师的纯讲课时数远高于国外；我们习惯于典型的教师台上讲课学生台下听课的严肃教学模式；我们习惯于灌输的填鸭式教学方法；学生也习惯于教师辅导课题时的定方向与定方案。这样的方法在以技能培养为主的教学体系中无疑具有它的优势。但在以创新素质培养为主的教学体系中显然存在明显的弊病。即使是以技能培养的方法与内容来讲，我们也是纸上谈兵的时候多，真刀真枪实干的时候少。参观国外艺术设计院校的最大感触，是那里的学校更像是一个工厂的车间，学生的课题作业很大部分是在实物操作的过程中完成。由于直接接触材料，同时又处于三维的实体空间中，所以更容易理解在纸面上所不能充分表达的内容，教学的效果自然要好得多。

同样，国外的艺术设计类学校的教室也不是我们那样布局，而更像一间会议室。虽然只是空间样式的不同，但它传达出的却是教学观念与方法的本质区别。在这样的空间样式下讨论与交流成为主要的教学模式，教师与学生处于平等的状态。在这种环境中更容易使创作思维向更为自由与广阔的天地发展。尤其是欧美学校的教师从不把自己的想法强加于学生，更多的是以启发的方式，引导的方式，在课题的进行过程中将设计的理念非常贴切地融汇进去，既保证了学生的创意不受到破坏，又使得设计教学的真正意图得以贯彻。

在教学内容的选择上也是更偏重于前瞻性较强的概念性练习，以便最大限度地启发学生的创新能力。如果是实证性课题，则选题非常贴近生活、易于操作，可以使学生做得非常深入，尤其在许多细节上能够有独到的处理出现。同样体现了艺术设计教育本质的特征。

参考论文（2005 年 11 月在《装饰》杂志 2005 年 11 期发表）编号：L007

生态文明与艺术设计

· 郑曙旸

内容提要：本文认为，进入 21 世纪的人类社会正面临环境与发展的严峻挑战。以控制自然为主导模式的工业文明所建立的社会秩序无法持续，人类必须以生态学理论为基础创建新的文明殿堂。在生态文明的架构中艺术设计以其独特的学科优势必须占据应有的位置。在经历了农业文明的工艺美术和工业文明的现代艺术设计之后，只有将环境意识融入艺术设计的理念，实现从产品设计观向环境设计观的转换，才能在科学发展观的导引下完成国家可持续发展战略赋予艺术设计工作者的重任。
关键词：艺术设计，文明，生态学，可持续发展

进入 21 世纪"'环境危机'并非只是一种威胁土地或非人类生命形式的事情，而是一种全面的文明世界的现象"。[1]人类文明在跨过了原始蛮荒，经历了农耕文化和工业革命的漫长发展过程之后，已经获取了主宰整个世界的能力。"地球上生命的历史一直是生物及其周围环境相互作用的历史。可以说在很大程度上，地球上植物和动物的自然形态和习性都是由环境塑造成的。就地球时间的整个阶段而言，生命改造环境的反作用实际上一直是相对微小的。仅仅在出现了生命新种——人类之后，生命才具有了改造其周围大自然的异常能力。"[2]1962 年美国学者 R·卡逊在其著作《寂静的春天》中为这种异常能力的后果，描绘出一幅可怕的图景，"在人对环境的所有袭击中最令人震惊的是空气、土地、河流以及大海受到了危险的、甚至致命物质的污染。这种污染在很大程度上是难以恢复的，它不仅进入了生命赖以生存的世界，而且也进入了生物组织内，这一罪恶的环链在很大程度上是无

---

[1]　〔美〕劳伦斯·布依尔，韦清琦. 打开中美生态批评的对话窗口——访劳伦斯·布依尔 [J]. 文艺研究，2004（1）.
[2]　〔美〕R·卡逊著. 寂静的春天 [M]. 吕瑞兰译. 北京：科学出版社，1979：6.

法改变的。"❶并非杞人忧天，也许等不到地球自然生命的终点，人类就可能亲手毁掉自身唯一的家园。身处后工业文明期十字路口的我们，正面临何去何从的抉择。

如何在环境与发展间取得平衡，重新回归与自然环境的共处，人类开始寻求新的发展道路。

"尽管直到19世纪90年代生态学才被认为赢得了一门学科的地位。"❷然而，只有生态学的原则才能引领人类走出困境。"在我们的价值观、世界观和经济组织方面，真正需要一场革命，因为我们面临的环境危机的根源在于追求经济与技术发展时忽视了生态知识。而另一场革命——正在变质的工业革命——需要用有关经济增长、商品、空间和生物的新观念的革命来取代。"❸我们需要在思想意识的层面实现彻底的变革，从而使社会的经济、政治、技术、教育向着生态文明的道路转进。因为，工业文明已经走入了死路，"现代工业文明的基本准则是……与生态匮乏不相容的，从启蒙运动中发展起来的整个现代思想，尤其是像个人主义之类的核心原则，可能不再是有效的。"整个文化的发展已到尽头，自然的经济体系已被推向崩溃的极限，而"生态学"将形成万众一心的呐喊，呼喊一场文化的革命。❹1987年联合国世界环境与发展委员会在《我们共同的未来》的报告中振聋发聩地发出了警告："我们不是在预测未来，我们是在发布警告——一个立足于最新和最好科学证据的紧急警告：现在是采取保证使今世和后代得以持续生存的决策的时候了。"❺同时，报告中提出了符合生态文明概念的"可持续发展"之路。

"我们认识到，需要有一条新的发展道路，不是一条仅能在若干年内在若干地方支持人类进步的道路，而是一直到遥远的未来都能支持全球人类进步的道路。因此，"可持续发展"不仅是发展中国家的目标，而且也是工业化国家的目标。"❻

"21世纪最紧迫的问题很可能就是地球环境的承受力问题——而解决这一问题或者说是一系列问题的责任，将越来越被视作一切人文学科的责任，而不局限在像生态学、法学或公共政策等专业化的学科飞地中。"❼现代的艺术设计作为社

❶ （美）R·卡逊著. 寂静的春天 [M]. 吕瑞兰译. 北京：科学出版社，1979：7.
❷ （美）唐纳德·沃斯特. 自然的经济体系——生态思想史 [M]. 北京：商务印书馆，1999：487.
❸ （美）唐纳德·沃斯特. 自然的经济体系——生态思想史 [M]. 北京：商务印书馆，1999：411.
❹ （美）唐纳德·沃斯特. 自然的经济体系——生态思想史 [M]. 北京：商务印书馆，1999：412.
❺ 世界环境与发展委员会. 我们共同的未来 [M]. 长春：吉林人民出版社，1997：2.
❻ 世界环境与发展委员会. 我们共同的未来 [M]. 长春：吉林人民出版社，1997：5.
❼ （美）劳伦斯·布依尔，韦清琦. 打开中美生态批评的对话窗口——访劳伦斯·布依尔 [J]. 文艺研究，2004（1）.

会生产关系与生产力实现的技术环节，当属于工业化社会环境的产物，不可避免地带有时代的烙印。但是在人类即将以生态的理念构建起新的文明殿堂时，艺术设计同样需要面对生态文明的挑战。

文明，人类社会进步的状态，体现社会发展的文化积淀。文化作为人类社会历史发展过程中所创造的物质与精神财富的总和，表现出无比深厚的内涵，不同时代与地域的文化又呈现出完全不同的特征。作为体现物质文明与精神文明创造物的艺术设计，同样会在不同的文明状态下呈现出不同的特质。

农业文明与工艺美术

"通过原始社会第一次社会大分工，从原始的渔猎采集方式中产生的以农耕为主的自给自足社会"[●] 成为农业文明的社会形态。以谷物耕作、动物驯化为基本特征的农业文明，起源于公元前8000～前7000年间。这是人类对自然体系改造走出的关键一步，从此人类的生活相对稳定，逐渐出现了村落城镇，从最初砖石建造的私人和公共建筑物，以及整套的手工艺组成的泥砖村落，发展到以石木构造建筑为主的城郭神殿、宫苑住宅以及手工业配套齐全的城市，形成了相对于自然环境的人工环境。由于垦殖和营造的需要，大量的森林被砍伐，自然环境受到最初的破坏。

在农业社会定居的生活状态下，原始状态下的工具和生活器物制作，逐渐形成分门别类的家庭手工作坊生产方式。为了使这些手工制作的日常用品看上去更加漂亮悦目，具有购买的吸引力，常常对这些物品加以装饰，从而形成了世界各地不同的手工技艺，制成了各具特色的工艺品。手工制作工艺品需要特殊的技能和一定的审美能力，这种技术性的手艺和审美性的装饰结合，就形成了专门的行业——工艺美术。工艺美术的产品具有两种类型：一类是日常生活用品，一类是纯粹的陈设装饰用品。同一种物品可以具有以上两种形态，如中国的陶瓷、墨西哥的织布、波斯的地毯、威尼斯的玻璃等。

工具和材料是手工制作的基础，不同时代使用不同的工具和材料，创造性质完全不同的工艺品，如石器时代的陶器、青铜时代的青铜器。由于材料的特性和使用工具的技术差异，每一种类型的工艺品都形成了特殊的制作技巧。由于是手

---

❶ 辞海 [M]. 上海：上海辞书出版社，1999：459.

工制作，即使是同一件物品，其形态永远也不会完全一样，因此也就具有较高的艺术性。几乎没有一种手工艺品，是在它诞生之前就完成其全部设计的。各种工艺品的制作，都是直接用手或借助于工具，在反复的实践中，不断完善而最后定型的。各种制作工艺都是个体的手艺人长期探索的结果，并因历史时期、地理环境、经济条件、文化技术水平、民族习尚和审美观点的不同而形成不同的风格与源流。这种工艺的发展几乎无一例外地采用师承制，而且很多是单线的家族承袭，一旦线性继承的某个环节出现问题，就可能使一门手艺失传。

"工艺美术是在生活领域（衣、食、住、行、用）中，以功能为前提，通过物质生产手段的一种美的创造。"❶ 这种创造应该是超越时代的。之所以在这里对应于农业文明，无非是强调它的手工业特征。

手工业"依靠手工劳动、使用简单工具的小规模工业生产，开始从属于农业，主要表现为家庭手工业。随着第二次社会分工，手工业脱离农业，成为独立的个体手工业，后又进一步发展为资本主义简单协作的手工业作坊和工场手工业。"❷尽管手工业后来成为独立的行业，但是它脱胎于农业社会的事实，说明手工艺本身与自给自足的农耕文明有着千丝万缕、不可割舍的关系。

人是有情感的动物，直接用手的技能做出的工作，和由这种工作产出的物品，显然具备人的情感。这种实实在在的质朴情感，可以通过制作物的器形表象传递，直接作用于他人，并使其从中得到生活美的愉悦。田园牧歌、男耕女织的生活图景，日出而作、日落而息的生活节奏，手工艺品的价值在相对广阔与舒缓的农耕天地中得以充分释放。

工业文明与艺术设计

1769 年英国人詹姆斯·瓦特（1736～1819 年）发明蒸汽机。以此为开端的工业革命使人类对自然环境的改造达到了前所未有的程度。1821 年法拉第（1791～1867 年）发明发动机和发电机；1859 年第一口油井在美国开钻；1863 年第一条地下铁道在伦敦建成；1882 年第一座水电厂在美国建成。在一百多年的时间里人工环境扩展到地球自然生态圈的所有领域。人工环境的大量有害排放物开始对自然环境造成影响。19 世纪末到 20 世纪初创立的量子论和相对论，为合成

---

❶　田自秉．工艺美术概论 [M]．上海：知识出版社，1991：6.
❷　辞海 [M]．上海：上海辞书出版社，1999：1755.

化工技术、原子能技术、航天技术和信息技术的发展提供了科学基础。从此人类以更加迅猛的速度，向自然界的深度和广度进军，掌握了核能，登上了月球，深入海洋10000m，完成了难以数计的各种发明创造。20世纪中叶以来，由于微电子技术、光电子技术、计算机技术、光纤和卫星通信技术、全球网络技术、多媒体技术的飞速发展，以信息获取、储存、传输、处理、演示技术以及以信息服务为内容的信息产业迅速崛起为发展最为迅猛、规模最为宏大的新兴产业，使人类从后工业时代迅速向信息化时代转进。信息化时代是人类进入工业化社会的高级发展阶段。信息化以知识为内涵，又成为知识创新、知识传播和知识的创造性多样化应用的基础。实际上，信息化是人类进入知识经济时代的序幕和前奏。

工业革命以后，人们逐渐使用机器进行生产。由于机器可以大量地制造完全相同的物品，不仅比手工快而且便宜，因此许多古老的工艺渐渐消失了。虽然机器代替了手工，但满足于人们物质生活和精神生活的实用美观依然是衡量产品好坏的标准。一件产品的定型生产，需要经过市场调研、概念构思、方案规划、模型图样等一系列严谨周密的逻辑与形象思维过程来产生最后的施工图纸，这种建立在现代科学研究成果基础之上的缜密过程，确立了"设计·design"的全部内容，从而使它完全脱离了传统的工艺美术，诞生了一门崭新的学科——现代艺术设计。

在艺术设计的门类中，工业设计具备最为典型的工业文明特征。"以批量化与机械化为条件，对工业产品进行预想规划的行为，包括推广这些产品而产生的广告与包装等。与单件制作的手工业产品设计相区别，其核心是产品设计，即对于人的衣食住行用相关的产品的功能、材料、构造、工艺、形态、色彩、表面处理、装饰等要素，从社会、经济、技术的角度综合处理，既要符合功能需要，又要满足审美的要求。"❶

工业文明导致整个社会的生产方式、生活方式以至文化观念的深刻变化。这是一个前所未有的实行彻底变革的社会。工业社会："通过工业革命，以机器化大生产占主导地位的社会形态。其特征为：工业的机械化、科学化；生产事业的企业化、资本化；组织管理的标准化、合理化；交通运输的机械化、动力化；工人阶级的兴起，从事非农业生产的人口比例大幅度增长；大批城市的发展。"❷与之相适应的艺术设计，最大限度地利用了现代工业提供的物质基础，合理应用新材料与新技术，在研制、开发、生产一体化的现代企业中创造出全新的产品系统。

❶ 辞海 [M]. 上海：上海辞书出版社，1999：620.
❷ 辞海 [M]. 上海：上海辞书出版社，1999：620.

艺术与科学，作为人类认识世界和改造世界的两个最强有力的手段，在工业文明组织严密的社会中充分地体现于设计，通过优化设计的全过程，把各种细微的外界事物和感受，组织成明确的概念和艺术形式，从而构筑满足于人类情感和行为需求的物化世界。在这里艺术设计的全部实践活动的特点就是使知识和感情条理化，从而使艺术设计活动的创造价值在迅捷运转的工业社会得以淋漓尽致地发挥。

生态文明与环境艺术设计

毫无疑问，迄今为止通过工业文明所推进的人工环境的发展是以对自然环境的损耗作为代价的。于是从科技进步的基本理念出发，可持续发展思想成为制定各行业发展的理论基础。"可持续发展思想的核心，在于正确规范两大基本关系：一是'人与自然'之间的关系；二是'人与人'之间的关系。要求人类以最高的智力水准与道义上的责任感，去规范自己的行为，创造一个和谐的世界。" ❶ 可持续发展思想的本质，就是要以生态环境良性循环的原则，去创建人类社会未来发展的生态文明，如何使用更少的能源和资源，去获得更多的社会财富，如何实现材料应用的循环、产品产出回收的循环，变工业文明的实物型经济为生态文明的知识型经济，运用人类的智慧最大限度地合理运用资源和能源。

建立生态文明的社会形态，是人类能够继续生存繁衍的唯一选择。生存还是毁灭：这不是危言耸听，而是严峻的现实。"人类历史到 1900 年为止，全世界的经济财富总规模折算约为 6000 亿美元，在经过整整 100 年后的今天，全世界每年仅新增产值就可达到当时世界总财富的一半。依照中国经济规模，1997 年全年的 GDP，即相当或略高于 1900 年时全球经济的总规模。财富大量积聚的代价是资源和能源的无节制消耗和向地球的无情掠夺，人类现在 1 年所消耗的矿物燃料，相当于在自然历史中要花费 100 万年所积累的数量。在此种经济模式、经济规模（并且仍在急剧扩大）和巨量消耗物质形式资源和能量形式资源的现实中，如不能够有效地遏止这种汹涌增长的势头，人类无疑于是在为自己挖掘坟墓。" ❷

建立生态文明的关键在于改变传统的社会发展模式，即以损害环境为代价来取得经济增长，这是不可持续的。"1987 年，联合国环境与发展委员会在《我们共同的

---

❶ 中国科学院可持续发展研究组 .2000 中国可持续发展战略报告 [M]. 北京：科学出版社，2000；12.
❷ 中国科学院可持续发展研究组 .2000 中国可持续发展战略报告 [M]. 北京：科学出版社，2000；51.

未来》中定义'可持续发展'：'既要满足当代人的需要，又不对后代人满足其需要的能力构成危害的发展。'1991年世界自然保护同盟及联合国环境规划和世界野生生物基金会在《保护地球——可持续生存战略》中把可持续发展定义为：'在不超出支持它的生态系统的承载能力的情况下改善人类的生活质量'。它的基本要求却是实现相互联系和不可分割的三个可持续性：生态可持续性、经济可持续性、社会可持续性。总之，是人类生存和发展的可持续性。"❶

建立生态文明，如果仅用工业文明的思维定式，单靠科学技术手段去修补环境，不可能从根本上解决问题：“必须在各个层次上去调控人类的社会行为和改变支配人类社会行为的思想。"❷使人与自然的关系由工业文明的对立走向生态文明的和谐。解决这样的问题显然需要回到人文科学的层面，在与科学技术的通力合作中找到一条出路。从艺术与科学的角度出发，环境艺术设计正是可持续发展战略诸多战术层面的一条可供选择的道路。

环境艺术设计，立足于环境概念的艺术设计，以“环境艺术的存在，将柔化技术主宰的人间，沟通人与人、人与社会、人与自然间和谐的、欢愉的情感。这里，物（实在）的创造，以它的美的存在形式在感染人；空间（虚在）的创造，以他的亲切、柔美的气氛在慰藉人。"❸显然，环境艺术所营造的是一种空间的氛围，将环境艺术的理念融入环境设计，所形成的环境艺术设计，其主旨在于空间功能的艺术协调。“如 Gorden Cullen 在他的名著《Townscape》一书中说，这是一种'关系的艺术'（art of relationship），其目的是利用一切要素创造环境：房屋、树木、大自然、水、交通、广告以及诸如此类的东西，以戏剧的表演方式将它们编织在一起。"❹诚然，环境艺术设计并不一定要创造凌驾于环境之上的人工自然物，它的设计工作状态更像是乐团的指挥、电影的导演。选择是它设计的方法；减法是它技术的常项；协调是它工作的主题。可见这样一种艺术设计系统是符合于生态文明社会形态的需求的。

从产品设计向环境设计转型

走向生态文明的艺术设计，要实现可持续发展的战略目标，其设计的核心理

❶ 马光等编著. 环境与可持续发展导论 [M]. 北京：科学出版社，2000：5.
❷ 马光等编著. 环境与可持续发展导论 [M]. 北京：科学出版社，2000：13.
❸ 潘昌侯. 我对“环境艺术”的理解 [J]. 环境艺术，1988（1）：5.
❹ 程里尧. 环境艺术是大众的艺术 [J]. 环境艺术，1988（1）：4.

念必须彻底转变。从产品设计为中心向环境设计为中心的转型，已成为时代摆在每一位设计者面前的重大课题。作为一个正在高速发展国家中的设计工作者，必须以高度的社会责任感承担起这样的重任。

从社会政治的角度来看：我们今天的艺术设计事业尚未进入决策者所青睐的视野，在各级领导所考虑的国家可持续发展战略的布局中还得不到应有的位置，当然就更谈不到艺术设计从产品意识向环境意识的转换。其在整个国家机器中的作用尚不明确，不可或缺的润滑剂作用还不能得到社会的认识。尽管国家科学发展观的定位十分明确：这就是"把推进经济建设同推进政治建设、文化建设统一起来，促进社会全面进步和人的全面发展。推动建立统筹区域发展、统筹经济社会发展、统筹人与自然和谐发展、统筹国内发展和对外开放的有效体制机制，建立体现科学发展观要求的经济社会发展综合评价体系。"❶ 但是要将艺术设计及其行业纳入这样的轨道，尚路漫漫兮任重而道远。

从国家经济的角度来看：我们今天的设计还不能摆脱"资本的逻辑"指挥棒下产品消费需求的运作。这是建立在消费主义基础上的设计理念。消费主义是经济主义在当代的表现。"在资本主义早期发展阶段，生产是经济增长的关键，但到了20世纪，资本主义生产已使绝大多数人的基本需要得到满足。这时，简单地促进大量生产已无法保证经济增长，必须激励大众消费，才能推动经济的不断增长，于是消费主义应运而生。"❷ 在经济主义的指导下，人类采取了"大量生产—大量消费—大量抛弃"的生产、生活方式，这种生产、生活方式已引起了全球性的生态危机。在这种状态下，打着创新旗号以产品为主轴旋转的艺术设计就会成为助纣为虐的帮凶。"没有哪位思想家宣称自己的学说是经济主义，也没有哪个国家政府明确宣称奉行经济主义。但经济主义是渗透于现代文化（广义的文化）各个层面的意识形态，是最深入人心的'硬道理'。"❸ 问题是"在中国实行社会主义市场经济的条件下，生产经营者以赢利最大化为目的，存在着无限掠夺自然资源、破坏生态和环境的自发倾向，并因此危害着社会公众的利益。"❹

实际上联合国环境与发展委员会从可持续发展的理念出发对此有着明确的界定："'需要'的概念，尤其是世界上贫困人民的基本需要：应将此放在特别优先

---

❶ 《中共中央关于加强党的执政能力建设的决定》，2004年9月19日中国共产党十六届四中全会通过。
❷ 中国社会科学院环境与发展研究中心. 中国环境与发展评论 [M]. 北京：社会科学文献出版社，2004：473.
❸ 中国社会科学院环境与发展研究中心. 中国环境与发展评论 [M]. 北京：社会科学文献出版社，2004：473.
❹ 中国社会科学院环境与发展研究中心. 中国环境与发展评论 [M]. 北京：社会科学文献出版社，2004：473.

的地位来考虑；

'限制'的概念，技术状况和社会组织对环境满足眼前和将来需要的能力施加的限制。

因此，世界各国——发达国家或发展中国家，市场经济国家或计划经济国家，其经济和社会发展的目标必须根据可持续性的原则加以确定。解释可以不一，但必须有一些共同的特点，必须从可持续发展的基本概念上和实现可持续发展的大战略上的共同认识出发。"❶

也就是说艺术设计的工作者要明白"人们生活的目标是幸福，而不是财富，财富只是手段之一，人们生活幸福的程度也并不取决于财富的多少，而在很大程度上取决于生活信念、生活方式和生活环境之中的对比感受"❷的道理。而环境设计的审美恰恰符合这样的理念，因为"在环境欣赏中，视觉的和形式的因素不再占主要地位，而价值的体验是至关重要的。"❸这是由于在"日常生活中我们进行的一切活动，不管是否意识和注意到，它们都进入我们的感知体验并且成为我们的生活环境。"❹

从设计的技术角度来看：产品与环境显然是完全不同的两类概念。产品是人根据生活的某种需要生产出来的物品。一般来讲，产品总是呈现某种形、色、质的个体，人与产品的关系是主体与客体的关系；环境则是以某种物体为中心的周围的地方，"环境是一个复杂的综合体，是包含人和场所（place）的统一体。"❺人与自然的结合，使环境具有了连续性，通过主体与客体的结合、审美与实践的结合，人与自然的文化环境联合起来。"环境的连续性使我们认识到，我们是环境的一部分，环境是属人的环境，是一种生活景观。"❻产品与环境有着如此巨大的区别，作为产品设计和环境设计自然具有不同的定位与方法。

产品设计是一个从客观到主观再从主观到客观的必然过程。在生活中我们接触到一件产品，由于产品本身存在的问题，使我们受到使用上的种种制约，于是改进它的功能就成为最初的设计动机。产品满足了理想中的基本功能，作为商品推向市场后还必须有漂亮的外观，最初打动消费者的并不是功能，功能只有在一段时间的使用后才能发现它的好坏。所以，设计者的创造必须能够满足两方面的需求。功能

❶　世界环境与发展委员会.我们共同的未来[M].长春：吉林人民出版社，1997：52.
❷　中国社会科学院环境与发展研究中心.中国环境与发展评论[M].北京：社会科学文献出版社，2004：475.
❸　张敏.阿诺德·柏林特的环境美学构建[J].文艺研究，2004（4）.
❹　张敏.阿诺德·柏林特的环境美学构建[J].文艺研究，2004（4）.
❺　张敏.阿诺德·柏林特的环境美学构建[J].文艺研究，2004（4）.
❻　张敏.阿诺德·柏林特的环境美学构建[J].文艺研究，2004（4）.

与审美作为产品设计终极的目的是显而易见的，但是为了满足超出一般生活需要的时尚消费需求，产品外观的审美在这个物欲横流的时代上升为设计两极中的主流。

产品是以实现功能特征的空间形态展示其审美价值的，这是一种传统的审美感官，主要通过视觉感知来实现。不同空间形态的表象所传递的信息具有不同的特征。二维空间实体表现为平面，视觉传达的书籍装帧、海报招贴、包装标识属于平面表象。三维空间实体表现为立体，产品造型的陶瓷、家具、交通工具等属于立体表象。无论二维还是三维，其审美的实现是主体与对象相分离的静观方式，并且需要一定的审美距离。

环境设计是主观与客观相互融会连接人和环境的和谐的整体。"环境的背后蕴涵着千百年来生态演进的历史和文化发展变化的历史，它是人与自然共同的作品，经过了千百年来的改造，深深打上了人的实践的印记，成为'人化的自然'。"❶环境设计需要调动起人与自然的全部合理要素以动态的方式加以整合。个体设计者必须形成团队才能面对如此复杂的环境系统工程，只有遵循生态的自然规律和人类社会的规律，同时顺应这两种规律共同影响下发生变化的限定，才能实现符合生态文明社会生活需求的艺术设计创造。

环境是以场所的生活景观通过综合的感知体验反映其审美价值的。这种环境的感知体验，是在人的所有的感觉共同参与下形成的，涉及人的全部感官。也就是说环境的审美是动态中的人积极参与的结果，"环境的欣赏要求一种与人紧密结合的感知方式。"❷表现于设计的空间形态就是四维空间。四维空间实际是时空概念的组合，它的表象是由实体与虚空构成的时空总体感觉形象。环境设计所涉及的城市、建筑、景观、室内属于时空表象，这种时空的表象是由多种产品并置，相互影响、相互作用而产生的。在环境设计中空间的形态体现为时空的统一连续体，是由客观物质实体和虚无空间两种形态而存在，并通过主观人的时间运动相融，从而实现其全部设计意义的。

综上所述，并不是说在生态文明的社会中没有产品设计的位置，而是需要改变设计观念，实现产品设计观向环境设计观的转换。

---

❶ 张敏.阿诺德·柏林特的环境美学构建 [J]. 文艺研究，2004（4）.
❷ 张敏.阿诺德·柏林特的环境美学构建 [J]. 文艺研究，2004（4）.

参考论文（2007 年 9 月在《装饰材料应用于表现力的挖掘》中发表，中国建筑工业出版社）编号：L008

设计与材料

· 郑曙旸

设计与材料的关系密不可分，没有材料室内设计只能是无米之炊。不同的材料可以代表不同的时代特征；不同的材料可以造就不同的空间样式；不同的材料可以营造不同的装饰风格；材料甚至可以左右设计的流行时尚；室内设计师运用材料如果能像画家运用颜料一样熟练，那么何愁好的设计不会出现。

材料与时代特征

用材料划分时代是一大发明：旧石器时代、新石器时代、青铜时代、铁器时代……说明材料与人类的生产方式与生产力的发展息息相关。

在工业革命之前漫长的年代中，建造房屋使用的主要是天然材料。有趣的是东方世界选择了木材作为建筑的材料，而西方世界则选择了石材作为建筑材料。木构造建筑以框架作为装饰的载体，从而发展出东方建筑以梁架变化为内容的装饰体系，形成天花藻井、槅扇、罩、架、格等特殊的装饰构件；石构造建筑以墙体作为装饰的载体，从而发展出西方建筑以柱式与拱券为基础要素的装饰体系。两种材料都以自身特质的变化，在发展中形成了不同时期的造型样式。可以说天然的石材与木材代表了古典样式的时代特征。

现代科学技术为人工合成材料提供了广阔的发展天地，我们面临的是一个琳琅满目、异彩纷呈的材料世界。但是，最能代表这个时代的是钢材与玻璃。钢铁工业曾经是 19 ~ 20 世纪一个国家力量的象征。由钢铁冶炼技术支撑的各类钢材生产，为建筑业提供了营造空间的最大自由度，钢结构至今仍然是应用广泛的先进建筑构造。玻璃以其纯净的透明度作为最优的透光材料，随着制作技术的发展，刚度、厚度、单位面积尺度都有了长足的进步。与钢结构结合成为我们这个时代最具代表性的建筑特征。

材料与空间样式

作为室内设计师总是希望自己的设计与众不同、个性十足。就室内设计的对象而言，这种个性的显现更多地表现于装饰与陈设的范畴，要想在空间样式上有重大的突破却十分困难。因为室内设计总是受到建筑构造的制约，于是不得不把设计的重点放在界面的装修与陈设的艺术设计上。这也是装饰概念成为室内设计主导概念的原因。但是，如果有了新型的构造材料与构造方式就可能从根本上改变空间的样式，一旦材料与构造成为空间样式的主导造型要素，任何额外添加的装修都可能是多余的。我们注意到近十年来在世界上由工厂加工大型建筑构件来装配房间的建筑项目越来越多。最典型的例证是机场航站楼的建筑，仅中国境内的三个大型航站楼：北京、上海浦东、香港赤蜡角都是这种模式的建筑。材料与构造的更新使空间的样式发生了很大的变化，同时也为室内设计提出了新的课题。

20世纪中叶以来钢筋混凝土框架结构，钢材和玻璃在建筑上大量使用，为室内空间争得了发展的更大自由，空间的流动在技术上变成了可能。这是建筑史上一次革命性的变化，它促进了现代室内设计的诞生。而恰恰在这时，依附于建筑内外墙面的装饰被减到了最少，而代之以从室内环境整体出发的装饰概念。那么随着新世纪建筑营造的逐步构件装配化，室内空间的样式必定会出现一次成型的趋势，至少在大型的公共性建筑中装修的概念变得十分淡漠。室内设计如何顺应这种变化，是新时期值得我们深入研究的课题。

材料与装饰风格

我们不可否认材料由于自身不同的质地、色彩、纹理会对人的心理产生完全不同的影响，因此会由于不同材料的使用而产生不同的装饰风格。

木材质感温暖润泽、纹理优美、着色性好，历来是室内用材的首选。东方世界用木材创造了以构造为特征的彩画框架装饰体系；石材质感坚硬、纹理色彩多变、雕凿性好，是建筑理想的结构材料，同时也是室内界面铺砌的高档用材；西方世界用石材创造了以柱式拱券为代表的雕塑感极强的界面装饰体系；金属材料质感冷峻平滑、色彩单纯、加工成型可塑性强，但是需要现代加工技术水平的支撑，因此以大量金属材料作为室内的装修材料就代表了现代最典型的装饰风格。可见材料与装饰风格有着本质上的联系。

一般来讲设计者总是希望选用高档材料，这是因为所谓的高档材料本身具有华丽的外表，易于产生良好的视觉效果。但是滥用高档材料不但得不到好的空间装饰，而且还会因为材料衔接过渡的处理不当，造成适得其反的效果。设计者合理选用与合理搭配材料的能力并不是一蹴而就的简单技巧。同一空间中使用的材料越多面临的矛盾也就越大，因此一些高档的场所反而用材极为简洁。当然，材料用得少就更需要精细的工艺水平。近两年国际上简约主义流行，国内的某些酒店宾馆对潮流跟得很紧，但由于设计者或是经营者并没有真正理解使用材料的真谛，所以材料使用和衔接的尺度比例掌握不好，加之装修工艺粗糙，空间效果反而不如以往。可见简约比之繁复在设计的用材上要更见功力。

材料与流行时尚

一般来讲材料的使用总是与不同的功能要求和一定的审美概念相关，似乎很少与流行的时尚发生关系。但是随着各种新型装饰材料的不断涌现，以及大众的攀比和从众心理，在装饰材料的使用上居然也泛起阵阵流行的浪潮。以墙面的装饰材料为例，墙纸、喷涂、木装修、织物软包等依次登场，这两年具有不同柔和色调适合于居室墙面装饰的高级乳胶漆又颇为流行。装饰织物方面：窗帘、床罩、靠垫、枕套等，更是与色彩图案的流行有着直接的联系。可见材料也有流行的时尚。

在一个相对稳定的时间段内，某一类或某一种装饰材料大家用得比较多，这就是材料流行的时尚。这种流行实际上是人们审美能力在室内装饰方面的一种体现。喜新厌旧是青年人最基本的审美特征；怀恋旧物则是一般老年人最常见的审美特征。由于新婚家庭的主体是年轻人，主流社会中家庭的决策人又往往是中青年，而这一类家庭的居室装修又占据了室内装饰材料使用的主流，因此也就促成了材料流行的时尚。在公共环境的室内装修中同样也会因为追求所谓的现代感或是时代感，造成某一种新材料的流行潮。

材料的流行从社会公众的角度来看无可厚非，而从专业的角度来看则表现出设计上的不够成熟。

材料与艺术表现力

在建筑与室内的设计领域，色彩、尺度、形态、体量的视觉体现往往被设计者所关注，然而，容易忽视材料表面的质感与肌理通过视觉影响力所造成的设计问题。通常，人们可以通过图像的资料，来了解一座建筑，或是一间房屋内部的色彩与形体，但这只是一般的视觉表象，而不是真实空间的视觉体验。在真实空间的视觉体验中，只有通过材料表面的质感与肌理反映，包括这种反映所导致的空间艺术表现力，才能真正达成设计所需要体现的完美空间效果。

不同的材质具有自身不同的艺术表现力：木材的自然所体现的温润与质朴；石材的坚实所体现的硬朗与苍劲；钢材的冷峻所体现的挺拔与俊秀。几乎每一种材料都具有自身特殊的艺术表现力。然而，材料所具有的这种艺术表现力，并不是随便使用就能够自然展现的，首先，必须经过设计者的预先规划与精心推敲，然后，还要通过施工者对工艺的合理选择与制作的细致琢磨，才能够充分发挥材料的潜质。在设计者的眼里并没有材料的好坏与新旧，只有适用与不适用。

每一个设计项目，都有着自己相应的使用背景和环境条件，面对特定的空间设计，并不是所谓时髦的新材料就好，也不是材料越昂贵越好，单一空间使用材料种类越多越好。这里有一个设计者的用材素养问题，并不是"拿到篮里就是菜"，需要较长时间项目实践经验的积累，同时也与设计者受教育经历中所完成的艺术修养积淀有关。我们注意到一些很有造诣的设计大师，往往偏爱于某种材料，并把这种材料的艺术表现力发挥到极致。说明他们对这种材料的特性了如指掌，工艺流程烂熟于胸，艺术处理方法得心应手。这才造就出能够传世的作品，同时也说明用材的学问并不是那么容易学到手。

在分析了材料与设计的诸多联系之后，我们可以看出目前在室内设计上出现的一些问题与设计者的用材素质有着很大的关系。这与我们应试的教育体制存在的弊病相关联。如果对比中外室内设计教育就会发现，我们在材料选择与运用上的设计基础素质教育还存在着较大的差距，一方面中小学教育中极少工艺课程的实际训练，本来基础就差，进入专业学校或是各类专业培训学习，学生又很少接触材料，同时我们的专业训练纸上谈兵的时候多，真刀真枪实干的时候少。参观国外艺术设计院校的最大感触，是那里的学校更像是一个工厂的车间，学生的课题作业很大部分是在实物操作的过程中完成。由于直接接触材料，同时又处于三维的实体空间中，所以更容易理解在纸面上所不能充分表达的内容，教学的效果自然要好得多。鉴于以上的原因专业学校和非专业学校培养出来的设计师都存在着用材素质不高的情况。

现代科学技术的飞速发展使新材料、新技术不断涌现，尽快提高我们的用材素质成为新世纪中国室内设计师的重要课题。

中国湖南张谷英村

梵蒂冈圣彼得大教堂环廊

梵蒂冈博物馆旋转楼梯

中国香港赤蜡角国际机场

德国柏林议会大厦穹顶遮光罩

中国香港会展中心大型玻璃吊灯

相关课题研究报告

任艺林，清华大学美术学院研究生"设计艺术的图形思维"课程学习研究报告 T005

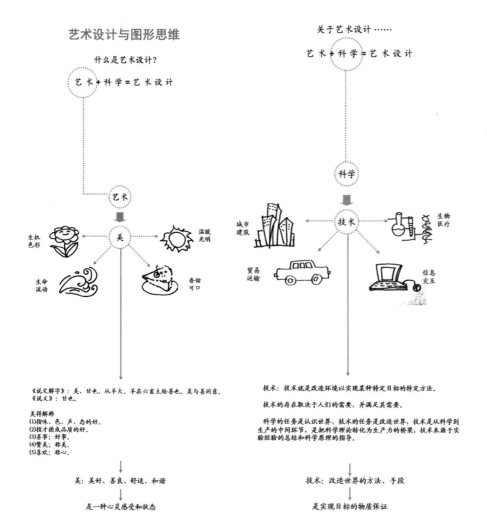

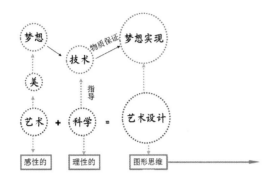

图形思考

什么是视觉思考？
视觉思考是一种应用视觉产物的思考方法——观看、想象、作画。

为什么要进行视觉思考？
视觉信息是人们获得信息的主要途径，在视觉文化崛起的时代，人们每天接受的信息中有80%来自视觉信息。随着电视机等视觉工具的发明和普及，视觉交流在人们的生活中日益增强。

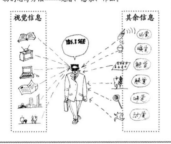

图形思考

什么是视觉思考？
视觉思考是一种应用视觉产物的思考方法——观看、想象、作画。

为什么要进行视觉思考？
随着计算机等工具的发明，人们的梦想越来越多地得以实现。

技术的发展，能够帮助人们思考和想象吗？

图形思考

什么是视觉思考？
视觉思考是一种应用视觉产物的思考方法——观看、想象、作画。

为什么要进行视觉思考？

计算机语言越来越多地影响着人的思考方式，使我们常常陷入定式思维。而视觉思考让我们启动了大脑中沉睡的大量的灵感和创意，让我们更有激情、更浪漫地思考。

图形思考

图形认知是人类认识世界的初始方法

图形思考

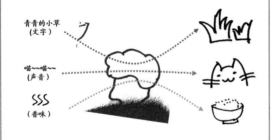

其他途径接受的信息在人脑中往往不自觉地首先转化为视觉信息。图像是信息输入和信息交换的最短路径。

图形思考

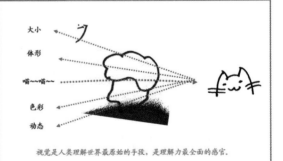

视觉是人类理解世界最原始的手段，是理解力最全面的感官。

图解把思考以速写的形式外部化,是视觉思考的一种方式。

如何进行图解思考?

看 想

画

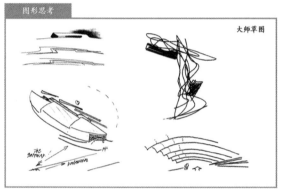

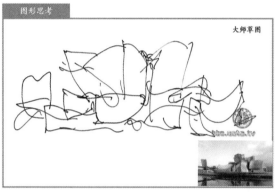

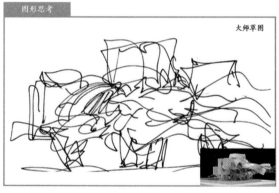

图形思考的特点:

感性优先 ·········→ 挣脱常规和习惯的枷锁,打破逻辑思维的束缚
不假思索 ·········→ 边画边想,先画后想,切勿想好再画
自我交流 ·········→ 切勿畏惧,打开思路,放开手笔,保存过程
信息循环 ·········→ 切勿擦除,保存灵感,在信息循环中发现"新灵感"
集中高效 ·········→ 掌握时间,集中精力,专心思考,切勿拖沓

图解分析:

图解分析是文字分析抽象和形象化的过程。
是运用图解的语言来分析物与物之间关系的方法。

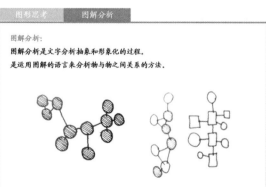

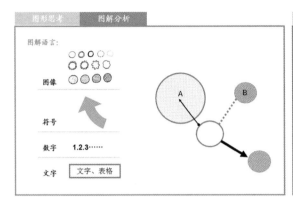

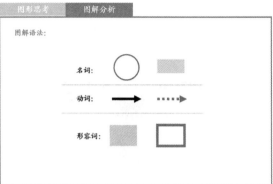

图解分析的独特能效：

文字语言的表述，具有时间性和过程性，需要进一步转化，才能被理解和接收。图解分析具有同时性，能将个体间错综复杂的关系完全地、直观地呈现。

图解分析的特点：
理性分析
对比甄选
开阔思路
把握整体

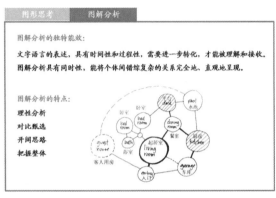

图形表达贯穿设计过程的始终，是设计从想法到落实的手段。

图　用绘画表现出来的形象。
形　实体；形仪（体态仪表）；形体；形貌；形容；样子；形状；形式。

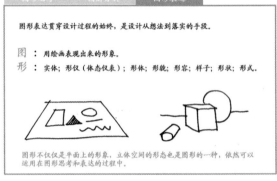

图形不仅仅是平面上的形象，立体空间的形态也是图形的一种，依然可以运用在图形思考和表达的过程中。

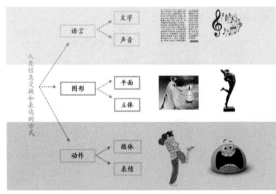

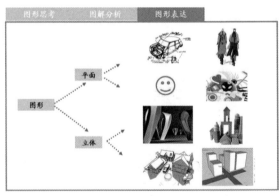

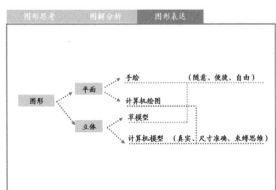

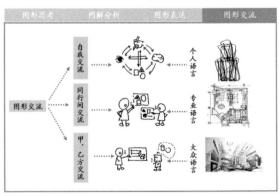

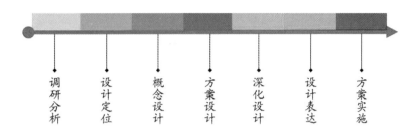

图形思考、分析、表达、交流贯穿设计的过程

调研分析　设计定位　概念设计　方案设计　深化设计　设计表达　方案实施

　　图形思维是充分运用图形和图式的语言，进行思考、分析、交流、表达的思维过程，是一个从视觉思考到图解思考的过程。

　　图形思维是帮助设计师产生创意的源泉和动力。

　　图形思维贯穿设计的始终，在不同的阶段表现出不同的优势。

　　图形思维不仅仅可以运用于艺术设计，而且它还可以帮助我们分析和处理生活中的各种事物。

图解
艺术设计的图形思维

08 级景观专业艺术硕士

裘敬涛
学号：2008224014

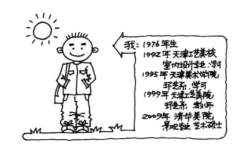

1

2

3

4

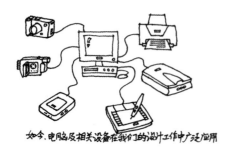

5

6

7

但设计又退化成了复制＋粘贴的低级操作!
——左手设计,创新性何在?

8

以前做设计,一上来直奔结果,缺少了方案前期重要的策划、定位、概念、评价、推敲、对比、优选等有价值的思维过程,导致设计方案缺乏创新性和生命力。

9

·之前我参与了清华百年讲堂的建筑外墙设计工作。设计一上来直奔结果,前期缺乏充分论证、定位推导的过程,导致我的方案缺少了最为核心的"概念"。

·仅仅从清华历史建筑和马里奥·博塔的美术馆方案中提取了"砖"和"拱券"两种元素,就着手进行了具体的形式设计。

失败的教训!

10

少了前期的定位和概念推导,直接进入方案设计。其后果是:

1. 方案的目的性不明确——目标任务的要求,是对建筑外墙进行整体设计。而我的方案只是在针对外部围廊做文章,在围廊的去留还有争议的阶段,这样的方案定位无疑是错误的。

2. 方案整体性的缺失——建筑外墙设计,其主体必然是建筑本身。而错误的方案定位,是将围廊与建筑主体割裂开对待,必然导致方案整体性的缺失。另外,这样的方案也必然少能够打动甲方的核心焦点。

3. 后续设计深度不足——前期的定位错误和概念缺失,导致设计只能停留在方案初级阶段,而当要求进行后续的设计实施阶段工作时,方案先天不足的问题暴露出来,使我感到茫然,不知后续设计将如何拓展,最终只好选择放弃,甚为遗憾。

失败的教训!

11

总结设计失败的教训

我发现在自己以往的学业实践中,过多强调了设计表达能力的培养,花费大量时间进行各种表现类设计图式语言的练习,而对于自身设计思维方法的发掘和认识却远远不够!

12

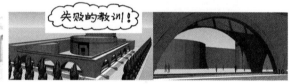

13

联想

应试教育扼杀了创造性思维所必需的 想象力!

14

缺乏设计思维的训练,会影响到想象力的拓展度。

应该通过怎样的训练方法
来开发设计思维能力呢？

↓探索

图形思维

15

2. 图形思维

16

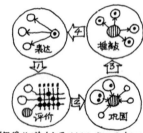

逻辑思维
理性

形象思维
感性

艺术设计
（综合）

两种思维模式

17

概念：图形思维，是指借助于各种工具，绘制不同类型的形象图形，并对其进行设计分析的思维过程。这类思维方式与设计的全过程密切联系。

18

图形思维——自我交流的过程

设计涉及 图形 眼 脑 手

形成一套网络 → 每环节都可能对信息进行增、减或变化……

新的设想 ← 产生出

19

表达 ⇄ 推敲
↓ ↑
评价 ⇄ 巩固

图形思维的潜力在于从纸面经过眼睛到大脑，然后返回纸面的信息循环之中——信息通过循环的次数越多，产生的变化可能性也越多。

20

图形思维的特点：
① 一页图面上可以表达许多不同的设想。思维始终从一个主题跳跃到一个主题。
② 设计的观察方式多种多样。平面、剖面、节点、透视……不同的尺度、比例与方法在同页图纸上汇集。
③ 思维是探索型的，开放的。开拓性地设想各种变化和可能性，可以通过讨论、交流邀请他人共同参与设想。

例：达芬奇的速写——防御工事研究

21

图形思维处于最活跃状态时，如同观赏奇妙的烟火组合。各种想法层出不穷，当我们从中寻找到真正喜爱的灵感火花，这时不仅在创造，同时也在享受设计带来的乐趣。

22

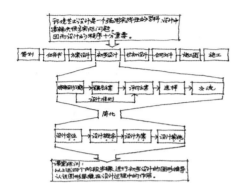

3. 图形推导

23

24

课题：清华新学堂景观初步设计

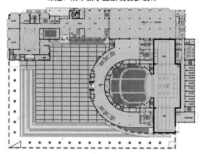

25

3.1 设计定位 ——第一轮推导

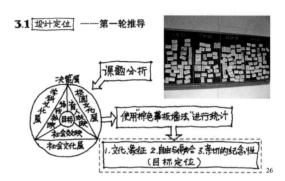

26

3.1 设计定位 ——第二轮推导

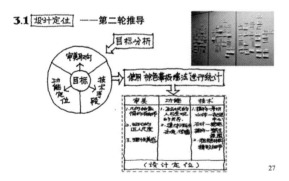

27

3.2 设计概念

——第一轮推导   ——第二轮推导

28

3.2 设计概念 ——第三轮推导

29

3.2 设计概念 ——概念确定

以单纯的元素，体现景观的象征性，
以元素的组织关系，体现学科交融，
人与人的交流，强调景观与建筑的
整体性。

概念——"大地的诗情"

30

3.3 坟计方案 ——第一轮推导

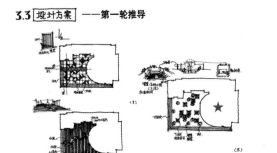

31

3.3 坟计方案 ——第二轮推导

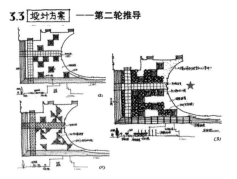

32

3.3 坟计方案 ——第三轮推导

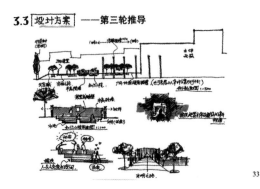

33

3.4 坟计实施 ——第一轮推导

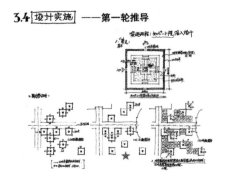

34

3.4 坟计实施 ——第二轮推导

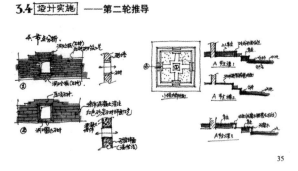

35

3.4 坟计实施 ——完成图

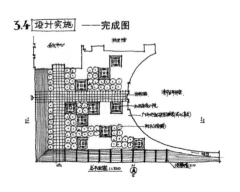

36

3.4 坟计实施 ——完成图

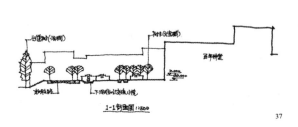

37

3.4 坟计实施 ——完成图

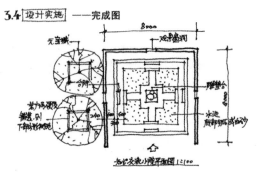

38

3.4 设计实施 ——完成图

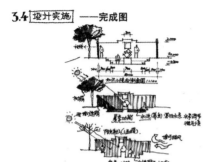

39

4. 小结

40

通过图形推导训练，我对设计的思维方法有了新的认识，对于长期困扰我的一些设计问题，找到了一条有效的解决之道。（下面是几点个人总结）

41

A. 图形思维 —— 手绘很重要

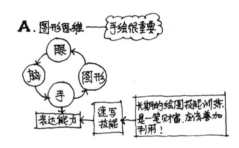

42

B. 图形思维 —— 工具很重要

选择适合自己的工具，才能在图形思维过程中得心应手。

绘图工具

拷贝纸

43

C. 图形思维 —— 交流很重要

图形思维不仅是设计师自我交流的过程，而且是一个探索、形象的思维过程，与他人的交流能碰撞出新的灵感火花，对设计的升华至关重要！

44

D. 图形思维 —— 生活阅历很重要

丰富的经验对于图形思维很重要，而这对于年轻人是很欠缺的。应该把学生时代的纯真心愿一直保持下去，用充满好奇心的态度观察世界、体验生活，积累经验——对设计水平提高会十分有益。

45

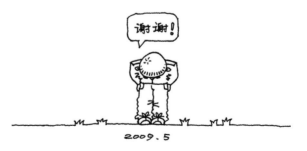

谢谢！

2009.5

46

第 4 章　室内设计实施

4.1 设计实施的要点

　　室内设计的综合与复杂性，决定其项目的系统控制工程特征。室内设计项目实施程序对于不同的部门具有不同的内容，物业使用方、委托管理方、装修施工方、工程监理方、建筑设计方、室内设计方虽然最后的目标一致，但实施过程中涉及的内容却有着各自的特点。这里所讲的设计实施对象主要是针对设计者。

　　以室内设计方为主的项目实施程序，涉及经济、政治、文化、社会，以及人的道德伦理、心理、生理，还包括技术的功能、材料，审美的空间、装饰等。室内设计方必须具备广博的人文、社会科学与自然科学知识，还必须具有深厚的艺术修养与专业的表达能力，才能在复杂的项目实施程序中胜任犹如"导演"角色的设计实施工作。

　　设计实施程序的系统控制概念极强，从项目工程的开始到完成都受到以下几点的制约与影响：

　　（1）经济、政治、文化与社会背景。每一项室内设计项目的确立，都是根据主持建设的国家或地方政府、企事业单位或个人的物质与精神需求，依据其经济条件、社会的一般生活方式、社会各阶层的文化定位、人际关系与风俗习惯来决定；

　　（2）设计者与委托者的文化素养。文化素养包括设计者与委托者心目中的理想空间世界，他们在社会生活中所受到的教育程度，欣赏趣味及爱好，个人抱负与宗教信仰等；

　　（3）技术的前提条件。包括科学技术成果在手工艺及工业生产中的应用，材料、结构与施工技术等；

　　（4）形式与审美的理想。指设计者的艺术观与艺术表现方式以及造型与环境艺术语汇的使用。

　　室内设计项目的实施过程中，室内设计者在受到物质与精神、心理上主观意识的影响下，要想以系统工程的概念和环境艺术的意识正确决策就必须依照下列顺序进行严格的功能分析：社会环境、建筑环境、室内环境、技术装备、装修尺度与装饰陈设。

4.1.1　思辨与协调的设计管理知识

　　设计实施程序制订的难度，关键在于设计最终目标的界定。就设计者来讲总是希望自己的设计概念与方案能够完整体现。但在现实生活中作为乙方的设计者，毕竟是要满足作为甲方的使用者。这就决定设计者不能单凭自己的喜好与需求去完成一个项目。设计师与艺术家的区别就在于：前者必须以客观世界的一般标准作为自己设计的依据；后者则可以完全用主观的感受去表现世界。这就需要学习思辨与协调的设计管理知识。

思辨在于找出设计方案在实施过程中可能出现的主要矛盾，事先策划相应的实施预案。协调在于同物业使用方、委托管理方、装修施工方、工程监理方、建筑设计方等各方与各专业的有效沟通。在设计实施程序中及早与各相关方的专业协调，对设计方案的实施具有重要意义。设计方案与各方各专业尤其是构造设备发生矛盾，只有通过及时沟通的人际协调才能解决。以装修构造为例，其结果无非是三种：满足设计方案的要求；放弃方案的设计概念另辟新路；在大原则不变的情况下双方作小的修改。因此，思辨的主观性与协调的客观性，只有在辩证统一的条件下才有可能实施。思辨与协调设计管理知识的获取在于研讨下列主题：

（1）设计管理的基本概念与构成要素；

（2）技术与艺术控制标准的权衡；

（3）自然、地区、社会条件对设计方案的制约；

（4）材料与设备选购的控制；

（5）统筹兼顾的工程实施程序。

探讨以上主题与方法：主要采用讲授与实验的方法，观察与诠释设计管理的知识。从设计案例的实施过程进行最佳的观察、辩证、理解与搜集线索，汇总信息进而理解案例实施的各个环节。借由物质与感觉指标探讨设计管理构成要素的议题。以系统化方法进行技术与艺术控制标准的调查，并由此探究及确认环境设计工程实施中相关问题处理的一般模式。以系统控制的理论指导，学习统筹兼顾的工作方法，将纸面设计方案转化为可供施工管理程序使用

的实施文案。

4.1.2　客观认知与主观判断的技能

通过制定工程实施的计划与程序，提高思辨与协调的能力。设计思辨能力——室内空间序列的综合设计判断分析能力；设计协调能力——掌握大型复杂空间的整体协调设计能力。就是客观认知与主观判断的技能。

这种技能只有通过工程项目设计管理在知识、技能和社会运作的实际综合训练中才能获得。由于在学校中教学很难真实模拟社会运行的实况，只能是最大限度地运用所学知识结合实际工程，了解项目的设计环节及实际问题的解决案例与沟通方法，培养学生设计管理的实际操作与协调能力。通过讲解设计管理第一手资料分析、评估与记录的方法，培养从事设计管理工作所涉及的技能。例如：工程进度控制文案、施工现场技术协调、材料选择与设备选型等。

通过讲授与实验的环节，经由现场观察勘测与人际沟通技巧等方法学习，将提升以下能力：

（1）系统控制能力。对设计项目实施的控制系统进行演绎、归纳、提问和验证的能力。

（2）设计管理能力。以人为本，充分考虑使用者行为特征的设计目标管理能力。

（3）表达能力。记录与传达施工现场环境的印象与概念的表达能力。

（4）沟通能力。与人为善，积极向上的汲取精神与不耻下问的工作态度，以勤奋与理解达成与人沟通的能力。

至少应该在学校掌握达成技能的知识：客观认知能力——项目实施环境（人文环境与场

所环境）对设计方案的制约；主观判断能力——设计实施过程中各技术环节的综合判断力。

4.1.3 总体控制与分项融通的观念

教育

设计实施的专业教育在于总体统筹的控制观念。室内设计总体控制的设计内容，涉及空间规划、装修构造、陈设装饰三个系统。设计的总体统筹在于控制三个系统相互间的平衡，使之能够在设计方案主导概念的统领下，达到环境场所总体空间形象和实用功效优化的目的。室内设计的总体控制对象分为自然环境要素与人工环境要素两个大的类别。前者是设计的基础要素，后者是设计的主体要素。室内总体的人工环境要素宏观控制包括：空间形体控制，比例尺度控制，光照色彩控制，材料肌理控制等内容。

教学

设计实施的专业教学在于项目要素分项的协调融通观念。室内设计的协调融通由设计本质的内容所决定，其分项控制的多元设计机制运行，依靠设计者广博的知识和全面的技能。室内设计分项融通的控制方法教学，首先需要了解建筑设计的理论与实践。从环境设计选项控制的概念出发，对建筑环境系统的功能问题、室内外空间的组织问题、艺术风格的处理问题，以及工程技术的经验问题等有深入的了解。在此基础上，通过分项融通的协调观念指导教学。最终在设计实施中实现：

——创造空间意境基本要素的光照与色彩设计；

——运用材料对建筑构件和界面处理的装修设计；

——选择与调配家具、灯具、织物、植物、生活器具、艺术品的陈设与装饰设计。

4.2 设计实施的环节

作为高等学校室内设计专业的设计实施环节教育教学，一般限定在了解施工技术知识的层面。设计方案概念创意的实现，固然需要设计者具备符合时代人文精神为基础的丰富空间想象力，但同样离不开施工技术作为其基本保障。对装饰材料选样的把握和对施工规范的初步了解，是学习室内设计项目管理与合理实现设计目标的有效前提。

施工图绘制完成，标志着室内设计项目实施图纸阶段主体设计任务的结束。接下来的工作，主要是与委托设计方和工程施工方的具体协调与指导管理。

材料选样是设计实施环节的第一步。通过了解材料的基本特性，认识材料选样的作用和意义。掌握设计空间界面材料的客观实际效果，把握材料选样的基本原则。材料的选样在室内工程项目中呈现的是空间界面材料的客观真实效果，对室内设计的最终实施起着先期预定的作用。作用于设计者、委托方，又作用于工程施工方，其作用具体可概括为以下几个方面：

（1）辅助设计。材料选样作为设计的内容之一，并非在设计完成后才开始考虑，而是在设计过程中，根据设计要求，全面了解材料市场，对材料的特性、色彩及各项技术参数进行分析，以备设计时有的放矢。

（2）辅助概算和预算。材料的选样与主要材料表、工程概预算所列出的材料项目有明确的对应关系。相对于设计图，材料选样更直观、形象，有助于编制恰当的概预算表及复核。

（3）辅助项目工程甲方理解设计。材料选样的真实客观，使甲方更容易理解设计的意图，易感受到预定的真实效果，了解工程的总体材料使用情况，以便对工程造价作出较准确的判断。

（4）作为工程验收的依据之一。

（5）作为施工方提供采购及处理饰面效果的示范依据。

材料选样必然要受到材料品种、材料产地、材料价格、材料质量及材料厂商等因素的制约，同时，也受到流行时尚的困扰。在一个相对稳定的时间段内，某一类或某一种材料使用得比较多，这就可能成为材料流行之时尚。这种流行实际上是人们审美能力在室内设计方面的一种体现。充分展示材料的特质，注重材料与空间的整体关系，以及强调材料的绿色环保概念，是材料选样方面应坚持的原则。

严格遵循施工规范是设计实施的重要环节。掌握室内装修工程的施工基本要求，了解施工的基本程序和规范，在施工技术方面打下良好基础，设计方案的可行性就有了坚实的技术保障。

作为设计实施的装修工程基本规范，在学校学习阶段需了解的专业知识主要在于以下方面：

（1）装修工程必须进行设计方可施工，并具有完整的正式施工图设计文件。

（2）施工单位应具有相应的资质，并应建立质量管理体系和相应的管理制度，有效控制施工现场对周围环境可能造成的污染和危害。施工人员应有相应岗位的资格证书，遵守有关施工安全、劳保、防火、防毒等法律、法规，施工单位应配备必要的安全防护设备、器具和标识等。

（3）装修工程设计必须保证建筑的结构安全，施工中禁止擅自改动建筑主体、承重结构或主要功能；严禁未经设计确认和有关部门批准擅自拆改水、暖、电、燃气、通信等设施。

（4）住宅装修施工时，不得铺贴厚度超过10mm以上的石材地面；不得扩大主体结构上原有门窗洞口；不得拆除连接阳台的砌块、混凝土墙体和其他有影响的建筑结构。

（5）施工所用材料应符合设计要求和国家现行标准的规定，严禁使用国家明令淘汰的材料；材料的燃烧性能应符合现行国家标准的规定；施工材料须按设计要求进行防火、防腐等技术处理。

（6）施工前应有主要材料的样板或做样板间，并经有关各方确认。

（7）施工中的电器安装应符合设计要求和国家现行标准的规定。严禁未经穿管直接埋设电线。

（8）管道、设备等安装及调试应在装修工程施工前完成，若必须同步进行，应在饰面层施工前完成。不得影响管道、设备等的使用和维修。

4.2.1　了解工程管理的知识

图纸会审的知识：

基本概念。图纸会审是指工程项目在施工前，由甲方组织设计单位和施工单位共同参加，对图纸进一步熟悉和了解。目的是领会设计意图，明确技术要求，发现问题和差错，以便能够及时调整和修改，从而避免带来技术问题和经济损失。图纸会审记录是工程施工的正式文件，不得随意更改内容或涂改。

基本程序。由于工程项目的规模大小不一、要求不同，施工单位也存在资质等级的差别，因此对图纸会审的理解和操作可能也会有所不同，一般的基本程序如下：

（1）熟悉图纸。由施工单位在施工前，组织相关专业的技术人员认真识读有关图纸，了解图纸对本专业、本工种的技术标准、工艺要求等内容。

（2）初审图纸。在熟悉图纸的基础上，由项目部组织本专业技术人员核对图纸的具体细部，如节点、构造、尺寸等内容。

（3）会审图纸。初审图纸后，各个专业找出问题、消除差错、共同协商、配合施工，使装修与建筑土建之间、装修与给水排水之间、装修与电气之间、装修与设备之间等进行良好的、有效的协作。

（4）综合会审。指在图纸会审的前提下，协调各专业之间的配合，寻求较为合理、可行的协作办法。

施工组织设计的知识：

基本概念。施工组织设计是安排施工准备、组织工程施工的技术性文件，是施工单位为指导施工和加强科学管理编制的设计文件，也是施工单位管理工作的重要组成部分。如果实行工程总包分包，由总包单位负责编制施工组织设计或阶段性施工组织设计；分包单位在总包单位的总体安排下，负责编制分包工程的施工组织设计。施工组织设计的作用是全面设计、布置工程施工；制定有效、合理的技术和组织措施；确定经济、可行的施工方案；调整、处理施工中的疏漏和问题；加强各专业的协作配合，切实避免各自为政；力争实现人、财、物的合理发挥。

主要内容。开工前的施工准备工作；制订施工技术方案——明确施工的工程量，合理安排施工力量、机具；编制施工进度计划；确定施工组织技术保障措施——使工程质量、安全防护、环境污染防护等落实到实处；物资、材料、设备的需用量及供应计划；施工现场平面规划等。

4.2.2　绘制施工图纸的技能

施工图作业则以"标准"为主要内容。这个标准是施工的唯一科学依据。再好的构思，再美的表现，如果离开标准的控制则可能面目全非。施工图作业是以材料构造体系和空间尺度体系为其基础的。

一套完整的施工图纸应该包括三个层次的内容：界面材料与设备位置、界面层次与材料构造、细部尺度与图案样式。

界面材料与设备位置在施工图里主要表现在平立面图中。与方案图不同的是，施工图里的平立面图主要表现地面、墙面、顶棚的构造样式、材料分界与搭配比例，标注灯具、供暖通风、给水排水、消防烟感喷淋、电器电信、音响设备的各类管口位置。常用的施工图平立面比例为1∶50，重点界面可放大到1∶20或1∶10。

界面层次与材料构造在施工图里主要表现在剖面图中。这是施工图的主体部分，严格的剖面图绘制应详细表现不同材料和材料与界面连接的构造，由于现代建材工业的发展不少材料都有着自己标准的安装方式，所以今天的剖面图绘制主要侧重于剖面线的尺度推敲与不同材料衔接的方式。常用的施工图剖面比例为1∶5。

细部尺度与图案样式在施工图里主要表现

在细部节点详图中。细部节点是剖面图的详解，细部尺度多为不同界面转折和不同材料衔接过渡的构造表现。常用的施工图细部节点比例为1:2或1:1，图面条件许可的情况下，应尽可能利用1:1的比例，因为1:2的比例容易造成视觉尺度判断的误差。图案样式多为平立面图中特定装饰图案的施工放样表现，自由曲线多的图案需要加注坐标网格，图案样式的施工放样图可根据实际情况决定相应的尺度比例。

通过学生个人的工程项目施工现场实例体验，以课堂讲授与讨论互动为主导的教学，经由目测记录、绘图测量、调研访谈等方式学习，提升以下能力：

（1）工程设计能力。对材料应用的设计表达能力。

（2）艺术表现能力。对构造应用的艺术表现能力。

（3）创新能力。对材料与构造综合应用的创新能力。

（4）自学能力。经由工程项目实例考察的自学能力。

4.2.3　服务于设计受众的观念

教育

室内设计所涉及的专业门类众多，设计内容深入生活的不同层面，成为生活方式的艺术与科学。它所体现的价值取向和审美观念的差异，使社会的设计受众群体呈现出复杂的差异性。能够付诸实施的设计方案，总是适应了相应的环境，这个环境自然包括人际交往的社会环境。也就是说，设计者必须掌握人际沟通方面的知识，能够进行复杂社会因素的融通，通过科学分析所处社会背景中人的需求定位，才能达到服务设计对象的彼岸。

就专业知识而言，设计者所具备的素质一般要高于设计的受众。但是作为一个社会存在的人来讲，相互间的人格是完全平等的。如果将专业知识的差异体现于人际交往，显然会违背人格尊重的平等原则，从而影响设计目标的实现。

因为设计的产品只有实现社会的应用才具有存在的价值，这就是设计的社会服务属性。因此，以社会价值体现作为最终目的，就成为服务于设计受众时设计者人际沟通所必须遵循的原则。

教学

服务于受众的设计观念体现在教学中，就是使学生的人文与专业素养达到较高的水平。功能实用与形式美观的和谐统一是室内设计的至高境界，体现于设计实施就是在功能与形式两个方面的取舍与平衡。真正能够在设计实施层面做到这一点，在设计者的社会实践中是非常不容易的，而受众所面临决策的两难境遇也同样体现于此。从某种意义上讲，社会因素的融通在设计方案的实施过程中占据了十分重要的位置，甚至可以说远大于技术因素，这就需要设计者掌握相应的公关技巧。很多情况下，设计受众的信赖来自于设计者的人格魅力。要成为一个优秀的设计者，先要学会做人，讲的就是这个道理。而在专业的技术层面，掌握环境设计整合型设计工作方法（使用功能、物质实体、产品设备、建造技术和场所反映）以及室内设计完整的专业设计程序与方法，则是服务设计受众的正确途径。

4.3 设计实施的协调

设计实施的项目组织与协调工作具有重要意义。了解并掌握组织与协调作为工程项目管理的主要内容，其涵盖的基本原则和方法，以增强对设计与施工之间系统性、协作性的有机把握。设计实施涉及多学科、多工种、多专业的交叉和融合，从而导致专业之间的交叉作业更具有复杂性和系统性。因此，项目组织与协调工作就显得非常重要。

项目管理的主要内容就是设计与施工的组织与协调，它是工程目标顺利实现的保证。随着现代社会的快速发展，那种管理无序、缺乏理性的工程项目操作模式已不能适应时代的要求。设计实施的正规化、系统化、制度化发展方向，对于提高设计水平、增强项目质量、保证施工工期、降低工程成本都起到了重要作用，经济效益也会有很大改观。

"项目"一词其含义颇为广泛，它涵盖了诸多内容，存在于社会的各个领域。一般对项目较为通俗的理解，就是指在特定条件下，具有专门组织与目标的一次性任务。而项目组织与协调是指在一定的限定条件下，为实现目标对实施所采取的组织、计划、指挥、协调和控制的措施。其组织和协调的对象是项目本身，要求具有针对性、系统性、科学性、严谨性、创新性。

作为项目组织与协调的基本任务：就是要执行国家和职能部门制定的技术规范、标准、法规，科学地组织各项技术工作，使项目组织与协调形成有序、高效的状态，以提高设计实施的整体管理水平。同时，还要不断革新原有技术，采用、创造新技术，提升设计水平，保证工程质量，实现安全施工，节约材料能源，强化环保意识，降低工程成本。

作为项目组织与协调的基本要求：国家现行有关建筑装饰行业的政策、法规及相关规范，基本都带有一定的强制性，在项目组织与协调的过程中均应不折不扣地贯彻、执行、落实。项目组织与协调工作是一项系统而严肃的重要环节，这时一定要采取理性、科学的态度和方法，遵循科学规律进行项目组织与协调，而不可完全沿袭诸如方案设计时的感性思维模式对待项目组织与协调工作，否则，可能会陷入难以想象的困境。项目组织与协调还体现于组织各专业的相互协调，会同甲方、监理、设计、施工等各方专业技术人员，提前分析出可能出现的问题，协商出解决问题的最佳方案。

项目组织与协调的基本内容体现在三个方面：

（1）基础工作。一般指为开展项目组织与协调创造前提条件的最基本工作。包括技术责任制、标准与规范、技术操作流程、技术原始记录、技术文件管理等工作。

（2）业务工作。施工前的技术准备工作：主要包括施工图纸会审、施工组织设计、技术交底、材料检验、安全保障等。施工中的技术管理工作：包括施工检验、质量监督、专业协调、现场设计技术处理、协助竣工验收等。基础工作与业务工作相互依赖，同等重要，任何一项业务工作都离不开基础工作的支持。项目组织与协调的基础工作不是目的，其基本任务依靠各项具体的业务工作来实施和完成。

（3）设计工作。作为设计者需要清楚两点：其一，了解编制施工组织设计及施工方案；其二，参加图纸会审和施工技术交底。

设计者在设计实施的全程，需要参加材料验收工作；事先学习、掌握各项技术政策、技术规范、技术标准及技术管理制度；了解保证工程质量、安全施工的技术措施；参与隐蔽工程验收；参与工程的质量检验，协助处理有关施工技术和各专业的组织与协调问题；现场指导施工，督促照图施工，主持现场设计和设计变更，保证设计效果；帮助甲方完成竣工图文件的编制。

4.3.1 了解技术管理的知识

技术交底知识：

技术交底是指工程项目施工之前，就设计文件和有关工程的各项技术要求向施工方作出具体解释和详细说明，使参与施工的人员了解项目的特点、技术要求、施工工艺及重点难点等，做到有的放矢。技术交底分为口头交底、书面交底、样板交底等。严格意义上，一般应以书面交底为主，辅助以口头交底。书面交底应由双方签字归档。

（1）图纸交底。其目的就是设计方对施工图文件的要求、做法、构造、材料等向施工技术人员进行详细说明、交待和协商，并由施工方对图纸咨询或提出相关问题，落实解决办法。图纸交底中确定的有关技术问题和处理办法，应有详细记录，经施工单位整理、汇总，各单位技术负责人会签，建设单位盖章后，形成正式设计文件，具有与施工图同等的法律效力。

（2）施工组织设计交底。施工组织设计交底就是施工方向施工班组及技术人员介绍本工程的特点、施工方案、进度要求、质量要求及管理措施等。

（3）设计变更交底。对施工变更的结果和内容及时通知施工管理人员和技术人员，以避免出现差错，也利于经济核算。

（4）分项工程技术交底。这是各级技术交底的重要环节。就分项工程的具体内容，包括施工工艺、质量标准、技术措施、安全要求以及对新材料、新技术、新工艺的特殊要求等。

施工基本程序的知识：

作为设计实施的装修工程，其基本的施工程序根据室内的空间特点制定。原则上一般可按照自上而下、先湿后干、先基底后表面的流程进行。其施工顺序可遵循以下规定：

（1）抹灰、饰面、吊顶及隔断施工，应待隔墙、暗装的管道、电管和电气预埋件等完工后进行。

（2）有抹灰基层的饰面板工程、吊顶及轻型装饰造型施工，应待抹灰工程完工后进行。

（3）涂刷类饰面工程以及吊顶、隔断饰面板的安装，应在地毯、复合地板等地面的面层和明装电线施工前，以及管道设备调试后进行。

（4）裱糊与软包施工，应待吊顶、墙面、门窗或设备的涂饰工程完工后进行。

4.3.2 项目实施专业指导的技能

项目实施的专业指导面向设计与施工的相互关系。了解和掌握施工过程中各专业需要提供配合的特点和规律，以便从设计的角度对施工进行技术指导。在项目实施中"设计"应始终处于"龙头"的地位，没有一个合理的设计作为艺术和技术保障，设计的整体效果和空间形象就无法通过工程的施工技术得以实现，也无法使施工得到更多的技术支持。

因此，设计与施工是一个问题的两个重要方面，施工技术的专业指导则是衔接、解决该问题的重要环节。

作为设计方的施工技术指导基本原则：在于严格执行涉及本专业的有关技术政策、技术规范、法令法规。尊重施工图文件作为设计实施的法律性和严肃性。对技术交底、设计变更、现场指导、施工验收、资料整理等予以高度重视。

作为设计方的施工技术指导专业技能的具体内容：

——在于做好施工前的技术交底工作。

——指导施工材料的选择和组合搭配；检查施工工艺是否符合相关技术规范；监督施工中对设计的尺寸、造型、色彩、照明及饰面效果的技术落实和把握。

——认真办理设计变更、现场修改及洽商；协助检查隐蔽工程验收工作；协调设计与其他设备专业的冲突或配合问题。

——强调施工中对设计细部、节点的工艺要求；指导设计中的特殊处理、特殊构造的施工技术要求，帮助解决施工时出现的技术难题。

——参与竣工验收，重点关注饰面、细部及空间整体的视觉效果；重视施工技术指导的记录及资料整理、归档工作；总结施工技术指导的有关经验、教训，利于逐步完善该项工作。

创造实践教育与实验教学的条件，尽最大可能地模拟设计实施的环境，通过现场体验、观摩与实习等多种手段和方法，提高学生面向社会工作两个方面的能力。

（1）系统控制能力。对设计项目实施的控制系统进行演绎、归纳、提问和验证的能力。

（2）设计管理能力。以人为本，充分考虑使用者行为特征的设计目标管理能力。

4.3.3 基于环境意识的观念

教育

作为环境科学哲学理论基础的环境伦理学内涵，在人类文明的不同发展阶段，也必然会出现与之相适应的不同环境伦理观，从而成为不同时代环境伦理观指导下的不同思想方法。

古代农耕文明、近代工业文明、现代信息文明及其所代表的环境伦理观，反映出完全不同的思想方法，这就是：人类完全依赖大自然所产生的"天人合一"环境伦理观；人类主宰自然所产生的"人类中心主义"环境伦理观；以知识经济为核心的现代文明条件下产生的"可持续发展"环境伦理观。

当下设计实施的思想指导观念，显然只能是可持续设计的环境观。

"环境"是与中心事物相对的概念，是以某项中心事物的存在作为参照系的。中心事物的不同，造就了不同的环境变化。"中心事物与环境之间存在着对立统一的相互关系。"❶环境主体的分类，是以环境所针对的中心事物而言的。环境空间的分类，是以环境所针对的时空度量

---

❶　杨志峰，刘静玲，等.环境科学概论[M].北京：高等教育出版社，2004：3.

而言的。在所有的环境特性中"整体性"是第一位的。环境是一个完整的系统，系统中的组成部分，都存在着紧密的相互联系，各部分处于相互制约的关系，可以说是牵一发而动全身。

作为影响设计实施系统的环境意识，正是环境的"整体性"观念。环境设计的系统思维模式（交通规划、功能布局、空间组织、艺术处理和技术经验的总体控制）所规范的工作方法，就是设计实施必须遵循的标准。

教学

环境要素——亦称"环境基质"。构成人类环境整体的基本物质组分。

环境功能——环境要素及由其构成的环境状态对人类生活和生产所承担的职能和作用。

环境质量——环境素质的优劣程度。

理想的人文环境应是在一定的时空范围与所在自然环境相互作用、相互影响，并融为一体，具有美学和文化内涵，满足人类的精神和娱乐的需要，最终达到自然和人类创造性的完美结合。室内设计的终极环境追求正是这样的境界。因此，设计实施方法的教学观，必然受控于：环境设计空间控制系统功能、设施、建造、场所要素相关机理的基本知识和理论。

4.4 "设计实施"课内教学安排

设计实施

设计实施阶段是检验设计者功力的关键环节。只有具备完整的人格、全面的专业素养、良好的沟通能力、果断的决策能力，才能保证设计方案的顺利实施。环境设计在学校学习阶段难以模拟真正的设计实施，因此设计方案中材料与构造的表达深度，成为必须达到的教学目标。其设计实施的目标界定，并不是真正的工程实施，而是设计方案面向社会实践的开放性表达。

第 12 次授课（4 课时）

课题设计实施的工作方法授课，选择合适的设计全程（定位—概念—方案—实施）优秀案例分析归纳讲授教学。

课外作业：实施设计方案全部二维图形展示电子文件的制作（第 13 次授课时完成）。

第 13 次授课（4 课时）

课题实施设计方案表达的总体控制图形分析授课。

课外作业：实施设计方案的模型制作（第 14 次授课时完成）。

第 14 次授课（4 课时）

课题讲评：面向社会的设计实施开放性表达与交流。

4.4.1　讲授

目前的室内设计在实施观念上，还处于一种见物不见人的状态，即：重视单一视觉表现，忽视综合环境体验。从设计理论的层面，以空间为主导的设计方式还占据主流。因此，从可持续设计的发展角度审视室内设计未来的实施，需要在面向生态文明建设的未来设计师培养中，重点讲授以时间为主导的环境设计观念。

图 4-1　设计实施阶段模拟项目采购的学生作业（韩旭）

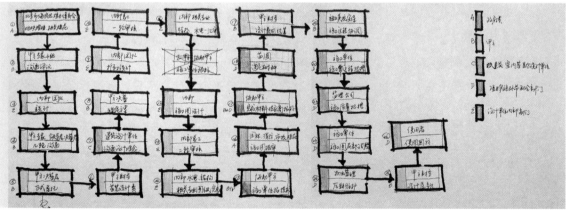

图 4-2　设计实施阶段模拟项目工程进度的课堂考核作业（史迪）

授课讲义（成稿 2001 年 10 月）编号：J010

以时间为主导——环境艺术观与中国传统建筑

以环境定位的艺术观

环境艺术并不是为了解决人与环境的问题而产生的艺术。环境艺术是艺术表现形式时空融会的本质体现。

从表面看"环境似乎与艺术毫不搭界，因为最纯粹的环境意味着自然界，而艺术却代表了人工的极致。"❶

在这种人工的极致中，除了音乐以其抽象的表达"不受任何约束便能创作出表现自我意识，用来实现愉悦目的的艺术品"，在其他的艺术表现形式中，"造型"与"视觉"则是最普遍和容易被理解的关联要素。❷

不论抽象或是具象，人们总是通过不同的传达媒介来体味艺术。而通过不同类型形象表达的感知，来愉悦他人的欲望，则是艺术创作本质的诉求。

"故此，艺术往往被界定为一种意在创造出具有愉悦性形式的东西。这种形式可以满足我们的美感。而美感是否能够得到满足，则要求我们具备相应的鉴赏力，即一种对存在于诸形式关系中的整一性或和谐的感知能力。"❸ 可见，人的感知能力成为艺术体验最基本的条件。

艺术创作的表现形式是为了满足人的感知体验而被创造出来的。满足人的愉悦情绪的快感，总是能够产生美感。而美感的获得应该是艺术创作所要达到的基本目标。尽管美感是产生美的重要组成内容，而"美"的定义在很多种解释中又总是与美感发生联系。似乎能够产生美感的艺术作品本身就是美的化身。

然而，艺术并不一定等于美，尤其是当我们将艺术置于时间的天平衡量时："我们都将会发现艺术无论在过去还是现在，常常是一件不美的东西。"❹ 究其实质我们还是同意英国学者赫伯特·里德（Herbert Read，1893～1968 年）对美所下的物理定义：美是存在于我们感性知觉里诸形式关系的整

---

❶ （美）阿诺德·伯林特.环境美学 [M].张敏，周雨译.长沙：湖南科学技术出版社，2006：4.
❷ （英）赫伯特·里德.艺术的真谛 [M].王柯平译.北京：中国人民大学出版社，2004：1.
❸ （英）赫伯特·里德.艺术的真谛 [M].王柯平译.北京：中国人民大学出版社，2004：1.
❹ （英）赫伯特·里德.艺术的真谛 [M].王柯平译.北京：中国人民大学出版社，2004：3.

一性。这一点对于环境艺术的产生具有至关重要的意义。

艺术的表现总是需要通过相应的物质载体，就其构成物质基础的要素来讲：时间是物质运动的存在方式，是物质的运动、变化的持续性、顺序性的表现；空间是物质存在的客观形式，由长度、宽度、高度表现出来，是物质存在的广延性和伸张性的表现。

时间和空间成为物质要素的本源，完美的艺术表现应当是时空的统一。

但是，由于受到技术条件的限制，传统的艺术表现总是偏向于物质要素本源的一翼，因此也就有了时间艺术与空间艺术的说法。音乐成为典型的时间艺术，绘画成为典型的空间艺术，戏剧成为二者兼有的时空艺术。音乐的体验主要依靠人的听觉，绘画的体验主要依靠人的视觉，而戏剧的体验则要通过视觉、听觉乃至嗅觉的综合感知。

随着传媒技术的发展，传统的艺术表现形式，逐渐被新的能够为人的全部感官所接受的表现形式所取代。电影的发明就是一个典型的例证。但是人们感受艺术作品的方式，仍然处于主体与客体的隔膜状态，即使是今天的计算机多媒体技术，在影像表现方面的成就，还是不能摆脱二维电影画面模拟的窠臼，很难产生一种沉浸式的全身心投入的艺术感受。因此，才会有目前新媒体艺术的探索和行为艺术的流行。而正是这种对全方位艺术表现形式的追求，才造就了环境艺术。

"人类环境，说到底，是一个感知系统，即由一系列体验构成的体验链。从美学的角度而言，它具有感觉的丰富性、直接性和当下性，同时受文化意蕴及范式的影响，所有这一切赋予环境体验沉甸甸的质感。"❶ 正是因为环境能够提供人类感知的完整体验链，这种完整的体验链存在，构架了艺术审美的理想殿堂。"美感决不仅是生理的感觉，但也并非某种抽象的永恒，它通常关联着多种情形，受各类情境、条件影响，经过这些媒介而塑造体验。"❷

因此，环境的这种包容性感知体验成为具有时空综合艺术创作的最佳场所。"环境作为一个物质—文化（physical-cultural）领域，它吸收了全部行为及其反应，由此才汇聚成人类生活的洪流巨浪，其中跳跃着历史、社会的浪花。如果承认环境中的美学因素，那么环境体验的直接性，以及强烈的当下性和在场性等特征，也就不言自明。"❸

以环境定位的艺术创作必须符合环境美学所设定的环境体验要求，并能够在三个方面进行区分：

（1）环境美的对象是广大的整体领域，而不是特定的艺术作品；

（2）对环境的欣赏需要全部的感觉器官，而不像艺术品欣赏主要依赖于某一种或几种感觉器官；

（3）环境始终是变动不居的，不断受到时空变换的影响，而艺术品相对地是静止的。

---

❶ （美）阿诺德·伯林特. 环境美学 [M]. 张敏，周雨译. 长沙：湖南科学技术出版社，2006：20.
❷ （美）阿诺德·伯林特. 环境美学 [M]. 张敏，周雨译. 长沙：湖南科学技术出版社，2006：21.
❸ （美）阿诺德·伯林特. 环境美学 [M]. 张敏，周雨译. 长沙：湖南科学技术出版社，2006：20.

由于"从某种意义上来说，环境是个内涵很大的词，因为它包括了我们制造的特别的物品和它们的物理环境以及所有与人类居住者不可分割的事物，内在和外在、意识与物质世界、人类与自然并不是对立的事物，而是同一事物的不同方面。人类与环境是统一体。"以环境艺术观为指导的创作，必须考虑人与自然环境的关系，也就是作品本身与自然环境的关系。

人工的视觉造型环境融汇于自然，并能够产生环境体验的美感，成为环境艺术观的核心理念。

以时间为主导的环境体验

传统造型艺术是以空间运动形式的某一片段作为最终的表征，在这里虽然有着时间因素的体现，但是空间的概念始终占据着主导地位。然而，以环境概念定位的建筑艺术作为人与环境互动的艺术类型，却是时间与空间两种因素体现于特定场所的物象表征。在时间与空间这两种因素中，时间显然占据着主导地位。

由于环境的艺术是一种需要人的全部感官，通过特定场所的体验来感受的艺术，是一个主要靠时间的延续来反复品味的过程，因此，时间因素相对于空间因素具有更为重要的作用。在这里空间的实体与虚拟形态呈现出相互作用的关系，人只有在时间流淌的观看与玩赏中，才能真切地体会作品所传达的意义。

"环境美学的范围超越了艺术作品——为了静观的欣赏而创造的美学对象的传统界限。"

可以看出环境的艺术美学特征显现需要冲破传统的理念，这就是时间因素对于空间因素的相对性。城市与区域规划中美学价值的体现之所以未被关注，就在于缺乏基于时空概念的环境美学观尚未被人们所理解和重视。

即使是建筑学和景观设计领域的美学价值，在许多人的认识中还是以传统的美学观来判定，尚未上升到环境美学的境界。也就是说需要建立时空综合的环境艺术创作系统，来切实体现环境美学的理论价值。

在环境审美的过程中，在摆脱静观欣赏的同时，需要赋予环境鲜活的美学价值，就必须在空间创造的环境体验中巧妙地运用时间控制系统。这里的关键点在于人的行进速度控制，因为行动速度直接影响到空间体验的效果。

人在同一空间中以不同的速度行进，会得出完全不同的空间感受，从而产生不同的环境审美感觉。登泰山步行攀越十八盘和坐缆车直上南天门的环境美感截然两样。因此，研究人的行进速度与空间感受之间的关系就显得格外重要。

在目前已经实现的空间艺术作品创作中，美国迪士尼主题公园堪称时间控制系统成功的范例。凡是到过迪士尼乐园游玩的游客都会发现，绝大多数主题性游乐项目都是通过不同的交通工具载人观赏来实现的。不同的车船，不同的速度，导致观众观赏不同景观的时间被完全控制，从而最大限度地实现环境体验中审美价值的最大值。

由此可见环境的艺术空间表现特征，是以时空综合的艺术表现形式所显现的美学价值来决定的。"价值产生于体验当中，它是成为一个人所必需的要素。"❶ 环境艺术作品的审美体验，正是通过人的主观时间印象积累，所形成的特定场所阶段性空间形态信息集成的综合感受。

中国传统建筑的时空观

在东方，尤其是中国传统的哲学体系中，人与自然的关系是一个根本的问题，即所谓"天人之际"。在这里天是指广大的客观世界，亦即指自然界。人则是指人类，亦即指人类社会。

如何处理人与自然的关系："中国古代关于人与自然的学说，无论儒家和道家，都不把人与自然的关系看做敌对的关系，而是看做相辅相成的关系，以天人的完全和谐为最高理想。"❷

战国荀子《天伦》首先明确提出："明于天人之分，则可谓之人矣。"认为自然界有自己的运行规律，不会因为人而存亡，与人类社会的贫病灾祸没有必然联系，不能主宰人的命运。并强调人能认识和利用自然，"制天命而用之"。

老子指出"天之道损有余而补不足；人之道则不然，损不足以奉有余"，提出人应当顺从自然。

天人合一说最早由子思、孟子提出，他们认为人与天相通，人的善性天赋，尽心知性便能知天，达到"上下与天同流"。

庄子认为"天地与我并生，而万物与我为一"，人与天本来合一，只是人的主观区分才破坏了统一。主张消除一切差别，天人混一。

西汉董仲舒强调天与人以类相符，"天人之际，合而为一"（《春秋繁露·深察名号》）。

宋以后思想家则多发挥孟子与《中庸》的观点，从"理"、"性"、"命"等方面来论证天人关系的合一。

明清之际王夫之说"为其理本一原，故人心即天"（《张子正蒙注·太和篇》），但强调"相天"、"造命"、"以人道率天道"。

天人合一各说，力图追索天与人的相通之处，以求天人协调、和谐与一致，实为中国古代哲学的特色之一。❸

在中国传统思想体系孕育下，以建筑、景观、城市为背景的环境设计，体现了极其深厚的文化内涵。人与自然和谐的思想，集中反映在天人合一的世界观中，其时空观念完全符合于以时间为主导的现代空间设计环境理念。

---

❶ （美）阿诺德·伯林特. 环境美学 [M]. 张敏，周雨译. 长沙：湖南科学技术出版社，2006：22.
❷ 张岱年. 中国哲学关于人与自然的学说 [M]// 深圳大学国学研究所. 中国文化与中国哲学. 北京：生活·读书·新知三联书店，1988：52.
❸ 辞海 [M]. 上海：上海辞书出版社，1999：1486.

授课讲义（成稿 2001 年 10 月）编号：J011

环境设计学科的教育教学体系

引言：关于环境设计学科

"环境艺术设计"是中国社会特定历史背景下的专业产物。"随着时间的流逝，尽管今日中国的决策层和社会大众并不一定完全理解'DESIGN·设计'的完整内涵，但专业界对于汉语'设计'的指向已超越了词典释义的范畴，再沿用'艺术设计'的称谓，反而不利于本属于人类完整思维系统——艺术与科学指向中感性与理性两极的统一。"❶ 在设计学成为一级学科的今天，需要不失时机地举起"环境设计"的大旗。

2012 年"环境设计"列入国家高等学校本科专业目录成为设计学二级学科——学界共识度最高的专业称谓环境设计实至名归。❷

2011 年艺术学成为学科门类：艺术学从文学门类中升级；一级学科设计学脱颖而出。❸

从室内装饰到环境设计

室内装饰与室内设计

装饰词义的美术、工艺美术与设计指向；

中外建筑、美术、设计史中的室内装饰；

1957 年中央工艺美术学院首创的专业概念。

---

❶ 郑曙旸．序 [M]//2011 中国环境艺术设计学年奖获奖作品集．北京：中国建筑工业出版社，2011．
❷ 教育部印发《普通高等学校本科专业目录（2012）》艺术门类：设计学（一级学科）——艺术设计学、视觉传达设计、环境设计、产品设计、服装与服饰设计、公共艺术、工艺美术、数字媒体艺术。
❸ 国务院学位委员会印发《学位授予和人才培养学科目录（2011 年）》：
13　艺术学
1301 艺术学理论
1302 音乐与舞蹈学
1303 戏剧与影视学
1304 美术学
1305 设计学（可授艺术学、工学学位）

1900 年

在 20 世纪初,英语 design(设计)的概念进入中国,其翻译的渠道主要经由日本,当时所言:美术、图案、装饰、工艺美术等词,或多或少都具有 design(设计)词义的部分内涵。提倡美育救国的蔡元培"称装饰是'最普通之美术','其所附丽者,曰身体、曰被服、曰器用、曰宫室、曰都市。'"所言涉及今日设计对象的所有领域。

室内设计与环境艺术

室内设计时空体验的环境艺术特征;

摆脱建筑装饰装修观念的专业特征;

走向生态文明的室内设计前瞻特征。

1982 年　奚小彭:在中央工艺美术学院室内设计专业讲授《公共建筑室内装修设计》课程的录音稿

我的理解,所谓环境艺术,包括室内环境、建筑本身、室外环境、街坊绿化、园林设计、旅游点规划等,也就是微观环境的艺术设计。

1988 年　潘昌侯:我对"环境艺术"的理解,《环境艺术》第 1 期 5 页,中国城市经济社会出版社

环境艺术的存在,将柔化技术主宰的人间,沟通人与人、人与社会、人与自然间和谐的、欢愉的情感。这里,物(实在)的创造,以它的美的存在形式在感染人,空间(虚在)的创造,以他的亲切、柔美的气氛在慰藉人。

1988 年　马兆政:《短暂人生——一个艺术青年的追求》95 页,辽宁美术出版社,1988 年 10 月

室内设计绝不是由装修匠师们对建筑总体设计已经确定下来的有限空间,进行一点装饰、补救或点缀,而是研究空间构成的合理的美,研究如何合理地掌握和发挥装饰功能的分寸,甚至更加关心创造或服务于人类精神功能的环境。这门学科,目前与规划、建筑、园林、市政等共同融汇于环境设计的总体之中,未来将在社会的、生理的、心理的、艺术的与科学技术的关系中,发展成为一门新兴的人文环境设计学科。

环境艺术与环境设计

源于近现代艺术流派的环境艺术概念;

脱胎于美术观念的中国设计教育教学;

屈从于社会文化背景的环境艺术设计。

1991 年　张绮曼:《室内设计资料集》1 页总论,中国建筑工业出版社

为了人类生存与改善现状,人们寄希望于"设计",通过设计从宏观上改善环境,创造一个精神充实且具有高文化价值的社会环境。

"设计"作为连接精神文化和物质文明的桥梁，在改善人类生存环境、创造理想的社会环境过程中将发挥重要作用。

1999年　郑曙旸：《高等学校环境艺术设计专业教学丛书暨高级培训教材》3页，中国建筑工业出版社

环境设计以原在的自然环境为出发点，以科学和艺术的手段协调自然、人工、社会三类环境之间的关系，使其达到一种最佳的运行状态。环境设计具有相当广的含义，它不仅包括空间环境中诸要素形态的布局营造，而且更重视人在时间状态下的行为环境的调节控制。

环境设计比之环境艺术具有更为完整的意义。环境艺术应该是从属于环境设计的子系统。

2013年　国务院学位委员会学科评议组：《学位授予和人才培养一级学科简介》，高等教育出版社

环境设计是研究自然、人工、社会三类环境关系的应用方向，以优化人类生活和居住环境为主要宗旨。

环境设计尊重自然环境、人文历史景观的完整性，既重视历史文化关系，又兼顾社会发展需求，具有理论研究与实践创造、环境体验与审美引导相结合的特征。环境设计以环境中的建筑为主体，在其内外空间综合运用艺术方法与工程技术，实施城乡景观、风景园林、建筑室内等微观环境的设计。

1　设计教育思想

文化·传承

中国传统文化传承在学习中的主体性。通过华夏文化哲学思想体系：整体性、系统性、综合性特征的设计学理论学习心得，使其上升到设计学认知基础的思维层面。

设计·表达

明确精准而熟练设计表达能力的重要性。将掌握描绘造型技能上升到设计工作必备的技术基础层面。

艺术·思维

突出设计程序艺术思维的主导性。掌握设计原理和方法，通过举一反三的思维推导过程，兼顾动手能力在视觉传达与反馈中的作用，视其为设计方法的技术基础。

艺术·科学

维护专业学习中艺术与科学素养培育的整体性。将提高艺术修养与审美能力和掌握专业的科学

理论与技能统一在设计系统中。

实践·开放

强调设计学的实践性与开放性。明确生产实践中传统技术与现代技术并重，生产技术中注重新材料与特质处理的观念；开放视野学习国内外先进经验的观念。

2　设计知识领域

设计历史与理论

立足于环境设计是研究自然、人工、社会三类环境关系中以人的生存与安居为核心的设计问题的应用学科的基本认识，以设计致力于优化人类生存与居住环境整体协调的理论及方法的研究为主旨。

通过对组成环境设计系统相关专业内容，城市、建筑、室内、园林设计历史与理论的学习，研究环境艺术与环境科学关系的问题，了解并掌握环境设计问题既古老又有新挑战性的学科规律。学习并具备理论研究与实践结合的能力，掌握环境体验与审美创造相结合进行优质环境设计的知识。

设计思维与方法

从人与人、人与自然关系的本质内容出发，结合环境设计理论知识学习与实践技能训练，掌握以图形推演为主导的环境设计思维能力。

通过设计思维与表达、环境设计专业基础、专业设计知识的学习，研究环境社会学与综合设计的问题，了解并掌握不同设计阶段的思维与表现模式，以及设计语言、设计程序、设计方法等内容。学习并具备从物质形态和意识形态两个方面展开工作的能力，掌握环境优化、环境安全和符合环境生态可持续发展的设计知识。

设计工程与技术

立足环境设计系统的整合理念，结合环境设计相关专业工程建设知识学习与图形技术实施的技能训练，掌握运用材料构建塑造空间形态和表达设计概念的能力。

通过测绘与制图、材料与构造知识的学习，研究环境心理学与环境物理学的问题，了解并掌握经由逻辑思维与形象思维捕捉对象认知环境的综合勘测手段。学习并具备从主观技能和客观物质两个层面介入技术的能力，掌握设计实施技术路线优选抉择的知识与实际动手操作的技能。

设计经济与管理

从设计管理是设计学内涵有机组成的概念出发，结合环境设计理论知识学习与社会实践运作的实验教学，掌握环境设计定位、概念推导、方案设计与实施不同阶段的设计管理能力。

通过城乡环境规划与建设、环境设计项目管理知识的学习，研究环境管理学与环境设计发展战略的问题，了解并掌握经由战略层面与战术层面实施设计管理的手段。学习并具备以管理学理论为基础，以行为科学、决策理论、市场学、策略学等为支撑的设计管理工作能力，掌握以设计学方法论为核心，整合环境设计资源要素，理论知识与社会实践相结合的设计管理方法。

3 环境设计课程

大学·本科生

大学本科生阶段的环境设计学科核心课程：

    设计历史与理论——城市·建筑·园林·室内史论；

    设计思维与方法——设计思维与表达、环境设计专业基础、专业设计；

    设计工程与技术——测绘与制图、材料与构造；

    设计经济与管理——城乡环境规划与建设、环境设计项目管理。

城市·建筑·园林·室内史论

环境设计的学科交叉性与专业综合性，体现其历史与理论的基础源于城市、建筑、园林、室内等专业领域。

通过对这些学科的专业史论教学，从设计哲学和现代设计理论的角度，学习研究与之相关的环境设计发展简史（包括形成"环境艺术"风格样式与流派的近现代外国美术史内容）。

了解历代设计风格和艺术表现的总体特征，建造结构和施工技术的发展，以形成正确的设计审美观。

认识人工环境与自然环境、社会生活的关系，提高学生的艺术与设计文化修养，构建设计的环境整体意识，树立面向生态文明的可持续发展设计观。

设计思维与表达

阐述环境设计专业设计思维与表达的概念和范畴。涉及：设计的内容与要素，设计的思维与方法，设计的程序与步骤。

运用设计概念表达课题作业的教学方法：采用命题空间概念、特定功能空间、平面设计转化空间效果、计算机建模空间概念等教学手段。

通过对各类文献与实体空间资料的收集、摹写与构思整理，运用速写的图形手段，再现最初设计概念的思维与表达方法。

语言表达：设计概念与设计方案演示的语言表达训练，讲授语言表达的基本程序、伦理的逻辑组织、主题思想的表现等内容。

环境设计专业基础

人体工程学：人体工程学的历史与发展，人体工程学的定义，基本内容与目的，空间及环境设计中的人体工程学问题，家具设计中的人体工程学问题，人的感知系统与人体工程学问题，人体工程学的研究方法；

建筑设计基础：建筑设计的概念，建筑技术与艺术，地区、自然条件和社会条件对建筑的制约，建筑的基本构成要素；

室内设计基础：室内设计的概念、内容与基本构成要素，建筑条件和人为条件对室内的制约，人的行为心理与设计的关系，室内设计的程序与方法；

景观设计基础：景观设计的概念、内容与基本构成要素，地理条件和人文条件对景观的制约，人的时空体验与设计的关系，景观设计的程序与方法。

专业设计

遵循艺术与科学统合的设计学理念，基于环境设计整合型设计工作方法，以城市环境、建筑室内、园林景观等专业内容为课题，融会理论知识与专业技能，掌握设计工作方法的环境设计专业课程。

本课程从环境设计涉及的基础要素入手，通过功能与空间、设施与空间、建造与空间、场所与环境等设计专题的教学，以人的环境体验时空概念为基点，整合空间使用功能与物质实体、产品设备、建造技术、场所反映的设计本体内容，学习环境设计从定位到概念、从概念到方案、从方案到实施三个不同设计阶段必须掌握的工作方法。

测绘与制图

以画法几何的正投影法作为基本理论的环境设计专业技术基础课程。

掌握测绘、制图与透视的基本理论及其应用是课程教学的主要内容。

通过勘测的方法，学习建筑、室内、景观制图的知识、规范及绘制方法。

以实地实体的勘察测量训练，提高学生从三维空间到二维投影图再到三维空间形态塑造的理解能力，要求学生掌握符合国家标准的相关专业制图规范以及测量绘制方法。

材料与构造

关于城市、建筑、室内、景观与设计相关的材料与构造知识专业基础课程。

讲授构造与技术发展沿革，各类材料的物理性能，不同专业工程的结构、界面、环境效益和使用质量，材料、色质、肌理的艺术表现；不同专业所用材料的分类，材料的安装方式以及辅料的类型。

重点讲授室内装修与装饰工程在施工中的材料应用与艺术表现方式，各类材料连接方式的构造特征，界面与材料过渡、转折、结合的细部处理手法，室内环境系统设备与空间构图的有机结合。

城乡环境规划与建设

城乡环境规划相关学科的基本理论，城市设计的标准与规范。介绍城乡空间的构成，城乡空间的类型特点，城乡空间系统的设计要素。了解城市空间的功能运行，城市设计的一般规律与方法。重点学习城市景观规划与建设的内容与方法。

环境设计项目管理

关于设计管理的入门课程，通过专业设计项目实施程序知识的讲授与实验进行教学。

工程项目设计运作程序；工程项目设计的全过程及各个环节的内容、特点及要求；工程项目设计中经常遇到的各种实际技术问题及相关的专业知识、工艺、材料、园林技术等方面的常识；与工程项目设计相关的法规及种类技术规范介绍；工程项目设计方案的表达（图形、文字及口语）与一般的公关沟通技巧。

大学·研究生

大学研究生阶段的环境设计学科核心课程：

设计历史与理论——环境艺术与环境科学史论；

设计思维与方法——环境社会学、综合设计；

设计工程与技术——环境心理与物理学；

设计经济与管理——环境管理学、环境设计发展战略。

环境艺术与环境科学史论

环境艺术是受 20 世纪初现代艺术诸流派观念的影响，自 60 年代在美国兴起的艺术流派之一。将绘画、雕塑、建筑及其他观赏艺术结合起来，创造出一种使观者有如置身其中的艺术环境，旨在打破生活与艺术之间传统的隔离状态。

环境科学作为研究人类与环境之间相互关系的科学，综合性很强，涉及自然科学、社会科学和技术科学。重点研究与人们健康直接相关的生活环境和生产环境，因污染引起的环境质量变化规律及其综合整治技术与方法。

这是一门综合两类学科知识进行设计学环境设计研究的基础理论课程。要求通过讲授与讨论、考察与实验、场所与体验等多种教学手段，了解环境艺术与环境科学的本质属性，在掌握基本理论知识的基础上，使学生形成完整的环境设计观，并能够以此指导设计的全部过程。

环境社会学

遵循环境社会学是研究环境和社会的相互作用的学科，渊源于 20 世纪 40～50 年代兴起的城市生态学和环境问题研究，形成于 70 年代后。

主要研究：自然、生物和社会诸环境因素间的相互关系和相互作用，人工环境（如住房建筑和园林风景等）对人类行为和生活方式的影响，环境开发与生态平衡，环境污染与社会的综合治理等。

这是一门关于设计学环境设计研究的基础理论课程。经由讲授、讨论、社会调研、模型分析与其他方法，使学能够掌握环境社会学的知识，并将其运用于环境设计的研究。

综合设计

这是一门设计学环境设计研究方向的专业实践课程。

要求学生结合社会项目的实际，在设计定位、概念推导、方案论证、方案实施的全过程，运用环境艺术与环境科学知识，通过掌握的设计方法与技能，经由环境社会学与环境管理学的理论指导，充分考虑设计场所中人的心理行为特征与各种物理要素的制约，进行城市、建筑、景观、室内不同环境条件下的综合设计。

课程要以符合生态文明指向的可持续发展设计观作为理论基础。课程运作：研究性与实践性并重，学术性与社会性并重。

环境心理与物理学

环境心理学是研究人的心理和行为与环境之间关系的学科。主要研究课题是噪声、空气污染、极端温度、拥挤、建筑等对人的心理的影响。

环境物理学是研究物理环境同人类相互作用规律的学科。主要探讨声、光、热、加速度、振动、电磁场和射线等对人类的影响，对其进行评价，并研究消除这些影响的技术途径和控制措施。

这是一门基于设计学概念，探讨不同环境中主观心理与客观物理之间关系和互动作用，进行环境设计的基础理论研究课程。

环境管理学

这是一门基于设计实践结合管理学和环境科学的理论知识课程。

运用现代管理学的理论、方法和现代信息技术，进行设计学环境设计问题的研究，为实现预期设计目标提供理论指导和管理技术。

通过讲授、讨论、实验、自学等手段，掌握环境管理的基本原理、环境预测、环境决策、环境规划、环境保护战略和目标以及环境管理技术和方法等。

环境设计发展战略

设计学的发展战略理论研究实际是以广义环境设计的理念为基础。

面向生态文明建设的国家可持续发展战略研究方向，是随着可持续发展理论的建立与完善，沿着经济学方向、社会学方向和生态学方向去揭示其内涵与实质。

设计学在建立符合时代需求的可持续发展设计系统方面，首先要在其可持续发展理论研究层面遵循发展性、公平性、持续性、共同性四项原则，以及设定生存、发展、环境、社会、智力五大支持系统的研究方向。

按照以上内容安排相应前沿课题的研讨式实验教学是本课程的主体内容。

结语

环境设计学科教育教学体系——通过艺术与科学统合的设计学理论与实践进行建构。

中国设计教育的现状与发展

设计的创意结合，来自设计师、企业、公众互动的循环闭合圈。

创意结合的实现在于设计教育；走向生态文明在于可持续设计教育。

设计是一门策划的学问

设计的思维

形象与逻辑之间的桥梁；情感与理智的激烈碰撞。

设计学是一门交叉学科

设计学的内核

整合艺术与科学观念的学科。

艺术是设计思维的源泉，体现于人的精神世界，主观的情感与想象成为设计原创的动力。

科学是设计过程的规范，体现于人的物质世界，客观的技术机能运用成为设计实施的保证。

设计学的发展——可持续设计教育

1. 转变价值观念的全民教育
2. 培育全面人格的素质教育
3. 建构生态文明的专业教育

可持续设计教育是面向三类人群的教育规划

全民教育的重点在于政府与企业的决策高层；

素质教育的重点在于综合大学中的设计院系；

专业教育的重点在于技术学院中的专业系科；

理想的状态是：三足鼎立，交融渗透，互为支撑。

引言：可持续发展教育的全球化背景

"人类是可持续发展的关注核心。他们有权获得一种与自然和谐共处的健康而丰富的生活。"这种权利获得的定位，在于人类生存的价值观取向。每一个人的价值观，则来自于出生以来所受的全部教育。

一、可持续设计教育的发展战略定位

1. 重塑价值观念的专业教育变革

"价值产生于体验当中，它是成为一个人所必需的要素。"❶

从物质占有到生活体验的价值观念转换，是专业教育变革的根本。

发展战略定位的核心在于三种观念的建构

价值观：物质与精神需求的适度融会，从消费文化观到生活幸福观；

审美观：时空一体完整和谐的审美观，从传统美学观到环境美学观；

设计观：实现功能与审美的高度统一，从产品设计观到环境设计观。

观念的建构在于意识的转换：

从产品到环境的物质意识；从封闭到开放的思想意识；从开放到可持续的发展意识。

实现战略定位的动力在于教育观念的综合

理论与实践高度融会，知识、技能、观念、交互传导的综合教育。

信息观：

（1）图像信息源：空间、视觉、造型的信息传达。具象的形态表达，直接的视觉感受，信息理解度狭窄。满足感官刺激的欲望，思想深度弱。

（2）文字信息源：虚拟、联想、抽象的信息传达。抽象的形态表达，间接的体验连觉，信息理解度宽泛。满足环境体验的欲望，思想深度强。需要综合两种信息源传授相关知识与技能。

教育观：

（1）专业教育观。冲破专业边界壁垒后的交叉融会，核心专业基础建立后的全面拓展。

---

❶ 〔美〕阿诺德·伯林特著 . 环境美学 [M]. 张敏，周雨译 . 长沙：湖南科学技术出版社，2006：22.

（2）职业教育观。人与人，人际平等的沟通原则；人与物，物尽其用的价值目标。

（3）创业教育观。自信、自强、自立人生观念的培育，开放包容、热爱生活、服务社会的责任。以此三种观念培养出符合时代要求的创新型复合人才。

教学观：

（1）教学模式。努力营造能够引起信息互动的环境体验氛围，控制环境体验中氛围"场"运行程序的节奏，在情境转换的节点适时进行理论高度的总结。

（2）教学运行。创新思维教育的务虚和专业技能教学的务实，相辅相成。环境体验主题授课实验教学方式遵循少而精原则，点到为止。课内课时全时控制的案例式、启发式、讨论式面授方法。

2. 优秀文化遗产的当代传承创新

作为与设计教育相关的传统学术思想，在现实的社会语境中实现文化传承创新，必须作当代的解读。

以两分法正确对待文化遗产中的精华与糟粕

中国历史上形成的思想体系精华与糟粕并存。春秋之始的百家争鸣，到汉代以独尊儒术归于一统，形成两千年超稳定的封建制度，但最终轰然坍塌于工业革命武装到牙齿殖民者的坚船利炮之下。清王朝在百年间由极盛迅即没落。

从20世纪初"五四"运动提出打倒孔家店，到20世纪中期的"文化大革命"，传统文化的遗产无论精华还是糟粕，似乎被统统逐出人们的思想。但是，绵延千年的文明并不能轻易消弭，封建观念与意识依然顽固地反映在社会的现实中。

中国优秀的文化传统，主要是道、儒、墨、法四家的集合，儒家的正统是以维护封建统治为前提，在今日弘扬国学、实现文化传承创新，有必要以道、儒、墨、法四家精华的融会贯通为前提。正确理解的"天人合一"与"道法自然"传统文化观具有世界向生态文明转型的普适价值，以此建立的设计与设计教育观同样具有世界向可持续发展之路迈进的普遍意义。

以文化传承创新的目标作为战略定位的标准

"不断提高质量，是高等教育的生命线，必须始终贯穿高等学校人才培养、科学研究、社会服务、文化传承创新的各项工作之中。"中国高等教育可持续发展的全面提高质量定位，是高于世界大学公认三项职能之外的全新目标——文化传承创新。

文化传承创新的概念体现在两个层面：一是传承，二是创新。传承当然是要将传统文化中的精华发扬光大，而糟粕的部分则要坚决地剔除和扬弃。创新是一个兼容并包的过程，即融会人类思想之精粹，为我所用，为今天所用。中国文化悠久的历史传统，是世界上唯一可能跨越农耕文明、工业文明、生态文明的文化形态。

当代中国社会面对的现实，是这种文化形态的设计教育观念的现代转型问题。缺失的工业文明进程，狭隘的专业教育观念，严重地影响着转型的实现。导致中国高等学校造就人的全面发展的设计教育（不是技能教育），很难实现《国家中长期教育改革和发展规划纲要》"牢固确立人才培养在高校工作中的中心地位，着力培养信念执著、品德优良、知识丰富、本领过硬的高素质专门人才和拔尖创新人才"的培养目标。

设计教育的文化传承创新——基于社会现状的可持续设计教育发展战略定位。

二、可持续设计教育的发展策略导向

1. 人格塑造与全面发展

可持续设计教育的核心理念，同样在于符合生态文明未来发展对于人的综合素质的要求。人的全面发展所导致的价值观确立，对于设计教育而言侧重于完整人格的塑造。

人格塑造的教养内涵

设计教育体现于人格塑造的理念与可持续发展观完全相符，因其教养内涵具有人与自然、社会相和谐的文化价值，而这种文化价值的养成又主要来自于艺术学科的教育。由于艺术是人才培养德育、智育、体育、美育的素质基础，是健全人格修养构成的主体，能够改变人的性格、气质、能力、作风，因此成为创新精神和实践能力建构不可或缺的教育。设计因其艺术属性的一翼，以其跨学科的特质具备"可持续发展教育"的全部特征，从而在完成人格塑造的任务中具备重要意义。

全面发展的终身教育

中国科学院可持续发展研究组自1999年始，已经连续12年发布《中国可持续发展战略报告》。报告以"生存支持、发展支持、环境支持、社会支持、智力支持五大系统，构建中国可持续发展战略的宏大体系。其中，'智力支持系统'在整体的可持续发展战略结构中，主要涉及国家、区域的教育水平、科技竞争力、管理能力和决策能力，是全部支持系统总和能力的最终限制因子，其基础就是国家的教育能力"。

2. 知识传授与技能训练

可持续设计教育的目标定位，无形中提升了教学环节中知识传授与技能训练的高度。实施的难度在于面对信息时代信息爆炸情形下正确信息选择的挑战。

知识传授的生态概念

生态的概念，是指生物在自然环境下的生存和发展状态。生态科学，是研究生命系统与环境相互作用规律的学科。知识传授的生态概念，就是教学双方相互作用关系中的信息可达性。

在信息时代，信息的泛滥使正确信息的传达成为问题，因为验证的过程变得异常复杂，也就是说可达并不一定可信，于是当下的知识传授，即使是面授，也必须营造传授方与接受方在环境体验中的互动状态，互动的频率愈高信息的可达性愈强。

然而，知识传授的设计教学现状却是：以"满堂灌"为主导的理论面授方式，越俎代庖以教师个人喜好代替学生思考的定案方式，以及针对个体就事论事简单评价的看管式作业辅导。因此，实验教学——具有操作验证过程的授课方式，成为符合生态概念、信息可达性高的知识传授范式。它取决于所采取的教学形式和与之相应的方法内容，这是一种设问、讨论、评价、答疑、讲授、总结等多元信息传递与互动的教学模式。

技能训练的观念定位

中国高等学校本科教育的专业技能训练水平，即使以国际水平衡量，处于一流水平应该是不争的事实。问题在于什么是符合可持续设计教育观念的技能训练？

概念设计主要反映学生的创意素质，启迪感性的技能，培养工作的方法。其结果未必能够实现，但却培养了学生勤于感性思考和理性策划的能力。虽然是未经验证的设想，但非确定性的发展前景却能够刺激设计者的创作激情，具有可持续的后劲。

方案设计主要反映学生的专业技术，锻炼理性的技能，培养动手的能力。其结果必须能够实现，实现后必须经过时间的检验，才能作为设计者的经验来指导今后的工作。未经实践检验的方案设计图纸，有可能作为错误的经验留存在设计者的思想中，并影响今后的设计决策。

概念：代表着精神、思想、主题。方案：代表着物质、技术、内容。重技术：以物质目标为主，重思想：以精神目标为主。两种观念的融会才是最终的出路。中国走在前端的设计院校，技术之路走了30年，从技术走向思想才走了10年……概念与方案的悖论存在于开办设计教育的各类学校，问题得不到解决就培养不出各类行业的创新型人才。

从发展的眼光看，今天的技能训练应包含设计教学的两极，即：体现于概念设计与方案设计的综合技能。这是可持续设计教育技能训练观念定位的核心。人格健全、素质综合、思维双向全面发展的人就可以具备这种完整的技能，需要改变的只是单一的技能训练观念。

冲破障碍的关键在于从封闭走向开放。

结语

需要解放思想使认识水平跟上时代发展的步伐，打破观念层面的坚冰，清除各种门户壁垒，实现学科、专业、学校、师生之间的无障碍交流。这就要求自由宽松的教学环境，学生选择的自由和教师营造的宽松，从而创造交融、综合、多元的发展空间。通过几代人的不懈努力，将中国的设计人才储备，达到国家可持续发展战略目标所需的能力和相应的水平。

4.4.2　讨论

设计实施阶段的教学，讨论环节应以学生所完成的方案设计为基础。按课程全部作业提交前后的表达方式，以及课程总结讲评两个层面来安排。前者，采取教师与学生之间，学生与学生之间，设计表达与实施方案的互评。后者，是邀请与项目相关的一线设计者、管理者、使用者，以及工程技术方面的专家共同参加课题讲评后的研讨。

4.4.3　考核

设计实施阶段的考核，实际就是课程讲评后的总成绩评定。一般来讲本课成绩的评定依据三个方面的标准。其一，设计定位、设计概念、设计方案、设计实施每个阶段能否按时完成课外作业的表现；其二，四个阶段完成作业的质量和对应于考核的表现；其三，项目设计成果的作业质量，以及表达的水平（口语、文本与图面）。

4.5　课外教学安排

4.5.1　作业

第 12 次授课后的作业：实施设计方案全部二维图形展示电子文件的制作（第 13 次授课时完成）；强调设计全程的整体呈现，要求内在逻辑与艺术品位的完整表达。具体展示可根据项目设计的背景，选取手绘或计算机绘制效果图，设计文案的整体表现（包括材料样板）图册、展板等内容。

第 13 次授课后的作业：实施设计方案的模型制作（第 14 次授课时完成）。模型制作可以选取实体与数字虚拟两种形式。

第 14 次授课为课题讲评，在讲评前上交课程的全部作业或采取不同形式的展示与表达。

学生作业选例：

案例选自清华大学美术学院环境艺术设计系本科——室内设计（1）课题讲评的
PPT 报告文本。作者：2006 级王晨雅、2007 级刘胜男。这两例作业共同的特
点在于：社会实践的结合度高，设计实施的可行性强。

Neo-Chinese

目录

Task

四口之家
三世同堂

家中成员及人口流动情况

外婆：常住
父亲：偶有外出
母亲：偶有外出
我：周末、节假日住

白天有外婆的老年朋友做客
晚上有父亲的同事和朋友造访

逢年过节、老人祝寿时家中常有聚餐（约30人）
家中时常有亲戚来看望老人，偶尔留居陪伴老人

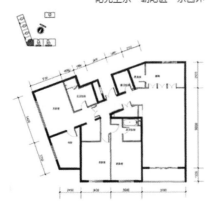

生活方式：

外婆
- 78岁，无业
- 清晨外出散步，白天喜欢晒太阳
- 喜欢热闹，希望家中有人陪伴
- 夜晚休息较早
- 信佛，在家中供养菩萨、聆听诵经
- 患有类风湿性关节炎，行动略有不便
- 生活基本可以自理，稍有耳聋

父亲
- 45岁，机关干部
- 白天上班，傍晚归来，晚饭后散步
- 应酬较多，有时晚上回家较晚
- 在家洗好清静，偶有同事造访
- 爱好读书、下棋、书法、品酒、养花、养鱼

母亲
- 45岁，公安干警
- 白天上班，傍晚归来，晚饭后散步
- 承担家中主要家务，包括做饭，偶有应酬
- 喜欢看电视、购物、健身、上网跟我聊天
- 患有糖尿病，药物及注射器械较多

我
- 喜好音乐、国画、写作、收藏书籍

Location

阳光上东　朝阳区　东四环

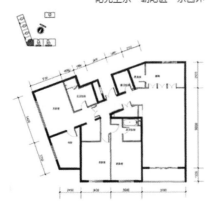

楼盘必要信息：

主体结构：
为现浇剪力墙结构。
标准层高3.0m。

外墙： 外墙外保温。

空调系统：
户式中央空调系统（单冷）。

供热系统：
市政热源，地板采暖。

生活热水系统：
全天24h供应热水。
IC卡计量，计量表入户。

网络通信：
每户设计家居布线箱；宽带入户。

东南方向开敞.
三个卧室及书
房均朝南. 阳
台在东侧.

西北方向相对
封闭.

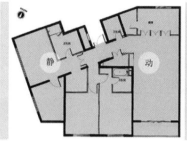

根据家庭成员的
活动情况. 对住
宅中人员流通的
区域作了划分.

左侧主要用于休
息和学习. 右侧
则是待客与娱乐.

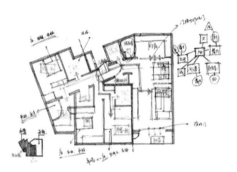

根据原有的建筑空间, 分析其
空间属性, 再结合功能方面的
需求, 将空间进行了分配, 同
时, 对平面进行了一定的改动
和处理, 以及对家具的摆放方
式和位置作了初步设想.

Interior Design | 06室内 | 王晟施 | 2006013008

Inspiration

现代中式风格——中式风格的一种；
也被称作新中式风格。

空间主色调及材质预想

黑		木
红		布艺
白		

中国风并非完全意义上的复古明清，而是通过中式风格的特征，表达对清雅含蓄、端庄丰华的东方式精神境界的追求。

中国风的构成主要体现在传统家具（多以明清家具为主）、装饰品及黑、红为主的装饰色彩上。室内多采用对称式的布局方式，格调高雅，造型简朴优美，色彩浓重而成熟。

适合人群：性格沉稳、喜欢中国传统文化的人。

现代主义是追求时尚与潮流，非常注重居室空间的布局与使用功能的完美结合。现代主义也称功能主义。

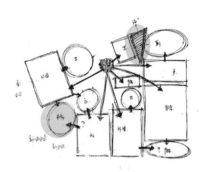

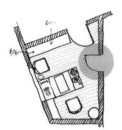

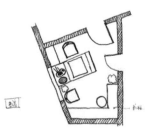

进一步探讨空间之间的关系，我将直接通过入口与外界联通的空间称为一级空间，通过一级空间与外界联通的称为二级空间，再者为三级空间。级数越多私密性越强。

通过分析得到原始平面中存在两处三级空间：书房和洗衣房。书房需要较高私密性，暂且不作改动，洗衣房则与厨房分割，另开一门。

根据空间的使用人员及其路径，对几处开门位置作了改动：
厨房门——由平六扇开门换为推拉门；
我的卧室——书房，开一门；
外婆卧室——阳台，开一门；
外婆卧室——卫生间——将外移使之成为我和外婆的公用卫生间。

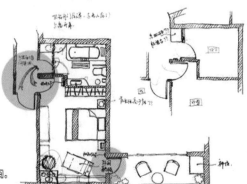

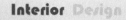

综合功能需求与
风格特征，并结
合相关风水知识，
确定了最终平面。

Plan

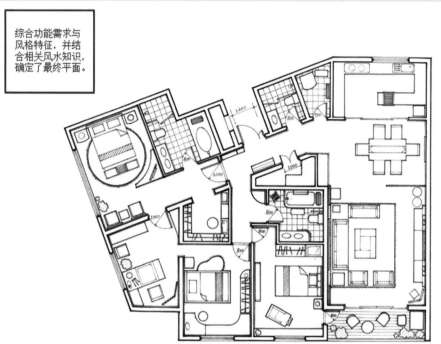

Interior Design | 06室内 | 王景雅 | 2006013008

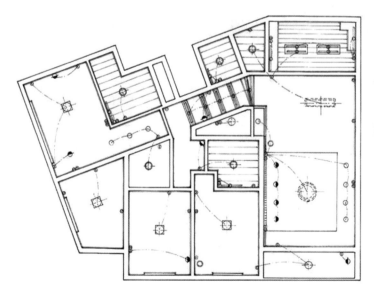

室内环境系统。

灯光、吊顶、主
要管道的分布。

Environment

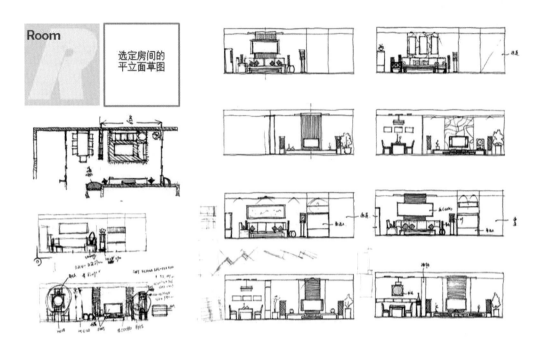

Room
R

选定房间的
平立面草图

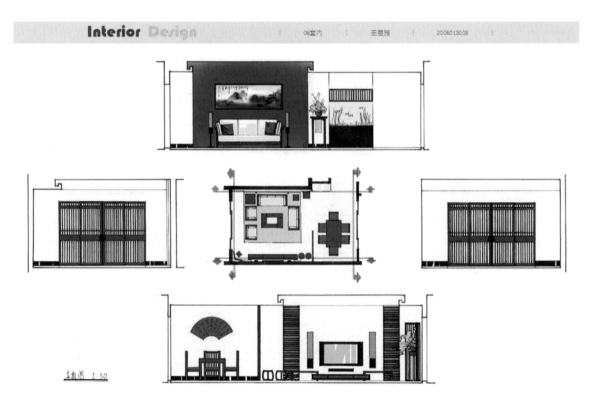

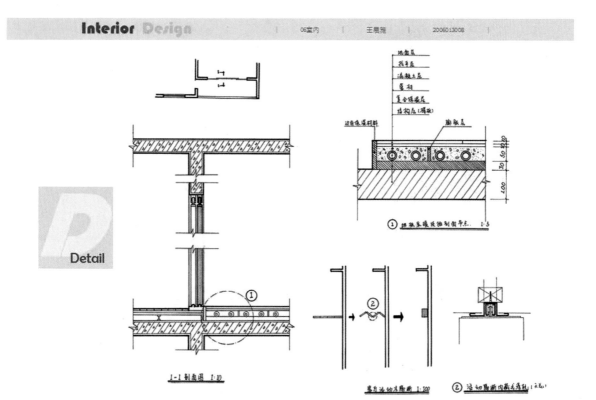

① 地板多暖及地划节点半石. 1:5

1-1 剖面图 1:10

客厅活动木隔断 1:100

② 活动隔断内藏式导轨 1:5

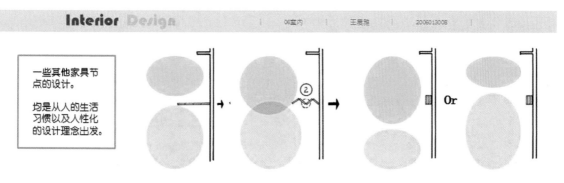

一些其他家具节点的设计。

均是从人的生活习惯以及人性化的设计理念出发。

客厅与餐厅间的活动隔断

活动隔断为四扇木槅扇，可拉开或收至墙边。

隔断拉开时，客厅与餐厅分界明显，能够满足平时常规的待客与就餐；
隔断收起时，客厅与餐厅分界不明显，可以相互借用对方的空间来满足多人作客和多人就餐的要求
（这种情况即任务书中提到的老人祝寿和逢年过节的时候）。

隔断采用隐藏式顶棚轨道，无地面轨道，隔断与地面仅有两处固定插销，保持了地面的平坦与完整。

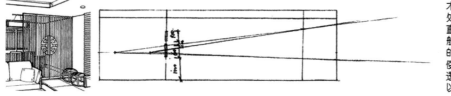

木槅扇中央设有一处漏窗，其高度与直径设置是根据一般情况下人就餐时的视线范围考虑的，使人在就餐时能够透过漏窗看到阳台以及外面的天空。

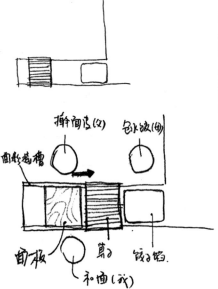

定制水饺台

我家现在仍旧采取相对原始的方式包水饺：面板、篦子、擀面杖、刀、面粉、饺子馅等原料和工具。

存在问题：
临时摆放、不好固定；
过后面粉满桌、满地；
面板存放。

根据以上问题，我自己设计了一个水饺台。

基本部件有：固定式面板；
推拉木格（内置篦子）；
面粉接槽等。

一家人一直以来都有明确分工。近几年外婆身体不好不能参与。但是全家人其乐融融包水饺到热气腾腾吃水饺的过程是非常本土又和睦的生活。

隐藏厨房推拉门轨道试验

为了保持地面整体性，我还作了其他尝试，比如这个隐藏厨房推拉门轨道的试验。

通过设置推拉门的滑轮和轨道长度及位置，可以使门板遮住地面轨道，从而做到"隐藏"。

它存在的弊端是门无法完全打开。

通过实验得到我的这一设想在此方案中不适合。因为通过求证无论将四扇门的宽度怎样设置，最终的门洞最大只能开至1000 mm左右，对于原有的3100 mm门洞来说无疑是巨大的浪费，而且这一尺寸对于厨房来说太小。于是这一设想被否定了。

$$3100 - 2\left(A + \frac{B-2}{2}\right)$$

	项目	材料	颜色	品牌/型号	数量	价格	
装修材料	吊顶	轻钢龙骨	—	上海美朝工贸	—	—	1
	筒灯、射灯	木雕	—	友邦 YYY111/C YYY121/C	—	—	2
	涂料	乳胶漆	贝壳白	立邦 1507-4	10L	1700	3
	地砖、踢脚	瓷砖	白、黑	马可波罗	50m²	7500	4
	地毯	羊毛	乳白	宝达	1	—	5
	壁纸	纸	红	蒙塔果	4.5m×3m	—	6
订制家具	木材饰面	黑胡桃	黑	定制	—	—	7
	木槅扇推拉门	同上	黑	定制	2×4	—	8
	木槅扇活动隔断	同上	黑	定制	1	—	9
购买家具	木槅扇屏风	同上	黑	联邦 JN2701SS	1	—	10
	沙发	黑胡桃、布艺	黑、白、红	富运 9202301	3+2+1	—	11
	茶几	黑胡桃、玻璃	黑	宝露斯	1	—	12
	角几	黑胡桃	黑	蒙塔果	1	—	13
	花几	同上	黑	古韵新传 BR02466E	1	—	14
	鼓墩	同上	黑	BHS XD02	2	—	15
	电视柜	同上	黑	COOMO TV04	1	7000	16
	餐桌	同上	黑	Molteni&C	1	—	17
	餐椅	同上	黑	陈向京 "本色系列"	8	—	18
	客厅吊灯	仿羊皮纸	黄	海菱 MX5605A	1	1400	19
	餐厅吊灯	仿羊皮纸	黄	海菱 MD5612A	1	1000	20
	客厅立灯	黑胡桃	黑、白	HC28 ISOLD灯	1	5900	21
	电视、家庭影院	合成材料	红	SONY X4500 &dav_dz870_b	1+8	58000	22
	其他陈设	—	—	—	—	—	23

Interior Design | 06室内 | 王辰雅 | 2006013008

2-1

2-2

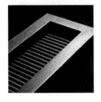

5

6

11

10

12

13

15

22

14

16 TV04电视柜

17

18

MX5605A
Ø105xH23cm

19

MD5612A

20

21

perspective

perspective

Summary

对于新中式风格，
我有自己的一些
体会。

室内设计，反映的其实是一种生活方式，是对生活的一种态度。

新中式虽然带一个"新"字，但它仍旧是对历史、对传统的一种现代演绎，我认为，这类的设计不能只满足功能方面的需求，此外一定要着眼于人、着眼于文化，因为它所要传达的不仅是视觉感官，更重要的应该是一种生活状态和气息。

量身订做室内设计，符合使用者的生活和工作习惯，不仅仅是要做到人性化，更应该正确引导使用者的生活和工作习惯。

设计关键词：
意境：木制材料、黑白二色为基调，陪以红色为点缀，颇有中国传统绘画艺术气息，也带有一定禅味；
空间的营造：空间通过木格扇门和隔断的设置具有了层次和变化；
中国传统符号的意象思维：用中国传统元素及语言所具有的象征和引发的联想。

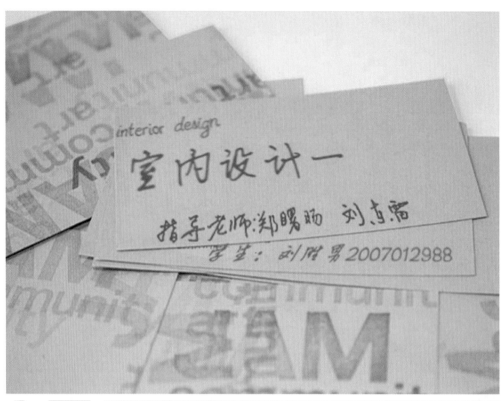

interior design

室内设计一

指导老师：郑晴晴　刘吉霜

学生：刘珊男 2007012988

01

- 甲方：幸福的一家三口

  男主人：席启文——27岁(经营艾莎家纺店)

  女主人：李娟——24岁(主要照顾孩子，兼顾家纺店网上订购工作)

  小主人：席迪睿——10个月(健康成长中)

- 主要的生活方式与行为：

  a.上班（工作时间比较灵活，有短期的出差）

  b.照顾宝宝

  c.上网（娱乐、订购家纺样品）

  d.看小说、逛街

  e.做布艺的工艺品

- 发展性预测：

  a.长久性居住

  b.孩子的成长对空间的影响

  c.女主人的弟弟寒暑假暂住

- 家具采购计划：整套的采购计划（预算：25万元）

02

原始户型

a.地点:北京市朝阳区

b.建筑类别: 板式建筑

c.小区绿化率: 0.35

d.户型: 三室两厅两卫

e.可用面积:110m²

f.水电: 市政提供

g.周围环境:分布多所学校和大型商业购物中心

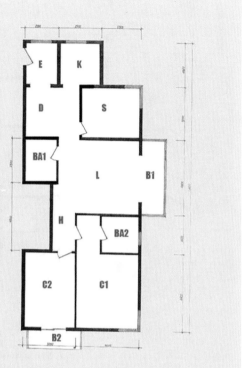

03

户型矛盾分析

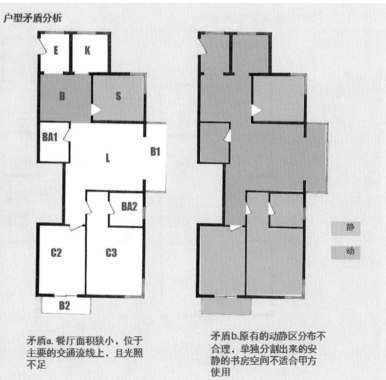

静

动

矛盾a.餐厅面积狭小,位于主要的交通流线上,且光照不足

矛盾b.原有的动静区分布不合理,单独分割出来的安静的书房空间不适合甲方使用

户型矛盾分析

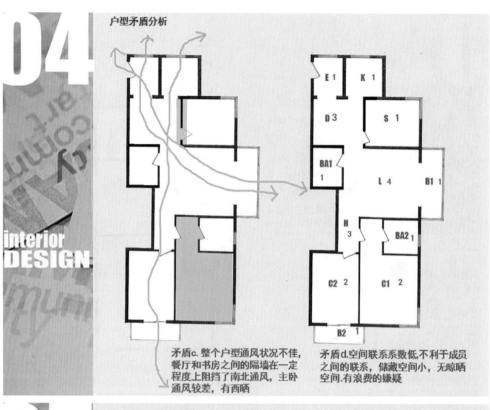

矛盾c.整个户型通风状况不佳,餐厅和书房之间的隔墙在一定程度上阻挡了南北通风,主卧通风较差,有西晒

矛盾d.空间联系系数低,不利于成员之间的联系,储藏空间小,无晾晒空间.有浪费的嫌疑

户型建筑空间分析

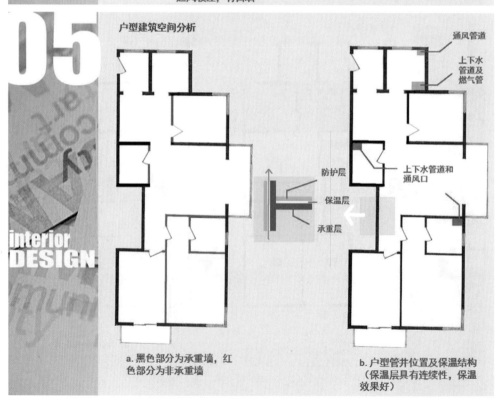

a.黑色部分为承重墙,红色部分为非承重墙

b.户型管井位置及保温结构(保温层具有连续性,保温效果好)

06 户型建筑空间分析

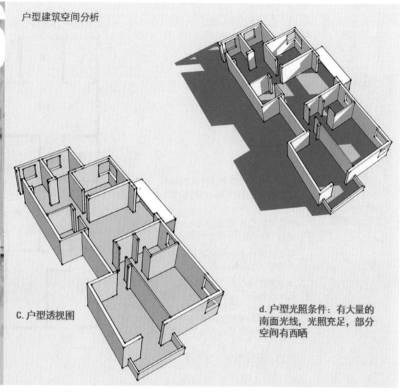

C.户型透视图

d.户型光照条件：有大量的南面光线，光照充足，部分空间有西晒

07 室内设计任务书

甲方生活行为归纳：a.上班（工作时间灵活，家庭生活比较有规律，在家时间长）

b.照顾孩子（宝宝的活动空间和公共空间）

c.上网（主要是工作，地点、时间不固定）

d.看小说（有大量的存储空间和良好的阅读环境）

e.逛街（有大量的存储空间，主要是衣物）

f.有时间会做一些布艺工艺品（小型缝纫机及展示空间）

g.行为特殊性：女主人的弟弟（大学生）寒暑假会暂住

家具采购：整套采购

选用品牌：爱巢家居、曲美家具

装修风格界定（关键词）：温馨、健康、自然、舒适

家居色彩：明净、柔和

材质：主用木质材料，布艺以纯棉与亚麻布为主

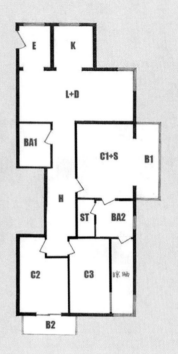

方案一

去除之前餐厅与书房之间的隔断，解决餐厅光线不足的问题，起居和餐厅连到一起。（K+LD）

将原来的起居空间分隔成主卧（现阶段：父母+孩子），阳台为阅读空间。

将有西晒的主卧和次卧分割成两个客房和原来缺少的晾晒空间及洗衣的空间。

两个客房可以充分地满足需求，孩子成长到一定阶段，可将一个客房改成小孩房，孩子成年后，需要更大的空间，可将两个客房改成孩子的房间。空间在解决一定矛盾的情况下还具有很大的发展空间。

缺点：H过于狭长，光照弱

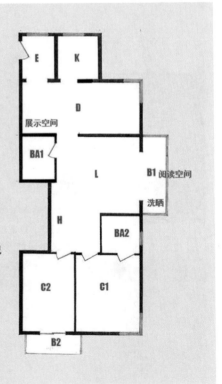

方案二

将餐厅与书房的隔断去掉，改为餐厅，与玄关相对的空间设置甲方需要的展示空间。

在B1有西晒处分割出洗晒空间。

把主卧的入口往下，扩大H的空间，减少浪费空间的嫌疑，同时扩大起居的视野。

C2作为客卧，可先提供给女主人的弟弟使用，孩子长大之后，可改成孩子的房间。

10

推导过程：

a.通过对甲方的足够了解，甲方希望达到的是一个自然舒适、温馨、有家的感觉这样一个状态。

b.受户型建筑条件的限制，在不影响结构的前提下尽量解决原户型的矛盾，为达到室内的自然、舒适提供最大的可能性。

c.这是一个预备长时间居住的家，必须考虑到孩子的成长对家以及对家的功能格局将会产生的巨大影响，所以，在设计上必须留有余地，为将来的发展作准备。

设计概念
自然、舒适、具有可发展性的空间设计

11

初步方案阶段（1）

（多方案优选）

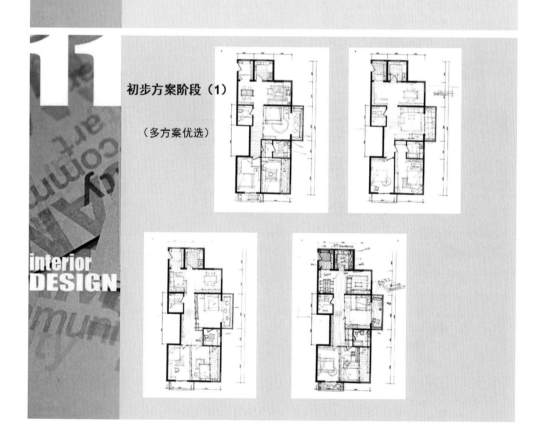

方案1

方案2

初步方案阶段（2）

多方案优选，平面草图功能分析

方案3

方案4

方案5

方案初级阶段（2）

平面草图功能分析

14

初步定案

这是一个具有可发展性的室内空间，主要分为三个阶段，
随着孩子的成长，室内空间可以随着需要发生改变，主要
靠xps拉门来实现。

15

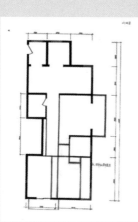

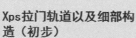

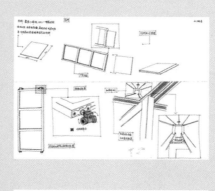

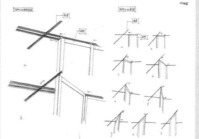

Xps拉门轨道以及细部构
造（初步）

16

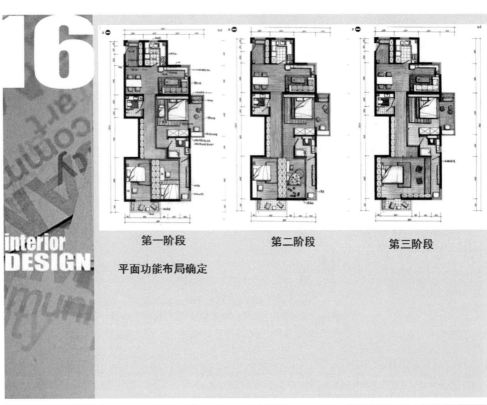

第一阶段　　　　第二阶段　　　　第三阶段

平面功能布局确定

17

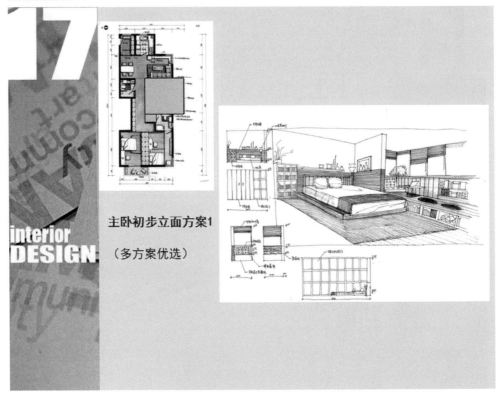

主卧初步立面方案1

（多方案优选）

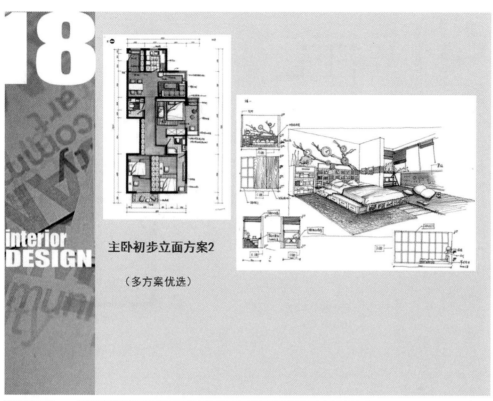

主卧初步立面方案2

（多方案优选）

主卧立面方案确定

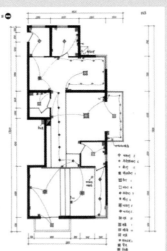

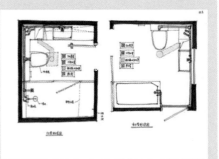

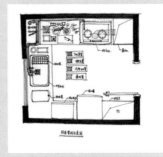

20

电气设备、管井、灯位
（初步方案）

厨房卫生间管线图

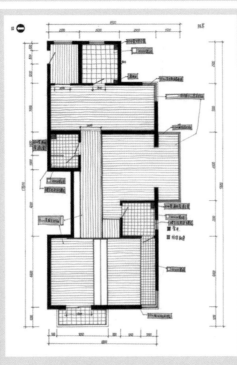

地面铺装图

4.5.2　实验与实践

　　设计实施阶段的实验与实践，在于两个方面：其一，学习阶段设计实施的实验，主要是一个设计走向方案实施的制作过程。包括文本的版式平面设计，方案空间效果的图形表达，方案的实体或虚拟模型制作，装修与装饰材料样板的制作，设计文案的整体展示策划等。其二，是创造条件，了解社会设计机构的设计管理内容、设计实施的一般工作程序与方法。

4.5.3　阅读与考察

教学参考资料
书目

[1]（美）Nathan Shedroff. 设计反思：可持续设计策略与实践 [M]. 刘新，覃京燕译. 北京：清华大学出版社，2011.

[2]（日）原研哉. 设计中的设计 [M]. 朱锷译. 济南：山东人民出版社，2006.

[3] 郑曙旸，聂影，唐林涛，周艳阳. 设计学之中国路 [M]. 北京：清华大学出版社，2013.

[4] 向才旺. 新型建筑装饰材料实用手册 [M]. 北京：中国建材工业出版社，2001.

[5] 上海家具研究所. 家具设计手册 [M]. 北京：轻工业出版社，1989.

[6] 日本照明学会. 照明手册 [M]. 北京：中国建筑工业出版社，1985.

论文
参考论文（2010 年 9 月在韩国《Journal of Oriental Culture & Design》第 2 卷某期上发表）
编号：L009

以时间为主导的环境设计观

· 郑曙旸、李嫣

内容提要：以环境定位的艺术观，建立在时间与空间要素的基础之上。环境艺术观指导下的环境设计，以环境美学的观念作为理论基础的核心观点，强调以时间为主导的环境体验在场所感观中的作用，其渊源来自于东方文化独有的时空观念。中国传统建筑的时空体现，正是以这样的环境设计观所导引。

关键词：时空，环境，设计

以环境定位的艺术观

设计的基本要素，一个是时间，一个是空间。我们都知道，在爱因斯坦以前，物理的时间概念是绝对的。这之后发生了颠覆，时间也变为相对。于是，通过时间的环境体验成为被科学证明的问题。

东方文化艺术，尤其是中国的文化艺术，更注重于时间概念的体现，而非是空间概念的形态。这一点，在建筑环境中体现得尤为明显。中国建筑环境所营造的体系与西方建筑环境相比是完全不同的两条路。同济大学教授陈从周的《说园》中，有一句话非常经典："静之物，动亦存焉。"这句话的意思就是：动与静是相对的。换作时空的概念："静"是空间的一种存在形式，而"动"则以时间的远近来实现它的一种媒介。它表明东方传统的时空观是一个完整系统。关键在于，它的建筑环境一定要体现一种时空的融会，而时空融会的概念所反映的就是以环境定位的艺术观。

环境艺术并不是为了解决人与环境的问题而产生的艺术，环境艺术是艺术表现形式时空融会的本质体现。从表面看"环境似乎与艺术毫不搭界，因为最纯粹

台北故宫博物院藏象牙雕刻提食盒

的环境意味着自然界，而艺术却代表了人工的极致。"❶ 在这种人工的极致中，除了音乐以其抽象的表达"不受任何约束便能创作出表现自我意识，用来实现愉悦目的的艺术品"❷，而在其他的艺术表现形式中，"造型"与"视觉"则是最普遍和容易被理解的关联要素。

我们所面对的自然景观，山、水、植物、动物，构成了一幅完美和谐的图景，在这里并没有任何人的意志。而人的意志可以通过物品的制作达到极致，并通过造型显现于人的视觉。这是一件象牙雕刻，是按照提食盒的样式手工制作的艺术品。我们惊叹于象牙所雕刻的 0.3mm 以下仿佛纺织品细纱的网纹，人工的极致居然能达到这种程度。由此可见，自然与人工是完全不同的两种境界。

不论抽象或是具象，人们总是通过不同的传达媒介来体味艺术。而通过不同类型形象表达的感知，来愉悦他人的欲望，则是艺术创作本质的诉求。"故此，艺术往往被界定为一种意在创造出具有愉悦性形式的东西，这种形式可以满足我们的美感，而美感是否能够得到满足，则要求我们具备相应的鉴赏力，即一种对存在于诸形式关系中的整一性或和谐的感知能力。"❸ 可见，人的感知能力成为艺术体验最基本的条件。

艺术创作的表现形式是为了满足人的感知体验而被创造出来的，满足人的愉悦情绪的快感，总是能够产生美感，而美感的获得应该是艺术创作所要达到的基

❶ （美）阿诺德·伯林特著.环境美学 [M].张敏，周雨译.长沙：湖南科学技术出版社，2006：4.

❷ （英）赫伯特·里德著.艺术的真谛 [M].王柯平译.北京.中国人民大学出版社，2004：1.

❸ （英）赫伯特·里德著.艺术的真谛 [M].王柯平译.北京.中国人民大学出版社，2004：1.

本目标。尽管美感是产生美的重要组成内容，而"美"的定义在很多种解释中又总是与美感发生联系，似乎能够产生美感的艺术作品本身就是美的化身。

然而，艺术并不一定等于美，尤其是当我们将艺术置于时间的天平衡量时："我们都将会发现艺术无论在过去还是现在，常常是一件不美的东西。"❶究其实质我们还是同意英国学者赫伯特·里德（Herbert Read，1893～1968 年）对美所下的物理定义：美是存在于我们感性知觉里诸形式关系的整一性。这一点对于环境艺术的产生具有至关重要的意义。

艺术的表现总是需要通过相应的物质载体。就其构成物质基础的要素来讲：时间是物质运动的存在方式，是物质的运动、变化的持续性、顺序性的表现；空间是物质存在的客观形式，由长度、宽度、高度表现出来，是物质存在的广延性和伸张性的表现。

时间和空间成为物质要素的本源，完美的艺术表现应当是时空的统一。

但是，由于受到技术条件的限制，传统的艺术表现总是偏向于物质要素本源的一翼，因此也就有了时间艺术与空间艺术的说法。音乐成为典型的时间艺术，绘画成为典型的空间艺术，戏剧成为二者兼有的时空艺术。音乐的体验主要依靠人的听觉，绘画的体验主要依靠人的视觉，而戏剧的体验则要通过视觉、听觉乃至嗅觉的综合感知。

随着传媒技术的发展，传统的艺术表现形式，逐渐被新的能够为人的全部感官所接受的表现形式所取代。电影的发明就是一个典型的例证。但是人们感受艺术作品的方式，仍然处于主体与客体的隔膜状态，即使是今天的计算机多媒体技术，在影像表现方面的成就，还是不能摆脱二维电影画面模拟的窠臼，很难产生一种沉浸式的全身心投入的艺术感受。因此，才会有目前新媒体艺术的探索和行为艺术的流行。而正是这种对全方位艺术表现形式的追求，才造就了环境艺术。

"人类环境，说到底，是一个感知系统，即由一系列体验构成的体验链。从美学的角度而言，它具有感觉的丰富性、直接性和当下性，同时受文化意蕴及范式的影响，所有这一切赋予环境体验沉甸甸的质感。"❷

正是因为环境能够提供人类感知的完整体验链，这种完整的体验链存在，构架了艺术审美的理想殿堂。"美感决不仅是生理的感觉，但也并非某种抽象的永恒，它通常关联着多种情形，受各类情境、条件影响，经过这些媒介而塑造体验。"❸

---

❶ （英）赫伯特·里德著．艺术的真谛 [M]．王柯平译．北京．中国人民大学出版社，2004：3.
❷ （美）阿诺德·伯林特著．环境美学 [M]．张敏，周雨译．长沙：湖南科学技术出版社，2006：20.
❸ （美）阿诺德·伯林特著．环境美学 [M]．张敏，周雨译．长沙：湖南科学技术出版社，2006：21.

因此，环境的这种包容性感知体验成为具有时空综合艺术创作的最佳场所。"环境作为一个物质—文化（physical-cultural）领域，它吸收了全部行为及其反应，由此才汇聚成人类生活的洪流巨浪，其中跳跃着历史、社会的浪花。如果承认环境中的美学因素，那么环境体验的直接性，以及强烈的当下性和在场性等特征，也就不言自明。"❶

以环境定位的艺术创作必须符合环境美学所设定的环境体验要求，并能够在三个方面进行区分：

"1. 环境美的对象是广大的整体领域，而不是特定的艺术作品；

2. 对环境的欣赏需要全部的感觉器官，而不像艺术品欣赏主要依赖于某一种或几种感觉器官；

3. 环境始终是变动不居的，不断受到时空变换的影响，而艺术品相对地是静止的。"❷

由于"从某种意义上来说，环境是个内涵很大的词，因为它包括了我们制造的特别的物品和它们的物理环境以及所有与人类居住者不可分割的事物，内在和外在、意识与物质世界、人类与自然并不是对立的事物，而是同一事物的不同方面。人类与环境是统一体"❸，所以以环境艺术观为指导的创作，必须考虑人与自然环境的关系，也就是作品本身与自然环境的关系。

人工的视觉造型环境融会于自然，并能够产生环境体验的美感，成为环境艺术观的核心理念。

这组图片拍摄于中国江西庐山的一家餐馆，目前这所餐馆已经不存在了。这个餐馆不是由设计师设计的，从"农家菜"的招牌可以看出，这是当地居民为了生计的产物。门口摆放整洁、清洗干净的蔬菜，展示作用十分明显，具有广告效应。在拍摄的这个时间段，对面停有一辆绿蓝相间的旅游大客车，两个女孩穿着红衣服，拿着红气球，呈现出不同的色调。就是这样一个特定的时间段，场所环境达到了一种理想的状态。于是，这时候吃饭人的心情，包括拍摄照片的自己在内，比在一个装饰豪华的五星级酒店就餐的感觉还要好。不言而喻，这顿饭当然吃得非常香。这就是一种特定环境的时空体验过程。如果再过半小时，就不是这样的场景，也许是另外一种场景，新来的人又是别样的体验。

❶ （美）阿诺德·伯林特著 . 环境美学 [M]. 张敏，周雨译 . 长沙：湖南科学技术出版社，2006：20.
❷ 陈望衡 . 总序二：建设温馨的家园 [M]// 环境美学 . 长沙：湖南科学技术出版社，2006.
❸ Arnold Berleant.*Living in the Landscape—Toward an Aesthetics of Environment*[M].Lawrence：Vnive-rsity Press of Kansas，1997.

以时间为主导的环境体验

传统造型艺术是以空间运动形式的某一片段作为最终的表征，在这里虽然有着时间因素的体现，但是空间的概念始终占据着主导地位。然而，以环境概念定位的建筑艺术作为人与环境互动的艺术类型，却是时间与空间两种因素体现于特定场所的物象表征。在时间与空间这两种因素中，时间显然占据着主导地位。

我们在美术馆看一幅画和在街上看一幅画的感觉完全不同。在美术馆看一幅画，你是专门为它而去的，你的心里是有预期的。就像我们要看一个展览，你知道这是什么时代的，意大利文艺复兴的，或者是另外一种什么风格的展览。你一定是为真迹而去，为什么要看真迹？因为真迹所传达的信息最完整，这时候的你完全可以静止地坐在一个地方，静静地欣赏面前的画，你与画之间进行着无声的交流。而在其他的环境场所中，却不是这样，它会受到因时间变换所产生的各种各样环境的影响，比如声音、颜色、光照、阴影等。同样一幅绘画、一件雕塑，在美术馆能够营造出固定的模式让你看，然而在其他环境里能否成立都是问题。

由于环境的艺术是一种需要人的全部感官，通过特定场所的体验来感受的艺术，是一个主要靠时间的延续来反复品味的过程，因此，时间因素相对于空间因素具有更为重要的作用。在这里空间的实体与虚拟形态呈现出相互作用的关系，只有通过人在时间流淌中的观看与玩赏，才能真切地体会作品所传达的意义。

"环境美学的范围超越了艺术作品——为了静观的欣赏而创造的美学对象的传统界限。"

可以看出环境的艺术美学特征显现需要冲破传统的理念，这就是时间因素对于空间因素的相对性。城市与区域规划中美学价值的体现之所以未被关注，就在于缺乏基于时空概念的环境美学观尚未被人们所理解和重视。

即使是建筑学和景观设计领域的美学价值，在许多人的认识中还是以传统的美学观来判定，尚未上升到环境美学的境界。也就是说需要建立时空综合的环境艺术

世界文化遗产：捷克克鲁姆洛夫镇的景观路线完全符合——以时间为主导的环境体验

创作系统，来切实体现环境美学的理论价值。

在环境审美的过程中，在摆脱静观欣赏的同时，需要赋予环境鲜活的美学价值，就必须在空间创造的环境体验中巧妙地运用时间控制系统。这里的关键点在于人的行进速度控制，因为行动速度直接影响到空间体验的效果。

人在同一空间中以不同的速度行进，会得出完全不同的空间感受，从而产生不同的环境审美感觉。登泰山步行攀越十八盘和坐缆车直上南天门的环境美感截然两样。因此，研究人的行进速度与空间感受之间的关系就显得格外重要。

在目前已经实现的空间艺术作品创作中，美国迪士尼主题公园堪称时间控制系统成功的范例。凡是到过迪士尼乐园游玩的游客都会发现，绝大多数主题性游乐项目都是通过不同的交通工具载人观赏来实现的。不同的车船，不同的速度，导致观众观赏不同景观的时间被完全控制，从而最大限度地实现环境体验中审美价值的最大值。

中国从20世纪80年代开始到90年代当中，许多城市也模仿迪士尼公园的那种样式，建了好多主题公园。但是，到今天为止，几乎都没有生存下来，全被拆掉。什么道理？就是策划、设计和营建者根本不明白这里面的奥妙所在。所有的设计都是空间造型主导，而非时间序列主导。失去一种新鲜感，失去一种期望值，在时空的交汇中就不会带来任何美的享受。时间长了，一旦产生视觉疲劳，人们就不愿意去了。在迪士尼公园里，有一个"小小世界"，它给人传达的是一种真善美的欢乐境界，童年形象的玩偶以全世界各民族服饰的扮相，按照不同的旋律跳舞，按照不同的声响唱歌，使你感觉这个世界简直太美好了。但是，这个过程很快就让你看完了，你在脑海里留存"下次我还要再来"的念想，恋恋不舍地离去，因为还有太多的地方在等着你。整个流程的设计，对迪士尼主题公园来说，关键在于每个场所的客流量控制。如果客流量达不到在每个场所都需排队的程度，时间一长就很难坚持下来。出于商业利益，迪士尼集团要在全世界扩张，但是如果开得太多，导致好奇与新鲜感的丧失，总有一天，人们也就都不去了。这种环境美感的吸引力非常有意思，它是一个始终给你新鲜感，始终在还想去看而又无法再去的回忆当中。

由此可见环境的艺术空间表现特征，是以时空综合的艺术表现形式所显现的美学价值来决定的。"价值产生于体验当中，它是成为一个人所必需的要素。"❶

---

❶ （美）阿诺德·伯林特. 环境美学 [M]. 张敏，周雨译. 长沙：湖南科学技术出版社，2006：22.

环境艺术作品的审美体验，正是通过人的主观时间印象积累，所形成的特定场所阶段性空间形态信息集成的综合感受。

中国传统建筑的时空体现

在东方，尤其是中国传统的哲学体系中，人与自然的关系是一个根本的问题，即所谓"天人之际"。在这里天是指广大的客观世界，亦即指自然界。人则是指人类，亦即指人类社会。

如何处理人与自然的关系："中国古代关于人与自然的学说，无论儒家和道家，都不把人与自然的关系看做敌对的关系，而是看做相辅相成的关系，以天人的完全和谐为最高理想。"❶

中国的水墨山水画和西方的风景油画完全是两种表意，中国山水画体现的就是一种"天人合一"的抽象意境，体现了自然界和人类到底是一种什么关系。但是在 1949 年新中国成立后的一段时间内，曾经提过"人定胜天"的错误观念，显然有悖于传统文化的理念，需要彻底抛弃。中国的传统观念就是追求人与自然和谐相处的最高境界，这与今日世界的可持续发展思想完全接轨。

战国荀子《天伦》首先明确提出："明于天人之分，则可谓之人矣。"认为自然界有自己的运行规律，不会因为人而存亡，与人类社会的贫病灾祸没有必然联系，不能主宰人的命运。并强调人能认识和利用自然，"制天命而用之"。

老子指出"天之道损有余而补不足；人之道则不然，损不足以奉有余"，提出人应当顺从自然。

天人合一说最早由子思、孟子提出，他们认为人与天相通，人的善性天赋，尽心知性便能知天，达到"上下与天同流"。

庄子认为"天地与我并生，而万物与我为一"，人与天本来合一，只是人的主观区分才破坏了统一。主张消除一切差别，天人混一。

西汉董仲舒强调天与人以类相符，"天人之际，合而为一"（《春秋繁露·深察名号》）。

---

❶　张岱年.中国哲学关于人与自然的学说[M]//深圳大学国学研究所.中国文化与中国哲学.北京：生活·读书·新知三联书店，1988：52.

宋以后思想家则多发挥孟子与《中庸》的观点，从"理"、"性"、"命"等方面来论证天人关系的合一。

明清之际王夫之说"为其理本一原，故人心即天"（《张子正蒙注·太和篇》），但强调"相天"、"造命"、"以人道率天道"。

"天人合一各说，力图追索天与人的相通之处，以求天人协调、和谐与一致，实为中国古代哲学的特色之一。"❶

在中国传统思想体系孕育下，以建筑、景观、城市为背景的环境设计，体现了极其深厚的文化内涵。人与自然和谐的思想，集中反映在天人合一的世界观中。其时空观念完全符合于以时间为主导的现代空间设计环境理念。

北京故宫作为中国传统建筑的时空体现，虽然是以封建皇权的概念，来宣示"天人合一"的世界观，但是，通过这个典型范例的分析，我们能够较为深刻地理解"以时间为主导"的环境设计观。

北京故宫作为明清皇宫紫禁城的遗址，在今天已经不能完整地感受到其中轴线流程带给人们的震撼。因为，从大清门开始到午门的距离（1250m，现存天安门至午门段550m），要超过午门到神武门的距离（960m）。❷

在清代的紫禁城举行大典时，朝见者要从大清门进入，穿行千步廊，过外金水河上的金水桥至天安门，经端门后到达午门；进入午门，穿过太和门，再过内金水河桥，才能到达太和殿。这是一条经过精心设计的轴线，从南向北有六个相对封闭的矩形空间。第1空间，是狭窄的千步廊，其宽度只有70m，是一条540m的狭长通道。第2空间，是天安门前的广场，被长安左门与长安右门所限定，东西长360m，南北宽120m。第3空间，是天安门至端门的广场，被太庙街门与社稷街门所限定，东西宽100m，南北长160m。第4空间，是端门至午门的广场，由南北两段组成，南段为庙右门、社左门、阙左门、阙右门限定的空间，东西宽100m，南北长260m；北段为午门城阙限定的空间，是一个东西南北边长75m的正方形平面。第5空间，是午门至太和门的广场，中间有内金水河相隔，东西宽200m，南北长130m。第6空间，是太和门至太和殿的广场，东西宽200m，南北长180m。下图就是从清代皇城大清门进入紫禁城的中轴线——南向。

❶　辞海 [M]. 上海：上海辞书出版社，1999：1486.
❷　侯仁之. 北京历史地图集 [M]. 北京：北京出版社，1988.

紫禁城南向中轴线，是一个渐次铺陈、逐层推进的时空序列。这个序列以时空的对比，形成了以小见大的三层空间：第一层的景观主体是天安门，进入大清门即可显现，第1和第2空间之间并没有建筑的阻隔，由狭长到开阔，加之外金水河的设置，空间氛围相对舒缓。第二层的景观主体是午门，第3和第4空间之间的端门，暂时阻挡了观看午门的视线，之后进入的第4空间，才能充分显现午门的威慑力。第三层的景观主体是太和殿，也是整个轴线的中心与主体，经由第5空间相对和缓地铺垫，才能将第6空间推向高潮；矗立在高高的台基之上，代表天子皇权的太和殿，才能以君临天下的气势宣示威严。

皇帝的威严通过紫禁城建筑的时空序列，达到了无法超越的境界。然而，作为人的生理与心理需求"这里的寝宫尺度和床位宽窄，却保持着一个人的尺度。在康乾盛世的清代，养心殿的三希堂是皇帝政务之余的流连之所，在此书画器玩尤以乾隆为最。三希堂与太和殿的面积相差百倍，然而使用的时间却是一多一少，同样相差百倍。"❶ 对外与对内，皇帝采取了完全不同的空间取向，其夏宫圆明园的空间格局，则充分反映出皇帝作为"人"，而不是作为"王"的时空观。这是我们研究中国传统建筑时空观必须明白的问题。

---

❶　郑曙旸. 关于"住"的思考 [J]. 装饰, 2008（3）.

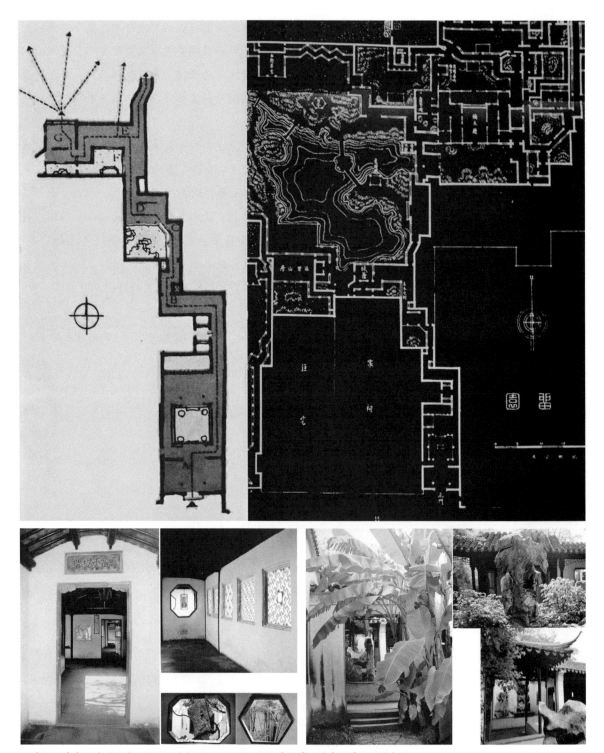

世界文化遗产：苏州古典园林之一的留园——以时间为主导的景观移步换景、动静相宜

参考论文 (《设计之都》杂志 2011 年 2 期发表) 编号 : L010

体验的时空——
从 2010 上海世博谈环境设计的时间主导

——在中国室内装饰协会 "2010 中国室内设计高峰论坛" 上的演讲

· 郑曙旸

刚才听了矶崎新先生精彩的讲座,我也非常赞同王受之先生关于矶崎新先生讲座的总结。

矶崎新先生演讲以世博为背景,他的 PPT 最后一页是一个大大的问号,对此,我也试图进行回答。2010 年上海世博会带给我们的问题是比较复杂的,绝大多数的问题出于社会层面。

在当今的世界上,设计已经远远超出了专业设计思考的范围,所有从事设计和设计教育的人都在思考,今天的设计师无可回避对于社会问题的责任。今天讲的题目是体验的时空,我提出的主题是——从本届世博会谈环境设计的时间主导性,试图从专业的角度破解一些社会问题。

刚才听了矶崎新先生的演讲,所有的一切都是从空间的形态讲起,并由此延伸出一系列深层次的问题。这是整个人类建造历史和城市发展过程中都遇到过的问题。我们建造这一切为了什么,最后还是为了人。如同 2010 年上海世博会的口号 "城市,让生活更美好"。但是今天的城市是否可以为我们提供美好的生活,因为人的真实生活是在真实的时空体验中实现的,也就是说今天的城市环境未必能够提供这样的时空体验。

我从三个方面来讲这样的概念 :

第一,环境体验的时空定位 ;

第二,世博时空的典型案例 ;

第三,环境体验的时间主导。

我从一个故事开始。看完世博的当天已经很晚了,乘坐出租车,司机马上问道："你是去看世博的吗？"我说刚看完。接着再问："感觉怎么样。"我说不错，他马上发出感叹："你是我第一个听到称赞（世博）的客人"，以前拉过人都是抱怨……后来我组织研究生去看世博，学生回来又给我带来第二条信息。同样也是乘坐出租车时得到的，司机说了这样的话："不看终身遗憾，看了遗憾终生。"其中的含义可以有多种解释。

我要说的是，我们花了那么多的钱，费了那么大的力，创造了世界纪录，达到 7000 万人参观，最终得出了"创新等于可持续"的结论。但世博的创新概念是否可以持续，先进的理念，到底有多少中国人理解，多少设计师理解，多少决策者能够理解。

第一，2010 年的上海世博会带给中国的启示到底是什么，世博会上人潮汹涌的状态，和它创造的纪录到底说明了什么问题。

第二，不少国家馆所呈现的绿色家园的美景还能持续多久，像瑞士馆那样通过真实场景反映绿色发展理念的设置，并没有吸引大家更多的青睐，尤其是大会最后评选的金奖中并没有瑞士馆。

第三，像西班牙馆那样综合运用多媒体图像手段的设计，所造就的视觉盛宴能否实现思想的救赎，等一下会听到参与设计全过程的伊格先生精彩的演讲和解释。西班牙馆在艺术表现力方面创造了极致，尽管沙特阿拉伯馆创造了排 10 个小时的队，才能一睹风采的纪录，但从艺术水平而言是无法同西班牙馆相比的。这是完全不同的两种视觉表达，能否通过大众眼观与心灵的互动来实现思想的升华，却是一道难解的题。

在我的感觉中，国人观世博的第一要务是照相，第二要务是盖章，我曾经被参观者问到几次，这个馆是否有盖章，我说没有，这些人扭头就走，很多人匆匆忙忙直奔盖章台，盖章后就走。

我认为很多社会的问题可以留给社会学家和相关学者研究，这些问题带给我们深层的思考，国民的素质在今天是否达到与时代同步的高度。

今天在这里我不谈宏观的社会问题，只是想通过讲环境设计以时间为主导的专业内容，能够对于类似问题的解决提供帮助。

体验的时空，应该有时空表达的终极定位，凡是做过城市设计、建筑设计、景观设计和室内设计的人都知道，这是最终的目的。如果空间的设计，最终不能给人带来感官的正确体验，实际上就是失败的。

人的审美欲望无非就是两种，第一种：满足感官刺激的欲望——空间的、视觉的、造型的，具有图像色彩。例如大火的亮度和彩度极高，图像的显现性强，能够高度刺激人的眼球，因此焰火成为庆典的顶级图像方式。图像的表达，第一要有空间的背景，第二需要视觉的投入，第三取决于对象造型的表现力。图像所达的信息，并不能完全满足全身心环境体验的欲望。第二种：满足环境体验的欲望——虚拟的、联想的、抽象的——具有文学色彩。这种欲望的满足往往呈现于虚拟的冥想状态，甚至是对生活场景的联想，想起以前的往事，或者是此时此景想起了以前的幸福时光。这就是一种文学的色彩。我们看《红楼梦》之后，一百个人就会产生一百个林黛玉的形象，即使有众多的电视剧拍摄出来，大家都是不满意的，认为跟自己的理解不一样，林黛玉怎么是这个样呢。

世博会大量的场馆采用的是图像语言，如果不能引起人的真实感受，最后都是只言片语的简单表达。苏州馆有两块大型的屏幕，一块在墙上，一块在地面，所播放的图像支离破碎，不可能给观者带来整体印象。由于是片断的，而且是一闪而过，不具故事性很难留下印象。深圳馆的视频表达也是如此，因此，大家看到的场馆空空如也，无法吸引到人，反倒不如单一静止图片所产生的效果。

两种表达的语言会产生两种不同的设计取向。具有图像色彩的设计观念，是事物表象的取向。我接触过一位北京电视台的编辑，他就说过电视语言是弱智的语言。具有文学色彩的设计观念，可以直达事物的本质。我在这里举一个简单的例子，这是2010年上海世博会的城市足迹馆。如果大家有一点历史知识和文化常识，就应该知道进入的第一个展厅，是人类文明和城市文明最先发端的两河流域，这里诞生了美索不达米亚文明。我在这里待了半个小时，身边匆匆而过的人很多，半个小时的流量会达到几百至上千人。几乎所有的过客都喃喃自语说是埃及馆，说过之后，就直接走进去，根本不去看墙上的说明标牌，尽管上面清楚标示"两河晓星"并有着详细说明。这些展览的物品中不乏从国外博物馆直接搬过来的真品，既然大家不知道两河流域是怎么一回事，当然也不会清楚地知道展品所具有的文化价值。

因此，我们发现如果只看图像，未必能够理解事物本质的内容。所以说这是两

2010上海世博会城市足迹馆"两河晓星"标识　　两河文明巴比伦城门墙壁上的釉面砖原件

种不同的设计导向。要表达事物表象的视觉感受，当然是以空间为主导，因此会导致以空间造型的形象凸现为主的城市设计，从决策层、设计师和社会受众，基本都认可这种设计观。表现为现状就是要所谓的地标，就是要标志性的建筑，都想突出自身。于是，就产生了我们现在所处的珠江新城核心建筑群，大家都想突出自己，结果谁都无法凸显。都去追求空间表象的视觉观感，却忽略了事物流程通过景观所反映的全感官环境体验。当然，这种环境体验一定是以时间为主导的设计来实现的。

2010年上海世博会的城市实践区在浦西展区，"城市，让生活更美好"的主题在这个区得到集中诠释，但是非常遗憾，7000万观众的90%以上都未来过这里。即使是这个区也很难以时间为主导的展示方式来反映它的现实。

这个展区的法国阿尔萨斯馆，主要是以斯特拉斯堡市作为母本，我相信绝大多数的观众没有去过斯特拉斯堡，也不清楚这个城市的文化价值。虽然有许多的图片展示，但由于缺乏身临其境的环境体验，相信看过以后也难以知道其优点在于何处，问题同样出在时空的图像表述缺陷。

斯特拉斯堡市的古城保护得非常完整，虽然也有现代的空间形态，但其与传统交融得非常巧妙，下了火车站，穿越站前广场可以进入古城，现代的交通工具将古城各区域连接在一起，大型的有轨电车，河流中的游船，通过现代的交通工具，将城市景观的古代和现代形象有机地结合为一个整体。斯特拉斯堡古城的西面有一个水坝，通过水坝的分流，两条河从南北两面环绕整个古城，又在东面汇合。在水坝分流处，由于河水的分隔，形成了场所丰富的空间变化。在这里形成的一个小广场，按照中国人的概念，可能根本称不上广场。其总长度不到30m，宽度也不过10多m。广场的西面有一所房屋，白墙黑瓦斜屋顶，面河而立的窗台围栏上装点着红色的花朵，因为位置和环境体验的感受，天然地形成为广场的地标。每天下午3点的时候太阳开始西斜，同时人气开始聚集，从这时一直到晚上的21

法国斯特拉斯堡本杰明·吉克斯广场　　　　　本杰明·吉克斯广场西侧临河的鞋匠屋

下午4点的本杰明·吉克斯广场　　　　　清晨6点的本杰明·吉克斯广场

点成为聚集的高峰。在广场四周，由于河流错综复杂的流淌状态，人流的聚散通过时间和空间的限定，产生了各种可能性，当人们穿越桥梁，流连于餐馆商店用餐购物，各种各样的服饰与场景变换，使这个小小的区域变得意趣盎然。一旦第二天清晨7点回到这里，虽然依旧阳光普照，然而一切恢复平静，身处广场也许会产生走错了地方的感觉，因为昨天下午的一切荡然无存，只有孤零零的四棵大树。这里经过设计吗，显然没有刻意的任何设计，但是带给我们的环境体验，足够回味一生。在这里我待了两个多小时，在咖啡飘香的悠闲氛围中享受人生，这种感受是终生难忘的。

可见，环境设计是以时间为主导，而不是以空间为主导。

世博会建筑空间的典型案例也说明了同样的问题。

在这次的上海世博会场馆中，我选取了三个案例，不是得金奖的场馆，金奖是英国馆、韩国馆和德国馆，代表了不同的类型。而我选的这三个馆，虽然呈现的面貌反映的情况完全不同，却是运用时间要素达到极致的馆。

第一个是美国馆。

大家知道世博会用图像宣示主题，恰恰是从美国开始的，在此之前的世博会是以实物为主，从美国人开始才以图像为主，这实际上就是玩了时间的把戏。应该说美国馆是政治性最强的国家馆，是以时间为主导的流程设计，采用三个电影宣示核心价值。

美国馆的三个电影使用的是传统的二维画面，而且是高清的，宣示了美国的核心价值。什么是美国的核心价值，通过电影才明白和清楚，"多元、创新、乐观"，通过谁的口来说，通过希拉里的口，政治性极强，当然也通过奥巴马的口说出来。

这个馆的第一场景，实际上是一个缓冲的等候空间。通过闸口后大家并不能直接进入展厅，需要人流汇集到合适的数目。在等候的时间内可以看到正面墙上的四个屏幕，视频的内容是美国各阶层人士学中国话的场景，可以看到美国人用汉语学说"欢迎"的不同画面。目的是让大家进来后，有一个短暂的喘息，同时感觉美国人民对中国人民非常的友好，大家马上就会觉得很有意思，很值得看。5min很快过去，大门开启，进入第二场景。通过大屏幕的视频，首先是宣扬核心价值观，先是希拉里讲，之后是奥巴马演讲，再之后是一场电影，宣扬的是社区概念，在我们的概念中，社区好像是一个居住的小区，但在美国不是这样的概念，而是人与人，人与物，人与环境、场域的交流概念。反映了大家齐心合力盖房屋的主题，时间很短暂。接下来进入第三个电影厅，题目叫做"城市花园"，主题是描写一个小姑娘，想在原来的废墟中通过自己的努力，想方设法改变破败的面貌。先是种了一朵花，但很快被人踩入泥中，旁观的人们不屑一顾，里面有同情的，有蔑视的，姿态是千姿百态的。小姑娘并不灰心地继续种下去，她的举动逐渐得到大家的认可，携起手来共同栽花，最终将废墟变成了城市花园。影片除了配乐没有一句话，但是意境表达十分到位。看完之后，才进入最后的场景，这是厂商赞助的宣传，可以忽略不计。

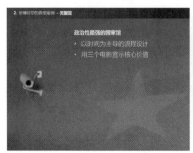

第二个是西班牙馆。我咨询过很多艺术家和设计师，大家认为西班牙馆是最好的，应该说是艺术性最强的国家馆，是以时间为主导的图形设计，采用视觉语汇宣示文化价值。

进入西班牙馆是一个狭长的厅，大家知道的史前阿尔塔米拉洞穴岩画《野牛》就出自西班牙，这个厅的设计概念显然来自于洞穴。在一系列反映西班牙传统文化眼花缭乱的视频轰炸之中，伴随着隆隆的雷声，一个西班牙女郎以清脆的响板节奏和激越的佛朗明戈舞蹈，将观众的情绪推向高潮，随着女郎以睡美人的姿态卧于地面，第一空间的演示戛然而止。接着，人们以舒缓的心情走过第二空间。这里完全不是传统的概念，而是现代生活的场景，所有的视觉语言都是现代的图形语汇，纵横交错的几何形态屏幕，打造出扑朔迷离的时空，通过若干图景的转换，大家可以清晰地了解当代西班牙人的生活。最后的第三空间，以一个硕大的仿真婴儿和漫天飞舞的巨大肥皂泡，寓意美好的明天。我个人觉得，这是过去、现在和将来的文化的宣示，关于这一点，等一下我们会听到伊格先生更为精彩的介绍，因此我不再过多地介绍。

第三个是瑞士馆，应该是文学性最强的国家馆，是以时间为主导的场景设计，采用被动观赏的设计手法，来宣示环境价值。

什么是被动观赏，实际上是在迪士尼乐园中应用最广，运用时间要素进行展示的方法。就是整个观赏的过程不让人自己走，而是让交通工具带着你走，有怎样的好处呢，可以严格地通过控制时间来把握观赏的节奏。在瑞士馆的入口有各种演出，之后必须乘电梯直达最高层，出电梯映入眼帘的是半景的阿尔卑斯山高清视频场景，通过导视系统指引大家去乘坐缆车，实际就是沿着坡道走下去，盖瑞士馆纪念戳的地方恰是人流最为舒缓的位置。缆车沿着挂满绿植的桶形建筑内壁盘旋而上，出得建筑物眼前豁然开朗，世博园景色尽收眼底。这里是模拟阿尔卑斯山脚下的牧场，在行进的整个过程中，山野、牛羊之声不绝于耳，近看一片片绿草坡接踵而至，远观又与上海的天际线非常巧妙地结合为一体。最让人叫绝的就是满目野花扑面而来，现场感极强，就像乘坐直升机向下俯冲，一片姹紫嫣红迅疾而至。同行的一位教授惊呼：哎呀，怎么没带相机来呀！非常有意思，刚才他还说我这次就是不照相，不像你们那么俗。而这一刻，他却后悔了。那天一起来的人都没有来得及拍照，后来装饰杂志刊登的照片是我拍的。

瑞士馆的整个场景什么说明都没有，也许很多人看不懂，实际上主题很清楚，能不能让城市更美好，就是我开始说的一点——绿色家园的美景还能持续多久？

以上大家看到的就是我在现场拍的三个馆的片子，三个馆的展示充分证明了时间要素在环境体验的场所中占据的主导地位，这一点往往被我们忽视。

最后要说的是，环境体验的时间主导，为什么环境体验要以时间为主导，而传统的造型艺术是以空间运动形式的某一个片断作为最终的表征。大家都是搞室内设计的，会注意到地产商开发一个住宅楼盘后，一定有样板房，这个样板房极有可能误导顾客。因为，样板房不是生活的全部，只是生活的片段，某一瞬间的场景，而且是以豪华的概念展现的，你最终购买的房屋是这样的吗？绝对不是的，你有自己的生活方式，你有自己的家庭模式。实际上就是误导了你，用传统的方式偷换了概念，用空间替换了时间，就将你骗了。

以环境为主的建筑艺术，作为人和环境互动的艺术，在场所中，时间和空间是互动的。我们做的室内设计不是针对三维空间，而是四维空间，以前我们往往将第四维的时间概念放在最后，这是否恰当，近几年我一直在考虑这个问题。为什么中国的传统建筑是平面的建筑，但是却能表达深邃的意境，就是因为考虑了时间的因素。这是东方文化的体现，是否可以在观念上达到时空转换，这是当代设计师的课题。

荷兰馆没有任何场馆的概念，就是设计了一条街，所有的内容都让人趴在窗户上看，像是偷窥的概念，却恰恰符合荷兰的生活概念，不经意间就转了一圈。

在今天环境的艺术需要调动人的全部感官，同时特定场所的艺术，主要是靠时间流淌的反复体验，大家都有这样的印象，去某个景点观赏的时候，还没有看够，突然就被导游喊走了，因为时间不够了。如果给你的时间够长，在这里待一天或者是两天，或者是待了一年，就会发现不愿意在这里待了。如果一个地方值得你常年呆，那么这个地方的意境和你的需求完全地切合。

《大卫》的雕像，最初是放在佛罗伦萨市政厅的门口，现在那儿的雕像是个复制品。我们来看这三个雕像，第一个是真的，第二个是假的，第三个是上海世博会的复制品。永远也不可能复制出第二个大卫，这种大理石温润的感觉是无法复制的。就像我们做建筑一样，稍微不到位，就会显得粗糙。例如，广州歌剧院，石材很粗糙，如果今天晚上再看到大剧院，也许会有不同的感觉。至少我感觉内部空间比外部空间要好，即使不同的造型，也有不同的场所感。有的时候未必是视觉的，而是各种感觉的综合，对于《大卫》更多的是联想。

意大利佛罗伦萨市政厅门前的大卫雕像复制件

大卫雕像原件

佛罗伦萨复制件

上海世博复制件

2010 年上海世博会大卫雕像复制件现场

环境艺术空间表现的特征，一定是以时空综合的艺术表现形式显现价值的。也就是说，我们的价值是产生在体验当中的，而不仅仅是表象。作为搞环境设计的各位，考虑的范围应该比较大，如果这个问题想不清楚，我们就会永远步别人的后尘，这是非常关键的要素。

以时间为主导体现皇权的北京紫禁城

我们又回到世博会场馆，同样是在城市足迹馆。大家看到了一幅画，很多人看了以后，都说是故宫，但是没有人看下面的文字解释，实际上是中国古代城市虚拟图。因为故宫的样式在大家的心目中十分明确，它让我们联想到中国传统建筑的形式。到目前为止，唐以前的建筑已经荡然无存了，所以看到这种形制的建筑，就会想起故宫。前几年有一部电影叫做《大明宫》，其中的建筑要比故宫辉煌得多。

即使是今天的故宫博物院，时空序列与历史上的也有很大差别。我们看到的这个平面图，天安门前面的空间被天安门广场替代。明朝的这个地方，是从大明门进来，经天安门、端门，再到午门、太和门，才能看到太和殿。中国古人对时间艺术的把握到了如此高的境界，在那个时代故宫是宏伟的，尽管从外形的炫耀感来看，无法跟西方建筑相比，但是把握好了时间性，臣民经过前面的空间铺垫，到了午门，已经被时空营造的威严氛围吓得屁滚尿流，匍匐在地是十分符合逻辑的。

环境体验的内在含义，就是以时间为主导的设计。当然，这还需要符合环境审美的要求，环境审美又可以讲很多的内容，今天到此打住。

以时间为主导的设计观，切合时代发展的脉搏。也就是说，如果全世界的设计师都可以转变成这样的观念，尤其是中国的设计师，明白这个道理的话，面向生态文明的设计就大有希望。在这里我不是强调时间，空间就不重要了，我只是说以时间为主导，最后在体验的时空中融会贯通，谢谢大家。

主持人王受之：谢谢郑曙旸老师精彩的演讲，提出非常重要的问题，满足感观的目的，用图像和图形表达是片面的，有环境体验的感观更加本质，而且是以时间为主导，产生联想和文学的色彩，我认为这种提法太棒了，他讲的几个馆，我也去过，世博会有200多个馆，看得人眼花缭乱，我感觉很多的馆是为了破碎图片的满足，进去后很轰动，但是最后什么都记不住，最后只是几个精彩的馆的图像可以记得住。

郑曙旸先生从大宏观开始讲，也提到北京的场景，我小的时候还未被拆掉，现在已经没有了，中国的室内设计要提高一步的话，要从环境体验的角度入手，我们的设计才可以摆脱目前满足标识性、图像性的初级阶段，进入到文学性和本质性的更加高级的阶段，这是非常精彩的演讲。

参考论文（2012 年 11 月《第 3 届艺术与科学国际研讨会论文集》发表，中国建筑工业出版社）编号：L011

从分离走向统合——艺术与科学的设计学建构

· 郑曙旸

内容提要

设计学是一门新兴的基于艺术与科学整体观念的交叉学科。对于设计学这类横跨于艺术与科学两大阵营的交叉学科，在新中国的发展从一开始就进入了字面认识的误区，并由此深刻地影响到后来的发展。在专业领域里，存在着从"工艺美术"到"艺术设计"的转变，在社会上则存在着艺术与科学统合观的误读。随着时代的发展，设计学获得极大发展，艺术学从一级学科成为学科门类，设计艺术和工业设计联姻。

在设计学的建立过程中，工科推动作用明显，国家发展目标也很明确，然而以中国目前的社会背景与发展态势而言，设计学必须设立在艺术学门类之下。在人才培养目标和资源储备尚未达到理想境界的现阶段，要在中国实现设计学的科学发展，就必须整合人文与理工两类学科资源，使艺术与科学在可能的领域从分离走向统合。

关键词

艺术，科学，设计学，分离，统合

引言：分离

设计学是一门新兴的基于艺术与科学整体观念的交叉学科。在新中国的发展，其标志性的事件，就是 1956 年中央工艺美术学院的成立。然而起步的年代，却是在艺术与科学分道扬镳的社会大背景下。

1952 年，中国高等学校院系调整的思路，是受当时苏联教育专家组的影响：

"这些苏联专家，在主导思想上都还是死抱着 20 世纪二三十年代苏联被各个国家围困时的想法，只能把大学都变成大专，以图解困，快速医治战事创伤。这是当时苏联为复苏经济不得已的权宜之举。而 20 世纪 50 年代的新中国，国内国际环境已大不一样了，但他们仍机械地搬用过时的历史经验，居然把中国所有的综合大学给拆掉，都变成了专科学院。""应知，20 世纪 50 年代，苏联自己已经发现了这个问题。第二次世界大战结束后，美国是抢人才，苏联是抢机器。最后是美国的工业上去了，可苏联还是抱着旧工业时代的经济基础。为追悔，莫斯科大学又开始搞综合了,但派来中国的专家们却帮我们搞苏联 20 世纪 20 年代的教育体系。这个对中国造成的损失实在是太大了。"❶ 源于此，新中国高等教育从一开始就成为培养专业技能的职业教育系统，而不是培养具有全面人格具备创新能力的素质教育系统。

50 余年后的"钱学森之问"❷ 其本质同样也源于以上缘由。培育和确立学生的专业思想，并使之巩固，再巩固，成为高等学校教育教学立命的根本。"在相当长的一个历史时期内，国家高等学校艺术教育的专业观念十分狭隘。加之设计专业的边缘特征，以及中国特定历史背景和条件下所缺失的工业文明进程，导致我们未能在思想的深度确立艺术与艺术教育观念的现代转型。同时，造型艺术个人创作相对自由的诱惑，容易使带着枷锁起舞的设计与设计教育者改弦易辙。因此，异常强化地巩固专业思想教育，被学院坚持了数十年。于是，鸡就是鸡，鸭就是鸭。如果鸡孵出了鸭，学设计的同学最后都去画画，似乎人才培养的方向就出了问题。"❸ 理论上：学什么，出来就干什么——天经地义。然而，社会的现实却是各行业出类拔萃的顶尖人物，基本都"背叛"了当时所学的专业。可以说，以这种教育策略在高等学校育人，只能培养"缺腿"的人才，而非人杰。要么是强于形象思维，要么是强于逻辑思维。在思维训练和思想方法方面，基本上是两股道上跑的车，永远没有交会的可能。如此状态，谈何创新。

❶ 杭间.潘昌侯先生访谈录 [M]// 传统与学术：清华大学美术学院院史访谈录.北京：清华大学出版社，2011：26.
❷ http://baike.baidu.com/view/2978502htm 百度百科："为什么我们的学校总是培养不出杰出人才？"这就是著名的"钱学森之问"。"钱学森之问"是关于中国教育事业发展的一道艰深命题，需要整个教育界乃至社会各界共同破解。
❸ 郑曙旸.序言 [M]// 清华大学美术学院造型艺术作品集.北京：清华大学出版社，2011.

一、"工艺美术"认知的误区

对于设计学这类横跨于艺术与科学两大阵营的交叉学科，在新中国的发展从一开始就进入了字面认识的误区，并由此深刻地影响到后来的发展。在这里先不去谈国家最高决策层的思想，即使在专业的内部，20 世纪 50 年代的第一代开拓者与后继者，在"美术、图案、工艺美术、艺术设计、设计"这些词汇的解读方面都不尽相同。在不同的语境下，这些词会有不同的含义，以至于到了 21 世纪不同级别的决策层都会有"你们自己都说不清楚，让我们怎么决定"的抱怨。毋庸置疑，设计学的思想根植于中华民族传统文化的宏大体系，然而今天所认知的现代设计学理论与实践，却是工业文明的产物。对于中国来讲"设计"是个舶来品，用英语来表述就是 Design。

如果去研究词语的流变，会发现"美术、图案"是译自日本的外来词汇，"工艺美术"是汉语和外来语的词组，"设计"是汉语固有词，而"艺术设计"则是汉语的词组。同为东方文化的日本与韩国在翻译英语"Design"时，采用的是音译，完全是一种外来语的概念，对于公众的理解不会出现误读。而将英语"Design"翻译成汉语"设计"时，问题就出现了。因为"设计"在汉语中既是动词也是名词。作为动词的解释："在正式做某项工作之前，根据一定的目的要求，预先制定方法、图样等：设计师／设计图纸。"❶ 作为名词的解释："设计的方案或规划的蓝图等：那两项设计已经完成。"这样的词义，无论如何也不可能使公众理解英语"Design"❷ 的全部内涵。1953 年 10 月原版的《新华字典》"设"字的解释为："布置，安排：设立学校"【设计】根据订出来的计划制出具体进行实现计划的

---

❶ 中国社会科学院语言研究所词典编辑室编.现代汉语词典 [M].第 5 版.北京：商务印书馆，2005：1203.

❷ DESIGN：de·sign/ v 1[I；T] to make a drawing or pattern of; to draw the plans for 设计（图案或图样）；绘制：*Who designed the Sante Fe Opers House?* 圣·菲·歌剧院是谁设计的？ 2[T] to develop for a certain purpose or use 计划；谋划；预定：*a book designed mainly for use in colleges* 一本主要供大学使用的书 | This weekend party was designed to bring the two musicians together. 这次周末聚会的用意是使两位音乐家见面。–designer n：*She's a dress designer/ a book designer.* 她是位服装设计师、书本装帧师。design/ n 1[C] a plan 计划 2[C] a drawing or pattern showing how something is to be made 设计图；图样；图案 3 [U] the art of making such drawings or patterns 图样设计；美术工艺品的设计：*She attended a school of dress design.* 她上过服装设计学校 4[C] a decorative pattern 装饰图案《朗文英汉双解词典（ Longman Dictionary of American English ）》外语教学与研究出版社，1992 年 5 月。

方法和程序；2011 年 6 月的第 11 版《新华字典》❶ "设"字的解释为："布置，安排：设立学校。设备很完善。"【设计】根据订出来的计划制出具体进行实现计划的方法、程序、图样等。也就是说近 60 年，"设"字的解释没有任何变化，"设计"的解释仅仅加了【图样】一词。可以说《新华字典》是小学开始唯一的汉语学习工具书，也是发行量过亿的书籍。这就不难理解为什么在社会与决策层面，不能正确理解设计学内涵与外延的内在原因。因为目前在世的几代主流人群，均是在 20 世纪 50 年代之后接受的教育。设计——在受众脑海中的概念来自《新华字典》。因此，社会公众与各级决策者对于"设计"词义的理解固化在两个方面：其一，设计属于工程与技术的领域，是与艺术无关的科学范畴。其二，设计的行为主体服务于事物客体，不可能自立门户成为行业。

名不正，所以言不顺。

本来"工艺美术"是有可能作为"Design"的正确译名的。"工艺"是汉语的词汇❷，"美术"一词的概念外延在 20 世纪初的中国学界就具有"Design"的内容。在最初翻译"Design"的概念中，工艺美术、图案、装饰三个词的分量基本不相上下。"'工艺美术'的名称在我国最早由蔡元培 1920 年在《美术的起源》一文中使用。它的概念相当于英文'Design'，在中国最初以'图案'的名称从日本引入，意义与今天的'设计'相似（早在 1936 年版的《辞海》中，'图案'条下就注明了它是'Design'的汉译）。民国时期'工艺美术'的概念是广义的，它更多地包含着'艺术设计'的含义。这一点与当下'工艺美术'作为美术的一部分，被划归为陈设、观赏性的传统手工艺的范围是截然不同的。"❸ 提倡美育救国的蔡元培"称装饰是'最普通之美术'，'其所附丽者。曰身体、曰被服、曰器用、曰宫室、曰都市。'"❹ 所言涉及今日设计对象的所有领域。

遗憾的是新中国决策者对于这个词组的理解和运作，完全偏离了它的指向。关于这一点在设计学科的学术界有着不同的观点，需要通过更加深入的研究取得基本的共识，因为这是绕不过去的一个关键节点。社会历史的发展现实却是：

---

❶　新华辞书社编. 新华字典 [M]. 北京：人民教育出版社，1953：531.
❷　辞源（合订本）[M]. 北京：商务印书馆，1988.
❸　田君. "美育救国"影响下的民国工艺美术教育 [J]. 装饰，2011（10）：26.
❹　周爱民. 庞薰琹艺术与艺术教育研究 [M]. 北京：清华大学出版社，2010：145.

工艺美术——特种工艺美术的代名词。生活在新中国省会城市，同样是20世纪50～70年代以后出生的人，在其童年、少年或青年时代或多或少都有进出"工艺美术服务部"的经历与购物体验，其最初的工艺美术教育主要是从这个场所获得。由于"工艺美术服务部"所卖商品基本上属于特种工艺美术品，所以在大众的认知层面是以陈设艺术品的概念来看待工艺美术。

二、从"工艺美术"到"艺术设计"

中国传统的工艺美术，是农耕文明手工艺的产物，在其数千年的发展过程中，日常生活"衣、食、住、行"中的所有人为造物，无一不是手工的制作。它所体现的设计概念在本质上与今日无异。然而，进入20世纪50年代中国的外部世界，已是由流水线建构的大机器生产制造来满足人类生活"衣、食、住、行"中的需求。在这里"Design"的内涵并未改变，改变的只是过程：农耕文明的手工艺，从意匠到制作，可以是一个人眼—脑—手有机配合运作的全程；工业文明的设计，从创意到制造，可以通过分工来完成。无论是哪一种文明，"Design"都不可能是《现代汉语词典》或是《新华字典》中【设计】所表述的概念。因为"Design"是以终极产品体现其价值，所以创意与制造两者不可分离。

今天，网络已经成为重要的传媒，作为中国本土搜索引擎的头牌——百度，其"百度百科"的词条，基本上还是来自于纸质媒体。但是其选择的取向，却基本代表了当代中国社会主流的一般认知水平。

百度百科——工艺美术："工艺美术通常指美化生活用品和生活环境的造型艺术。它的突出特点是物质生产与美的创造相结合，以实用为主要目的，并具有审美特性。造型艺术之一。以美术技巧制成的各种与实用相结合并有欣赏价值的工艺品。故通常具有双重性质：既是物质产品，又具有不同程度精神方面的审美性。" ❶❷

---

❶ http://baike.baidu.com/view/61212.htm 百度百科：工艺美术（2012 年 6 月 19 日下载）。

❷ http://baike.baidu.com/view/3956557.htm 百度百科：工艺美术设计【辛艺华．工艺美术设计 [M]．北京：高等教育出版社，2003．本书系中学教师进修高等师范本科（专科起点）教学美术学专业必修课教材，共分15 章，分别介绍图案设计基础、字体设计、三大构成（平面、色彩、立体）、标志设计、CI 设计、电脑美术设计、装饰画、书法设计、包装设计、广告招贴画设计、服装设计、工业产品设计和室内环境设计等。本书从设计教学的基础理论出发，总结现代设计教学思想，结合当今国内外有关最新资料，系统地阐述了工艺美术设计的各门专业知识。讲解得当，文字简明易懂，讲述深入浅出，配有 900 多幅图片，可操作性、实用性较强】（2012 年 6 月 19 日下载）

百度百科——设计："设计是把一种计划、规划、设想通过视觉的形式传达出来的活动过程。人类通过劳动改造世界，创造文明，创造物质财富和精神财富，而最基础、最主要的创造活动是造物。设计便是对造物活动进行预先的计划，可以把任何造物活动的计划技术和计划过程理解为设计。"❶

通过与《现代汉语词典》和《新华字典》的释义对比，不难发现百度百科"设计"词条并没有扩展出新的概念，而且不像"工艺美术"的词条那样注明出处。仅就"工艺美术"和"设计"两个词条的对照，前者的解析反而更为接近英语"Design"的词义。也就是说今日中国的学界乃至公众，对于设计学的认知依然处于一种混沌的状态。

新中国设计学的开拓者庞薰琹"一直认为工艺美术的实质在于'设计'，但是'设计'并不能包括工艺美术的所有内容。"❷这里所讲的"设计"显然是汉语中动词的【设计】，而他心目中的工艺美术则包含了"Design"的全部内容。在他的思想中，工艺美术的创作工作是不能和科学技术分离的。从选择原料一直到完成制品，每一个工序都能影响到美术设计的效果。工艺美术离开了科学技术是无法达到设计效果的……所以他强调，美术设计与生产制作是一个整体，不能将彼此孤立分割起来，把工艺美术仅仅看成是工艺品上面的一种"美术加工"，这样的看法是不够全面的。❸

与庞薰琹同时代的同业晚辈，同为中国工艺美术教育事业宗师的中央工艺美术学院的田自秉教授和南京艺术学院的张道一教授也持同样观点。

田自秉：

"现在工艺美术叫设计也可以，工艺美术史叫设计史也可以。我觉得设计缺一些制作、实践。设计是脑子的思维、考虑。工艺美术应该包括设计和制作两个部分。设计出来不做，等于零。"❹

"工艺美术创造，包括设计和制作两个过程。设计只是美术意匠（意象）的

---

❶ http://baike.baidu.com/view/14417.htm 百度百科：设计（2012年6月19日下载）。
❷ 周爱民.庞薰琹艺术与艺术教育研究 [M].北京：清华大学出版社，2010：179.
❸ 周爱民.庞薰琹艺术与艺术教育研究 [M].北京：清华大学出版社，2010：174.
❹ 杭间主编.传统与学术 清华大学美术学院院史访谈录 [M].北京：清华大学出版社，2011：58.

确定和体现，相对地说，还只是'务虚'的抽象阶段，它还没有物化。只有通过工艺材料，应用技术手段，使制成物质成品，才是美术意匠的具体化。所以，设计并不是工艺美术作为全部创造的整个过程，而只是一种'中间产品'。工艺美术的设计和制作的关系，既互相联系，又彼此依赖。设计规范着制作，也促进制作；制作依据设计，也可超越设计。"❶

张道一：

"设计和制作，始终是造物的两个方面，或者说是造物的前后过程。"❷

现在看来中央工艺美术学院的创办者，也就是新中国的第一代设计与设计教育者，其对工艺美术（在这里也可看做是"设计·Design"）的认识是明确的——"工艺美术是生活和美学的结合。它对人们的衣、食、住、行、用等生活用品和生活环境进行美的创造，从而美化生活。工艺美术是艺术和科学的产儿。"❸ 因此，他们的思想是先进的，思路也是明确的，即使放在全球视野的大背景下也不见得落伍，只是苦于当时国内社会文化、政治、经济发展的阶段性制约而无法得到充分的释放。

"2008 年 11 月，为了纪念《装饰》杂志创刊 50 周年，清华大学美术学院《装饰》杂志社共同举办了名为'从工艺美术到艺术设计'的专题研讨会，举办该会包含了多重的考虑：首先是正名，希望明晰'工艺美术'与'艺术设计'之间的历史延续性和本质层面的同一性；其次，借正名之际，亦可梳理中国自近代以来，尤其是新中国成立后这一段的设计历程，以小见大；第三，希望由此走出对这两个名词的狭义理解，而导向一种更为平和的心态。会而论道，往往还有一层意思是想寻求共识，但随着会议进程的推进，学者们自然发现统一认识是困难的，也不现实，但将彼此对问题的不同看法放在一起的时候还是能找到许多共同点，即大家对当前面临的处境都有相近的认识，那么出路何在，各抒己见。但在对这两个名词的解读中，各自也都放入了自己对如何走出所处境遇的看法。"❹

实际上从"工艺美术"到"艺术设计"再到"设计学"的发展与争议，一直是在高校狭小的专业圈子中进行，影响力微弱，难以达成社会的认知与共识。装饰、

❶ 田自秉 . 工艺美术概论 [M]. 上海：知识出版社，1991：2-3.

❷ 张道一 .《考工记》的科学与人文精神 [M]// 艺术与科学·卷二 . 北京：清华大学出版社，2006：12.

❸ 田自秉 . 工艺美术概论 [M]. 上海：知识出版社，1991：2.

❹ 方晓风 . 寻找设计史：分裂与弥合——兼议"工艺美术"与"艺术设计"[M]// 设计学论坛（Forum of Design Studies）. 第 1 卷 . 南京：南京大学出版社，2009：3.

美术、艺术设计等词汇，在中央工艺美术学院系名中出现的时间节点，可以清楚地反映从"工艺美术"到"艺术设计"的发展进程。以现在的环境艺术设计系（中央工艺美术学院建立的第二年成立）为例：1957年室内装饰美术系，1960年建筑装饰美术系，1975年工业美术系，1984年开始分为两个系，即工业设计系与室内设计系，1988年室内设计系更名环境艺术设计系。"1988年，学院各专业称谓中的'美术'改为'设计'，各系系名作了相应调整。至1989年上半年，学院设有陶瓷艺术设计、染织艺术设计、服装设计、装潢艺术设计、书籍艺术、环境艺术设计、工业设计、装饰艺术、工艺美术历史与理论9个系13个专业。"❶研究中央工艺美术学院的系名，会发现20世纪50年代中期至80年代中期的30年是"工艺美术"的概念：陶瓷美术、染织美术、装潢美术的定语，实际就是"工艺"的专业称谓。之后到2011年的30余年则是"艺术设计"的概念。之所以要在"设计"前面加上"艺术"一词作为定语，其原因也在于"设计"一词在汉语使用中的动词主体化。

尽管专业称谓的转换在中央工艺美术学院的两代学人之间有过激烈的辩论，但是最终还是采用了"艺术设计"，其根本原因在于社会对"工艺美术"普遍的误读误判，以及由此对设计学科建设与发展形成的障碍。

今天，在专业的学术圈子里，除了"工艺美术"和"艺术设计"之间的争议外，新一代的学者普遍接受"设计"和"艺术设计"所表述的本质理念。至于文字上的笔墨官司，也逐渐失去了辩解的市场，没有多少人去计较，尽管在理解上还存在着差异。

可以说当代中国的艺术设计观念在理论的层面并不十分清晰，尤其是艺术设计的历史理论在学术界至少存在着三种不同的认识：

其一：工艺美术是生活和美学的结合。工艺美术品不属于完全的意识形态的产品，而必须具有生活使用的合目的性。工艺美术品是生活用品，具有使用功能；它通过物质生产，制成具体产品；它具有审美因素，体现美的创造。因此，工艺美术具有所谓艺术设计的全部概念，并不存在手工还是机器生产的问题。在中国

---

❶　院史编写组编.清华大学美术学院（原中央工艺美术学院）简史[M].北京：清华大学出版社，2011.

的历史上只有工艺美术而没有艺术设计。设计只不过是工艺美术创造的过程之一。工艺美术是在生活领域（衣、食、住、行、用）中，以功能为前提，通过物质生产手段的一种美的创造。

其二：艺术设计在中国的历史久远，自从人类开始以主观意识通过劳动的创造开始造物以来，艺术设计就作为一门行业延续至今。工艺美术和艺术设计不过是不同时代同一行业语义表述的差别，并不存在本质内容的差异。手工与机器制作并不能够成为工艺美术或是艺术设计的行业界定。

其三：艺术设计是从人的生活需求与精神欲望出发，以特定的主观创造意识为原点，通过造型策划和物质生产的过程，以审美与功能目标来提升客观物质生活质量的综合系统工程。只有大工业生产的基础才能够满足设计系统制作产品的基本要求：这就是能够迅速变换款式，完成不同档次、同样功能制品的大量产出，以满足全民生活的不同需求。而手工生产的工艺美术品则不具备这样的条件，也涵盖不了人类现代生活所需物品的全部种类。因此，工艺美术与艺术设计是不同时代的两种业态，相互不可替代。

可以说第三种看法代表了中国设计艺术学界对艺术设计概念认识的主流。❶

鉴于国内艺术设计教育脱胎于艺术学科（这里主要指美术）的背景，包括受中国封建社会长期以来形成的轻视工艺观念的影响，以致中国第一所，以艺术设计高等教育定位的学校——中央工艺美术学院（现清华大学美术学院），不得不在 20 世纪 50 年代建校之始，就开始不遗余力地对学生进行稳固专业思想的教育，这种教育一直持续到世纪之交。学生的思想倒是明确了，遗憾的是学院的上级主管部门始终对艺术设计学科的真谛缺乏真正的理解，决策的思想观念一直未被转变过来，导致"艺术设计＝美术"的观念盛行。即使是视野开阔、思想先进的决策者，绝大多数也持"实用美术"的观念（至少是美术的一个组成部分）。❷

三、艺术与科学统合观的社会误读

在这样的社会大背景下，诺贝尔物理学奖获得者著名美籍华人李政道进入国

❶　郑曙旸.设计艺术的环境生态学——21世纪中国艺术设计可持续发展战略报告 [M].北京：中国建筑工业出版社，2007.
❷　清华大学美术学院环境艺术设计系艺术设计可持续发展研究课题组.环境艺术设计系统与中国城市景观建设立项 [M].北京：中国建筑工业出版社，2007.

核子重如牛　对撞生新态　李可染
Nuclei As Heavy As Bulls, Generate New States of Matter through Collision
Li Keran

无尽无极　吴作人
Without Boundary and Without End　Wu Zuoren

内设计艺术界的视野。

通过较长时期的思考研究，李政道对科学与艺术的关系形成了如下几个观点：

——科学与艺术的本源是一致的，它们都来源于人类的社会实践，来源于人类的智慧与创造。

——科学与艺术追求的目标是一致的，它们都追求真理的普遍性。

——科学与艺术是人类不同的文化范畴，但又是密不可分的，是结合在一起的，恰似一个硬币的两面。

——科学与艺术结合有利于科学、艺术和整个社会文化的繁荣和发展。

从 1988 年到 1998 年 10 年间，李政道先后与著名画家吴作人、李可染、黄胄、华君武、吴冠中、张仃、常莎娜、袁运甫、刘巨德以及中青年画家、设计家陈雅丹、鲁晓波、姚建伟、陈楠等进行合作，创作了 20 多幅"主题画"。这些主题画从内容到形式都十分新颖，各成风格，以精湛的画艺表达了当代多种前沿科学课题的内涵，使人们于欣赏精美画艺的同时，接受到科学知识的熏陶，受到科学界和艺术界人士的高度称赞。❶

正所谓：成也萧何败也萧何。

"艺术和科学是一枚硬币的两面，不可分割。它们共同的基础是人类的创造力，它们追求的目标是真理的普遍性"❷，李政道关于艺术与科学的观点，在传播的

---

❶　中国高等科学技术中心：柳怀祖、季承、滕丽，新华社记者：施宝华《开创科学与艺术结合的新天地——试论李政道教授对科学与艺术结合的贡献》清华大学：庆祝清华大学建校九十周年《艺术与科学　国际学术研讨会论文集》湖北美术出版社，2002 年 4 月，第 175 页。

❷　清华大学吴冠中艺术研究中心编.李政道致清华大学吴冠中先生追思会的一封信 [M]// 吴冠中追思文集.北京：清华大学出版社，2012：48.

领域出现了问题。因为在中国真正的设计学界，从开拓者到后继者，没有人会认为艺术与科学在思维的领地分立，理解上不会产生偏差。诚如庞薰琹所言："学习工艺美术的人要进行科学研究工作，要提高工艺美术品的质量，也必须进行严格的工艺美术科学研究工作，使艺术创造和科学技术有机地结合起来。"❶ 然而，恰是其"主题画"描绘科学知识的表象，在社会层面的认知却成为——艺术是科学的表达。转换到设计学的观念就成为——艺术是设计对象科学内容的包装。

由于"现在的人们已经习惯于使用'二分法'，将生活、文化、文明、科学乃至思维方式分开，诸如：

> 物质生活和精神生活
>
> 物质文化和精神文化
>
> 物质文明和精神文明
>
> 自然科学和社会科学
>
> 抽象思维和形象思维

当然，这种分法是不无道理的，甚至是必要的。西瓜只能切开来吃，学问只能分开来做。问题在于，现实生活中两者是否截然分开，各不相干呢？还是这样那样地联系着？就实际个案来看，纯然的现象固然存在，但更多的是偏向某一方。也就是说，两者是共生的、互为关系的，有的可以分开，有的简直无法分开。通常所讲的'艺术与科学'也是如此。"❷

也就是说，"设计"是基于艺术与科学整体观念的交叉学科。"至于科学和艺术自身的运作，两者从来就不是孤立进行的，所谓科学家使用抽象思维，艺术家使用形象思维，如果说不是误解，也犯了一个逻辑上的错误，因为两种思维在性质上并非是并列的。"❸ 如果一定要分开来讲：艺术是设计思维的源泉，体现于人的精神世界，主观的情感与想象成为设计原创的动力。科学是设计过程的规范，体现于人的物质世界，客观的技术机能运用成为设计实施的保证。

虽然社会乃至学术界对于"艺术与科学"的命题，存在着完全不同的观点，但李政道先生的推动作用毋庸置疑。"1999年中央工艺美术学院并入清华大学，更名为清华大学美术学院，由此为契机，艺术与科学的学术研究以及艺术实践方

---

❶ 周爱民. 庞薰琹艺术与艺术教育研究 [M]. 北京：清华大学出版社，2010：175.

❷ 张道一. 本是同根生——艺术与科学纵横谈 [M]// 艺术与科学·卷一. 北京：清华大学出版社，2006：23.

❸ 张道一. 本是同根生——艺术与科学纵横谈 [M]// 艺术与科学·卷一. 北京：清华大学出版社，2006：27.

面的探索有了更大的推力和基础，学院与李政道先生一起开始策划和筹备第一届艺术与科学国际作品展和学术研讨会。这里，也许更重要的是中央工艺美术学院作为艺术院校并入以理工科为主的清华大学，表象上看是"艺术与科学的握手"，实质上的变动则发生在各个层面上，即'艺术与科学'的融合或交流日益成为清华大学美术学院发展的自觉意识和旗帜。" ❶

四、科学对于设计学科建设的推动

经过艺术学科学术界同仁多年的呼吁和卓有成效的工作，2011年，在国务院学位委员会印发的《学位授予和人才培养学科目录（2011年）》中，艺术学从原属于文学门类下的一级学科，一跃成为学科门类。在原有：哲学、经济学、法学、教育学、文学、历史学、理学、工学、农学、医学、军事学、管理学之后，增加了第 13 个门类。"设计艺术学" ❷ 由此上升为一级学科。设计学的概念因此确立。可以说艺术学升为学科门类对设计学在国家层面的建设与发展意义重大。

在这次变革中，如果没有设计艺术和工业设计联姻，就不会有一级学科设计学的脱颖而出。而《学位授予和人才培养学科目录（2011年）》中"设计学（可授艺术学、工学学位）"的表述，则为艺术与科学的统合，还原其设计学的本质属性铺平了道路。

作为设计学的学科设置问题：艺术学升级为门类，美术学与设计学成为两个独立的一级学科，对应于同属一级学科的音乐与舞蹈学、戏剧与影视学，显得极不平衡。形成这样的格局，在于之前设计学分属于艺科与工科的社会现实。

涉及本科的艺术设计学、艺术设计和工业设计 3 个二级学科，以及研究生的设计艺术学 1 个二级学科。在 1998 年 7 月 6 日国家教委发布的《普通高等学校本科专业目录》中，"艺术设计学"和"艺术设计"是学科门类：文学——艺术类的二级学科；"工业设计（注：可授工学或文学学士学位）"是学科门类：工学——机械类的二级学科；在 1997 年 6 月 6 日由国务院学位委员会、国家教委发布的《授予博士、硕士学位和培养研究生的学科、专业目录》中："设计艺术学"是文学

---

❶ 李砚祖 . 清华设计的旗帜：艺术与科学 [J]. 装饰，2011（5）：38.
❷ "设计艺术学"是高等院校研究生学习阶段学科的专业称谓，而"艺术设计学"是高等院校本科学习阶段学科的专业称谓，内容与本质相同，称谓各异。

门类一级学科艺术学之下的二级学科，而在工学门类一级学科机械工程之下却没有工业设计。往前追溯，对照 1988 年的本科专业目录："艺术设计学"对应的是"工艺美术学"；"艺术设计"则对应着"环境艺术设计、染织艺术设计、服装艺术设计（部分）、陶瓷艺术设计、装潢艺术设计、装饰艺术设计、室内与家具设计（部分）7 个二级学科。"❶

可见由于认识水平所导致的观念问题，中国的设计学科发展走过了一条漫长的弯路。1998 年当工业设计成为工科专业时，当时中央工艺美术学院的几代学人怅然之情溢于言表。然而，这又能怨谁……1975 年改建工业美术系（由建筑装饰美术系更建），1984 年更名为工业设计系，在 1988 年最有建言话语权的时期，却未能以有效的沟通说服上级决策部门，以发展的眼光和开阔的视野将"工业设计"列入国家的高等学校专业目录。应该说 1988 年版高校专业目录艺术类中的设计专业设置，基本符合国家社会经济发展对人才的需求，同时也符合国家相关行业发展的需要。同样，也是因为决策部门未能正确理解设计学科在国家发展中的重要作用，采取了惯用的一刀切手法，合并 7 个二级学科，采用了即使在学术界也没有取得共识的"艺术设计"表述，导致整个社会以片面的艺术概念来理解设计学科的专业定位。假如 1988 年"工业设计"进入专业目录，可能今天的中国设计学科建设版图，就会呈现出另外一种面貌。因为，当时的工业设计理念具有时代文化的先进性，是最能够代表艺术与科学整体观的设计概念。甚至，国家轻工业部还有可能在后来的国务院机构改革中，成为设计产业的国家级管理部门，建设创新型国家的形势必定是另外一种局面。

反过来说，尽管工业设计在 1998 年才进入国家的高校专业目录，但其在工科的设置以其强大的科学背景，使设计学科具备理论落实于实践的天然优势。经过十余年的建设，对社会和国家决策部门的影响力远高于艺术背景的高校与学术机构。以至于温家宝总理能够在 2007 年 2 月 13 日在中国工业设计协会呈送给他的报告上批示"要高度重视工业设计"。中国工业设计协会会长朱涛对此评价："这一重要批示，高瞻远瞩，切中时弊，正逢其时，极具指导性和针对性，已经并将继续在政府部门、企业和设计界产生广泛而深远的影响，是中国工业设计发展史上一个熠熠发光的里程碑。"❷可见，在国家层面对设计学的理解是通过工业设计的渠道。

---

❶　教育部研究室编. 中华人民共和国现行高等教育法规汇编（上卷）[M]. 北京：人民教育出版社，1999.

❷　百度文库 http://wenku.baidu.com/view/706fad02de80d4d8d15a4f3a.html.

2012 年 5 月 11 日宁波 "DDF 首届中国设计发展年会" ❶中国工程院常务副院长潘云鹤院士作了《论中国工业设计的变革》的主旨报告，在报告的 PPT 演示文件页面中有如下表述。

（一）中国工业设计升级与创新的呼声渐高

·国务院学位委员会："工业设计"升为一级学科，扩名为"设计"。

·成立学科评议组，重新规划学科内涵与布局。

·路甬祥副委员长今年 1 月在《人民日报》发表《创新中国设计，创造美好未来》的文章，并在北京、深圳、南京等地视察工业设计单位，发表重要讲话："创新中国设计，推动产业升级"。他以 iPad、iPhone 为例，指出：以创新设计为重要手段，促进引领创新制造、创新服务、创新品牌、创新价值，促进产业结构升级、发展方式转型，提升自主创新能力，建设创新型国家，意义重大。

·中国工业设计协会也积极响应，在 2012 年第一期的《设计通讯》上，朱焘会长提出："设计需要转型升级"，蒋以任（全国政协常委）提出：要推动制造业创意产业，率先培养工程师、设计师"双师型"创意设计师资队伍。

（二）中国设计为什么要升级？

1. 从历史上看，工业设计是工业化的产物。

·中国的工业设计学科是改革开放之后才建立的。30 余年前，中国只有（工艺）美术设计。——因为计划经济

·国外也一样。1900 年之前，世界也只有工艺美术设计。变化始于 1908 年，福特（Henry Ford）发明了用传送带的生产线，汽车开始了现代化生产工艺的先河。在建筑行业，则大规模采用钢筋混凝土、钢和玻璃结构，取代了砖石结构。新的工业（包括新材料、新工艺、新技术），要求新的设计。

·1919 年，包豪斯（Bauhaus）和工业设计便应运而生。所以，工业设计是欧洲工业化的产物。

2. 当前，中国正在走向新型工业化。和 100 年前的包豪斯时代比，中国的新型工业化新在何处？

（1）处在一个全新的信息化时代：计算机、互联网、移动通信、自动控制、机器人、电视机、电话、电子书、数字图书馆、数字照相机……

---

❶ 会议全称为："DDF 2012 首届中国设计发展年会暨宁波市鄞州区产业转型升级设计创新高峰论坛（The First Annual Conference of Design Development in China）"。

（2）处在一个产业变更的时代：集中表现在战略性新兴产业的风起云涌。

2012年7月6日至7日，全国科技创新大会在北京举行。中共中央总书记、国家主席、中央军委主席胡锦涛在会议上发表重要讲话。在讲话中指出："到2020年，我们要达到的目标是：基本建成适应社会主义市场经济体制、符合科技发展规律的中国特色国家创新体系，原始创新能力明显提高，集成创新、引进消化吸收再创新能力大幅增强，关键领域科学研究实现原创性重大突破，战略性高技术领域技术研发实现跨越式发展，若干领域创新成果进入世界前列；创新环境更加优化，创新效益大幅提高，创新人才竞相涌现，全民科学素质普遍提高，科技支撑引领经济社会发展能力大幅提升，进入创新型国家行列。"温家宝总理进而指出："我国是制造业大国，已经具备很强的制造能力，但仍然不是制造业强国，总体上还处于国际分工和产业链的中低端，根本原因就是企业创新能力不强。如果能在'中国制造'前面再加上'中国设计'、'中国创造'，我国的经济和产业格局就会发生根本性变化。"显然，要实现这样的目标，变"中国制造"为"中国设计"关键在于创新体制与机制的改革，还要有可持续发展的后备人力资源。对于从事设计教育的高等学校而言，培养与之适应的各类设计人才成为首当其冲的任务，而要完成这样的任务又在于科学融通艺术后在文化层面的协同创新。

五、基于国情的设计学艺术定位

尽管在设计学的建立过程中，工科的推动作用明显，国家的发展目标也很明确，然而以中国目前的社会背景与发展态势而言，设计学必须设立在艺术学门类之下。其原因在于国家整体人群自上而下文化素质中的艺术涵养普遍不足。在这里所讲的艺术是人格塑造的概念，属于美育的范畴。即：艺术教育不在于掌握几项技能，关键是能够欣赏艺术，学会艺术思维的方法。

艺术的本质："要么把人变成工具，要么把他塑造成人。只能二选其一。"❶

艺术的表象："艺术往往被界定为一种意在创造出具有愉悦性形式的东西。这种形式可以满足我们的美感。而美感是否能够得到满足，则要求我们具备相应的鉴赏力，即一种对存在于诸形式关系中的整一性或和谐的感知能力。"❷

❶ 〔英〕约翰·罗斯金. 艺术与人生 [M]. 华亭译. 北京：中国对外翻译出版公司，2010.
❷ 〔英〕赫伯特·里德. 艺术的真谛 [M]. 王柯平译. 北京：中国人民大学出版社，2004：1.

艺术教育的素养功能，体现于人才培养德育、智育、体育、美育的素质基础。因为艺术是健全人格的教养，它改变人的性格、气质、能力、作风，是具有创新精神和实践能力的高级专业人才不可或缺的教育。同样，艺术教育启迪大脑思维培养创新能力的本质属性成为设计教育的主导。

　　新中国美育概念缺失 50 年（1949 ~ 1999 年）的社会背景，导致艺术教育从一开始就成为把人变成工具的典型技能训练，而非每个人都需具备的基本素养。其典型案例是建筑学科的高等教育历史经验教训。在西方世界的艺术学科排序中，建筑以其艺术与科学的融通性，当之无愧位居第一，走遍欧美书店，建筑类书籍在艺术门类的书架上位置显赫。然而自 1952 年建筑学被置于工科之下的那天起，建筑学就成为建筑工程学，虽然在基础课中也有素描和色彩之类的内容，教育教学观念上艺术不但与科学分离，而且基本沦为设计表现的工具。国家推行数十年的"实用、经济、在可能的条件下注意美观"的建筑观，成为艺术与科学割裂的建筑三原则，在这里"美观"只是美的表象——漂亮。正如吴冠中所言："没有必要咬文嚼字来区别美与漂亮，但美与漂亮在造型艺术领域里却是两个完全不同的概念。漂亮一般是缘于渲染得细腻、柔和、光挺，或质地材料的贵重如金银、珠宝、翡翠、象牙等；而美感之产生多半缘于形象结构或色彩组织的艺术效果。"[1] 在这个问题上艺术与科学实质是融为一体的。不管有没有条件，建筑的结构与色彩经过设计，以恰当的尺度、比例、材料、质地呈现同样会呈现艺术效果。

　　可惜，50 多年来国家所培养的建筑师，基本都成长在美育缺失的教育教学背景下。以始于 1979 年年末的改革开放划界，设计 20 世纪 50 ~ 70 年代建筑的一线建筑师，其艺术素养远高于设计 20 世纪 80 ~ 90 年代建筑的一线建筑师。历次政治运动，尤其是"文革"的影响先不去谈，因为那个时期（1957 ~ 1976 年）的 20 年，一线建筑师是在泛政治化的高压下进行建筑创作的，即使是在那样的环境下，他们拿出来的作品在艺术上还是过关的。而改革开放之后的 30 余年，尽管眼界开了，限制小了，建设的速度、建筑的规模与过去的 30 年不可同日而语，但是，走遍祖国大地，能入眼的房子能有几座，住进去坚持十年以上不进行拆改的又能有几座。艺术水准之低——惨不忍睹。

---

❶　吴冠中 . 我负丹青——吴冠中自传 [M]. 北京：人民文学出版社，2004：245.

在所有的艺术门类中建筑是人类文化的最佳承载物，世界上的人工环境中没有任何物象可以取代它的艺术教养功能。本来中国传统的建筑物留存在世的就很少，新建的如不能传达正确的文化信息，杰出的唯一传承至今的中华文明能否延续将会成为大问题。因为，"当代中国社会设计审美取向严重偏移，以多为美、以大为美、以奢为美，感官刺激的时空符号取代启迪精神家园的艺术。大量生产、大量消费、大量遗弃的现象，已从普普通通的筷子蔓延到最大的商品——房子。"❶可持续设计面对的社会现实十分严峻，可谓触目惊心。这与决策层、设计层、消费层缺乏艺术与科学整体观念的美育缺失有着极大关系。

就美育养成主渠道的艺术教育而言，与人接受教育的年龄密切相关。如果错过了最佳的营养汲取时段，靠过时的补养是无济于事的。关键的四个时段是：0～6岁的学前艺术教育——雏形主导时段；7～12岁的小学艺术教育——塑形完成时段；13～18岁的中学艺术教育——成形巩固时段；18岁成人后的大学艺术教育——人格提升时段。20世纪中国教育方针中美育的缺位，导致艺术教育在基础教育的关键时段缺失。艺术教育被异化成为目前严重的问题，可以这样来评价：价值观念错位的基础教育，职业技能导向的专业教育，功利直接驱动的高等教育。

结语：统合

在人才培养目标和资源储备尚未达到理想境界的现阶段，要在中国实现设计学的科学发展，就必须整合人文与理工两类学科资源，使艺术与科学在可能的领域从分离走向统合。中央美术学院许平教授研究的数据表明，在中国目前已有1500余所各类各级高等学校设置设计类专业。开办设计类专业的综合大学、理工院校与艺术院校之比为9：1。在如此庞大的设计教育资源中，艺术与科学的天平明显倾斜，而艺术与科学重心偏移的高校设计教育教学体系中，教育者和受教

---

❶ 郑曙旸. 基于可持续发展国家战略的设计批评 [J]. 装饰，2012（1）：15.

育者中形象思维与逻辑思维双向缺失。由此造成艺术学科与理工学科长期隔膜形成的思想偏见。从这一点出发，设计学的独立设置对于中国设计教育的发展具有划时代意义。

设计学的科学发展取决于两类人群处于一个平台进行学术研究的水平。"设计是人类改变外部世界、优化生存环境的创造方式，也是最古老而又最具现代活力的人类文明。设计为人类创造丰富而多样的生产与生活方式，同时推动着现代社会的文明体验、相互沟通与和谐进步。设计学是研究设计发生及发展的规律、应用与传播的价值，强调理论与实践的结合，集中多种学问智慧，集创新、研究与教育为一体，并正在蓬勃崛起的新兴学科。"建立中国特色的设计学，因此成为时代赋予设计教育者的义务与责任。

相关课题研究报告

郭蔓菲，清华大学美术学院研究生"设计艺术的图形思维"课程学习研究报告 T007

"相亲相爱的"形象思维与抽象思维
——图形思维在设计过程中的应用

开始有必要说明一下各个逻辑之间的关系

"由于形象是作为设计概念的主要思维依据，因此打开思路的方法莫过于形象构思的草图作业"。[1]

以下，将形象思维、感性思维、图形思维归结为一种思维模式，将抽象思维、理性思维归结成另一种思维模式。分别用粉红色、蓝色表示。

形象思维 感性思维 图形思维	抽象思维 理性思维

①摘自郑曙旸老师的《艺术设计图形思维——上篇：设计的思维与表达》

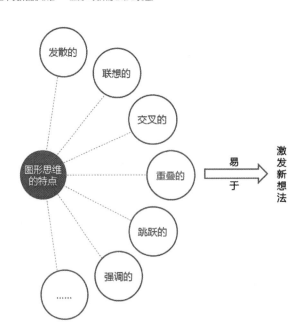

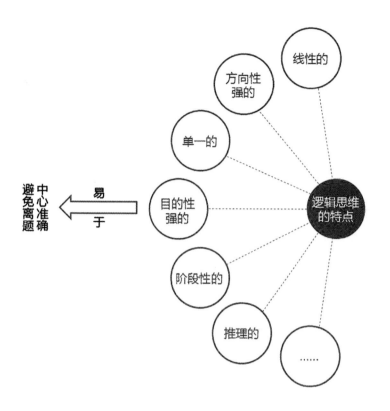

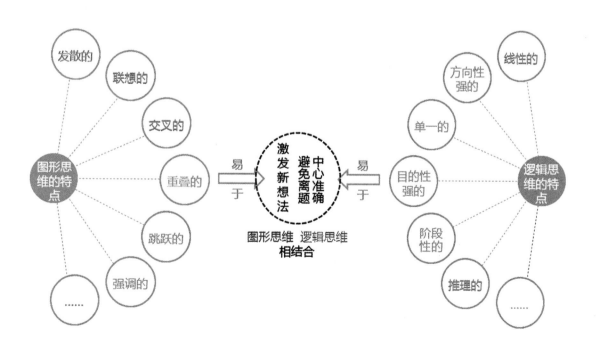

◆设计过程的4个步骤

设计定位　设计概念　设计方案　设计实施

◆ 设计过程的4个步骤

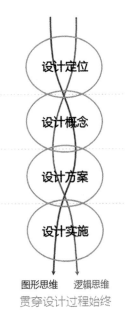

图形思维　逻辑思维

贯穿设计过程始终

在整个设计过程中不允许跨环节，"跳跃式"论证，体现了逻辑思维阶段性及单一方向的特征，并且贯穿设计过程始终

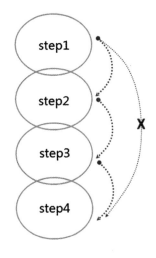

每个环节内部的不同发散式思维结构一定程度上说明了图形思维在设计过程中的重要性

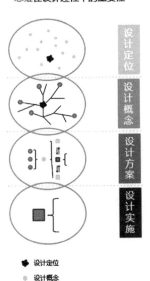

设计定位

设计概念

设计方案的几种可能性

◆ 设计过程的4个步骤

设计定位

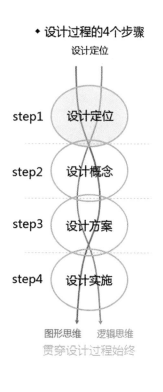

step1 设计定位

step2 设计概念

step3 设计方案

step4 设计实施

图形思维　逻辑思维
贯穿设计过程始终

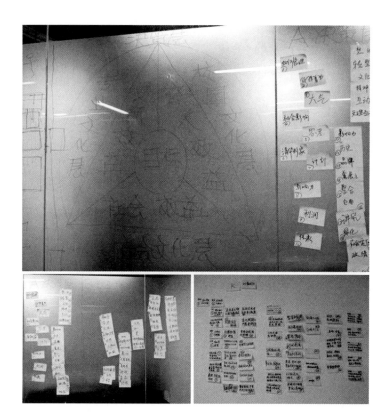

◆ 设计过程的4个步骤

设计定位

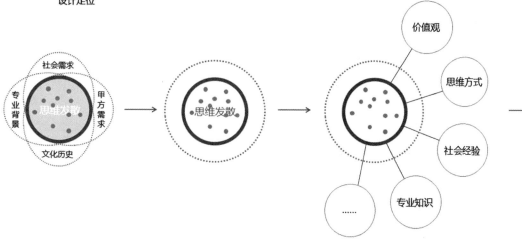

在设计前期——设计定位阶段，影响思维发散（即感性思维）的因素包括：限制性因素，即设计项目的前提条件，如此次课题中的甲方需求及校园文化背景等。影响因素，思维发散过程中由于以往的社会经验、价值观等下意识地对发散结果产生影响的因素

设计定位是在**限制因素**和**影响因素**共同作用下的**思维发散**过程中产生的

● 思维发散过程中的若干结论　⬭ 限制性因素　○ 影响因素

◆ 设计过程的4个步骤
　　　　设计定位

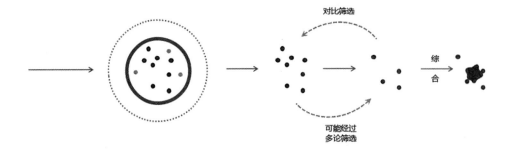

对比筛选

综合

可能经过
多论筛选

限制性因素　　思维发散过程　　对比优选后　　设计定位
　　　　　　　　中的若干结论　　的若干结论

◆ 设计过程的4个步骤
　　　　设计概念

step1	设计定位
step2	设计概念
step3	设计方案
step4	设计实施

图形思维　　逻辑思维
贯穿设计过程始终

设计定位
发散结构图

对部分发散结果
进行总结，提炼
出设计概念

设计定位　　　设计概念发散　　设计概念
　　　　　　　的若干结果

424

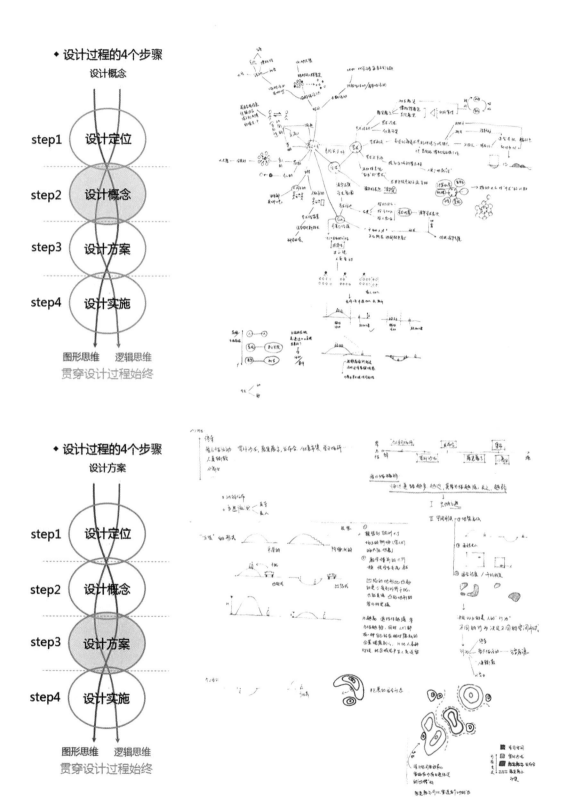

◆ 设计过程的4个步骤

设计概念

step1　设计定位

step2　设计概念

step3　设计方案

step4　设计实施

图形思维　逻辑思维

贯穿设计过程始终

◆ 设计过程的4个步骤

设计方案

step1　设计定位

step2　设计概念

step3　设计方案

step4　设计实施

图形思维　逻辑思维

贯穿设计过程始终

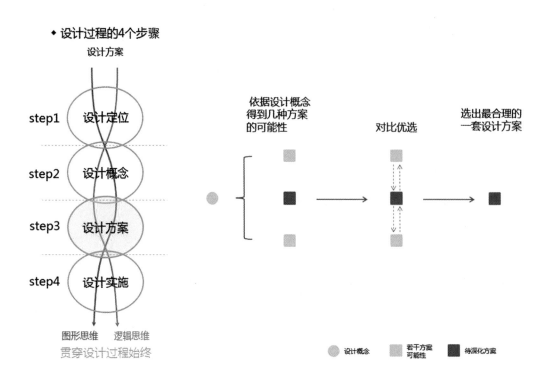

◆ 设计过程的4个步骤

设计方案

step1　设计定位

step2　设计概念

step3　设计方案

step4　设计实施

图形思维　逻辑思维

贯穿设计过程始终

依据设计概念得到几种方案的可能性

对比优选

选出最合理的一套设计方案

设计概念

若干方案可能性

待深化方案

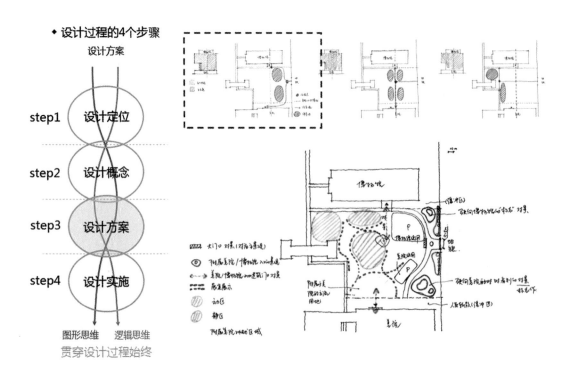

◆ 设计过程的4个步骤

设计方案

step1　设计定位

step2　设计概念

step3　设计方案

step4　设计实施

图形思维　逻辑思维

贯穿设计过程始终

◆ 设计过程的4个步骤

设计实施

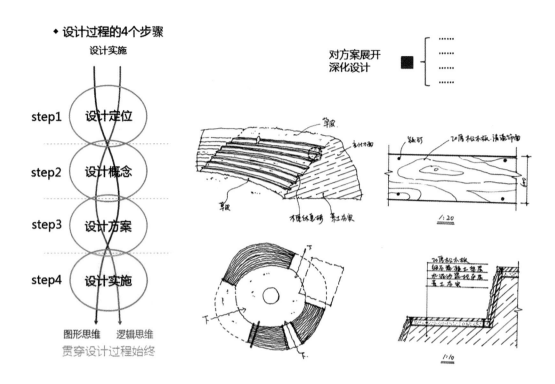

step1　设计定位

step2　设计概念

step3　设计方案

step4　设计实施

图形思维　逻辑思维

贯穿设计过程始终

对方案展开
深化设计

◆ 设计过程的4个步骤

设计实施

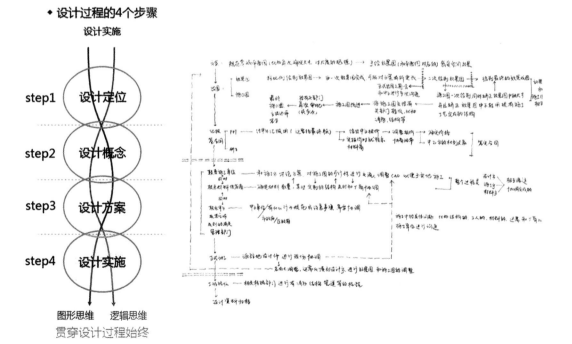

step1　设计定位

step2　设计概念

step3　设计方案

step4　设计实施

图形思维　逻辑思维

贯穿设计过程始终

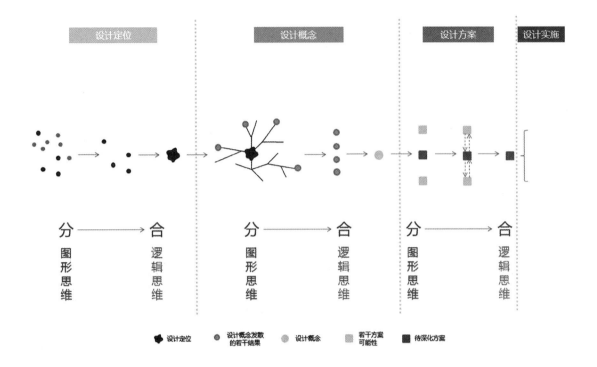

◆设计过程易出现的两种极端思维方式

感性思维过强　　理性思维过强

◆ 设计过程易出现的两种极端思维方式

感性思维过强

　　如右图所示，在做设计的过程中，感性思维强的人往往是跳跃性地思考问题，比如从最远一个层级中找依据。而不易从与问题最接近的第一层或比较接近的关系层开始，循循渐进，依据充足的论证。

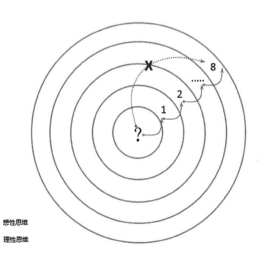

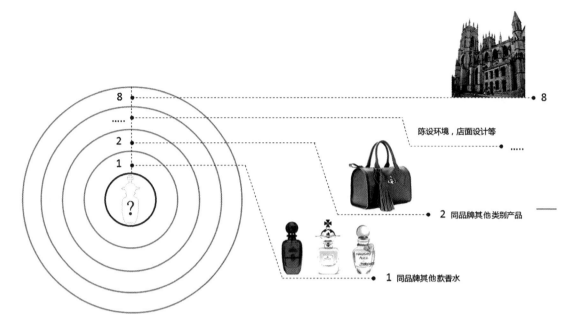

8

陈设环境，店面设计等

.....

2 同品牌其他类别产品

1 同品牌其他款香水

　　比如为某一品牌新设计一款香水，在推导新香水瓶造型的时候，跳跃性思维强的人可能会从某建筑造型上得到灵感，从而来找瓶子和建筑之间的关系，而不是从同品牌其他系列或同品牌其他产品上寻找这一品牌的某些固有属性特征。

结论 → 论据支撑不足 → 表现在 → 论证不具有**典型性**，往往会使结果过于大众、平庸 → 感性思维强的人，相应地也应提高逻辑思维能力，注意论点的论证是一环扣一环，不宜跳跃或忽略某一环节

◆ 设计过程易出现的两种极端思维方式

理性思维过强

结
论 ——→ 论据支撑不足 ——→ 表
现
在

理性思维强，感性思维弱的人，容易限制于问题本身，不善于寻找联系

往往过多加入主观因素；
结果很容易被推翻

- 图形思维和逻辑思维相辅相成
- 贯穿于整个设计过程
- 图形思维（感性思维）具有发散性，易于激发新的想法和可能性
- 逻辑思维（理性思维）目的性、方向性强，易于确保中心准确，避免离题

由于能力有限，在问题表述上觉得不够十分清晰，不足之处望郑老师给予指点
再次感谢您老远跑到深圳给我们上课
谢谢您

艺术设计图形思维的感悟与思考

学生：史迪（2012212659）
指导教师：郑曙旸

■ 一、我对"图形思维"的理解

■ 二、"图形推导"的过程

■ 三、对现实设计工作的"借鉴意义"

■ 我对"图形思维"的理解

1. 什么是"图形思维"？

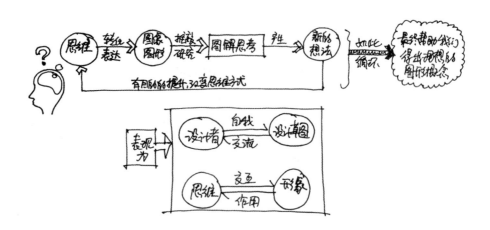

■ 我对"图形思维"的理解

2."图形思维"的过程:

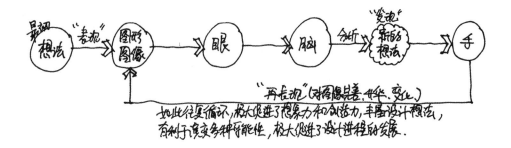

■ 我对"图形思维"的理解

3."图形思维"的方法——图解思考。
　 图解思考:将想法和文字分析形象化的过程,是运用图解语言来分析物与物关系的方法。

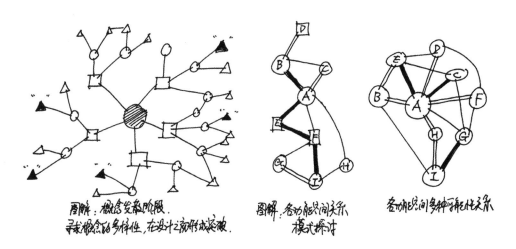

4."图形思维"的方法——多层次表达能力的培养：

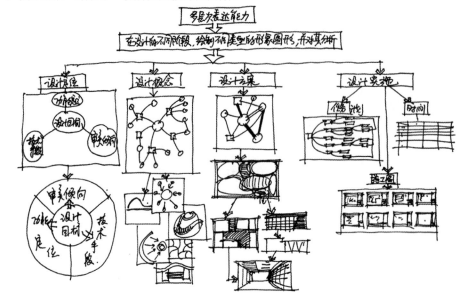

5."图形思维"的方法——对比、评价、优选的思维过程：

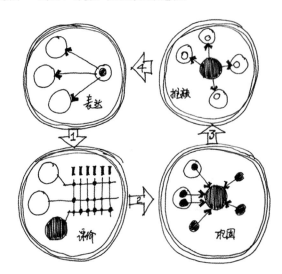

■ 我对"图形思维"的理解

6."图形思维"的特点：

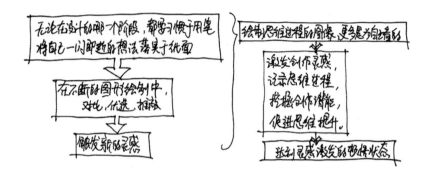

■ 二、"图形推导"的过程

■ "图形推导"的过程

课题：清华大学博物馆前广场休闲区设计

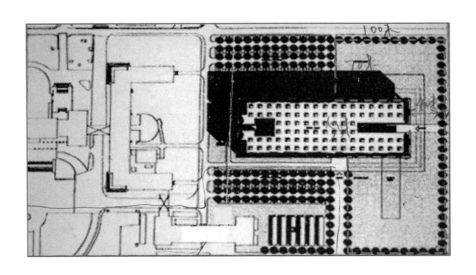

■ "图形推导"的过程

设计图形推导的四个阶段

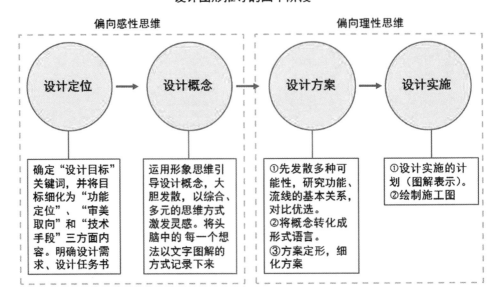

偏向感性思维　　　　　　　　　　　　　　　　偏向理性思维

设计定位　→　设计概念　→　设计方案　→　设计实施

确定"设计目标"关键词，并将目标细化为"功能定位"、"审美取向"和"技术手段"三方面内容。明确设计需求、设计任务书

运用形象思维引导设计概念，大胆发散，以综合、多元的思维方式激发灵感。将头脑中的每一个想法以文字图解的方式记录下来

①先发散多种可能性，研究功能、流线的基本关系，对比优选。
②将概念转化成形式语言。
③方案定形，细化方案

①设计实施的计划（图解表示）。
②绘制施工图

■ 1.设计定位的"图形推导"

①利用图形方式，集体投票，推导出客观的"设计目标"

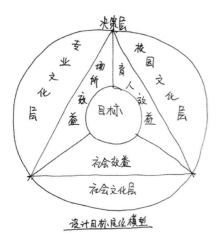

设计目标层位模型

■ 1.设计定位的"图形推导"

②把"设计目标"进行细化界定，逐一推出具体的功能定位、审美取向、技术手段这三方面内容。

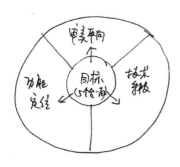

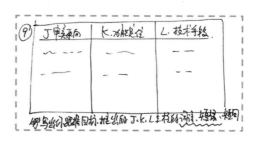

■ 1.设计定位的"图形推导"

　　随后，我们推出了一个客观的设计定位，由设计目标推出了功能、审美取向及技术手段的定位。这是设计任务书的核心内容，它真实地反映了项目的需求，明确了设计的方向。

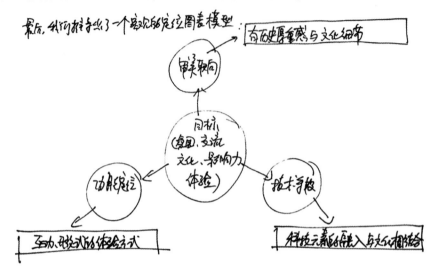

■ 1.设计定位的"图形推导"

　　明确《设计任务书》，将定位写成文字。

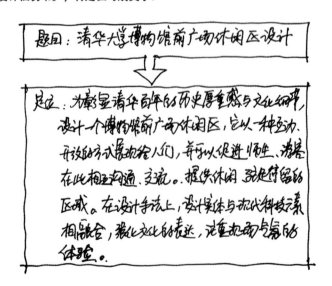

438

■2.设计概念的"图形推导"

概念设计阶段的主要任务是打开思路、激发设计灵感，促进自我交流。
①发散式表达：用形象思维引导设计概念，感性优先，以爆炸式、多元化的思维方式，展开想象，边画边想，将所有的思维过程都以图解分析的方式记录在纸上。目的在于迅速捕捉自己头脑中的思维火花，记录下来，建立关联，激发新的灵感，在构思之初形成突破。

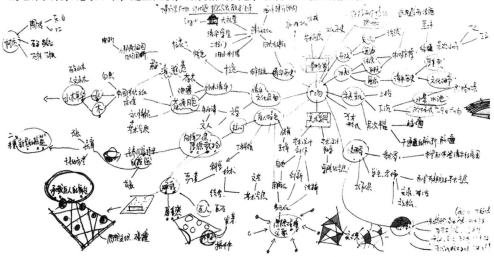

■2.设计概念的"图形推导"

②评价、对比、选择：发散了若干个概念之后，每一个概念都有可以发展的可能性。这时，就要对其进行评价、对比、优选。选择的依据是评判每一个概念与功能需求、审美倾向、气氛需求以及项目自身特点等方面的契合程度。

评判每个概念的契合度

	1.功能需求	2.审美倾向	3.气氛需求	4.项目自身特点
概念A	√	√	×	×
概念B	×	√	√	×
概念C	√	√	√	√
概念D	×	√	√	√

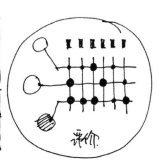

经过综合评价之后，我选定的设计概念是："承载巨人的舞台"。此概念源自清华"自强不息，厚德载物"的校训，"载物"象征着一种历史感、厚重感和文化传承感，清华大学就像一个宽阔的舞台，承载着千万个莘莘学子，蕴育成才，成为国家栋梁，他们是未来的"巨人"。这一概念能够满足历史厚重感与文化细节的需求，也可以通过开放式的体验去表达。

▌3.设计方案的"图形推导"

①第一阶段推导：重点在于多发散几种方案的可能性，思路要放开，多扩展几种方式。
　　　　　　　从整体的功能布局、交通流线入手，解决基本关系问题，不要急于做形式。

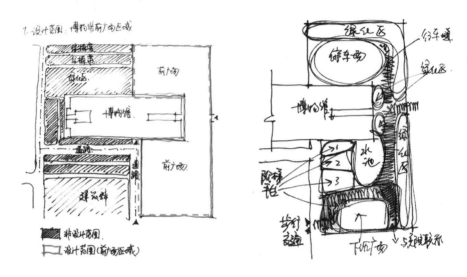

▌3.设计方案的"图形推导"

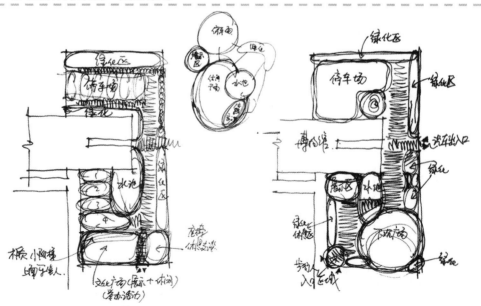

然后将这几种可能性进行对比、评价和优选，选出一个最好的，往下深入。

■ 3.设计方案的"图形推导"

②**第二阶段推导：**主要考虑"采取什么样的形式"，将概念转化为形式的阶段。

考虑形式时，要将"功能"和"概念"结合起来，看看它们的契合度是否好。

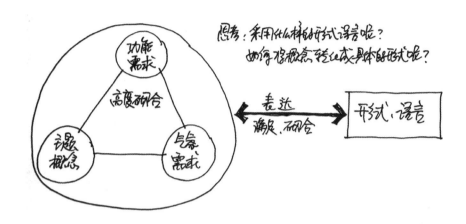

■ 3.设计方案的"图形推导"

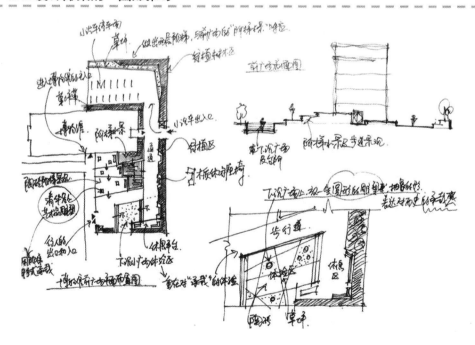

■ 4.设计实施的"图形推导"

主要考虑"如何将设计实现出来？"首先是安排实施计划。

①第一阶段：用图形的方式列出一个详尽的"设计实施计划"。里面包含了所有的实施程序，工作内容，人员安排，甲方、设计、施工、厂家等各方人员的关系，工作时间等。

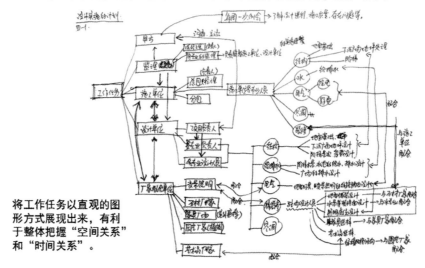

将工作任务以直观的图形方式展现出来，有利于整体把握"空间关系"和"时间关系"。

■ 4.设计实施的"图形推导"

工作时间图形表达：

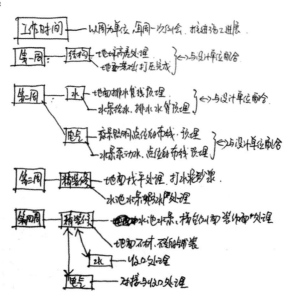

▋4.设计实施的"图形推导"

②第二阶段：绘制施工图。

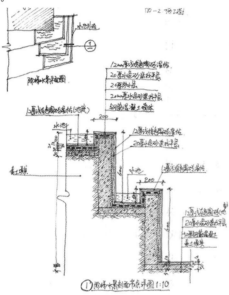

■ 对现实设计工作的"借鉴意义"

我的思考（对现实设计状态的反思）

＊当今设计公司的工作方式存在哪些问题？

①拿到项目之初，直奔方案，缺少了前期定位和感性的概念发散推导阶段。

②重视理性思维，领导只看重方案的最终效果图和施工图，忽略了概念阶段和方案初期的感性发散，考虑因素太多，限制了灵感的火花，导致了方案单一，缺少突破。

③缺少对项目不同阶段的时间控制，阶段混淆，前后返工是常有的事。

＊那么，如何解决上述问题呢？

我想，关键是运用"图形思维"，改变、优化设计的状态，提升自己的思维方式。掌握科学的方法去设计，才会事半功倍。

■ 对现实设计工作的"借鉴意义"

1.合理控制设计的各个阶段，每个阶段解决不同的问题，让设计可控，提高效率，减少返工。

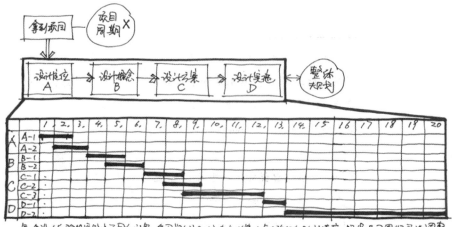

■ 对现实设计工作的"借鉴意义"

2. 两种思维方式的结合：感性思维+理性思维。

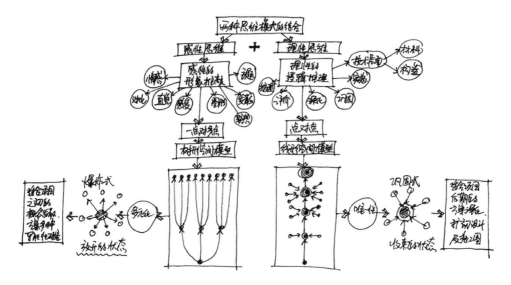

■ 对现实设计工作的"借鉴意义"

3. 先定位，再设计（明确设计目标和需求是关键）。

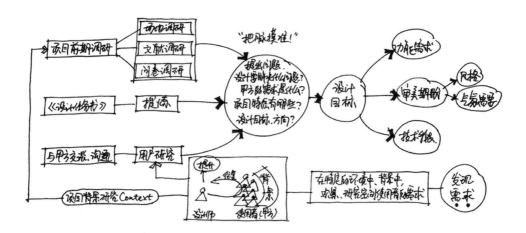

4. 以形象思维引导设计概念，用发散、多元、综合的方式展开联想，画于纸面，激发灵感。

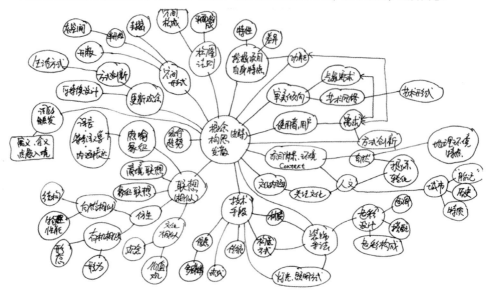

5. 相似的联想——启发空间形象构思的重要方面。

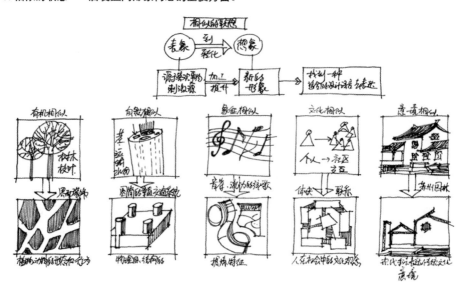

■ 对现实设计工作的"借鉴意义"

6. 演绎可供选择的多种方案（方案设计中的多种可能性研究）。

功能关系的探讨：

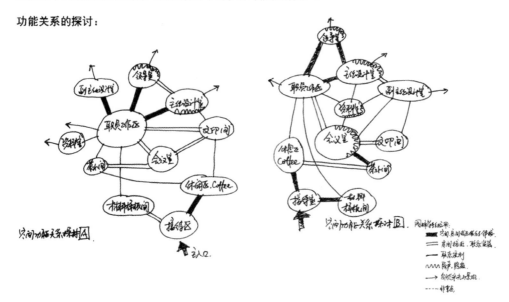

■ 对现实设计工作的"借鉴意义"

7. 演绎可供选择的多种方案：把概念转化成空间形象的过程。

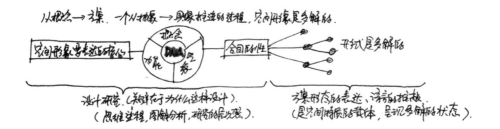

8. 演绎可供选择的多种方案：空间形象推敲过程的思维图解。

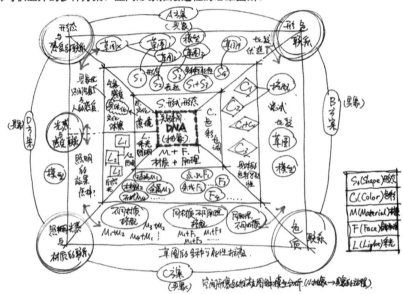

9. 对比优选的思维过程，如何判断和选择，评判它的契合度。

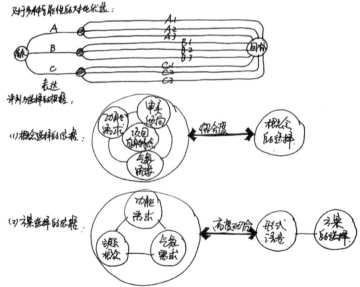

■ 对现实设计工作的"借鉴意义"

总结：

以形象思维为主导——设计方法；

以综合多元的思维渠道——进入概念设计；

以图形分析的思维方式——贯穿设计的每个阶段；

以对比优选的思维过程——确立设计的最终效果。

总之，设计创新来源于设计研究，以"图解思考"的方式研究设计问题，有助于我们分析得既有条理，又有深度，层层递进，找到设计的突破口。谢谢郑老师给我的启发。

Thank you.

1982 年 4 月起在中央工艺美术学院留校任教。屈指算来，高等学校的设计学专业教职已是 30 载有余。编写教材几乎伴随着教程的全时。自己写，辅导别人写，为同业的教材作序……到这一本：颇有黔驴技穷之感。

　　教材是教学的范本，在基础教育阶段应该是教师的必备之物。"人之初，性本善"，育人毕竟要按照符合时代要求的正确价值观作为导向，并通过知识与技能的传授使每个受教育者受益，成长为对社会有用的人。所以，世界各国无不重视教科书的编写，并以此作为国家标准。至于"高等学校"（注意：之所以带引号，是说其为大学者，而非专业技术职业学校）是否一定编有所谓的"标准"教材，实在是一件值得商榷的事情。

　　就自身从教的经历而言，上课按照教材照本宣科的事情从来就没有做过。即使是自己编写的教材，到授课时也从来不去翻看。原因很简单，知识更新的速度太快，学生又一代灵于一代。时下在大学的为人师者，在信息获取的层面，已远远落后于更为年轻的一代。如何上课？知识、技能、观念的教育教学，只能是因人而异。

　　经常会遇到毕业经年的学生，回忆起当年在学校的光景，往往是自己很不经意的某句话打动了学生。正所谓：说者无心，听者有意。甚至一句话改变其人生道路，由此成才成功的事例也不鲜见。所以说在高等学校即使是专业教学，也不是同样的知识用同样的方法传授才有效。由于学生家庭、生活、教育背景的不同，性格、学识、素养的差异，只有准确地把脉才能正确地下药。尤其是设计学专业的教学，不同的学生只能用不同的方法。在我的教学经验中，授课的成功在于合理教学方案的制订，而非捧着教材的所谓经典"对牛弹琴"。把控课堂的整体氛围，掌握好节奏，适时互动，在合适的时间节点，讲出合适的话语，如同挠到痒处一般的惬意，成为设计学专业教育成功的关键。为了能够讲出这关键的一句话，可能需要在教学涵养的积淀中不断揣摩。只有真正了解学生的需求，以正确的思想观念引导，才能使学生在了解知识、掌握技能的专业学习中，具有理论的真知灼见和实践的一技之长。

话又说回来，在目前的经济、政治、文化、社会背景下，在高等学校又不能不编教材。于是，如何编就成了问题。以现在的这本书来讲，虽然是一册关于室内设计从构思到项目的专业教材，但全书设计学的观念阐述具有相当大的比重。之所以这样，是因为考虑到高等教育中教学双方的需要。毕竟如钱钟书在《围城》中描述方鸿渐的窘境："从前先生另有参考书作枕中秘宝，所以肯用教科书；现在没有参考书，只靠这本教科书来灌输知识，宣扬文化，万不可公诸大众，还是让学生们莫测高深，听讲写笔记罢"的时代一去不复返。今天的信息爆炸中知识满天飞，明辨真伪反而成为一件十分伤脑筋的事。所以，笔者在这本书中设计了三层建构：正文、授课讲义、参考论文，以此互为支撑，作为室内设计从构思到项目的主题观念表达。尽管是一家之言，但因有着10年以上的时间跨度，细心的读者定会窥见其中并非一成不变的观念转换。由于考虑到每篇文章的体例、逻辑和阅读、选用的方便，望海涵对比之下不免出现的某些文字重合。

在大学教书，教学、科研、社会服务三者之间是一个有机的整体。如果没有服务于社会的设计项目实践，就没有出现问题后探索研究的动因，通过研究获得的理论成果也只有在教学中才能得到验证。个人认为，当下的大学设计学教材，关键在于能否启发教学双方的思辨，并以批判的角度产生自身新的发现。如能达到这样的目标，就是一本好的教材。

终篇论文（完稿于 2012 年 11 月）编号：L012

室内装饰的定义与范畴

郑曙旸

室内设计作为一门独立的专业，在世界范围内的确立是在 20 世纪中叶之后，现代主义建筑运动是室内设计专业诞生的直接动因。在这之前的室内设计概念，始终是以依附于建筑内部空间界面的装饰来实现其自身的价值。自从人类开始营造建筑，室内装饰就伴随着建筑的发展而演化出众多风格各异的样式，因此在建筑内部进行装饰的概念是根深蒂固而易于理解的。现代主义建筑运动使室内从单纯的界面装饰走向空间的设计。

上篇：中国建筑行业的特征

1. 计划经济运行模式的基础

·行政强势破坏行业生态

建筑行业健康的良性发展，必须尊重建筑学指导下的工程建设在社会文化层面运行的基本规律。主要体现在建筑设计的本质，即：功能与审美的高度统一。但近 60 年以来，中国的建筑行业在这方面出现了一些问题：在改革开放之前，实行计划经济的管理模式，这种模式必然导致行政的强势，实际上影响和破坏了建筑行业的文化生态；在改革开放之后，逐步实行市场经济的管理模式，但由于处在社会主义初期阶段的过渡转型期，受资本主义商品经济运行规律不利因素的影响，行政强势转换为另一种表现形式，这一点在房地产业表现得尤为突出。

·各自为政影响行业发展

行政强势管理模式的基本特征是集权。发展决策权与资源分配权都归于中央，在国家政治层面保证了政令畅通，能够集中力量办大事，然而在国民经济建设技术性强的相关行业却不可能事事如此。所有的下级执行部门都想争取中央的重视与支持，其结果必然是条块分割和各自为政，反而限制了行业在自身系统内的良性发展。就市场经济自身而言，也并非那么完美无缺，经济危机的周期性魔咒，至今无法破解，理想中的社会主义市场经济管理模式，尚处于襁褓中远未自立。今天的中国建筑行业管理，实际上还是穿了一件市场经济外衣的行政强势。

·观念造就缺腿建筑业态

对于建筑业态的认识，社会的决策与公众两个层面，均存在不同程度的观念缺失，由此造成了一个缺腿的建筑业态。具体而言就是艺术与科学观、文化与技术观在某一方面的偏移。说起建筑，在中国绝大多数人的脑海中，这是一个与自然科学有关的工程技术概念。中国建筑师最高的国家学术荣誉，莫过于中国工程院院士，即使在国家自然科学最高学术殿堂中国科学院也没有建筑师的位置。至于建筑的艺术与文化内涵，应该以何种面貌呈现，其空间形态应该展示怎样的美学观念，在人们的思想中则相当淡漠。因此，建筑行业缺失的一条腿，就是立足于中国传统文化的艺术观。

2. 建筑理论体系的社会表征

·建筑学成为建筑工程学的流弊

正是在观念缺失的社会背景下，我们的建筑学成为了建筑工程学。本来建筑、绘画、雕塑，应该是艺术门类中互为支撑的一个整体，但由于长期以来我们对艺术认识的误区，尤其是1952年在高等学校建筑学划归工科之后，逐渐形成工程技术一边倒的建筑观念。即使是出于对建筑美化的艺术解读，基本出于艺术的表象，即："艺术往往被界定为一种意在创造出具有愉悦性形式的东西。这种形式可以满足我们的美感。而美感是否能够得到满足，则要求我们具备相应的鉴赏力，即一种对存在于诸形式关系中的整一性或和谐的感知能力"❶，而非艺术的本质。

·艺术与科学割裂的建筑三原则

20世纪50年代在国家的建筑设计管理层面，有这样一个建筑三原则：叫做"实用、经济，在可能的条件下注意美观。"换句话说就是：如果条件不具备，可以不要美。请大

---

❶ （英）赫伯特·里德.艺术的真谛[M].王柯平译.北京：中国人民大学出版社，2004：1.

家注意，这里所讲的美并不是艺术，而只是某种艺术观的表象。显然这种观念来自建筑工程学而非建筑学。现在看来，该原则严重违背了建筑设计的基本规律，造就了功能与审美严重对立的二元思维建筑创作状态。当然，更谈不上传承中华文明伟大的艺术，因为"世界上没有任何一个国家能像中国那样，享有如此丰硕的艺术财富；从全面考虑，也没有任何一个国家能够与中国艺术的卓越成就相媲美。"❶ 即使是从业者心中的建筑艺术观，也基本来自于西方："在西方基本上没有离开这样几条原则：1. 艺术是对现实的模仿；2. 凡艺术都是美的；3. 艺术都给人带来愉悦。"❷ 因为，西方艺术的理论与实践以阶段性的物象呈现和宗教科学并驾齐驱，而中国艺术的理论与实践完全融会于哲学伦理的思想体系之中。

· 室内装饰业与建筑装饰业博弈

建筑作为人类居所的本质，体现于人在精神与物质层面对内部空间的需求，一栋建筑物的结构施工完成后，室内装修的质量就成为满足这种需求的关键。基于中国建筑行业在设计领域艺术观的表象化，具体到建筑物内外空间的形态塑造，基本是以立面为主，进行二维空间表层涂脂抹粉式的打扮，虽然能够取得视觉的愉悦，却难以达成生活本质的满足。当人们日益增长的生活需求与现实发生矛盾时，并不会意识到表面文章与实质内容的差异，反而被豪华装修的倾向误导，从而形成"装修＝装饰、装饰＝设计"的错误观念，"装饰"因此成为该领域的代名词。在20世纪80年代中期至90年代不到十年的时间里，中国的建筑装饰装修市场异常火爆，成为各行各界争抢的一块大蛋糕。由此形成建筑行业内面向该市场的竞争，并最终上升为建设部与轻工部之间的博弈。1984年9月建设部系统成立中国建筑装饰协会，1988年9月轻工部系统成立中国室内装饰协会。两个行业协会的专业指向实际都是针对建筑的室内设计市场。只不过前者的出发点是建筑本体，而后者的出发点是室内配套产品。市场经济的本质在于竞争而非垄断，计划经济的本质是政府高度集权的统一管理。中国的社会主义市场经济始于20世纪90年代中期，在这个特定的历史阶段，作为国家的国民经济行业，不能允许一个行业分属不同部门的多头管理存在。于是，才有了1992年9月3日，国务院办公厅《国务院批复通知》（国办通【1992】31号）中划分建设部与轻工部面向建筑装饰工程管理的界限，即："建筑装饰工程止于墙壁六面体的处理，不再向室内空间装饰延伸"。从而在国家决策的层面将"室内装饰"与"建筑装饰"分

❶ （英）赫伯特·里德. 艺术的真谛 [M]. 王柯平译. 北京：中国人民大学出版社，2004：68.
❷ 陈望衡. 艺术是什么 [M]// 艺术与科学·卷一. 北京：清华大学出版社，2005：34.

为两个行业。

· 已成定局的中国建筑四行业

　　1994年8月国家技术监督局修订并颁发国家标准《国民经济行业分类与代码》（GB/T 4757—1994），由国家统计局出版，首次在国家标准中将"装修装饰业"归入建筑门类。至此在中国的建筑业中增加了一个新的类型。经过十多年的演进，国家标准对建筑装修装饰业的称谓最终定名为"建筑装饰"，形成"房屋建筑业、土木工程建筑业、建筑安装业、建筑装饰和其他建筑业"四足鼎立的建筑业格局。不得不指出的是定名为"建筑装饰"远不如称为"建筑装修"来得确切。一则：装饰一词的艺术概念浓重，以此命名行业隐含我们的房屋缺失了艺术，需要再来给它补上一件外穿的花衣裳，装饰打扮一下，于是需要建筑装饰；二则：让人感觉房屋建筑业、土木工程建筑业、建筑安装业可以没有艺术（长期形成的错误艺术观所造就）。如果使用装修一词，无论从营建房屋的程序，还是工程分类的逻辑，都不会造成概念的混乱。看看近20年见诸文献的行业表述，会发现装饰与装修词序的排布不定，忽而建筑装饰装修，忽而建筑装修装饰，两种表述似乎都有道理，仔细想想又都没有道理。然而，形成的社会影响却反过来对中国建筑业的健康发展造成损害，阻碍了可持续发展国家战略的实施。一种观念的形成很难改正，既然木已成舟，现在再来就装饰还是装修打口水官司，已经没有太大意义，重要的是在建筑业界逐步确立艺术与科学统一的设计观。

· 逆流而上的中国建筑装饰业

　　实际上从专业和学术的角度，建筑装饰这个概念是不能成立的。如果看看中国建筑装饰协会的英文名（CHINA BUILDING DECORATION ASSOCLATION），就会觉得很有意思，这里使用的是BUILDING（建筑物），而非ARCHITECTURE（建筑学）。词汇明白无误地表达了装饰的主体是物质的表象而非本质。尽管在国家相关法规与条例中，都有对于建筑装饰业内涵物质功能与精神审美两个方面的描述，但是在社会实施观念层面的导引下，往往是表面文章强于实质内容。因此，可以将装饰业态在近20年的发展称作：逆流而上的中国建筑装饰业，因为它的本意其实是与建筑学对立的。在这里建筑装饰只能是建筑物内外界面美化的代名词，而非建筑设计与室内设计的全部内容。

· 顺流而下的中国室内装饰业

　　以"室内装饰"命名行业古今中外都有先例，因为作为装饰品的物质并不是构成建筑物本体的材料，而主要是直接与生活所需发生关系的成品器具，所有进入房间的器具无不具有功能与审美的双重属性。虽然，从环境空间的概念出发室内与建筑是不可分割的统一体，但室内空间围合的特殊氛围，使得人为感受和生活体验表象的主因来自主观审美，装饰的概念由此成立。由于同样的社会原因，中国的室内装饰业在以往的发展中，并未真正走上室内配套产品开发的路线，而是深陷于建筑装修的概念不能自拔，不自觉地与建筑业争抢地盘。室内设计的根本是要与人的行为、人的生活发生切实的关系，一间房盖完之后，并没有最终地解决问题，还需要家具、灯具、织物、电器等，这就需要产品设计的配合。所以，需要还室内装饰业的本来面目，成为顺流而下的中国室内装饰业。

下篇：定义室内装饰与建筑装饰

在中国准确定义室内装饰，并不是一件容易的事情。因为从国家行业管理的角度，室内装饰业是建筑装饰业的下游行业。如果不能对建筑装饰进行定义，室内装饰的定义也会出现问题。

在中华人民共和国成立后"室内装饰"和"建筑装饰"最早出现于中央工艺美术学院的系名。1957年设立室内装饰系，1961年更名为建筑装饰系，1974年再次更名为工业美术系，1984年又分为工业设计系与室内设计系。1988年国家教育委员会正式将环境艺术设计列入普通高等学校专业目录，同年中央工艺美术学院室内设计系更名为环境艺术设计系。可见，国家行业的命名受此影响。就中央工艺美术学院而言，选用"装饰"一词，有其历史的渊源：在20世纪初英语design（设计）的概念进入中国，其翻译的渠道主要经由日本，当时所言：美术、图案、装饰、工艺美术等词，或多或少都具有design（设计）词义的部分内涵。提倡美育救国的蔡元培"称装饰是'最普通之美术'，'其所附丽者，曰身体、曰被服、曰器用、曰宫室、曰都市。'"[1] 所言涉及今日设计对象的所有领域。包括中央工艺美术学院创办的杂志《装饰》其专业的指向也是设计。关于工艺美术、艺术设计和设计词义的笔墨官司，涉及更为广泛的社会与历史背景，篇幅所限在这里不便展开。仅就"装饰"一词的内涵而言，其在学界、业界、政界的理解就各不相同。由此产生的认识误区，也不是短期内所能统一的。本报告只能以现实的态度，尊重历史形成的业态，不纠缠于文字游戏式的思辨，将目光投向可持续发展的未来。

---

❶　周爱民. 庞薰琹艺术与艺术教育研究 [M]. 北京：清华大学出版社，2010：145.

1. 装饰概念与室内设计

·室内装饰与建筑装饰

查阅《辞源》【装饰】㈠打扮。后汉书八四梁鸿传"同县孟氏有女……及嫁,始以装饰入门。"㈡犹装裱。唐韩愈昌黎集与陈给事书:"并献近所为複志赋以下十卷为一卷,卷有标轴。送孟郊序一首,生纸写,不加装饰。"可见就汉语的语义而言,将"建筑"与"装饰"并列,形成"建筑装饰"的词组,本身就违背了建筑艺术理念的本质。这与"室内装饰"有所不同,毕竟室内是一个清晰的空间氛围概念,可以通过物品的陈设达到装饰的目的。纵观中国室内设计相关行业的发展,会清晰地看出无论"室内装饰"还是"建筑装饰"其最终指向都是室内设计。

"室内装饰"与"建筑装饰"的区别在哪里,关于这一点奚小彭❶先生有过明确的表述:"1957年,建系之初,这个系叫做室内装饰系,这是20年代从西方引进的名词。由于西方现代建筑的发展,人们把装饰理解成了建筑上的附加物。在中国,也有人认为装饰只是锦上添花,可有可无。甚至在我们的建筑界,到目前为止,还有人持这种观点。1958年之后,由于我系配合北京几个设计单位做了十大建筑的室内、室外装饰工作(名副其实的装饰工作,例如画一点彩画、琉璃、石膏花,搞点金属花格,设计点灯具之类),这时,我们对于室内空间构成,室内整体布置毫无发言权,但是对于能够从室内搞到室外,已经觉得很满意了。于是在1960年全国艺术教育会议期间,便提出把这个专业改名为建筑装饰。你们看,还是没有脱离装饰。"❷在奚先生的概念中,装饰针对建筑与室内的概念是十分清楚的。装饰只是建筑设计与室内设计的有机组成部分,并不是设计内容的全部。记得1978年笔者在大一上的第一堂专业课,就是奚先生讲的建筑与室内设计的发展历史,虽然只有短短的一节课,却将建筑从传统走向现代的历程,以及室内与建筑的关系讲得清清楚楚,从装饰到设计的观念表达得明白无误。

建筑无疑是以空间形态构建的功能与审美体现作为设计的最终目标。一栋建筑无论其体量的大小,功能的各异,在形态上总是表现为内外两种空间。建筑以形体的轮廓与外界的物化实体构造了特定的外部空间,这个形体轮廓视其造型样式、尺度比例、材质色彩的表象向外传递着自身的审美价值。同时,建筑又以其界面的围合构成了不同形态的内部空间,这个内部空间是以人的生活需求与行为特征作为存在的功能价值的。正是由于建筑内外空间的这种特性,在一个相当长的历史阶段中,建筑与室内在空间设计上是分不开的。作为建筑师也从来是以空间的

---

❶ 奚小彭(1921~1994年),中央工艺美术学院教授。
❷ 奚小彭:1982年在中央工艺美术学院室内设计专业讲授《公共建筑室内装修设计》课程的录音稿。

概念来从事设计的。

现代意义的中国室内设计起始于 20 世纪 50 年代，其标志性体现是 1958 ～ 1959 年的北京十大建筑。尽管这个时期的室内设计带有明显的装饰色彩，但这毕竟是从室内概念出发，以奚小彭为代表的中国第一代室内设计师完成的具有中国概念的设计。1978 年开始的改革开放，吹响了中国室内设计大进军的号角，经过 30 年的发展，室内设计已经成为带动中国设计的领头羊，短短的时间内走过了西方国家的百年历程。

· 从建筑装饰到室内设计

新中国室内设计事业的发展得益于以奚小彭教授为代表的第一代室内设计师，是他们创造了国家从建筑装饰到室内设计的历史。

1953 年苏联展览馆的建筑装饰（现北京展览馆），1954 年北京饭店中楼的室内装饰，成为奚先生早期室内设计的代表作品。紧随其后的北京"十大建筑"则将奚先生的才华推向了巅峰，中国书画艺术的底蕴，传统图案的功底，再结合近代技术的精湛工艺，将中西古典装饰风格的精髓融入朝气勃发的社会主义新中国时代精神，在那样一个火红的年代，创造出人民大会堂、民族文化宫、民族饭店等堪称典范的建筑装饰案例。

1966 ～ 1976 年的十年浩劫不堪回首，即使是这个时期奚先生依然把握机会，在 1974 年新北京饭店的建设中取得了新的突破。门厅轴线尽端的攒铜镏金工艺花格，尽管带有明显的时代痕迹，但其具有现代韵味的唐风花卉图案设计，体形饱满，线形舒展，与主体"我们的朋友遍天下"的金字红底版面，比例适中，成为传统与现代结合，不可多得的杰作，虽然在过去的 30 年中，有过很多此类的设计，但能够超越这一件的却凤毛麟角。1978 年 11 月中国建筑工业出版社出版了《建筑设计资料集 -3》，该案作为"金属花格"应用的优秀范例被收录其中。

1986 ～ 1990 年国家在北京兴建中国国际贸易中心，在奚先生的全力争取下，由中央工艺美术学院和北京建筑设计研究院联合组队的中国室内设计师第一次站在国际的舞台上，与世界同行竞争与合作。由于当时境内条件的限制，1986 年 4 月亲自带队赴香港，利用当地信息和材料之便，进行了为期一个多月的方案设计工作，为后来取得中国国际贸易中心中国大饭店部分厅堂的设计奠定了基础。

在前后 40 年的设计生涯中，奚先生丰厚的实践积淀，逐步上升为室内设计的理论，从单纯的装饰概念升华为空间的综合设计。其间，中央工艺美术学院虽然经过了建筑装饰系到工业美术系的过程，但 1984 年室内设计系的建立，与奚先生的不懈努力是分不开的。

从建筑装饰到室内设计，奚先生有着非常明确的表述："'文化大革命'后期，我院师生下放回到北京之后，这个专业干脆被撤销了，改为工业美术系。要发展工业美术，填补工业品造型设计这个空白，我举双手赞成，但是我总认为，要撤销建筑装饰系，是缺乏远见的，是不明智的。后来经过大家的努力争取，总算在工业美术这个系之下，恢复了室内设计这个专业。室内设计这个名称较之室内装饰、建筑装饰，我认为是进了一步，也比较名副其实。因为我们这个专业，不仅是给建筑锦上添花，搞搞表面装饰，而是建筑物必不可少的有机组成部分。盖房子徒走四壁，光有一个由四堵墙，一块地板，一块顶棚围成的空盒子是不能满足人们日常生活活动需要的，这里面还有室内空间构成问题，平面合理布置问题，家具、灯具的造型问题，装饰织物、日用器皿以及墙上挂的、案上摆的陈设品选择问题；在大型公共建筑里，还有壁画、雕塑、室内庭园等艺术的综合设计问题，所有这些都是室内设计必须解决的问题。" ❶

· 从装饰到空间的设计观念转换

建筑装饰的观念，滥觞于室内装饰，最终归于室内设计的领地。就当今中国室内装饰行业而言，只有正确理解室内设计的内涵与本质，才能实现其科学发展。如果按照人类文明的进程，以人工环境与自然环境融会的程度来区分室内设计的发展阶段，第一阶段为过去时：开放的建筑形态与自然环境交融，室内形象以界面装饰为特征，贯穿于渔猎采集和农耕文明；第二阶段为现在时：封闭的室内形态与自然环境隔膜，室内形象以空间设计为特征，体现于近现代的工业文明；第三阶段为将来时：营造物质与精神需求高度统一的空间形态，实现诗意栖居的再度开放，以人文艺术与科学技术共建绿色家园。也就是说：装饰的设计理念代表着传统；空间的设计理念代表当代；环境的设计理念代表着未来。

装饰是一个限定性、针对性很强的概念，总是对应于各类物化的实体。其美学价值的物化存在样式，以不同的艺术风格、造型图案、色彩质地，传递出不同的审美意向。而空间是一个非常广义的概念：大到物质世界形成的本原，关于时空的理念；小到一个具体的界定，一座房间的内部虚空。在室内设计的概念中，只有对空间加以目的性的限定，才具有实际的意义。这种目的性的限定就是研究各类空间环境中实体物象与虚拟体验所产生的功能与审美问题。

装饰与空间的理念在室内设计专业成为一个左右其发展方向的词汇界定。基于装饰理念的设计表现则在很大程度上维系于二维或三维空间的界面，它所传递的是一种附着于空间实体之上的艺术审美理念，在时间上多表现为线性单向。以装饰理念完成的设计受体给予人的总体感受是感性的、具体的、细腻的。而基于空间理念的设计表现为一个四维时空的连续整体，它是一

---

❶ 奚小彭：1982 年在中央工艺美术学院室内设计专业讲授《公共建筑室内装修设计》课程的录音稿。

个环境设计的概念，通俗地说这种艺术表现形式就是房间内部总体的艺术氛围，如同一滴墨水在一杯清水中四散直至最后将整杯水染成蓝色，如同一瓶打开盖子的香水其浓郁气息在密闭的房间中四溢。以空间理念完成的设计受体给与人的总体感受是理性的、概念的、综合的。

作为室内，由于本身就是建筑的组成部分，其基本的形态是一个六面围合的虚拟空间。这个虚拟形态在空间的表象上是以地面、墙体、顶棚构成的实体界面，因此最能够表达设计概念的自然也就是这些实体界面。于是室内设计者在最初也总是把文章做在界面上。"装修"这个词，非常贴切地反映了这样一个现实。如果室内设计者在理念上难以跳出装饰的窠臼，那么室内装饰作为这个专业的称号也就是理所当然。从本质来讲装饰应该是室内设计者的看家本领，这一点也用不着回避，反而需要大力张扬。只是室内设计师需要时空的理念，用四维空间的概念去进行装饰。

以室内设计为代表的四维时空造型设计，以视觉、触觉、听觉、嗅觉、温度感觉传达为其综合感觉的特征，主要以空间整体形象的氛围体现进行创作，因此室内设计成为人体感官全方位综合接受美感的设计项目。室内设计的空间形式美主要体现于建筑界面实体与围合虚空所呈现的场所氛围，室内的环境设计指向意义就在于此。

"装饰"与"空间"是建筑与室内装饰行业在设计理念上相辅相成的两个方面，而在材料与构造不断更新，建筑空间造型日益整体化的新时代，必须在设计观念上完成从装饰到空间的转换，从而成为最终实现面向生态文明可持续设计战略目标的技术保证。

2. 中国室内装饰的定义与范畴

在中国需要从专业的角度对室内装饰行业进行定义。

室内设计的理论与实践，就是室内装饰的行业定义与范畴。

室内设计的定义：在建筑内部空间以满足人的使用与审美需求进行的环境设计。

室内设计的范畴：作为建筑设计的组成部分，以创造实用、舒适、美观、愉悦的室内物理与视觉环境为主旨。空间规划、构造装修、陈设装饰是室内设计的主要内容：通过建筑平面设计与空间组织；建筑构造与人工环境系统专业协调；构件造型与界面（地面、墙面、顶棚、柱与梁、门与窗）处理；光照色彩配置与材料选择；器物选型布置与装饰设置来实现其设计。

可见室内设计是包括空间、装修、陈设三大设计部类的建筑内部空间综合设计系统，涵盖了功能与审美的全部内容。室内设计的目标是满足人的生理与心理需求，以特定生活方式的行为特征研究为基础，通过创造环境体验的氛围状态实现其价值。

室内空间环境的氛围是由建筑的地面、梁柱、墙体、顶棚、门窗等基本要素构成的空间整体形态及人的尺度感受，加上采光、照明、供暖、通风等设备的设计与安装，共同营造完成的。

装修构造是组成空间的界面结构，由设计者运用不同的材料，依照一定的比例尺度选择合适的色彩与质地对其进行的铺装。界面的装修构成了营造空间美的背景。不同的照明类型会对界面的造型和空间氛围的美感产生重大影响；装饰陈设包括对已装修的界面进行的装饰和生活用品进行的陈设。由家具摆放、灯具选用、织物选择、绿化样式、日常生活用品、各类电器与艺术品组合的陈设装饰构成了营造空间美的主体。装修与陈设装饰，一个犹如舞台，一个犹如演员，它们相辅相成地影响着空间环境的气氛。

3. 中国建筑装饰的定义与范畴

时至今日，见于文献，定义"中国建筑装饰"的文本，莫过于中国建筑装饰协会编撰，由中国建筑工业出版社在2003年9月出版的《中国建筑装饰行业年鉴·2》上刊载的黄白的文章：关于建筑装饰装修的定义、范围及其国家法律依据。该文分为："建筑装修装饰的定义和范围"与"装修装饰的国家法律依据"两部分。第一部分：建筑装修装饰的定义和范围，以六个方面的内容展开。（1）建筑装修装饰的定义和范围；（2）建筑装饰设计的定义和范围；（3）建筑装饰装修与土建、安装的区别、界定和范围；（4）建筑装修装饰被确定为"行业"；（5）建筑装修装饰行业的地位和作用；（6）家庭居室装饰的属性、地位和作用。第二部分：装修装饰的国家法律依据，列出到2003年为止，国家有关装饰装修的法律5部，相关条款10条。有意思的是在文章中："建筑装饰装修"和"建筑装修装饰"两种组词交替出现。从行业的角度解读，建筑装饰装修，应该是建筑装饰行业下的建筑装修，属于行业的管理概念。从专业的角度解读，建筑装修装饰，应该是建筑装修后进行的装饰工程，属于专业的工序概念。即便如此在逻辑上仍有说不通的地方。由此可见用"建筑装饰"作为行业的命名，来定义建筑的装修与装饰有多困难。所以该文只能以建筑装修装饰的组词，给出四种解释："一是'组成'说，二是'归属'说，三是'本身'说，四是'六面体'说。"❶组成说，是从工程管理的概念出发，定义建筑装饰装修是建筑工程的组成部分；归属说，是从行业管理的概念出发，定义建筑装饰装修业是建筑业的组成部分；本身说，是从建筑物的概念出发，定义建筑使用装饰装修材料与饰物对建筑空间的界面进行修饰的过程；六面体说，是从划分建筑物内外空间隔墙界限的概念出发，定义建筑装饰装修行业管理权限的问题。

---

❶ 黄白. 关于建筑装饰装修的定义、范围及其国家法律依据 [M]// 中国建筑装饰行业年鉴·2. 北京：中国建筑工业出版社，2003.

因此，从建筑学本质的概念出发，要在理论上给出正确的中国建筑装饰行业定义，似乎是一个难以推定的命题。

4. 支撑室内装饰行业四大产业的发展问题

室内设计的空间规划、构造装修、陈设装饰三大系统落实到室内装饰行业，必须由相应的产业作为支撑，这就是：装修、家具、灯具、纺织品四大产业。

· 倡导绿色概念的装修产业

装修产业是综合各类产品组成的系统，以装修与装饰材料为基础。装修是由材料商的经营为主体形成的产业链条，这是中国改革开放以来发展最为迅速的市场，因为要把材料卖出去，把工厂办起来，于是装修就显得异常火爆。但是从专业角度来讲，这不是完整的室内设计。正因为室内设计的观念还停留在装修，结果就会产生20世纪90年代以来，具有商品时代特色的所谓装修装饰风格，就是拼命往墙上堆砌材料的风格。搞得老百姓也受到误导，以为只要把墙面装好房间自然就美，最终反受其害。首先出现了污染源问题，就是将大量具有污染源的材料装到墙上产生的恶果，其中木装修引起的甲醛污染尤其严重。因此，装修问题的解决，在观念层面需要更新设计理念，在技术层面体现于绿色概念的新材料、新技术的开发与市场推广。

· 适配国内市场的家具产业

家具产业以设计创新为基础。虽然中国已经成为世界家具产量最大的国家，纵观当今的家具市场品种类型还算比较丰富，但作为消费者要挑选一款合适的家具，仍然是一件困难的事情。问题就在于家具能否符合人体行为尺度的要求，并在室内空间中取得合适的比例与之相协调。由于中国人体形尺度和生活习惯的制约，作为国内市场开发设计的家具，相对于出口欧美国家的家具，就会有较大的差别。在市场经济的条件下，居住与工作环境在面积的控制上不会十分严格，从而导致了大空间室内环境的追求，因此促使家具设计的大尺度与高档化成为潮流。这种趋势既不符合广大人民群众经济收入水平的要求，也不符合绿色设计的最低水准，与可持续发展战略对家具行业的要求大相径庭。因此，家具问题的解决，在于建立符合国情、面向经济适用住宅的家具尺度标准，发展符合当代生活方式、满足行为特点的设计，以及适配国内市场的家具设计生产体系。

· 跨行业发展的灯具产业

灯具产业以光照与色彩相配套的产品研发为基础。灯具与照明设计关系密切，如果室内设计师和照明设计师结合，也许就能够产生新一代的照明方式，从而达到节能减排的作用。但这只是问题的一个侧面，就室内空间氛围的营造而言，照明扮演着极为重要的角色，在室内设计的整个系统中，照明环节存在的设计问题，更多地来自于投光方式和环境色彩的协调，在这一点上与世界先进的设计尚存在不小的差距。在这里除了灯具生产厂商自身产品电光源的显色性，也存在室内相应的环境色彩影响问题。国家色彩标准与相关产业的生产标准脱节，在具体选用商品的实施环节缺乏操作性，以至于国内室内设计的照明灯具设计与房间整体的色彩设计，处于平行的两条轨道。图面设计阶段光照呈现的虚拟性和色彩表现的平面性，又使两者的配合在实施前缺乏正确判断的依据。因此，灯具问题的解决，在于逐步建立跨行业面向不同类型室内空间的设计标准与施工管理条例。

· 多元化市场定位的纺织品产业

纺织品产业以空间形态与文化定位相适应的室内整体配套产品研发为基础。空间形态决定纺织品的应用类型。东方木构造建筑空间形态中的纺织品，通过框架构造形成装饰体系。架子床与围幔，火炕与铺盖，以锦绣被面为主体凸显其风格。西方石构造建筑空间形态中的纺织品，通过墙体构造形成装饰体系。木地板与地毯，洞窗与窗帘，以时代感极强的图案展现其风格。现代建筑空间形态中的纺织品，将装饰的理念融会于空间。窗帘与地毯成为柔化封闭空间、营造个性氛围的主体界面，沙发与床铺织物成为空间装饰主题的点睛之笔。纺织品的风格档次与客户的文化品位相关。大众主流、时尚流行、外来强势三种文化同时影响室内纺织品市场。社会环境反映与世俗文化传统是大众主流文化的反映；服装与家具的风格主导是时尚流行文化的反映；生活方式的改变、图案风格的多元、室内样式的西化是外来强势文化的反映。因此，纺织品问题的解决，在于纺织品开发中的多元化市场定位，需要充分考虑室内样式、流行周期、多样需求与纺织品市场的关系。

· 整合资源与协同创新

需要强调的是：目前社会上已成气候的"软装"概念，犹如当年以"装修"为主导的设计取向。室内设计是一个整体系统，不能再次落入条块分割、各行其是的窠臼。室内装饰业向建筑业的下游发展，是服务于室内系统产品设计各部类资源整合后的统筹协调，而不是各立门户"圈子"游戏式的恶性竞争。实现协同创新的可持续发展，才是行业面向生态文明唯一正确的发展之路。

5. 中国室内装饰业的设计导向

当代中国室内装饰业的设计，存在的主要问题在于观念层面。由于社会背景的影响，决策、设计、受众三类人群，不同程度地出现审美观、设计观、价值观的负面偏移。出现以下三种状态：第一，审美观导致的状态——注重表象；第二，设计观导致的状态——注重美化；第三，价值观导致的状态——注重形式。因此，需要正本清源，将中国室内装饰业的设计导向正确的轨道。

· 倡导生态主义美学观

在提倡生态主义的今天，对美的感知早已不仅仅停留在外观形态的层面，而是蔓延到一个更广大的范畴——环境。早于西方存在于中国古典哲学中的"天人合一"、"道法自然"的观点，透射出人与自然交融和谐的传统审美哲学。今天的决策层和规划者往往关注于事物的表面现象，错位地强调对象的形式感。社会的审美价值观念时空错位，成为阻碍中国生态文明建设落实于室内装饰业的主要障碍。

· 中国传统文化的两种美化观

宫廷美化呈现：华贵、富丽、雍容、繁缛的表象；民间美化呈现：简洁、宁静、清秀、自然的表象。然而，今日尊崇的传统概念主流美化观却来自于宫廷。其根源如李渔在《闲情偶寄》中所言："土木之事，最忌奢靡，匪特庶民之家，当崇俭朴，即王公大人，亦当以此为尚。盖居室之制贵精不贵丽，贵新奇大雅，不贵纤巧烂漫。凡人止好富丽者，非好富丽，因其不能创异标新，舍富丽尤所见长，只得以此塞责。"因此，体现于民间装饰的源流，代表华夏文化现代转型的精华需要发扬光大；体现于宫廷装饰的源流，影响华夏文化现代转型的糟粕需要剔除扬弃。

· 装饰具有两种不同的形式表达

其一，满足感官刺激欲望的形式：空间的、视觉的、造型的——具有图像色彩；其二，满足环境体验欲望的形式：虚拟的、联想的、抽象的——具有文学色彩。

图像语言的表达：图像语言使用具体的形态表达，形象的图示符号使观者得到直接的视觉感受。固化的图像不须经过大脑的联想，即可产生具体的形象传达。面对同一图像，不同人所理解的概念并不会产生过大的偏差。概念的确定性使图像极具视觉的魅力，而消减了思想的深度。

文字语言的表达：文学语言使用的符号是文字，抽象的文字符号使一部文学作品预留的想象空间十分广阔。所有的事物描述必须经过大脑的记忆联想，才能产生具体的形象。由于每人的社会经历不同，同一文学作品的内容可能会产生无数种人与物的空间形象。形象的不确定性使文学极具艺术的魅力，所以越是名著越不容易用影视的手段表现。

· 环境的艺术语汇更具文学性

　　环境的艺术是融合了各种艺术表达语言的、边缘的、综合的艺术表现形式。对于环境的艺术，其一般的理解总是定位于空间的、视觉的、造型的。然而，从环境体验的境遇出发，更多的艺术体现来自于虚拟的、联想的、抽象的具有文学色彩的环境氛围创造。

· 当代中国室内设计发展阶段的三种状态

　　第一阶段，装修装饰的设计概念：以界面设计为导向的状态；第二阶段，陈设装饰的设计概念：以陈设艺术为导向的状态；第三阶段，环境体验的设计概念：以行为模式为导向的状态。

· 室内设计的本质

　　在观念上缺少的并不是室内"装饰"而是真正意义上的室内"设计"。建筑装修并不代表室内设计，虽然"功能与审美"是建筑装修和室内设计不可或缺的两个方面，但只有创造诗意栖居的环境氛围才是室内设计的终极目标。

　　当下的室内设计须力戒：单向视线观看的空间思考方式，平面图形的技术处理手段，类似舞台美术的二维空间设计手法。

　　身处后工业文明阶段的室内设计，依然可以按照以下标准作为从业标准：

　　——人性关爱是衡量设计优劣的唯一尺度；

　　——人的不同行为模式为导向的设计状态；

　　——与人的行为心理相符的室内设计概念。

· 文化传承与设计创新

　　中国传统文化是世界上唯一可能跨越农耕文明、工业文明、生态文明的文化形态，其本质在于融会与和谐，中国室内装饰业的未来，是以融会与和谐的理念走向可持续设计的。业界可持续设计的技术路线，是基于环境观念的室内设计。其设计的本质在于创造，创造的本质在于变革生活方式。具有环境观的室内设计必须与工业设计联姻，才能以生活方式的变革导引设计发展。

　　中国室内装饰业的科学发展之路——整合建筑业下游资源，创造健康的生活方式，促进国家可持续发展。

［1］ 国务院学位委员会第六届学科评议组 . 学位授予和人才培养一级学科简介 [M]. 北京：高等教育出
版社，2013.

［2］ 中国高等学校设计学学科教程研究组 . 中国高等学校设计学学科教程 [M]. 北京：清华大学出版社，
2013.

［3］ 任文东 . 交流·沟通·融合——国际室内设计教育论文集 [M]. 哈尔滨：黑龙江美术出版社，
2004.

［4］ 李砚祖 . 艺术设计概论 [M]. 武汉：湖北美术出版社，2002.

［5］ 尹定邦 . 设计学概论 [M]. 长沙：湖南科学技术出版社，2004.

［6］（英）保罗·克拉克，朱利安·弗里曼 . 设计～速成读本 [M]. 周绚隆译 . 北京：生活·读书·新知
三联书店，2002.

［7］ 张启人 . 通俗控制论 [M]. 北京：中国建筑工业出版社，1992.

［8］ 辞海 [M]. 上海：上海辞书出版社，1999.

［9］ 郑曙旸 . 室内设计思维与方法 [M]. 北京：中国建筑工业出版社，2003.

［10］ 中国社会科学院语言研究所词典编辑室 . 现代汉语词典 [M]. 第 6 版 . 北京：商务印书馆，2012.

［11］ 孙培青 . 中国教育史（修订版）[M]. 上海：华东师范大学出版社，2000.

［12］ 单中惠 . 杜威教育名篇·序 [M]. 北京：教育科学出版社，2006.

［13］ 楼庆西 . 中国古建筑二十讲 [M]. 北京：生活·读书·新知三联书店，2001.

［14］ 毛泽东 . 毛泽东选集 [M]. 第二卷 . 北京：人民出版社，1991.

［15］ 毛泽东 . 毛泽东选集 [M]. 第三卷 . 北京：人民出版社，1991.

［16］ 中国科学院 .2000 中国可持续发展战略报告 [M]. 北京：科学出版社，2000.

［17］ 刘沛林 . 风水·中国人的环境观 [M]. 上海：上海三联书店，1995.

［18］（西）帕高·阿森西奥 . 生态建筑 [M]. 侯正华，宋晔皓译 . 南京：江苏科学技术出版社，2001.

［19］（美）鲁道夫·阿恩海姆 . 艺术与视知觉 [M]. 北京：中国社会科学出版社，1984.

［20］ 中国社会科学院环境与发展研究中心 . 中国环境与发展评论 [M]. 北京 : 社会科学文献出版社，2004.

［21］ 张敏 . 阿诺德·柏林特的环境美学构建 [J]. 文艺研究，2004（4）.

［22］ 世界环境与发展委员会 . 我们共同的未来 [M]. 长春 : 吉林人民出版社，1997.

［23］ 中国美术分类全集·中国建筑艺术全集·宅第建筑 [M]. 北京 : 中国建筑工业出版社，1999.

［24］ （美）亚瑟·史密斯 . 中国人德行 [M]. 张梦阳，王丽娟译 . 北京 : 新世界出版社，2005.

［25］ （清）李渔 . 闲情偶寄 [M]. 天津 : 天津古籍出版社，1996.

［26］ （美）劳伦斯·布依尔，韦清琦 . 打开中美生态批评的对话窗口——访劳伦斯·布依尔 [J]. 文艺研
究，2004（1）.

［27］ （美）R·卡逊 . 寂静的春天 [M]. 吕瑞兰译 . 北京 : 科学出版社，1979.

［28］ （美）唐纳德·沃斯特 . 自然的经济体系——生态思想史 [M]. 北京 : 商务印书馆，1999.

［29］ 田自秉 . 工艺美术概论 [M]. 上海 : 知识出版社，1991.

［30］ 马光等 . 环境与可持续发展导论 [M]. 北京 : 科学出版社，2000.

［31］ 杨志峰，刘静玲，等 . 环境科学概论 [M]. 北京 : 高等教育出版社，2004：3.

［32］ （美）阿诺德·伯林特 . 环境美学 [M]. 张敏，周雨译 . 长沙 : 湖南科学技术出版社，2006：4.

［33］ 中国文化与中国哲学 [M]. 北京 : 生活·读书·新知三联书店，1988.

［34］ 周爱民 . 庞薰琹艺术与艺术教育研究 [M]. 北京 : 清华大学出版社，2010.

［35］ 郑曙旸 . 设计艺术的环境生态学——21 世纪中国艺术设计可持续发展战略报告 [M]. 北京 : 中国
建筑工业出版社，2007.

［36］ 清华大学美术学院环境艺术设计系艺术设计可持续发展研究课题组 . 环境艺术设计系统与中国城
市景观建设立项决策 [M]. 北京 : 中国建筑工业出版社，2007.

［37］ （英）约翰·罗斯金 . 艺术与人生 [M]. 华亭译 . 北京 : 中国对外翻译出版公司，2010.

［38］ （英）赫伯特·里德 . 艺术的真谛 [M]. 王柯平译 . 北京 : 中国人民大学出版社，2004.

［39］ 郑曙旸 . 室内设计师培训教材 [M]. 北京 : 中国建筑工业出版社，2009.